BLUEBERRY GUIDE BOOK

ブルーベリー栽培事典

Tamada Takato
玉田 孝人

創森社

発刊にあたって

　ブルーベリー栽培者の願いは、「長年にわたって樹を健全に育て、安全・安心で、おいしく、その上健康機能性成分に富んだ果実を生産」することです。この願いは、ブルーベリー樹、果実、栽培上の特性や栽培管理についての知識と栽培技術の両者を習得して、初めて実現できます。

　ブルーベリー樹、果実、栽培上の特性や栽培管理に関する知識と技術は、果樹園芸学はもとより、植物生理学、植物形態学、農業気象学、土壌学、肥料学、植物病理学、応用昆虫学、農業工学や農業機械学など、極めて広範囲の学問を基礎としています。

*

　本書は、「ブルーベリー栽培管理技術の基礎知識と同時に、関連する広範囲に及ぶ学問分野の重要な専門用語について学べる事典的な解説書があったら」という要望に応えるために編纂したものです。全体で五つの章、付章と索引などから成ります。

　第1章は「ブルーベリー樹の分類・形態・特性」とし、ブルーベリーの分類、タイプ、形態、樹および果実、栽培上の特徴について要点を述べ、関連する用語や事項を説明しています。

　第2章は「ブルーベリー栽培に適した立地条件」で、気象条件と土壌条件に分けて説明し、広範囲に及ぶ関連用語を解説しています。

　第3章は「ブルーベリー品種の選定と特徴」とし、品種選定の基準とすべき樹と果実の形質、および現在日本で栽培されている主要な品種の特性について、タイプ別に要約しています。

　第4章は「ブルーベリーの生育と栽培管理」で、開園準備をして植え付けて以降、長年にわたって樹を健全に育て、おいしい果実を生産するために必要な全ての管理（技術）について解説し、基礎的な用語と事項を取り上げています。

第5章では「国内外のブルーベリー栽培事情」と題し、まず栽培ブルーベリーの誕生、日本におけるブルーベリー栽培の普及過程を概観しています。続いて、世界のブルーベリー栽培主要国の実情を紹介し、最後に、ブルーベリー栽培の未来を左右するアメリカにおける品種改良の方向性について述べています。

　付章では、「日本のブルーベリー栽培の発展方向」と題して、ブランド化の意義を解説しながら「ブルーベリー果実のブランド化」を具体的に提案しています。

*

　本書で解説した専門用語と重要な事項は、2,000以上に上り、全て索引でも取り上げています。専門用語の解説はできるだけ簡明にと心掛けましたが、専門用語は、その意味や内容が明確に定義づけられていますので、限界があり全体的に専門的な表現に留まっています。また、海外情報を容易に入手できる今日、直接、文献（資料）に当たる際に参考になると考え、専門用語にはできるだけ英名を付けています。

　索引は、検索しやすいように、学名、英名、用語・事項、品種に分け、アルファベット順ならびに五十音順に配列しています。

　本書では、多分野にわたり非常に多くの著書や文献を引用・参考にしましたが、個別にお願いする機会を得られませんでした。本文の人名の敬称略と共に巻末に一括して引用・参考文献として挙げたことをお許しいただくとともに、関係機関、編著者、監修者ならびに編集者の皆さまに厚くお礼申し上げます。もちろん、内容に関する責任は、全て著者である私にあります。

　このような本書が、ブルーベリー栽培者の皆さま、ブルーベリーに興味があり栽培を志している方々、市町村各地域のリーダー、試験研究機関や

発刊にあたって

　自治体、行政、農業団体などにおいて普及・技術指導に当たる方々に、栽培管理技術の基礎知識と共に専門用語や事項を容易に調べられる事典として活用いただければ誠に幸いです。

＊

　本書の出版に際しては「日本ブルーベリーの父」として尊敬され、恩師でもある東京農工大学教授の故・岩垣駛夫博士をはじめとする多くの研究者の方々、また、著者の教職時にブルーベリーに関する知見を共にし、生かしていただいた学生、卒業生の皆さまにお世話になりました。記して感謝申し上げます。

　さらに全国各地でブルーベリー栽培の地歩を占めたり、栽培・経営を軌道に乗せたりしようとしている生産者の方々、著者も関わらせていただいた日本ブルーベリー協会の関係者の皆さま、出版元の創森社の相場博也さんをはじめとする編集関係の方々の多大なるご教示、ご支援によるところが大きく、併せて深く感謝申し上げます。

　誠にありがとうございました。

　2018年2月
　　ブルーベリーの栽培普及に携わって51年目の年に

玉田　孝人

ブルーベリー栽培事典 ◎もくじ

発刊にあたって　1

第1章　ブルーベリー樹の分類・形態・特性 ── 9

1　ブルーベリー樹の分類 ── 10
植物学的分類によるブルーベリー　10
人為分類によるブルーベリー　16
　◆コラム　日本の代表的なスノキ属植物　18

2　栽培ブルーベリーのタイプ ── 19
栽培上の特徴によるブルーベリーの区分　19
栽培ブルーベリーのタイプと特性　19　　タイプの特性　22
　◆コラム　ローブッシュブルーベリー　24

3　ブルーベリー樹の形態 ── 26
樹の全体的な形態的特徴　26　　芽の特徴　28　　枝　29
葉　32　　花　34　　果実　37　　種子　39　　根　41

4　ブルーベリー樹の性質、栽培特性 ── 43
ブルーベリーの果樹としての性質　43　　家庭果樹としての楽しみ　45
ブルーベリーの栽培上の特徴　46

第2章　ブルーベリー栽培に適した立地条件 ── 49

1　立地条件と適地 ── 50
2　気象条件 ── 51
気象に関係する基礎的な用語　51
気候（気象）要素とブルーベリー樹の成長との関係　53

3　土壌条件 ── 65
土壌の概念　65　　土壌の物理性　66　　土壌の化学性　74
土壌の生物性　79

第3章　ブルーベリー品種の選定と特徴 ── 81

1　品種選定の基準 ── 82
品種・栽培品種に関係する基礎的な用語　82　　品種選定の基準　83

2　タイプ別主要品種の特徴 ……………………………………………… 88
　　　　ノーザンハイブッシュの品種　88　　サザンハイブッシュの品種　99
　　　　ハーフハイハイブッシュの品種　106　　ラビットアイの品種　109
　　　　近年の導入品種　116

第4章　ブルーベリーの生育と栽培管理 ―――――― 121

　　1　栽培管理の基礎 ………………………………………………………… 122
　　　　樹の一生　122　　ブルーベリーの栽培カレンダー　128
　　　　樹の生理と栽培管理技術との関係　128
　　2　開園準備と植え付け …………………………………………………… 129
　　　　開園準備　129　　植え付け　136　　幼木期の管理　138
　　3　土壌管理と雑草防除 …………………………………………………… 140
　　　　土壌管理　140　　雑草防除　142　　中耕、深耕　143
　　4　灌水管理 ………………………………………………………………… 145
　　　　灌水に関係する基礎的な用語（事項）　145
　　　　灌水管理に関係する基礎的な用語　147
　　　　ブルーベリー栽培の灌水方法　150
　　　　◆コラム　ストレスと水分ポテンシャル　154
　　5　栄養特性、施肥と栄養診断 …………………………………………… 155
　　　　ブルーベリー樹の栄養特性　155　　ブルーベリーの施肥法　158
　　　　栄養診断　163
　　6　花芽分化、開花、受粉と結実 ………………………………………… 169
　　　　花芽分化　169　　開花　172　　受粉と結実　173
　　7　果実の成長と成熟 ……………………………………………………… 178
　　　　果実の成長　178　　成熟　182
　　8　収穫、貯蔵、出荷 ……………………………………………………… 186
　　　　収穫　186　　貯蔵　189　　出荷　190
　　9　整枝・剪定 ……………………………………………………………… 193
　　　　ブルーベリーの整枝・剪定に関係する基礎的な用語　193
　　　　生育段階における整枝・剪定の要点　196
　　　　タイプ別の剪定のポイント　197　　老木（園）の若返り　202

10　気象災害と対策 ……………………………………………………… 204
　　気象に関係する基礎的な用語　204　　温度の高低による災害　206
　　降水の多寡による災害　208　　風害　211

11　主要な病害と虫害 ……………………………………………………… 213
　　病害　213　　虫害　221　　病虫害の防除に関係する基礎的な用語　227
　　ブルーベリー栽培で農薬散布は必要か　230

12　鳥獣害と対策 ………………………………………………………… 232
　　鳥害　232　　獣害　235

13　鉢栽培 ………………………………………………………………… 238

14　施設栽培 ……………………………………………………………… 245
　　果樹の施設栽培の目的　245
　　施設栽培に関係する基礎的な用語（事項）　245
　　ハウス栽培の事例（栽培管理）　248

15　果実の品質 …………………………………………………………… 253
　　ブルーベリー果実の品質構成要素と品質評価　253
　　果実品質と品種特性　254　　果実品質と気象条件　263
　　果実品質と栽培条件　263　　収穫果の品質保持　265

16　苗木養成 ……………………………………………………………… 269
　　繁殖に関係する基礎的な用語　269
　　休眠枝挿しの一例　271　　緑枝挿しの一例　273

　　◆コラム　接ぎ木について　275

第5章　国内外のブルーベリー栽培事情 ───── 277

1　栽培ブルーベリーの誕生 ……………………………………………… 278
　　ブルーベリーは歴史的果実　278
　　ノーザンハイブッシュの交雑品種の誕生　279
　　ラビットアイの誕生　281　　ハーフハイハイブッシュの誕生　282
　　サザンハイブッシュの誕生　283

2　日本のブルーベリー栽培の普及と課題 ……………………………… 284
　　ブルーベリーの導入　284　　栽培普及の過程　285
　　2000年代における生産状況　287

2000年代における果実の消費状況　288
栽培および果実消費が拡大してきた背景　290
ブルーベリー栽培上および農園経営上の課題　291
◆コラム 2011年の「三つの災難」、地震、津波と放射能汚染　295

3　世界のブルーベリー栽培の動向　297

世界の栽培面積　297　　世界の主要国における栽培事情　299
世界の主要な地域の気候　307
世界の主要な地域における栽培管理様式の相違　309
世界の主要国に共通する栽培品種　312

4　アメリカのブルーベリー育種研究機関と育種目標　313

アメリカのブルーベリー育種研究機関　313
アメリカにおけるブルーベリーの育種目標　315
アメリカはブルーベリー育種研究のリーダー　318
新品種と今後の日本のブルーベリー栽培　319
品種改良に関して知っておきたい用語　320

付章　日本のブルーベリー栽培の発展方向　322

ブランドとはなにか　323　　品種によるブランド化　324
栽培（管理）技術によるブランド化　325
収穫とその後の品質管理によるブランド化　326
地域名によるブランド化　327　　国産品種によるブランド化　329

◇引用・参考文献集覧　330
◇著者の主要著作、調査・研究発表集覧　336
◇主要品種一覧　346
◇学名・英字一覧　348
◇索引＝用語・事項（五十音順）　350

・ＭＥＭＯ・

◆本書では2,000以上のブルーベリー栽培に関連する専門用語、事項を取り上げており、巻末の牽引（五十音順）で掲載頁がわかるようにしています

◆年号は西暦を基本としています

◆栽培は関東南部、関西の平野を基準にしており、生育はタイプ、品種、地域、気候、栽培管理によって違ってきます

ブルーベリーの収穫果

第1章

ブルーベリー樹の分類・形態・特性

成熟期のブルーベリー果実

　ブルーベリー栽培者の願いは、栽培規模の大小や経営形態に係らず、「長年にわたって樹を健全に育て、安全・安心で、おいしく、その上健康機能性成分に富んだ果実を生産すること」です。この願いを実現するためには、実際の栽培技術と共に、樹や果実の形質、形態、栽培上の特徴など栽培技術の基礎に関係する幅広い科学的知識が必要不可欠です。

　科学的知識の修得は、全体から個別の栽培技術へと体系的に学ぶ方法が合理的です。したがって、全体像の理解はブルーベリー栽培に成功するための第一歩といえます。

　この章では、ブルーベリーの全体像を把握するために、まずブルーベリーの分類について述べ、次にブルーベリーをタイプに区分してそれぞれの特性を要約します。続いて各器官の形態的特徴、また果樹としての性質および栽培上の特性を整理します。さらに、これらの分野を良く理解するために必要な用語について解説します。

1　ブルーベリー樹の分類

　植物は、全て「種」を妥当な仕方で命名、分類されて、一つの体系にまとめられています。すなわち、分類（classification, grouping）とは、共通な特徴・形質を持った植物を集めて、グループに分けることです。
　分類法には、自然分類（植物学的分類）と人為分類の二つがあります。

植物学的分類によるブルーベリー

◆ブルーベリー（植物学的分類）
　ブルーベリー（Blueberries）は、植物学的分類（自然分類）によると、ツツジ科（Ericaceae）スノキ属（*Vaccinium*）シアノコカス（*Cyanococcus*）節に分類されます。また、北アメリカ原産の落葉性あるいは常緑性植物である、とされています。

植物学的分類に関係する基礎的な用語

◆植物学的分類　botanical classification
　植物の外部形態、発生の経過、進化の関係など、系統的な類縁関係に基づく分類を、植物学的分類、自然分類（natural classification）、あるいは系統分類（phylogenetic systematics）といいます。
　自然分類は、カール・フォン　リンネ（Carl von, Linn'e. 1707-78. スウェーデンの博物学者）によって二名法が確立され、種を基準に、綱（class）・目（order）・科（family）・属（genus）・種（species）の分類段階が採用されたことに始まります。

◆二名法　binomial nomenclature
　二名法（二命名法）は、学名（scientific name）は属名（名詞形）を前に、種（形容詞形）を後に、二語で、ラテン語またはラテン語化した語を用い、必ず大文字で起こしてイタリック体で標記するものです。植物の場合、学名は種名のあとに命名者を列記します。国際的な命名規約によって定められています。

◆学名　scientific name
　生物または生物群に対して与えられた名称のうち、生物学で用いられる世界共通の名を学名といいます。全ての動植物は、門（division）、綱（class）、目（order）、科、属、種に分類され、それぞれ学名が与えられています。

第1章 ブルーベリー樹の分類・形態・特性

図1-1　スノキ属植物の植物学的分類（自然分類）*

科	属	節	代表的な種
Ericaceae ツツジ	Vaccinium スノキ	Batodendrom** Bracteata Brachyceratium Ciliata Cinctoasandra Conchophyllum Cyanococcus** Eococcus Epigynium Galeopetalum Hemimyrtillus Herpothamunus** Myrtillus** Neurodesia Oarianthe Oreades Oxycoccoides** Oxycoccus** Pachyanthum Polycodium** Pyxothamnus** Vaccinium** Vitis-Idaea**	V. augustifolium Aiton V. corymbosum L. V. darrowii Camp. V. myrtilloides Michx. V. virgatum Aiton V. myrtillus L. V. oxycoccus L. V. vitis-idaea L.

*USDA・GRIN（2005）から作成。**Vander Kloet（1988）による分類の10の「節」

◆科・属・種　family・genus・species

　園芸上常用される分類は、「科」以下です。

　「種」は、分類上の最少単位です。種の区分は、多くの異説があるとされますが、一般的に、交雑の難易（生殖的隔離）による傾向の強さ、すなわち個体間で交配が可能な一群の植物であって、ほかの同様な植物群とは生殖的に隔離されているもの、と定義されています。

　「属」は、「種」を集めたものです。基本的な体の構造や性質がほとんど共通していて、些細な部分でのみ区別できる「種」をまとめたのが、「属」といえます。この場合、どのような形質が基本的であり、どのような形質が些細であるかは、植物の種類によって異なり、分類学者の判断によるとされています。

　「科」は「属」の上位にある分類区分です。「科」の名称は、基準属の名称の語尾に－aceaeと付して記します。属名は、二名式名の第一語にあたります。

　ブルーベリーでは「種」と「属」の間に「節」（section）を設けています。

スノキ属の主要な「節」

　スノキ属の主要な23「節」のうち（図1-1、果実が生食されあるいは加工して利用されているのは、主として次の5「節」の植物です（表1-1）。

◆シアノコカス（*Cyanococcus*）節

ブルーベリーは、全てこの節に含まれます（表1-1）。
　ちなみに、学名の「*Cyano*」は英語で「blue」（青色）を、「*coccus*」は英語で「berry」（小果実）を意味します。
◆ミルティルス（*Myrtillus*）節
　ヨーロッパの自生種といわれるビルベリー（Bilberry、*V. myrtillus* L.）が含まれます。
◆オキソコカス（*Oxycoccus*）節
　クランベリー（Cranberry、*V. macrocarpon* Aiton）が入ります。
◆バクシニウム（*Vaccinium*）節
　広く北半球の冷涼地帯に分布するクロマメノキ（*V. uliginosum* L.）が相当します。
◆ビテス-イデア（*Vitis-idaea*）節
　広く北半球の冷涼地帯に分布するコケモモ（*V. vitis-idaea* L.）が代表種です。リンゴンベリー（Lingonberry、学名はコケモモと同じ）は、ヨーロッパに自生するコケモモの改良種です。

シアノコカス節の主要な「種」

　ブルーベリーが含まれる栽培上重要なシアノコカス節の植物は、中南米を起源とし、カリブ海諸島を経て北アメリカに伝搬し、さらにアメリカ大陸東部の沿岸地帯に沿って北方へ広がったとされています。
　シアノコカス節植物は、多くの「種」を含みますが、主要な種は次の五つです（表1-2）。
◆*V. corymbosum* L.
　この「種」は、ハイブッシュブルーベリー（Highbush blueberry）全体です。すなわち、ノーザンハイブッシュ（Northern highbush）、サザンハイブッシュ（Southern highbush）、ハーフハイハイブッシュ（Half-high highbush）の三つを含みます。
　学名は、かつては*V. corymbosum* L.と*V. austarale* Smallの二つでしたが、現在は、*V. corymbosum* L.に統一されています。
◆*V. virgatum* Aiton
　ラビットアイブルーベリー（Rabbiteye blueberry）です。かつて、学名は*V. ashei* Readeでしたが、2000年代の初期、*V. virgatum* Aitonに変更されました。当分の間は、どちらを使用してもよいとされています。
◆*V. angustifolium* Aiton
　この「種」は、ローブッシュブルーベリー（Lowbush blueberry）です。別名

第1章 ブルーベリー樹の分類・形態・特性

表1-1 スノキ属の主要な節に分類される代表的な植物の樹・花・果実の特徴*

スノキ属の節	特徴
Cyanococcus # ハイブッシュ、ラビットアイおよびローブッシュブルーベリーを含む節	・樹、枝：落葉または常緑性の小低木から半高木 ・花：新梢の葉腋に花芽と葉芽を別々に着生。芽は5枚以上のリン片で被われ、花芽は葉芽よりも円形で大きい。散房花序。花柄はがく（萼）と連結。花冠はいくぶんつぼ形あるいは円筒形。雄ずいは無芒 ・果実：10個の仮子室からなる。通常は数十粒の種子を含む ・代表的な種：V. corymbosum L.（一般名；Highbush blueberry） 　　　　　　V. australe Small（一般名；Highbush blueberry） 　　　　　　V. ashei Reade（一般名；Rabbiteye blueberry） 　　　　　　V. angustifolium Aiton（一般名；Lowbush blueberry） 　　　　　　V. myrtilloides Michaux（一般名；Lowbush blueberry） 　　　　　　V. darrowi Camp（一般名；Lowbush blueberry）
Myrtillus # ヨーロッパ北部の代表的な野生であるビルベリーを含む節 ## 日本に自生するウスゴ類、スノキ類を含む節	・樹、枝：落葉性の小低木から低木 ・葉：気孔は、葉の両面に発生するが、1年以上持続することはまれである ・花：花は新梢の下位葉の葉腋に単一で着生。花柄はがく筒と接合。がくは5裂であるが、ときには波状になる。花冠は球形で切れ込みは五つで非常に小さい10個の雄ずいがあり、花糸は無毛であるが、薬囊が長い背面芒を持つ ・果実：5子室 ・代表的な種： 　　　　　　V. myrtillus L.（一般名：Whortleberry, mountain bilberry, dwarfbilberry） 　　　　　　V. caespitosum Michaux（一般名；Dwarf blueberry. dwarfbilberry） 　　　　　　V. ovalifolium Smith（一般名；Oval-leaved bilberry, Alaska bleuberry） *日本に自生する種：V. shikokianum Nakai（和名、マルバウスゴ） 　　　　　　　　　V. yatabei Makino（和名、ヒメウスノキ）
Oxycoccus # クランベリーを含む節	・樹・枝：ほふく、つる生。枝は細くて軟らかく、円柱形。無毛あるいは軟毛がある ・葉：常緑性。全縁 ・花：花は腋性あるいは見かけ上は頂生で、単一あるいは小花房で着生し、長くて細い花柄と接合。開花時に強く後方に曲がる。花冠は白色から暗桃色まで入る。薬は8本で、長くて細い花粉囊を着けるがぼう（芒）はない ・果実：4子室で数個の種子を含む。果実は赤い ・代表的な種：V. macrocarpon Aiton 　　　　　　（一般名；Large cranberry, American cranberry）（和名；ヒメツルコケモモ） 　　　　　　V. oxycoccus L.（一般名；Small cranberry）（和名：ツルコケモモ）
Vaccinium # 日本に自生するクロマメノキを含む節	・周北植物。北極地方あるいは高山性の落葉性の低木 ・樹、枝：新梢は淡緑色で円筒状 ・花：前年生枝に小花房で2～3花を着けるが、1花も多い。がく（萼）は花柄と接合。嚢には芒あり。胚珠は通常4細胞 ・がく（萼）は4裂片。花冠はつぼ形で四つに分かれる。雄ずいは8本で花糸は無色 ・代表的な種：V. uliginosum L. 　　　　　　（一般名；Bog berry, tundra bilberry）（和名；クロマメノキ）
Vitis-idaea # ヨーロッパのリンゴベリー、日本に自生するコケモモを含む節	・樹、枝：常緑の矮性小低木。新梢は円筒状で柔毛で被われる ・芽：葉腋に花芽と葉芽を着ける。花芽は新梢の先端に着き、大きさは葉芽の3倍くらいになる ・花：総状花序で少数の花を着ける。小花柄は短く、がく筒と連結。がく（萼）は四裂。花冠は深く四裂し、鐘状。雄ずいは8本で、ぼう（芒）はない ・果実：4子室 ・代表的な種：V. vitis-idaea L.（一般名；Lingonberry, cowberry, foxberry, redberries, mountain cranberryなど）（和名；コケモモ）

*Eck and Childers eds.（1966）, Lubyら（1991）, Vader Kloet（1988）から作成

表1-2　ブルーベリーが含まれるシアノコカス節の主要な「種」の特徴* **

種・学名	特　徴[2)
V. angustifolium Aiton (2n=48)	・同種異名：V. angustifolium var. hypolasium Fernald 　　　　　　V. angustifolium var. laevifolium House 　　　　　　V. angustifolium var. niaegrum（Alph. Wood）Dole 　　　　　　V. brittonii Porter ex C. Bicknell 　　　　　　V. lamarckii Camp 　　　　　　V. pensylvanicum Lam. 　　　　　　V. pensylvanicum var. nigrum Alph. Wood ・一般名：ローブッシュブルーベリー ・別名：スウィート（sweet）ローブッシュブルーベリー ・分布：カナダ―マニトバ州の南部からアメリカ―ミネソタ州、オンタリオ、ケベック州をとおってニューファンドランドへ、南部はデラウェア、バージニア州の山脈、イリノイ州およびインディアナ州の北部までの地帯。ブルーベリーバレン（荒れ地）、開けて小石のある台地、高原湿地、沼沢地、乾いた砂質土、ブナ林帯などの酸性土壌に自生 ・生態：落葉性。低木で樹高は10〜60㎝。根茎の伸長が旺盛で、密で大きいコロニーを形成。気温適応性および土壌適応性が広い ・果実：果皮は青色で白い果粉を被るもの、鈍い黒色、光沢のある黒色、まれに白色と変異がある。大きさは3〜12㎜。風味は中位から秀である *食品加工産業上最も重要：アメリカ―メイン州から、カナダ―ニューブランズウィック、ノバスコシア、ニューファンドランド州、ケベック州のサンージャン地方では、経済的に採集。ブルーベリー食品の加工産業上最も重要 **歴史的な果実：アメリカの先住民が乾果にして、あるいは粉にして、古くより利用していた種である。また、ヨーロッパからの移住者が生食したり、ジャムやジェリー、プレザーブを作ったのはこの種であるといわれる
V.corymbosum L. (2n=48)	・同種異名：V. constablaei A. Gray ・一般名：ハイブッシュブルーベリー ・別名：アメリカンブルーベリー、スワンプ（swamp）ブルーベリー ・分布：イリノイ州北東部から、インディアナ州北部、ミシガン州中部から、北はセントローレンス河にそってケベック、ノバスコシア州の南西部まで、南はノースカロライナ州の中央部まで。沼沢地などに自生 ・生態：落葉性。数本の主軸枝（main stem）から樹姿を形成、樹高は1〜5m。まれに、親株から1〜2m離れて、ひこばえを出す ・果実：果皮は暗黒色あるいは青色で、白い果粉を被る。大きさは4〜12㎜。種子は、長さが約1.2㎜。風味は優あるいは秀 *栽培ブルーベリーの初めての品種：1920年、アメリカ農務省から発表されている'パイオニア''カボット''キャサリン'などは、この種から育成された。それ以降、育成されているノーザンハイブッシュブルーベリーのほとんどの品種は、この種に由来する **歴史的な果実：古くから先住民が採集していたのはこの種の果実であり、イロコイ族は生果を使ってトウモロコシパンを作っていた。また、ヨーロッパからの移住者は、タルトや乾果、糖蜜漬けを作り、生果のままあるいはミルクをかけて食していたといわれる

V. darrowi Camp. (2n=24)	・一般名：ダローズエバーグリーンブルーベリー 　アメリカ農務省のG. M. Darrow氏による功績を讃え—この種の特性について最初に明らかにした—名前が付けられた ・分布：ジョージア州の南西部から西へアラバマ州南部、ルイジアナ州の南東部まで、およびフロリダ州の範囲の平坦な低森林地、低木の多い林地、ツツジ科の常緑樹とオークの混合林地に自生。日光が十分に当たる所 ・生態：常緑性。根茎が伸長して大きいコロニーを形成。まれに単軸。樹高は10〜150cm。低温要求性は低い。耐乾性および耐干性は強い ・果実：果皮は青色で白い果粉を被る。大きさは8〜10mm。風味は中位 ＊サザンハイブッシュブルーベリーの育成に用いられた
V. myrtilloides Michx. (2n=24)	・同種異名：*V. canadense* Kalmn ex Richardson ・一般名：ローブッシュブルーベリー ・別名：カナディアンブルーベリー、サワートップ（sourtop）ブルーベリー ・分布：カナダのブリティッシュコロンビア州南東部から東はラブラドルまで、南はアメリカのペンシルバニア、ウエストバージニア州まで。湿地帯、山岳草原地帯に自生。排水のよい砂質土で生育がすぐれる ・生態：シアノコカス節のうち最も北部（北緯61°N）および西部に分布する。また、標高は海岸線から高度が1,200mの所までみられる。落葉性。広大なコロニーを形成。樹高は20〜40cm 　*V. angusutifolium*よりも焼き払いには弱いが、耐陰性は強い ・果実：果色は白く輝く青色を呈する。大きさは4〜7mm。風味はよい ＊ローブッシュブルーベリーの最も重要な経済種
V. virgatum Aiton (2n=72)	・同種異名：*V. amoenum* Aiton 　　　　　　*V. ashei* J. M. Reade ・一般名：ラビットアイブルーベリー ・分布：アラバマ州南部からフロリダ州の北部、西にはメキシコ湾にそってテキサス州およびアーカンソー州の北部地帯。湖沼および河川沿いの低湿地、低い沖積地に自生 ・生態：落葉性。樹冠を形成。樹高は1.5〜6.0m。ハイブッシュブルーベリーと比較して休眠要求量が少なく、耐乾性が強く、広い土壌pHの範囲で生育する ・果実：黒色から青色で果粉を着けるものまで。8〜18mmの大きさ。風味は劣る ＊ラビットアイブルーベリーの自生種の栽培化、1946年に発表された初めての栽培種。さらにそれ以降における品種は、ほとんどが*V. ashei*から育成されている

＊ Eck and Childers eds.（1966）, Lubyら（1991）, Vander Kloet（1988）から作成

ワイルド（野生）ブルーベリー（wild blueberry）と呼ばれ、アメリカ北東部一帯に自生しています。

自生株の果実は採集され、いったん冷凍果にされてから各種加工品の原料として使用されています。

育種素材としても重要で、この「種」とハイブッシュとの交雑から、優良なノーザンハイブッシュ、ハーフハイハイブッシュの品種が多数育成されています。

◆V. *myrtilloides* Michx.

ローブッシュブルーベリーのもう一つの主要な「種」で、特にカナダ東部一帯に自生しています。果実は、V. *angustifolium* Aitonと同様に利用されています。

◆V. *darrowi* Camp

通称、エバーグリーンブルーベリー（Evergreen blueberry）と呼ばれる常緑性の野生種で、アメリカ南部諸州に分布しています。育種素材として重要で、この種とノーザンハイブッシュとの交雑から、優良なサザンハイブッシュの品種が多数、育成されています。

人為分類によるブルーベリー

人間が利用の立場から、共通点や便宜で植物をグループ化することを人為分類（artificial classification）といいます。分類の仕方は、具体的には、園芸作物の種類によって違います。

◆ブルーベリー（人為分類）

ブルーベリーは、果樹園芸学上、まず温帯性果樹の落葉性果樹に、次に樹高から低木性果樹に、さらに低木性果樹のコケモモ類に分類されます。

人為分類に関係する基礎的な用語

果樹の分類のうち、ブルーベリー栽培に関係するのは、主に次のような用語です。

◆果樹　fruit tree

木本性植物あるいは多年生草本性の植物のうち、食用とする果実や種子を産する作物を果樹といいます。

果樹は、地球上の主要な栽培地域、休眠期間中の落葉の有無、樹稿の高低などから、さらに細かく分類されています。

◆温帯果樹　temperate fruit tree

温帯性果樹とは、北半球では25°以北と極圏（66°33′）との間の緯度帯（温帯）に分布している果樹類を指します。温帯（temperate zone）の気候は、緯度、

海洋との関係、地形によって多様ですが、比較的温和で、四季の変化があります。

温帯は、三つに区分されています。一つは北部温帯で、年平均気温は8～12℃、夏半期が少雨で、リンゴ、オウトウ、セイヨウナシなどの栽培地帯です。これらの果樹を北部温帯果樹といいます。

二つ目は中部温帯で、年平均気温が11～16℃で、カキ、クリ、ニホンナシ、ブドウ、核果類などが栽培されています。これらの果樹は中部温帯果樹と呼ばれます。

そして三つ目は南部温帯で、年平均気温が15～17℃の範囲にあり、常緑果樹のカンキツ類、ビワなどが栽培されています。これらの果樹は南部温帯果樹です。

落葉果樹　deciduous fruit tree

寒期（冬季）の前に、1年以内に落葉する葉をもち、落葉後休眠状態に入る果樹を落葉果樹といいます。リンゴ、ナシ、モモ、ウメ、カキ、クリなど、多くの温帯性果樹が含まれます。

常緑果樹　evergreen fruit tree

年平均気温15～18℃、多雨の南部温帯および亜熱帯で栽培されるカンキツ類、ビワなどは、冬にも葉を着けているので常緑果樹と総称されています。一般的に、4月に発芽し、6～7月に緑化、成葉となって越冬し、翌年の5～8月に落葉して新葉と交代します。

高木性果樹　tree, arborescent fruit tree

高木（tree, arbor）と低木（shrub）の境界は、便宜的に人の身長とされています。高木性果樹は、リンゴ、ナシ、カキ、クリ、ウメなど、樹高が人の身長より高くなり、1本の幹が明瞭で、幹（主幹、trunk）を地上部に直立し、主枝などを分枝します。通常、その樹の樹齢に相当する年輪を持つのが特徴です。

◆低木性果樹　shrubby fruit tree

低木性果樹は、人の身長よりも樹高が低い種類の果樹で、キイチゴ、スグリ、ブルーベリーなどのベリー類があり、茎が更新しながら叢生（bushiness）して、多幹性（株元から多数の主軸枝が発生する）になるのが特徴です。

◆小果樹類　small fruit trees

果樹のうち、高木性の果樹に比べて低木性（shrubby）の果樹をいいます。スグリ、フサスグリなどのスグリ類、ラズベリーやブラックベリーなどのキイチゴ類、ブルーベリーやクランベリーのコケモモ類、そのほかユスラウメやグミなどが含まれます。小果樹類に区分されても、それぞれの類の生態的特性や栽培適地は大きく異なります。

> ◆コラム　日本の代表的なスノキ属植物

　日本に自生するスノキ属植物は、現在、18種とされています。それらのうち、クロマメノキ、コケモモ、ナツハゼ、シャシャンボなどは、古くから趣味家や土地の人達によって採集され、生食のほかジャム、ジュース、砂糖漬け、塩漬け、果実酒などに利用されてきました。しかし、栽培化や改良が行われないまま今日に至っています。

クロマメノキ　Bog berry, tundra bilberry.　*V. uliginosum* L.
　スノキ属*Vaccinium*節（図1-1参照）に属する。北海道から本州中部にかけての高山帯に自生している落葉性の小低木。高さが30～60cmでよく分枝する。夏、枝先に数個の花を着ける。花冠はつぼ形で、白色からやや紅色。果実は丸い液果で、紫黒色に熟し、白粉を被る。

コケモモ　lingonberry, cowberry, foxberry.　*V. vitis-idaea* L.
　スノキ属*Vitis-idaea*に属する。北海道から九州までの高山帯と針葉樹林帯に自生。樹高は10～20cm。茎の基部は地中を這う。夏、白色から淡黄色の鐘形の花を開く。果実は球形の液果で、大きさは5～7mm。成熟すると赤色になる。

ナツハゼ　*V. oldhamii* Miq.
　北海道から九州までの広い地域で、丘陵地や山地に自生する落葉性の低木。房状に着果する。果実は黒色で白い粉を被り、大きさは6～7mmになる。

シャシャンボ　*V. bracteatum* Thumb.
　関東南部以西に分布する常緑性の大型の低木。果実は球形で、大きさは5mmくらい。房状に結果し、果色は黒紫色で果粉を被る。

2　栽培ブルーベリーのタイプ

　ブルーベリーは、経済栽培の有無によって栽培ブルーベリー（cultivated blueberry）と野生（ワイルド）ブルーベリー（wild blueberry）に区分されます。栽培ブルーベリーは、樹の生態的特性から、さらにタイプ（type.系統）に分けられています。
　この節では、まず栽培ブルーベリーのタイプについて簡単に触れ、その誕生過程と特性を要約します。次に、樹や果実の形質、栽培上重要な特性を、タイプ間で比較します。

栽培上の特徴によるブルーベリーの区分

　ブルーベリー樹は、生理生態的特徴と栽培上の特性によって、3種に区分されます。
　①ハイブッシュブルーベリー（Highbush blueberry）
　②ラビットアイブルーベリー（Rabbiteye blueberry）
　③ローブッシュブルーベリー（Lowbush blueberry）

◆栽培の有無によるブルーベリーの区分

　ブルーベリーは、経済栽培の有無によって栽培ブルーベリーとワイルド（野生）ブルーベリーに分けられます（図1-2）。
　栽培ブルーベリーは、ハイブッシュとラビットアイです。両タイプは、ともに品種改良によって優良な形質の品種が育成され、また、栽培技術の改良が進められて、樹の健全な成長を促し、良品質果実の安定生産のために多様な方法で栽培管理されています。
　ワイルド（野生）ブルーベリーは、アメリカ北東部（主として*V. angustifolium* Aiton種）とカナダ東部諸州（主として*V. myrtlilloides* Michx. 種）の広範な地域に自生しているローブッシュです。栽培はされていません。果実は、自生株から採集（収穫）されたものです。

栽培ブルーベリーのタイプと特性

　栽培ブルーベリーは、ハイブッシュとラビットアイです。ハイブッシュにはさらにグループがあります。

図1-2　ブルーベリーの区分──栽培の有無、タイプおよびグループ

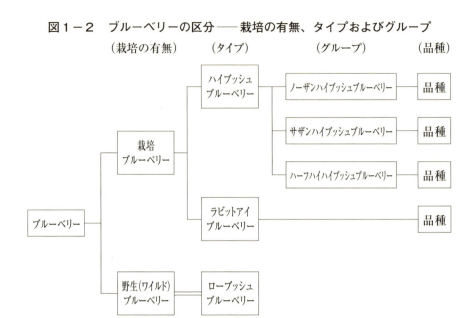

ハイブッシュのグループ

　アメリカで、ハイブッシュの栽培地帯を、冬が温暖な南部諸州に、また、冬の低温が厳しい寒冷地帯に拡げるという育種計画の下で育成された多数の品種間に、特に休眠覚醒に必要な低温要求量、耐寒性、樹高などの生理生態的特徴に、大きな違いがみられるようになりました。
　その生理生態的特徴の差異を基に、ハイブッシュは、三つのグループ（group, 品種群）に分けられています。

◆ノーザンハイブッシュブルーベリー　（Northern highbush blueberry）
　ノーザンハイブッシュは、品種改良の歴史が最も古く、ブルーベリー栽培の中心をなしています。品種改良は、1906年、アメリカ（米国）農務省（USDA）によって始められ、現在まで継続されています。このグループは、他のグループの栽培が少なかった1980年代半ばまでは、単にハイブッシュと呼ばれていました。
　別名でHigh-chill（northern）highbush blueberryと呼ばれるように、休眠覚醒に必要な低温要求量（1.0～7.2℃の低温に遭遇する時間数）が、約800～1,200時間と多いグループです。このため、栽培適地は冬季間の低温が確保できる地帯です。
　日本には、1951年にアメリカから導入されました。現在、栽培は日本全国に広

第1章　ブルーベリー樹の分類・形態・特性

　ノーザンハイブッシュ（ブルージェイ）　　　サザンハイブッシュ（オザークブルー）

がり、市販されている品種は40以上にも及びます。

◆サザンハイブッシュブルーベリー　（Southern highbush blueberry）
　このグループは、アメリカ南部諸州の冬季が温暖な地帯でも栽培できるハイブッシュを育成するという育種計画から生まれました。
　品種改良は、1948年、フロリダ大学とUSDAとの共同研究によって始められ、1975年に初めての品種「シャープブルー」が発表されています。それ以降に育成された品種は、多くはノーザンハイブッシュとフロリダ州に自生する常緑性の低木で、低温要求量の少ない V. darrowi Camp.との交雑によるものです。
　別名でLow‐chill（southern）highbush blueberryとされているように、多くの品種は低温要求時間が約400時間以下であるため、ノーザンハイブッシュよりも冬が温暖な地帯で栽培できます。
　「シャープブルー」の育成後、実際栽培はしばらく低迷していましたが、1996年、「スター」（樹、果実形質がともに優れ、現在でも主要品種）の発表によって、冬期が温暖な地域に広がり、「ブルーベリーは南へ」の合言葉が生まれたほど急速に普及しました。
　日本には、1985年以降に導入されました。栽培は、ほとんどがラビットアイと同じ地帯であり、現在、50以上の品種が市販されています。

◆ハーフハイハイブッシュブルーベリー　（Half-high highbush blueberry）
　育種計画は、冬季の低温が厳しいアメリカ中西部の北東地域でも栽培できる品種の育成を目的に、1948年、ミシガン州立大学によって始められました。1967年に、第1号となる「ノースランド」が発表されています。
　このグループの品種は、ほとんどが耐寒性のあるローブッシュの選抜株とノーザンハイブッシュとの交雑です。全体的に、樹高1m前後、樹冠幅0.6〜1.2mと小型です。このため、冬の低温が厳しい所でも積雪によってカバー（保温効果）され、また耐寒性が強いことから、ノーザンハイブッシュよりもさらに北部の地

域でも栽培できます。栽培は、アメリカ中西部の北部諸州や北欧諸国で広がっています。

　日本に初めて導入された年代は、はっきりしません。市販されている品種は七つほどです。

ラビットアイブルーベリー　Rabbiteye blueberry

　ラビットアイは、アメリカ南部の大きな河川沿いや湿原にかけて分布している野生種の改良種です。品種改良は1940年から始まり、1950年に「キャラウェイ」と「コースタル」が、1955年には「ティフブルー」が発表されて以降、アメリカ南部諸州の冬が温暖な地帯に急激に普及しました。

　ラビットアイの低温要求量と耐寒性は、ノーザンハイブッシュとサザンハイブッシュとの中位であるため、栽培地域も両タイプの中間地帯です。しかし、樹勢は両者よりも旺盛です。ラビットアイには、ハイブッシュのようなグループはありません。

　日本には、1962年に初めて導入されています。栽培は、現在、東北南部から九州南部までに及び、市販されている品種は30以上あります。

タイプの特性

　栽培上、特に重要な生態的特性について、タイプ間で比較します。

◆**樹勢・樹形　plant tree vigor・plant size, tree form**
　ブルーベリー栽培では、樹勢は、樹の成長量の強さ（例えば、新梢の発生の程度や伸長の良否）を、樹形とは樹冠の大きさを指します。
　ラビットアイは、最も樹勢が強く、樹形は大形で、樹高は2.0m以上にもなり、樹冠幅は2.5～3.0mです。ハーフハイハイブッシュは最も樹勢が弱く、樹高1.0m、樹冠幅1.5m前後と小型です。ノーザンハイブッシュとサザンハイブッシュは両者の中間で、樹高は1.5～2.0m、樹冠幅が2.0～2.5mです。
　樹勢と樹形の違いは、植え付け間隔（距離）、植え付け後の有機物マルチや灌水などの土壌管理、施肥、剪定などと密接に関係しています。

◆**低温要求性（量）chilling (low temperature) requirement**
　ブルーベリーの低温要求量は、通常、1～7.2℃の低温に遭遇するために必要な時間数で表されます。
　低温要求量はタイプによって大きく異なり、ノーザンハイブッシュは約800～1,200時間と最も多く、ハーフハイハイブッシュは同程度かそれ以上のようです。このため、両タイプは、冬季の寒冷な地帯が栽培適地です。

ラビットアイの低温要求量は400〜800時間ですから、ノーザンハイブッシュよりも冬が温暖な地帯で栽培できます。

サザンハイブッシュの低温要求量は150〜400時間です。このため、ラビットアイよりもさらに冬が温暖な地帯でも栽培が可能です。

◆耐寒性　cold hardiness, cold resistance, cold tolerance

耐寒性は、通常、低温要求量と密接に関係しています。低温要求量の多いノーザンハイブッシュとハーフハイブッシュは耐寒性が強く、最低極温がマイナス20℃の所でも栽培できます。

一方、低温要求量が少ないラビットアイとサザンハイブッシュは、厳寒期にマイナス10℃以下になる所では凍害を受ける危険性が高く、栽培は勧められません。

◆土壌適応性　soil adaptability

酸度、土壌の乾燥の程度など、各種の土壌条件に対する根の適応性を、土壌適応性といいます。

ラビットアイは、ノーザンハイブッシュよりも根群が深くて土壌の乾燥に強く、また、成長に適した土壌pHレベルにも幅があり、土壌適応性があります。

ノーザンハイブッシュは、成長に好適な土壌pHレベルの幅が狭く、また、根群域が狭くて浅いため、土壌の乾燥・過湿に対してより敏感です。このため、土壌適応性が弱く、土壌を選ぶといわれています。

サザンハイブッシュの土壌適応性は、栽培経験からすると、ラビットアイとノーザンハイブッシュの中位です。

◆自家結実（結果）性　self-fruitfulness

自家結実性は、タイプによって異なります。ラビットアイは自家結実性が劣るため、適切な他家受粉が確保できるように、同一園に異品種を植え付けた上で（混植、mixed planting）、開花期には訪花昆虫の放飼が必要です。

ノーザンハイブッシュとサザンハイブッシュは、比較的自家結実性がありますが、他家受粉によってさらに結実率が高まり、果実は大きくなり、成熟期が早まる傾向が認められています。

◆成熟期　maturation period, ripening stage, ripening time

普通（露地）栽培の場合、ブルーベリーの成熟期（収量全体の20〜80%の収穫期）は、関東南部では、ノーザンハイブッシュ、サザンハイブッシュ、ハーフハイハイブッシュの品種を組み合わせると、6月上旬（極早生品種）から7月下旬（晩生品種）まで続きます。一方、ラビットアイの成熟期は、7月中旬（晩生品種）から9月上旬（極晩生品種）までで、ハイブッシュよりも遅くなります。

成熟期の早晩は、生果販売では収穫期と出荷時期の期間を、観光園経営では開

園期間（摘み取り期間）を決定します。

◆**収量性（生産性）** yielding ability

　果実収量（yield）は、環境条件や栽培技術にもよりますが、基本的には品種特性に基づきます。

　収量性は、一般に樹形の大小と深く関係していますが、タイプによって異なります。植え付け6～7年後の成木で比較すると、樹形が最も大形になるラビットアイでは1樹当たり4～8kg、大形から中形のノーザンハイブッシュでは3～5kg、サザンハイブッシュでは2～4kgです。樹形が小さいハーフハイハイブッシュの収量は、0.25～2.0kgと少なくなります。

◆**果実形質** fruit character, characteristic of fruit

　形質とは、生物を分類するときの指標となる形態的な特質をいいます。

　ブルーベリーの場合、果実形質は、果実の大きさ（fruit size）、果実断面の形（shape of longitudinal section）、果皮色（color of skin）、果柄痕（scar）の大きさと乾湿の程度など、形態や外観を指標としています。これらの形質は、栽培条件によって変化しますが、基本的にはタイプや品種の特性です。

◆コラム　　ローブッシュブルーベリー　Lowbush blueberry

　ローブッシュは、一般的に「ワイルド（野生）ブルーベリー」と呼ばれ、アメリカ北東部からカナダ東部諸州にかけて分布している自生種・野生種です。いずれの地帯も、冬の低温が厳しく、また積雪地帯です。

　野生種とはいっても、食品産業上および品種改良の面で非常に重要な種です。その特徴は、次のように整理できます。

野生株の管理

　ローブッシュは、野生種です。しかし、株の健全な成長を促し、安定した収量と良品質の果実を採集（収穫）するために、毎年、野生株（群落）に対して、施肥、灌水、昆虫受粉、病害虫防除、除草、剪定など、各種の管理が施されています。

　なかでも特徴的なのはその剪定方法で、当年の雪解け時に、地上部を焼き払い、あるいは機械で刈り取り、充実した新梢を発生させ（花芽の着生を待ち）、翌年、開花・結果した果実を採集することです。このため、同一株（群落）からの収穫は2年に1回となります。

　果実は、ハンドレーキ（手持ち式の独特の器具）で、あるいは収穫機械で摘み取られます。採収後は果実の選別・選果の過程を経て、ほとんどが冷凍

にされています。

品種改良の重要な親

ローブッシュは、ブルーベリーのタイプのうちで、最も樹高が低く、耐寒性（耐凍性）の強いことが特徴です。そこで、樹高が低く、耐寒性の強い形質を備えたノーザンハイブッシュの育成を目標にした品種改良を行う上で、ローブッシュは交雑親として重要です。現在育成されているハーフハイハイブッシュの品種は、ローブッシュとノーザンハイブッシュとの交雑によるものです。

加工産業を支える

ローブッシュ果実の品質は、栽培ブルーベリーと比べて劣っているわけではありません。

生食でもおいしいのですが、特に加工適性が優れているため、急速冷凍後、加工用果実として世界各国に輸出されています。

ブルーベリーの代表的な製品であるジャム、ジュース、ソース、シロップ漬け、ワインなどは、ほとんどがローブッシュの冷凍果を原料としています。

3　ブルーベリー樹の形態

　ブルーベリー樹の適切な栽培管理を適期に行うためには、樹姿、芽、枝、葉、花、果実、根など、各器官の形態的な特徴についての知識が不可欠です。また、各器官の形態的な特徴と季節的な変化を知ることによって、樹を育てる楽しみ、花や紅葉を愛でる楽しみが増し、完熟したおいしい果実を収穫できる喜びが深まるはずです。
　この節では、各器官の形態的特徴について解説し、栽培上知っておきたい基礎的用語を取り上げます。

樹の全体的な形態的特徴

◆落葉性　deciduous
　植物で、葉の落ちる現象を落葉（leaf fall, leaf abscission, defoliation）といいます。葉の老化が進み、限度の生理的年齢に達すると葉内の養分が若い葉や器官に転流し、離層（separation layer）が発達して細胞内に分解酵素が形成され、離層細胞の分離あるいは崩壊が起こり、葉身は離層のところで容易に裂けて落ちます。
　寒気の前に、1年以内に落葉する葉を持ち、落葉後休眠状態に入る樹木を落葉樹（deciduous tree）といいます。ブルーベリーの多くの品種は、落葉性です。

◆常緑性　evergreen
　葉の寿命が1年以上あり、年中緑色の葉を着けていることを常緑といい、そのような樹木を常緑樹（evergreen tree）といいます。
　ブルーベリーにも常緑性を示す品種があります。栽培地の冬の気温に影響されやすいため、寒冷地や高冷地では半落葉性（semi-deciduous）になります。

◆樹形　plant size, tree form
　樹形は、樹（株、樹冠）全体の形をいい、特に大きさを表わす場合に用います。ブルーベリーは、高木性果樹とは異なり、低木（shrub）です。
　ブルーベリーの樹形は、通常、大、中、小に区分されています。

樹形が大型（large）
　通常、樹高が高く樹冠幅が大きいものを大型といいます。大型の品種は、一般的にラビットアイに多く、特に「ホームベル」や「ティフブルー」が、ノーザンハイブッシュでは「デキシー」がその代表例です。

樹形が小型（small）
樹高が低く、樹冠幅が小さいものです。タイプでは、全体的にハーフハイハイブッシュの品種が小型です。

樹形が中型（medium）
樹高と樹冠幅が、大型と小型の中間のものが中型です。ノーザンハイブッシュでは、「アーリーブルー」や「ブルークロップ」が代表的です。

◆樹姿　plant (tree) figure, tree shape, tree performance
休眠期の剪定していない樹を側面から見た樹冠の姿（形）を樹姿といいます。樹姿は、タイプや品種によって異なり、通常、直立性（upright）、開張性（spreading）、両者の中間（斜上．semi-upright）の三つに分けられます。

ブルーベリー樹が叢生（bushinesss）になるのは、株元から数本の発育枝が発生して主軸枝となり、また、地中を這って吸枝（サッカー．sucker）が伸長して樹冠を形成するからです。

樹姿は、植え付け間隔や剪定方法と関係します。

直立性　upright
樹を側面から見て、縦径が横径よりも大きく成長するものです。ノーザンハイブッシュの「スパルタン」や「ブルーチップ」が挙げられます。

開張性　spreading
樹を側面から見て、横径が縦径よりも大きく成長するものです。ハーフハイハイブッシュの「ノースランド」が代表的です。

中位（斜上）semi-upright
直立性と開張性の両者を併せ持ったもので、代表的なのはノーザンハイブッシュの「ブルークロップ」です。

◆樹冠　tree canopy, tree crown
立木性の樹の枝葉が、水平、垂直方向に向かって伸長し、地上部（aerial part, above‐ground part, top）を占有している範囲を樹冠と呼びます。樹冠は、上空より見れば、ほぼ円形をなしていますが、側面からは、樹姿と同様に、直立、開張および中位（斜め上）に見えます。

ブルーベリーの樹冠は、多種類の枝から構成されています。

芽の特徴

芽に関係する基礎的な用語

◆芽（bud）とその種類
　新梢の先端にある頂端分裂組織（apical meristem）や葉や花になる未分化の部分を芽といいます。芽は、その特性によっていろいろに区分されます。

頂芽・側芽（腋芽）terminal bud, apical bud・lateral bud, axillary bud
　新梢上の芽の着生位置による区分で、枝の先端（ブルーベリーでは、厳密には先端の腋芽）に着くのが頂芽（ちょうが）、それから下位の葉腋に着くのが腋芽（えきが）・側芽（そくが）です。また、ブルーベリーは一つの葉腋に一つの芽が着く単芽（single bud）です。

定芽・不定芽　definite bud・adventitious bud, indefinite bud
　新梢上の頂芽と腋芽を合わせて定芽、そのほかの箇所や枝にできる芽を不定芽といいます。

陰芽（潜芽）latent bud
　葉腋に生ずる腋芽のうち、1年も2年も発芽せずに、枝梢上に休眠したままの状態で経過したものがあります。そして、頂芽や腋芽が切除され、また障害を受けたりした場合に発芽するような芽を、陰芽または潜芽といいます。切り返し剪定した主軸枝から新たに発生した新芽（梢）がその例です。

休眠芽　dormant bud, resting bud
　夏の後半から秋にかけて枝が見かけ上成長を止め、成長点（growing point. 茎の先端にある分裂組織）が鱗片葉（scale leaf, scaly leaf. うろこ状の葉で冬芽を保護する役割を持つ）や未展開の普通葉に覆われ、冬季に休眠する芽を休眠芽といいます。

夏芽・冬芽　summer bud・winter bud
　夏芽（かが、なつめ）は、成長期にあたる春から夏に発生して秋まで伸びる枝です。通常、冬芽とは違って鱗片に包まれていません。
　冬芽（とうが、ふゆめ．越冬芽）は、冬を越す芽で、鱗片葉（scale leaf, scaly leaf）で覆われています。

◆葉芽　leaf bud
　成長して葉や枝のような栄養器官となる芽を葉芽（ようが）といいます。葉芽は、花芽（かが）に比べて膨らみが少なく細長い形をしています。

第1章　ブルーベリー樹の分類・形態・特性

ブルーベリーでは、葉芽は新梢の中央部から数節下位までの葉腋に着きます。

◆花芽　flower bud

芽が展開して花になる芽が花芽（かが、はなめ）です。ブルーベリーは、新梢の先端が花芽となる頂生花芽（apical flower bud）と、先端から下位数節までの側芽（腋芽）が花芽となる側生花芽（lateral flower bud）とがある、いわゆる頂側（腋）生花芽です。

また、ブルーベリーは花芽と葉芽が別々になる純正花芽〔pure（unmixed）flower bud〕で、通常、節に一つの花芽を着けます。

花芽は、夏季から秋季にかけて、新梢上に形成されます。

◆萌芽・発芽　bud break (burst), flush, sprouting

枝上の芽が出ることを萌芽（発芽）といいます。落葉果樹の場合、休眠状態で越冬しますから、翌年春の萌芽に先立って、一定の低温（温度と時間）を必要とします。

枝

枝に関係する基礎的な用語

◆枝（branch, shoot）の働き

葉を着ける器官を枝といいます。枝は、葉を支え、根と葉との間にあって水分や栄養分の通路となる器管ですが、貯蔵器官としての役割も持っています。

ブルーベリー樹の場合、全ての枝は主軸枝から分枝します。

節・節間　node・internode

新梢の場合、葉の付着している部分を節（せつ．ふし）といい、それ以外の部分を節間（せっかん）といいます。

ブルーベリーでは、葉は、新梢の節だけに着くため、旧枝（二年生以上の枝）では、節の位置は明確ではありません。

葉腋　leaf axil

葉腋は、節の基部で、葉の付着点中央部のすぐ上の部位で、分枝の行われる場所です。

頂芽優勢性 apical dominance（dominancy）

枝に頂芽と腋芽が共存する場合に、頂芽はよく発育するのに対し、腋芽が発育しにくい現象を頂芽優勢（性）といいます。頂芽を除くと腋芽が発育を始めることが多いので、頂芽からオーキシンなど腋芽の発育を抑える物質が出されて作用すると考えられています。

◆主軸枝　cane

　高木性果樹の場合、主枝を分枝し、基部にその樹の樹齢に相当する年輪を有する茎（枝）を主幹（trunk）といいます。通常、適切に整枝された樹は、主幹から分枝させた主枝、亜主枝、側枝という骨格がはっきりしています。しかし、ブルーベリーにはそのような枝の区分はありません。

　ブッシュになるブルーベリーでは、株元から数本〜10本くらいの生育旺盛な枝〔発育枝．vegetative shoot（branch）〕が発生して樹冠の中心となります。このような枝を主軸枝と呼びます。主軸枝は、通常、多数の旧枝、結果枝、新梢を着けます。

枝の種類

◆分枝　branching, ramification

　枝が主軸から分出することを分枝といいます。ブルーベリーでは、分枝位置や枝齢から、枝の種類が区分されています。

当年枝（今年枝、新梢）current shoot

　春から休眠期までに伸長した枝を当年枝（今年枝）といいます。
　当年枝は、通常、新梢と呼ばれ、発生時期と発生する旧枝の種類から、さらに細かく分けられます。いずれも、木化は不十分です。

春枝（一次伸長枝）spring shoot, first flush of growth

　春に、前年枝上で先端（通常、先端には花芽が着く）から数節下位に位置する複数の側芽から発生し、6月中〜7月上旬頃まで伸長する枝を春枝（一次伸長枝）といいます。枝の長さはまちまちですが発生数が多く、新梢全体の大半を占め、樹の着葉数を左右します。

ブラックチップ　black tip

　6月中旬〜7月上旬頃になると、新梢の最先端の葉腋にある1〜2mmの茎組織は、黒い小片に変化します（品種により不明確なものもある）。この黒い小片がブラックチップです。その小片はやがて乾燥して萎み、2週間程で落下します。その時期が春枝の伸長停止期です。

夏枝（二次伸長枝）summer shoot, second flush of growth

　夏枝（二次伸長枝）は、春枝の伸長がいったん止まった後、同一枝から、夏（7月中下旬頃から）に伸長する枝です。全体的に、春枝よりも短く、発生は少なくなります。
　ブラックチップは夏枝にも見られます。

秋枝（三次伸長枝）fall shoot, third flush of growth

　夏枝や春枝から、8月中下旬〜9月上中旬にかけて伸長した枝です。発生数は

夏枝よりもさらに少なく、枝の長さも短くなります。品種によって、また樹勢が弱い樹では、秋枝は発生しません。

発育枝　vegetative shoot (branch)

主として、クラウン（crown、根の集合部分）から発生し、春から秋まで続けて伸びる、長くて太い充実した枝です。2～3年後に樹冠の骨格をなす主軸枝にすべき枝です。

徒長枝　water shoot (sprout), succulent shoot (sprout)

発育枝がクラウンから発生するのに対し、徒長枝は主軸枝と旧枝の潜芽や陰芽から発生し、春から秋まで伸長して、長さが70～100cmを超える旺盛な成長を示す枝です。徒長枝でも、枝の先端部に花芽を着生します。徒長枝の多くは、樹冠内部を混雑させ、また樹形を乱す枝です。

吸枝（サッカー）sucker

地下にある茎を総称して地下茎（subterranean stem）と呼びます。ブルーベリー栽培では、地中を長く横走して、株元から50～100cmも離れた所から地上に斜出する枝を吸枝といいます。

吸枝は根のようにも見えますが、節があり、そこからシュートや根を発生することや、内部構造が枝（茎）と同じであることから、根と区別されます。

吸枝の発生の程度はタイプや品種によって異なります。吸枝の発生が旺盛に過ぎると、株元が煩雑になり、施肥や除草、有機物マルチなどの管理作業に不便を来たします。

前年枝（一年生枝）one-year-old shoot

ブルーベリーでは、休眠期を経過して2年目になった枝や枝の部分を前年枝（一年生枝）といいます。さらに、それ以前に伸びた枝は三年枝（三年生枝）、四年枝（四年生枝）といい、三年枝以上の枝は、まとめて旧枝（branch）といいます。いずれの枝も完全に木化しています。

木化　lignification

植物の二次細胞壁の発達にともない、その壁にリグニン（lignin）が沈積し、木部（xylem. 養水分の通道や植物体の機械的支持の役目をする）のような硬化した組織を発達する現象を木化といいます。

新梢伸長に及ぼす環境要因

新梢の発芽時期や伸長終了の時期が、温度、日照、降水などの気象条件、施肥や灌水などの栽培条件、さらには樹上の枝の位置などによって異なることは、園地でも容易に観察されます。例えば、関東南部では、3月上中旬から比較的高い気温が続くと、開花とともに新梢の発芽が早まります。また、梅雨の期間や夏期

の後半から初秋にかけて降水日が多いと、夏枝や秋枝の伸長が盛んになり、停止期も遅れます。さらには、日蔭の樹や枝は、日光を十分に受けている樹や枝と比べて遅くまで伸長し、細長くなります。晩夏から初秋に窒素肥料を多く施した場合、新梢の伸長停止期が遅くなる、などの例があたります。

葉

葉に関係する基礎的な用語

◆葉序　leaf arrangement, phyllotaxis

葉が枝（新梢）に着くときの配列の状態を葉序（ようじょ）といいます。ブルーベリーは、一つの節に1枚ずつ葉が着く単葉（simple leaf）で、5分の2の互生葉序（alternate phyllotaxis．らせん葉序．次節の葉との開度が144°のもの）です。

◆葉　leaf, foliage

葉は、一般に、枝（茎）に側生する扁平な植物の器官で、発達した同化組織により光合成を営み、活発な物質交換、水分の蒸散などを行っています。

葉は、通常、葉身、葉柄、托葉の3器官から成ります。この三つを備えたものを完全葉（complete leaf）といいます。ブルーベリーは完全葉です。

◆葉身　(leaf) blade, lamina

葉身は、葉の主要部分で、表皮、葉肉、葉脈に分けられます。

表皮　epidermis

葉面は表皮細胞（epidermal cell）で覆われています。さらにその外側には脂肪性の物質・クチンが集積したクチクラ（cuticle）層が形成され、蒸散抑制の機能を果たし、外部からの物質の浸入を防いでいます。

葉面には、表側（葉の上側）と裏側（葉の下側）があります。表側は葉緑体（クロロプラスト、chloroplast）に富み、そこでは光合成を盛んにしています。一方、裏側には気孔（stoma．pl. stomata）が分化していて、水分を蒸散しています。

葉の裏側の表面に、毛じ（毛．pubscence．表皮細胞に由来する突起物）のある品種とない品種があります。タイプでは、ラビットアイの品種にはあり、ノーザンハイブッシュにはないようです。毛じには、保温、防湿、防傷などの葉を保護する機能があるとされています。

葉肉　mesophyll

葉肉は、通常、柵状組織（palisade tissue, parenchyma．葉の表面に直角方向

に柵を並べたように細長い細胞が横に密接し、光合成を営む主体の葉緑素（クロロフィル．chlorophyll）と海綿状組織（spongy tissue．細胞の形や配列が不規則で、海綿に似て細胞間隙に富む）からなります。また、貯蔵組織〔storage（reserve）tissue〕も発達しています。

葉脈　leaf vein, rib, nerve

葉身には葉脈（葉の維管束）があり、水や同化養分の通路になると共に葉身を支えています。ブルーベリーの葉脈は、主脈（main vein）、支脈（primary lateral vein）、側脈（secondary lateral vein）と分かれて分布する網状脈（reticulate venation）です。

葉柄・托葉　petiole, leaf stalk・stipule

葉柄は葉身を支え、水や同化養分の通路となっています。托葉は、葉身よりも早く伸長し、後続の葉を保護する役割を担っています。

◆成葉の外形

成葉（mature leaf．十分に展開した葉）の大きさや形は、同一品種でも、光や温度などの自然条件、施肥や灌水などの栽培条件によって異なります。しかし、基本的には品種の特性であり、葉身は有限成長のため、成葉は成長や変形をしません。

成葉の大きさから、大葉、小葉、中位葉の品種に区分できます。タイプ間で比べると、一般にノーザンハイブッシュの葉は大型で、ラビットアイは小型です。

葉形　leaf shape

葉形は、品種特性の一つで、大きくは卵形（ovate）、楕円形（elliptical）、長楕円形（oblong）の三つに分けられます。

タイプで比較すると、ハイブッシュには卵形、ラビットアイには長楕円形のものが多いです。ハーフハイハイブッシュ（ローブッシュとノーザンハイブッシュとの交雑）には小形で長楕円形の品種が多くみられます。

葉縁　leaf margin

葉縁（成葉の周縁の形）は、タイプによって異なります。ハイブッシュの品種は、ほとんどが全縁状（entire．縁が滑らかで、鋸歯や切れ込みがない）ですが、ラビットアイは鋸歯状（serrate．縁がのこぎり歯のように細かく切れ込む）です。

◆陽葉・陰葉　sun leaf・shade leaf

直射日光が良く照射する場所や枝の位置で成長した葉を陽葉、日蔭で成長した葉を陰葉といいます。同じ樹では、一般に、樹（枝）の南側の葉や樹冠の表面の葉が陽葉であり、北側、樹間内部や樹冠の下側に着く葉は陰葉です。

強光下の陽葉は、弱光下の陰葉に比べて、概して厚くて小さく、クチクラ層や

柵状組織がよく発達しています。また、陽葉は光合成能力、呼吸量、補償点、最大光合成時の光強度が、陰葉よりも大きいのが特徴です。

花

花に関係する基礎的な用語

◆花序　inflorescence

　花軸に着く花の配列の状態を花序といいます。ブルーベリーは、1本の花軸が枝分かれして花房（多数の小花からなる）を着ける総状花序（raceme）です。このため、小花の開花は花軸の下（基部）の方から上方に向けて進み、最後に最上の花房が開く無限花序（indeterminate inflorescence）で、求頂花序（acropetal inflorescence）です。

◆花　flower, blossom

　花とは、種子植物類（spermatophytes, seed plants. 花が咲き種子が形成される植物類）の有性生殖のための生殖器官（reproductive organ, sexual organ）をいいます。花は、葉の変形である花葉と、茎の変形である花軸からできています。

　ブルーベリーの花は房状になり（花房）で、それぞれの小花は萼（がく）、花冠（花弁）、雌蕊（雌ずい、めしべ）、雄蕊（雄ずい、おしべ）から構成される完全花です。

◆花葉　floral leaf

　花器官を形成している種々の器官のうち、花芽形成過程で、葉の変形によって分化した器官のすべてを花葉といいます。萼、花冠、雄蕊、心皮などがこれにあたります。

◆心皮　carpel

　種子植物の雌蕊を構成する特殊な構造をした葉的器官が心皮です。1〜数枚の心皮が癒合して子房をつくり、内部に胚珠を含みます。

◆花房・花軸　flower cluster・floral axis, rachis

　ブルーベリーでは、長くなった花軸（茎に相当する花序の第1次の軸）に着いた有限花序の小花柄を持った花の房を、花房といいます。

　1花房内の小花数は、一般に、枝の先端の花芽で多く、枝の先端から節位が下がると少なくなります。

　品種によっては、副花芽（accessory flower bud）による二次花房を着けます。二次花房は一次花房よりも小型で、小花数が少なく、開花は遅れます。

図1-3 ブルーベリーの花の構造
(断面図)

図1-4 ブルーベリー果実の構造
(断面図)

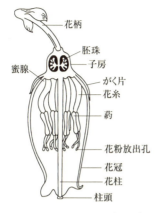

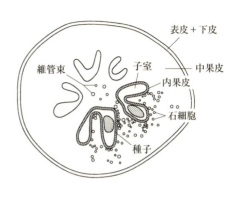

(出典) Williamson, J. and P. Lyrene (1995)

(出典) Eck, P. and N.F. Childers(eds) (1996)

◆完全花・両性花　complete (perfect) flower・bisexual flower, hermaphrodite flower

完全花は、一つの花に、萼、花冠、雄蕊、雌蕊の四つを持つものです。また、一つの花に雄蕊と雌蕊を共存するものを両性花といいます。ブルーベリーは、完全花であり、両性花です。

小花の形態

花房内の個々の花を小花 (floret) といいます。小花は、外観的に萼、花冠、雌蕊からなります (図1-3)。

花房内で、花軸から枝分かれして小花をつける茎を花柄 (peduncle, flower stalk) といいます。通常、一つの花柄に1個の小花を着けます。

◆萼 (がく)　calyx

萼は、花のいちばん下（外）方に発生する花葉の集まりで、花葉中最も普通葉に近い形質をもち、多くは緑色で、主脈を有します。

ブルーベリーでは、萼は、四～五つの切れ込みのある筒 (つつ、tube) を形成して子房を着生し、果実が成熟しても残っています。

◆花冠　corolla

萼の上（内）に位置して発生する裸花葉の集まりを、花冠といいます。ブルーベリーでは、花弁 (petal) が結合して花冠となり、頂部に四～五つの切れ込みがあります。

花冠の形

花冠は、満開時の形から、大きく、つぼ形（urceolate）、鐘形（campanulate）、筒状（管状）形（cylindrical）の三つに分けられます。花冠の形は品種特性の一つです。

多くの品種は、つぼ形あるいは筒状形の花冠です。つぼ形は、花冠の上部がつぼのように細くくびれ、くびれた部分から裂片が開出するもので、代表的な品種はノーザンハイブッシュの「ブルークロップ」です。鐘形は、花冠の長さがおよそ直径の2倍以下であり、筒状ないし上に向って少し広がるもので、ハーフハイハイブッシュの「ノーススカイ」が代表的です。筒状（管状）形は、細い花冠筒と微小な裂片からなります。

花冠の色

花冠の色は、満開時の観察では、ほとんどの品種が白（white）か、淡いピンク（pink）です。品種によっては、蕾の段階で紅色（crimson）を呈します。

◆雌蕊（雌ずい、めしべ）pistil

雌蕊は、複数個の心皮が合着して袋状の構造となり、胚珠を包み込んでこれを保護し、雌性の生殖器官として受粉・受精に直接関わっています。ブルーベリーでは、通常、1個の子房、柱頭、花柱から形成されます。

子房　ovary

子房は、雌蕊の基部にある数枚の心皮が癒合した袋状の器官で、雌蕊の胚珠を入れる部分です。子房壁（ovary wall）、心皮（carpel）、胎座（placenta）、胚珠（ovule，発育して種子になる）から構成されています。

ブルーベリーでは、子房は四〜五つの子室を持ち、中に種子となる胚珠が数十粒含まれています。子房は受精後発達して果実となり、胚珠は種子となります。

子房は、他の花葉との相対的な位置から、通常、子房上位（hypogymy）、子房中位（perigymy）、子房下位（epigymy）の三つに分けられます。ブルーベリーは、子房の上部に花葉を着ける子房下位です。

子房内部で、胚珠（種子）を入れる部屋を子室〔locule（*pl.* loculi）〕といいます。また、胚珠のつく子房壁の表面を胎座（placenta）といいます。

胚珠　ovule

胚珠は、心皮内面の組織が隆起して作られた構造で、受精によりその内部で胚を形成し、成熟して種子となる器官です。

柱頭　stigma

雌蕊の最上端にあり、花粉の付着する場所です。通常、開花すると粘液を分泌して受粉に適した状態となります。

花柱（style）は、柱頭と子房をつなぐ部分で、花粉管の通路です。ブルーベ

リーでは、花柱が雄蕊よりも長いのが特徴で、花冠から突き出ている品種もあります。

◆雄蕊（雄ずい、おしべ）stamen

雄蕊は、花冠の内側に輪生し、細長い柄状の花糸と、その先端にあって花粉を含む葯からなる雄性の生殖器官です。

花糸　filament

花糸は、雄蕊の葯を支える部分です。ブルーベリーでは、柄状で雌蕊の花柱よりも短く、数は8〜10個です。花糸の周囲には毛があります。

葯　anther, pollen sac

葯は、花糸の先端にあって花粉をつくり、貯めて置く袋状の部分です。葯の上半部は二つの管状あるいは小突起からなり、小突起の先端には花粉が放出される孔があります。葯の下半分は毛で覆われた袋状になっていて、花粉粒を蓄えています。

◆花粉　pollen

葯内に多数形成される雄性の生殖細胞（germ cell．染色体数は半数）あるいはそれが発生を開始した雄性配偶子を花粉といいます。

ブルーベリーの花粉は四分子（tetrad）で、立体的（四面体型、tetrahedral）に集合しています。すなわち、1粒に見えるのは4個の花粉の塊です。花粉が健全で、発芽条件が整っていれば、1粒から4本の花粉管が発芽します。

果実

果実に関係する基礎的な用語

一般に、子房は受精後に大きさを増して果実（fruit, berry）となり、その中に多数の種子を含みます。果実は、肥大した部分や花数からさまざまに区分されています。

◆真果　true fruit

果実は、子房または子房群、あるいはそれらを含むひとまわりの器官が肥大したもので、その由来からさらに二つに分けられています。

一つは真果で、子房の部分だけが肥大してできる果実です。ブルーベリーは真果ですから、可食部は子房全体であり、子房壁は果皮となって種子を包み、保護しています。

もう一つは偽果（false fruit, pseudo fruit）で、子房以外の萼や花たく（花床）を含んで肥大した果実です。リンゴやナシなどが代表的です。

◆**単果　simple fruit**
　単果とは、果実を形成した子房による区分で、1個の子房に由来する果実をいいます。
　ブルーベリーは単果です。これに対して、複数の子房に由来する果実を複合果（多花果．multiple fruit）といい、オランダイチゴやイチジクが代表的で、果実の集合体が外観上1個の果実のように見えるものです。

◆**液果、しょう果　berry, sap fruit**
　成熟すると果皮（外果皮）の内側の果肉部（中果皮または内果皮）の細胞がほとんど液胞で占められ、多量の果汁を含み軟化する果実を液果（しょう果）といいます。ブドウ、イチゴ、ブルーベリーなどを含む小果樹類が入ります。

◆**果房・果軸　fruit cluster・fruit stalk**
　ブルーベリーの花は多数の小花を着けた花房ですから、果実も果房に着きます。また、花軸は果軸に、小花の花柄は果柄（peduncle, fruit stalk）になります。

果実の外部形態

◆**果実形質　fruit character, characteristic of fruit**
　果実形質とは、一般的に、大きさ（果径）、重量、硬度、果形、果皮色などの形態や外観を指標とした特徴を指します。これらのうち、ブルーベリーに最も特徴的なのは、果形、果粉、果柄痕で、いずれも果実品質を大きく左右します。

　果形　fruit shape
　成熟果の縦断面を側面からみた形です。果形は、扁円形（oblate）と円形（round）に大別されますが、大半の品種は扁円形で、上方から見ると円形です。
　果形は、栽培条件や熟度に左右されることの少ない品種特性です。

　果粉　bloom
　ブルーベリーでは、成熟果の表面が白粉状の、ろう（蝋）質（ワックス．wax）で覆われています。このろう質が果粉と呼ばれるもので、クチクラから果実表面に分泌され、結晶状になったものです。果粉は、果面からの水分蒸散の抑制、撥水、光の反射などに役立っているとされています。
　ブルーベリーの場合、果粉は、表皮と下皮層にあるアントシアニン色素の上面を被覆しているため、品種に特徴的な明青色、青色、暗青色と表現される果（皮）色（fruit skin color）を呈します。

　果柄痕　scar
　ブルーベリーでは、果実が成熟して果柄が取れたあと（痕）を果柄痕といいます。果柄痕の大きさと乾燥の程度は、収穫後の果実品質を左右する重要な形質

で、品種特性の一つです。
　果柄痕は、大きさから小（small）・中（medium）・大（large）の三つに、乾燥の程度から乾燥（dry）と湿潤（wet）に分けられ、評価されます。

果実の内部形態
　ここではブルーベリー果実の断面から、その特徴的な内部形態を示します（図1-4）。

◆果皮　pericarp, rind, skin, peel
　果肉を被っている皮を、果皮といいます。発生学上は、果実は葉の変形したものですから、外果皮（epicarp, exocarp. 葉の表面に相当）、中果皮（mesocarp. 果肉部で葉肉に相当）、内果皮（endocarp. 葉の裏面に相当）に分けられます。
　ブルーベリーの場合、外側から外果皮（表皮）、中果皮（果肉）、内果皮（子室の膜）の順に構成されます。

◆果肉　flesh
　果実の柔細胞（parenchymatous cell. 薄い細胞壁を有し、等径あるいは細長い多面体の原形質を持った植物細胞で、種々の機能を持つ）からなる多汁質の可食部を果肉といいます。ブルーベリーは真果ですから、果肉は子房壁が変形肥大したものです。

石細胞　stone cell
　果肉は柔細胞からなり、多量の水分、糖類、有機酸などを含んでいます。その細胞膜は薄く、平等に肥厚していますが、一部にリグニンなどが沈着して厚膜の細胞となります。そのような硬膜の細胞が石細胞です。ブルーベリーでは、果肉中に散らばった状態で存在します。

◆胎座　placenta
　子房内で胚珠が着く部分を胎座と呼びます。ブルーベリーでは、果実の中央部に、四～五つの心皮と多数の種子が着いたリグニン質の胎座があります。

◆子室　locule
　子房内の胚珠の周辺部には、将来、胚珠が種子として発達するための空間があり、この空間を子室（ししつ）といいます。ブルーベリーでは、子室中に多数の胚珠（100粒あるいはそれ以上）が含まれています。

種子

◆種子　seed
　種子は、子室内で受精した胚珠が発達した繁殖のための一つの器官です。ブル

ーベリーでは、多数の胚珠が成長過程で発育停止を起こすため、成熟時の種子数は減少します。種子は、種皮、胚乳、胚から成っています。

種皮　seed coat
種子の周囲を包む膜状の組織を種皮と呼び、胚や胚を保護するとともに、発芽時の水分吸収にも役立っています。

ブルーベリーの種皮はリグニン（lignin．細胞間隙に蓄積にされた高分子化合物．これにより細胞が木質化して硬くなる）質に富んだ硬膜で覆われています。そのため、水や気体の透過がいちじるしく妨げられ、休眠期間が長くなり、いわゆる発芽しにくい硬実（種子）（hard seed）です。種子の表面には、ピット（pit）と呼ばれる多数の窪みがあります。

なお、ブルーベリーの種子は、光によって発芽が促進される好光性種子（positively photoblastic seed）、光発芽種子（light germinator）、明発芽種子（light germinating seed）〕です。

胚乳　albumen, endosperm
胚の発芽に必要な養分を貯蔵し供給する組織が胚乳です。被子植物では、胚嚢の中央細胞の2個の極核（n）が合体して2nとなった核（中心核ともいう）が、精細胞の精核（n）と受精（重複受精．double fertilization）して胚乳核（3n）を生じ、胚乳核が一斉に細胞分裂して胚乳が形成されます。

胚　embryo
胚とは、受精卵が発育してから独立生活を始めるまでの個体を指します。植物の胚は、原則的に根端分裂組織のある幼根（radicle）、茎頂分裂組織のある上胚軸（epicotyl）、両者の中間を占める胚軸（hypocotyl）、胚軸の上端に着く子葉（cotyledon）から形成されます。

ブルーベリーは、子葉が2枚の双子葉植物（dicot, dicotyledon）です。

◆種子数と種子の大きさ
ブルーベリーの場合、1果実中の種子数とその大きさは、タイプや品種によって異なります。一般的に、自家結実性の強い品種は、自家結実性の弱い品種に比べて、種子が小さく、数は少ない傾向が見られます。

ラビットアイはハイブッシュよりも種子が大きく、その数の多いのが特徴です。また、同一品種でも、成熟期の早晩によって異なり、成熟期の前半に成熟した果実は種子が大きくて数が多く、後半に成熟した果実では種子は小さく、数も少なくなります。

第1章　ブルーベリー樹の分類・形態・特性

根

　根（root）は、地下部（underground part, subterranean part）といわれるように土中にあって樹体を支え、土中の水やそれに含まれる無機塩類を吸収し、茎（幹）へ送る役目を持つ器官です。それとともに貯蔵器官（storage organ, reserve organ）でもあります。

　一般に、根は、発生的にみれば定根と不定根、形態的にみれば普通根と特殊根（例えば、空中にある気根や水中にある水中根など）、機能的にみれば吸収根（absorbing root. 養分や水分を吸収する働きをする根）と貯蔵根（storage root. 肥大して養分や水分を蓄える根）など、様々に分類されます。

◆根群（系）root system

　作物の種類、品種によって、地上部がそれぞれ特有の形態をとっているように、根は地中で特有の形態をとっています。作物では、通常、土中での根の分布状態を根系といいますが、果樹の場合は根群と呼びます。

　多くの果樹では、根群は、地上部の枝の範囲を超えて横に広がり、深さは土壌の物理性と化学性が良ければ、地下1m以上に達しています。しかし、ブルーベリーは浅根性なので、根群域は浅くて狭く収まっています。

◆定根（morphological）root

　種子中の幼芽と幼根から生ずる全ての根を定根（定位根）といいます。定根は、幼根が発達して生じた主軸にあたる主根（直根）と主根の側面に生じた側根からなります。

　ブルーベリー栽培で定根が重要視されるのは、通常、育種研究（品種改良）上の目的から実生苗を育成する場合のみです。

◆不定根　adventitious root

　定根以外の全ての根を、不定根といいます。すなわち、根以外の器官から、特に茎（枝）の節や節間部から発生した根が不定根です。

　ブルーベリーの場合、苗木養成はほとんどが挿し木繁殖法によっているため、発生する根は全て不定根となります。

◆普通根　ordinary root

　根の機能性から区分したもので、形態的にも機能的にも通常の様相を呈して地中にある根（地中根）を普通根といいます。ブルーベリーの根は普通根です。

◆主根・側根　main root, tap root・lateral root

　多くの高木性果樹では、根には主根（直根）と、主根から出る側根があります。しかし、ブルーベリーの場合、主根と側根の区別はありません。

◆繊維根（ひげ根）　fibrous root

　主根と側根の区別が無く、多数の細い根が束生（そくせい）してひげ状になった根を、繊維根（ひげ根）と呼びます。

　ブルーベリーは、代表的な繊維根（ひげ根）の果樹です。このため、直根や側根の成長が旺盛な高木性果樹（深根性．deep rooted）とは異なり、土中の根の分布範囲が浅い、浅根性（shallow rooted）が特徴です。しかし、栽培上は太さ（直径）別に、太根（ふとね）と細根（ほそね）に区分され、それぞれ役割が異なるとされています。太根（thick root, woody root）は、肥大して太さが11mm以上のもので、木化して樹体を支え、さらに貯蔵根として栄養分の貯蔵機能を果しています。細根（thin root, fine root, rootlet, feeder root）は、太さが1mmくらいまでの細い根で、基本的に、水分や栄養分の吸収を担っています。

　また、実際栽培園では、しばしばルートボール（root ball）やルートマット（root mat）と呼ばれる、細根が密集した部分が見られます。いずれも、根が肥料分や土壌水分の豊かな部分に密に張り、ボール状やマット状にまとまったものです。このような根は、栽培管理上好ましくないもので、植え穴の通気・通水の状態が均一でない園（土壌）や、施肥、灌水、マルチなどの管理が樹冠内全体ではなく、ある個所に偏っている園（土壌）で多く見かけられます。

　根端　root tip（apex）

　根の先端付近を根端といいます。先端には根端分裂組織（root apical meristem）があり、細胞分裂することで、根が成長します。

◆根毛　root hair

　根毛とは、根端から少し離れた伸長帯にある表皮細胞から出た、単細胞性の突起物を指します。多くの果樹では、根毛が土粒に密着して、土粒間の水分や栄養分を取り入れる働きをしています。

　しかし、ブルーベリーは、根毛を欠く代表的な作物です。このため、ブルーベリー樹の水分や栄養分の吸収力は、他の作物と比較して弱いとされています。

4　ブルーベリー樹の性質、栽培特性

　ブルーベリーの樹姿をはじめ枝・花・果実・根などの器官の形態は、特徴的ですから（「3　ブルーベリー樹の形態」の節参照）、果樹としての性質および栽培上の特徴もまた、多くの高木性果樹とは異なります。加えて、ブルーベリーは、高い鑑賞性を持っています。
　この節では、まずブルーベリーの果樹としての性質、家庭果樹として楽しみ方を述べ、次に栽培上の特徴について要約します。

ブルーベリーの果樹としての性質

　ブルーベリーの各タイプに共通する、果樹としての性質は次のように整理できます。

ブルーベリー樹の性質（characteristic of plant）

●低木で多幹性

　樹は、小形で低木（樹高が1～2.5m）、株元からは強い発育枝が、旧枝からは多数の徒長枝が伸長し、また、地中をはって吸枝（サッカー）が伸長します。このため、樹形は、叢生になります。通常、落葉性です

●繊維根（ひげ根）で浅根性、根毛を欠く

　根は、繊維根（ひげ根）で、直根や根毛がありません。このため、根の伸長範囲が浅くて狭い（浅根性）ため、土壌の乾燥に弱く、敏感に反応します。

●好酸性で、好アンモニア性植物

　ブルーベリー樹は、代表的な好酸性植物（acid soil-loving plant, acidophilic plant）ですから、成長はpH4.3～5.3の強酸性土壌で優れます。
　また、樹の成長がアンモニア態窒素で優れる好アンモニア性植物です。このため、肥料の種類や施肥法は、他の果樹とは大きく異なります。

果実の特徴　characteristic of berry

●夏の果物

　ブルーベリーは夏の果物です。成熟期には、タイプや品種によって、また地域によって早晩がありますが、関東南部で極早生品種から極晩生品種までを組み合わせて栽培した場合、6月上旬から9月上旬まで3か月にも及びます。

表1-3 ブルーベリー果実の主要な栄養成分*
(可食部100g当たりの成分値)

成分および単位			生果	ジャム
廃棄率		%	0	0
エネルギー		kcal	49	181
基礎成分	水分	g	86.4	55.1
	タンパク質	g	0.5	0.7
	炭水化物	g	12.9	43.8
無機質	ナトリウム	mg	1.0	1.0
	カリウム	mg	70.0	75.0
	鉄	mg	0.2	0.3
	亜鉛	mg	0.1	0.1
	銅	mg	0.04	0.06
	マンガン	mg	0.26	0.62
ビタミン	A(β-カロチン)	μg	55.0	26.0
	E(トコフェロール)	mg	2.3	3.1
	B_1	mg	0.03	0.03
	B_2	mg	0.03	0.02
	葉酸	μg	12.0	3.0
	C	mg	9.0	3.0
食物繊維	水溶性	g	0.5	0.5
	不溶性	g	2.8	3.8
	総量	g	3.3	4.3

*香川芳子監修(2015)から作成

1品種の成熟期間は、3〜4週間です。

● **樹上で完熟**

ブルーベリーは、収穫後、デンプンが糖化して果実の糖度や糖酸比が高まることはなく、樹(枝)上でのみ完熟します。すなわち、果実は、樹上で、成熟期に達してから、大きさと糖度が最大になり、酸含量が減少して、品種本来の風味を呈するようになります。

● **果実は小粒で、廃棄率がゼロ**

果実は、小粒(平均して1〜5円玉の大きさ)で、比較的果皮が軟らかく、種子も小さくて軟らかいのが特徴です。食べ方は、果実を丸ごと食します。このため廃棄率がゼロで、果実に含まれる栄養機能性成分の全てを摂取することができます。

● **ソフト果実**

ソフト果実といわれるように果皮、果肉が軟らかいため(小果樹類のうちでは硬い方)、収穫後の日持ち性、輸送性が劣ります。収穫時はもちろん収穫後も、果実を傷めない取り扱い方が必要です。

● **糖と酸が調和した風味**

成熟した果実は、糖と酸が調和した爽やかな風味を呈します。デザートとして生食されるほか、各種加工品の素材としても利用できます。

● **果皮の明青色はアントシアニン色素**

ブルーベリーの果色は、明青色、紫青色あるいは暗青色と表現されますが、これはいずれもアントシアニン色素によるものです。

果皮は、果粉（ブルーム）によって被覆されています。

● **豊富な栄養機能性成分**

ブルーベリーは低カロリーで、ミネラル類〔minerals．無機質。特に亜鉛（Zn）とマンガン（Mn）〕、ビタミン類〔vitamins．特にビタミンEと葉酸（folic acid）〕、食物繊維（dietary fiber）を多く含んでいます（表1－3）。

さらに、「目にいい」、「生活習慣病の予防効果が高い」と評価されているポリフェノール（polyphenol）類が多く含まれています。

● **利用・用途が広い**

果実の利用は生食が中心ですが、用途の広いのが大きな特徴です。例えば、生果（fresh fruit）からでも冷凍果からでも、ジャム、ジュース、ワイン、酢などに単一で、あるいは他の果実とミックスして加工され、さらに菓子類や料理の素材としても使われています。

家庭果樹としての楽しみ

ブルーベリー樹は小形で育てやすく、幼木でも開花、結実させて果実を収穫できます。そのうえ、花、果実、紅葉は観賞性に優れています。

ブルーベリー樹が数本でも家庭にあると、沢山の楽しみを体験できます。

● **育てる楽しみ**

ブルーベリーは、タイプと品種を選べば、庭植えでも鉢植えでも、全国各地で育てることが可能です。

苗木や土壌などの諸準備を整えて植え付けてから、年ごとに大きく成長する樹の姿に感動することでしょう。また、繰り返し世話する水やり（灌水）、施肥や剪定などの諸管理（作業）を通して、無心になれる喜びがあります。

● **愛でる楽しみ**

春には美しく可憐な花、夏には緑色から明青色や暗青色になって成熟する果実、秋の鮮やかな紅葉は、五感を刺激して楽しませてくれます。また、葉を落とし、冬の寒さに耐えている枝や花の蕾には、強い生命力を感じます。

● **果実を味わう楽しみ**

果実は、樹上でのみ完熟するため、家庭で育てている場合、新鮮で、大きく、おいしい完熟果を直接摘み取り、また時間を置かずに味わうことができます。好みの品種を育て、品種間の風味の違いを味わえるのも、家庭で育ててこその楽しみです。

ブルーベリーの収穫果

プレザーブタイプのジャム

冷蔵貯蔵すると、生果と同等の風味を、1週間以上も楽しめます。

● **加工品をつくる楽しみ**

生果はもちろん冷凍果から、各種の加工品を作り、また、クッキングの素材としても広く利用できます。

加工品を作るための準備と製造過程、そして出来上がった製品を味わうことは、大きな楽しみとなるでしょう。

● **健康になれる喜び**

家庭で育てる場合、健康になれる喜びに二つの面があります。一つは、樹を健全に育て、おいしい果実を収穫するまでの各種の管理作業を通して得られる心身の健康です。

もう一つは、果実が含む各種の栄養機能性成分を、自給自足できる喜びです。

● **自然にやさしくできる喜び**

諸管理が行き届く家庭栽培では、病害虫防除のための化学農薬を使用しない、いわゆる、安全・安心な育て方が可能です。また、他の樹木や飛来する小動物にも害を及ぼすことがないため、自然にやさしい環境保全の一助となります。

ブルーベリーの栽培上の特徴

ブルーベリー栽培が日本で広く普及し始めたのは、1980年代半ばからです。それ以降、今日までの全国各地の事例から、日本におけるブルーベリー栽培の特徴を知ることができます。

● **ほとんどがアメリカの育成品種**

現在、日本で広く栽培されている品種のほとんどは、アメリカの育成品種です。このため、新品種の導入にあたっては、その地域の気象条件、土壌条件の下で試作を行い、樹の成長や果実収量と品質を調査することが大変重要です。

第1章　ブルーベリー樹の分類・形態・特性

●品種数が多く、全国各地で栽培できる

ブルーベリーには、特に冬の低温への適応性が異なる、ノーザンハイブッシュ、サザンハイブッシュ、ハーフハイハイブッシュ、ラビットアイブルーベリーの四つのタイプがあります。

それぞれのタイプに多数の品種がありますから、地域の気象条件に合ったタイプと品種を選べば、北海道から九州、沖縄まで栽培が可能です。また、同じ園内であっても極早生品種から極晩生品種まで多数の品種を組み合わせることによって、出荷時期（観光農園では摘み取り期間）を調整することが可能で、労働力の有効利用、果実販売の面でも有利な経営が期待できます。

●成熟期が梅雨の時期と重なる

栽培するタイプと地域により異なりますが、関東南部の場合、ノーザンハイブッシュ、サザンハイブッシュの多くの品種は、成熟期が梅雨（例年6月上旬〜7月中下旬）の最中にあたります。このため、梅雨期間中の降水、曇天による日照不足、高い空中湿度や土壌水分含量などが、良品質の果実を生産する上で障害となります。また、収穫作業の遅延や選果過程における品質の劣化も問題です。

ちなみに、アメリカやヨーロッパなど海外の場合、ブルーベリーの成熟期は一年のうちでも晴天に恵まれ、降水の少ない時期になっています。

●成長に好適な土壌が少ない

ブルーベリーの成長に好適な土壌は、地下水位が高く（45〜60cm）、砂質性で有機物含量が高く、通気性・通水性と保水性のバランスが良い強酸性土壌とされています。

日本の土壌に当てはめた場合、ブルーベリー樹の成長は黒ボク土で優れます。それ以外の褐色森林土、赤黄色土、水田転換園などは、植え付け前に園全体の排水性を改善し、ち密度、通気性・通水性、保水性を良好にする土壌改良が必要です。

●多様な栽培様式が可能

ブルーベリー樹は小果樹で、樹高が低く、根群域が狭いため、各種の様式（方法）で栽培できます。

果実販売の点から見ると、果実を商品として販売目的に栽培する場合、多くは普通栽培〔(open) field culture, outdoor cultivation (culture). 露地栽培 (open field culture) と同じ〕による経済栽培（economical growing）です。一方、家庭での利用を目的とする家庭園芸（home gardening）としての育て方も普及しています。

普通栽培の場合、果実の販売方法から見ると、主として、市場出荷（shipping, shipment）を中心とした栽培体系と、顧客による摘み取りによる観光農園

(pick-your-own farming, farm for tourist) の二つがあります。日本では、観光農園経営が一般的です。

　栽培条件による違いから見ると、自然の畑条件下で栽培する普通栽培（露地栽培）が主体ですが、温度や降水など自然環境をある程度調節した施設栽培〔protected cultivation. ハウス栽培（cultivation（growing）in plastic house）〕も行われています。施設栽培は、梅雨が果実品質に及ぼす悪い影響を避けるための方法として徐々に各地に広がっています。

　また、普通栽培とは違って、土量を制限した培地（用土）に植え付け、灌水や施肥を適正に行うことで樹体を管理できる鉢栽培（pot culture. ポット栽培、コンテナ栽培）も可能です。

　さらに、タイプと品種を選定すると、化学合成農薬・化学肥料を使用しないで育てる、いわゆる有機栽培〔organic culture（growing）〕が可能です。

第2章

ブルーベリー栽培に適した立地条件

ブルーベリー成木の樹姿

　ブルーベリー栽培に成功するための条件の二つ目は、栽培する品種が健全に成長し、安定した果実収量と良品質の果実生産がもたらされる適地（園地）の選定から始まります。ブルーベリー樹は、いったん植え付けられると、同じ場所で、長年にわたって生育することになるため、園地の立地条件（自然条件）の良否が、樹の成長、果実収量と品質を大きく左右し、ひいては園の経営の成否を決定するからです。
　この章では、立地条件を気象条件と土壌条件に分け、両条件の主要な要素（要因）とブルーベリー樹の反応、栽培との関係について解説します。また、気象および土壌に関する基礎的な用語や事項についても取り上げます。

1 立地条件と適地

　ブルーベリー栽培は、なによりも立地条件を検討し適地を選定することが肝要です。まずは、初めに立地条件と適地について解説します。

◆立地条件　conditions of site, locational site

　立地条件とは、一般に、作物（植物）の成長する一定の環境を指します。環境は、植物を取り囲み成長に影響を与える外界を意味しますから、立地条件は自然条件（natural features）ともいえます。

　自然条件は、気象条件〔climate（weather）conditions〕と土壌条件（soil conditions）に大別されます。両条件には、それぞれブルーベリー樹の成長を左右する要素・要因（気象要素、土壌要因）があり、関連して栽培管理上知っておきたい用語が数多くあります。

◆適地　suitable land

　気象、土壌（土性、土質や地形など）の立地条件と経済上の条件が、特定の作物の栽培、貯蔵、販売にとって好適であり、生産力・生産性が高い土地を適地といいます。適地には、絶対的適地と比較的適地の二つがあります。

　絶対的適地は、その作物の栽培条件に、気象と土地の自然条件が完全に適合する場合です。

　比較的適地とは、その土地の自然および経済条件が、作物栽培の条件に必ずしも完全に好適ではなくても、他の作物を栽培するよりは適している場合です。日本のブルーベリー栽培は、ほとんどが比較的適地におけるものです。

　なお、経済的条件（economical conditions）とは、栽培労力の供給、生産物の輸送、販売市場（消費地）、加工工場などとの関係を指します。

2　気象条件

　各種の気象・気候要素のうち、ブルーベリー樹の成長、果実収量、品質を大きく左右するのは、気温（月別平均、休眠期、成長期と最寒月の気温）、月別（旬別）降水量、無霜期間、日光などです。

気象に関係する基礎的な用語

　地球を取り巻く大気の状態を表す用語に、気象、気候、天気、天候があります。これらはよく似た言葉で、しばしば混同して使用されているようです。

◆**大気　atmosphere**
　地球の重力に捉えられている気体の層全体を指します。大気は、窒素、酸素、アルゴン、二酸化炭素、水蒸気などから成ります。高さ2～3kmまでの大気を下層大気（lower atmosphere）、それ以上を高層大気（upper atmosphere）といいます。
　大気は、地表から十数km上空までは、上へ行くほど温度は低くなります。対流が生ずるのは、この高さ以下であり、対流圏（troposphere）と呼ばれます。生物に直接関係する気象現象は、対流圏内で生じています。
　気層（air layer）とは、大気が層状になっている状態をいいます。特に、地表面付近に発達する気層を接地気層（surface layer）と呼びます。

◆**気象（気象現象）meteorological phenomena**
　大気中に生ずる自然現象と大気の状態を総合して気象といいます。
　太陽エネルギーは、赤道を中心として降り注ぎ、その熱を北極と南極へ輸送する過程で様々な気象現象が生じます。地表面が高温の場所では対流が生じ、雲の形成と雨をもたらします。
　中緯度地帯では、優勢な高気圧が形成され、その南北で偏東風や偏西風が吹走します。
　低緯度起源の暖気と高緯度起源の寒気は中緯度の前線帯でぶつかりあい、前線や低気圧の活動を通じて混合されます。

◆**高気圧　high air pressure, anticyclone**
　周囲より気圧の高い所を高気圧といいます。中心から北半球では時計回りに、南半球で反時計周りに周辺へ空気を発散します。同時に下降気流を伴うため、晴天域となります。

◆低気圧　low pressure, cyclone
　周囲より気圧の低い所を低気圧といいます。中心に向かい、北半球では反時計回りに、南半球では時計回りに周辺から空気を収束させます。同時に上昇気流を伴うため曇雨天となります。

◆前線　front
　密度の大きい（冷たい）気団と密度の小さい（暖かい）気団（広い地域にわたって水平方向にほぼ同じ性質をもった空気の塊）との境界を前面または前線面と呼びますが、これが地表面などと交わってできる線を前線といいます。

　微気象　micrometeorological phenomena
　地表面の影響を強く受ける地上10m付近までの気層内の微細な時間・空間スケールの気象現象を微気象といいます。
　微気象は、地表面から数mの高さまでの気象要素の鉛直分布を示し、気層内の大気運動や熱の放射、蒸発などの気象現象を物理法則として説明したものです。
　微気象は、主として農業気象や大気汚染の研究において重視されています。微気候と混用されることが多いとされていますが、微気候は、地表面条件による場所の差異を意味します。

　気象要素　meteorological elements
　大気の状態を示す物理的要素で、気象観測で対象とする項目である気圧、気温、湿度、放射、風向、水蒸気圧、雲の形、雲量、視程などを気象要素といいます。

◆気候 climate
　地球上のある場所（地点・地域）で、1年を周期として毎年繰り返される最も出現確率の大きい大気の総合状態を、気候といいます。

　気候要素　climatic element
　気候は、気温、湿度、風向、風速、日射量、雲量などから構成されていて、これらを気候要素といいます。気候要素の年間を通じての地域的な特性を知る方法としては、年平均（annual mean. 1月～12月までの月平均値を平均して求める）を用いるのが一般的です。

　気候因子　climatic factor
　気候要素の地理的な分布に影響を及ぼす因子を気候因子といい、緯度、水陸分布、海抜高度、コリオリの力、大地形、海流などがあたります。これらの因子は、総合的に関与して地域の気候を特徴づけています。

　コリオリの力　Coriolis force
　回転体上を運動する物体に働く慣性の力。台風の進路が、地球の自転のために曲がるのはこのためです。

微気候　microclimate

地表面から地上1.5mくらいの間の気層内の微細な時間・空間スケールの気象現象を、空間的、時間的に平均した状態を微気候といいます。すなわち微気候は、主として接地気層の構造や特性を地理的関係で捉えたものです。

接地気層内では、気温、風速、湿度などの気象要素がその上層に比べて値や変化の状況が著しく異なり、作物は微気候の影響を受け、また、微気象の変化に対して大きく作用します。

局地気候（local climate）は、地形の起伏と地表状態によって特徴づけられた比較的狭い地域の気候をさし、都市気候や盆地の気候などがその例です。

なお、気温、湿度、日射などは、気象要素であるとともに気候要素でもあります。

◆天気・天候　weather

天気は、ある時刻または時間帯（通常、1時間から1日程度）の大気の総合的な状態をいいます。天気には、晴、曇、霧、雨、雪、雹など、15種もの種類があります。

天候は、天気よりも長く、5日から1か月程度の平均的な天気状態をいいます。通常、天気は日常語として、天候は天気の硬い表現として使われています。

気候（気象）要素とブルーベリー樹の成長との関係

全国各地の栽培事例から、主要な気候・気象要素とブルーベリー樹の成長との関係を知ることができます（表2-1）。

気温　air temperature

対象とする場所の空気の温度を気温といいます。ある特定の期間の気温の平均値、最高値と最低値を、それぞれ平均気温〔mean（average）air temperature〕、最高気温（maximum air temperature）および最低気温（minimum air temperature）といいます。

気温（温度）は、ブルーベリーの栽培地域、樹の成長、果実品質を規定する最も重要な要素ですから、次に挙げる四つの温度条件が満たされている必要があります。

①冬季の温度は、樹が枯死しない程度である
②冬季に、自発休眠が覚醒されるのに必要で十分な低温がある
③果実の成長期間中、成熟に必要かつ十分な一定以上の温度が確保される
④優良な果実品質を得るために、成長期間に十分な温度と日射がある

表２－１　日本の代表的なブルーベリー栽培地帯にある都市の気象条件**

都市	主なブルーベリーのタイプ*	平均気温（℃）			最寒期の日最低気温の平均（℃）	最暖期の日最高気温の平均（℃）
		年	成長期	休眠期		
札幌	NHb	8.9	15.6	-1.0	1月. -7.9	8月. 26.4
盛岡	NHb	10.4	16.7	1.2	1月. -5.6	8月. 28.3
東京	NHb, SHb, Rb	16.3	21.6	8.8	1月. 2.5	8月. 31.1
長野	NHb	11.9	18.6	-4.1	1月. -4.3	8月. 30.5
名古屋	NHb, SHb, Rb	15.8	21.8	7.5	1月. 0.8	8月. 32.8
広島	Rb, SHb	16.3	22.1	8.1	1月. 1.7	8月. 32.5
福岡	NHb, SHb	17.0	22.3	9.4	1月. 3.5	8月. 32.6
鹿児島	Rb, SHb	18.6	23.7	11.5	1月. 4.6	8月. 32.5

*NHb：ノーザンハイブッシュ、SHb：サザンハイブッシュ、Rb：ラビットアイ。
（成長期は4～10月、休眠期は11～3月までとした）
**国立天文台編（2014）理科年表　第87冊をもとに作成

冬季の気温

　ブルーベリーの花芽と葉芽は、他の落葉果樹と同様に、休眠覚醒して正常に開花、展葉するためには、冬季間、ある一定時間、低温（chilling．通常、1～7.2℃の範囲）に遭遇する必要があります。特に12～2月に確保できる低温時間が重要です。
　他方、冬季の厳しい低温（low temperature, chilling）は、芽や枝に障害をもたらします。

◆**休眠　dormancy**
　植物では、生育の過程で、低温・高温あるいは乾燥など生育に適当でない環境下で生育を一時停止することがあります。この現象を休眠といい、休眠状態にある期間を休眠期〔dormant period（season）〕といいます。休眠期は、果樹栽培では、通常、11月～3月までを指します。
　休眠には、大きく分けて二種類あります。一つは、温度や光などの外的要因が生育に不利な場合に起こる他発休眠（強制休眠）（ecodormancy, external dormancy）です。もう一つは、温度や光などをその植物が自然に生育する時期と同様にしても成長が起こらない自発休眠（endodormancy）です。自発休眠は、通常、他発休眠に先駆けて見られます。

◆**低温要求性・低温要求量　chilling (low temperature) requirement**
　自発休眠の覚醒（endodormancy breaking）のためには、一定期間、低温を経過する必要がありますが、このような性質を低温要求性といいます。その期間の程度を低温要求量といい、通常、時間で示します。ブルーベリーの場合、効果的な低温は、1～7.2℃の範囲とされています。
　低温要求時間は、タイプ、品種、芽の種類によって異なります。タイプ別で見ると、ノーザンハイブッシュが800～1,200時間、サザンハイブッシュが400時間以下で少なく、ラビットアイが400～800時間で中間です。ハーフハイハイブッシュの低温要求量は、ノーザンハイブッシュよりも多いと推測されています。

◆**耐寒性　cold hardiness, cold resistance, cold tolerance**
　冬期間に、作物体（樹体）の凍結が起こるような寒さ（低温）に対して生存できる性質を耐寒性といいます。
　ブルーベリー樹の耐寒性は、タイプ、品種、芽の種類、低温順化の程度などによって異なります。耐寒性は、ブルーベリー栽培の北限を決めます。

タイプ、品種と耐寒性
　タイプや品種によって耐寒性が異なることは、各地で観察されています。例えば、長野県や北海道で冬季にマイナス10～12℃になる所では、ノーザンハイブッシュは障害が無く成長したものの、ラビットアイには凍害が発生して枝が枯れ、その後、樹体の維持が困難でした。このような各地の観察結果から冬季の最低極温が検討され、望ましい栽培地帯は、ノーザンハイブッシュがマイナス20℃以下、サザンハイブッシュとラビットアイがマイナス10℃以下にならない所とされています。

芽の種類と耐寒性
　一般的に、葉芽は花芽よりも耐寒性があります。ノーザンハイブッシュ「アーリーブルー」を用いた観察によると、マイナス29℃で花芽は枯死したものの葉芽は障害を受けず、マイナス34℃になると葉芽も枯死していました。
　花芽の場合、耐寒性は、同一枝上でも、先端の花芽（一般に花芽分化の時期が早く、花芽の発育が進んでいる）が下位（花芽分化の時期が晩く、花芽の発育も遅れる）の花芽よりも弱いことは、しばしば観察されています。

低温順化の程度と耐寒性
　低温環境（状態）に対応するのに数日から数週間を必要としますが、この適応を低温順化（adaptation to low temperature, cold acclimation）といいます。低温順化は、通常、個体の適応性を指します。
　ノーザンハイブッシュ「ブルークロップ」を用いた観察によると、休眠の程度が浅い冬季（休眠期）の前期には、マイナス20℃で樹皮が障害を受け、マイナス

35℃で木部組織が凍結しています。しかし、低温順化の程度が深まった翌年には、マイナス40℃でも障害を受けていませんでした。

耐寒性の強い品種と弱い品種は、芽内の氷晶結成の状態の異なることが明らかにされています。ノーザンハイブッシュで調べた実験によると、耐寒性の強い品種はマイナス23℃でも生存し、氷晶（ice crystals）は、芽鱗、小花の鱗片、芽の苞葉に限られていました。しかし、耐寒性の弱い品種（マイナス5℃に抵抗性のない品種）では、氷晶が小花自体に起きていました。

成長期の気温

成長期〔生長期，生育期．growing (growth) period, growing season, growth stage. 1年のうちで枝葉が成長できる期間を指し、果樹栽培では通常4〜10月をいう〕の気温は、ブルーベリー樹の光合成や呼吸、蒸散、吸水などの生理活動を通して、枝梢の伸長、果実の成長と成熟などと密接に関係しています。

生長、成長、発育、生育

一般に、生長（growth）は、時間の経過にともなって細胞数の増加と細胞の肥大による量的増加（例えば、枝の伸長や葉面積の拡大など）を意味します（狭義の成長）。これに対し、成長（growth）は、量的変化に、葉や枝などの形態的変化や花芽の分化・発達、果実の成熟などの質的変化〔これを発育（development）と呼びます〕を含めた意味を持たせています。しかし現在では、量的変化の場合でも「成長」を用いることが一般的になっています。

生育（growth and development）は、多くの場合、植物の生活過程または生活の状態を指して用いられます。狭義の成長と発育を同時に表す場合（成長と同意）、または特に区別する必要がない場合に用いられることが多いようです。また、生育段階・生育相が発育段階・発育相といわれるように、生育と発育は同じ意味で用いられることもあります。

成長期の気温と光合成との関係

成長期の気温（温度）は、葉の光合成と光合成速度（photosynthetic rate）に影響します。温度以外の環境条件（光、二酸化炭素）を一定にして、温度を高めると、光合成速度は次のように変化します。

- 温度が極度に低い場合には、光合成は行われない
- 温度の上昇に伴って光合成速度が増大し、約30℃付近で最大となる。さらにそれ以上に温度が高くなると光合成速度は低下していく。これは、光合成に多くの酵素が働いているためである

ブルーベリーを用いた実験によると、ノーザンハイブッシュとラビットアイ葉の光合成速度は、日中温度を10℃から25〜30℃に高めると、温度に比例して高

くなります。さらに日中温度が30℃以上になると、光合成速度は低下し、特にノーザンハイブッシュでは47%も低くなっていました。

光合成に最適な温度の範囲は、ノーザンハイブッシュ、ラビットアイともに20～25℃でした。サザンハイブッシュでは、温度を21℃から28℃に高めると、光合成速度は11.0 μ mol m^{-2}s^{-1} から6.1 μ mol m^{-2}s^{-1}に低下していました。

◆昼夜温　day and night temperature

昼間の日最高気温と夜間の日最低気温の差を、日較差（diurnal range）または昼夜温較差（difference between day and night temperature）といいます。日較差は、地表面の近く、草原や盆地では大きく、熱容量の大きい海の近くの場所では小さくなります。

作物は、昼間に光合成産物（photosynthate. 糖などの有機物）を生産し、夜間は呼吸により光合成産物を消費します。呼吸は、温度が高くなると急激に増加する特性があるため、夜温が高いと1日の正味の光合成生産量（乾物）が減少して成長は抑制されます。

◆呼吸（作用）respiration

細胞が酸素を取り込み、ブドウ糖などの炭水化物を二酸化炭素（CO_2）と水（H_2O）に酸化分解し、その過程で取り除かれた水素が電子伝達系を動かすことにより、新たな組織の構成や生命の維持に必要なエネルギーをATP（アデノシン三リン酸）の形で得る反応を、呼吸（作用）といいます。

植物の場合、呼吸作用には光呼吸と暗呼吸とあります。

ATP（アデノシン三リン酸）adenosine triphosphate

塩基（アデニン）と糖（リボース）と3分子のリン酸からなり、末端2個のリン酸基は高いエネルギー結合。生体内化学反応のエネルギー伝達物質として細菌、動植物に広く存在しています。解糖やクエン酸回路でADP（アデノシン二リン酸　adenosine diphosphate）から作られ、生体内の物質合成、呼吸、成長、運動などの反応に関わっています。

光呼吸　photorespiration

光呼吸は昼間（光照射時）に行われる過程で、暗中より高い呼吸を行います。光呼吸が暗呼吸と異なる点は、空気中の酸素濃度を上げると促進されること、温度感受性が暗呼吸より高いこと、さらにCO_2濃度を1000ppm以上に上げると抑制されることなどです。

暗呼吸　dark respiration

光合成が完全に停止する暗黒条件下で測定される呼吸を、暗呼吸といいます。暗呼吸は、生理的意義から、生長呼吸（growth respiration）と維持呼吸（maintenance respiration）に分けられています。

生長呼吸は、植物の生長に必要な物質の代謝・移動に要するエネルギー供給のための呼吸で、その量は成長量に関係します。

他方、維持呼吸は植物の物質代謝（新陳代謝. metabolism. 生体内で行われる物質の分解と合成に関する化学変化の総称）のための呼吸で、糖類だけでなく、蛋白質、脂質も呼吸基質（呼吸に際して分解の原料となる物質）となります。維持呼吸量は植物体の重量に比例して増加しますが、単位重量当たりの呼吸量はほぼ一定で、温度に対する感受性が高いとされています。

◆蒸散（作用）transpiration

植物体内の水が、水蒸気の形で大気中に排出される現象を蒸散（作用）といいます。蒸散は、植物体内の水分調節ならびに葉温調節にとって極めて重要な生理作用です。蒸散は主に葉で行われ、気孔（葉の裏面に多く分布）を通して葉内部の細胞間隙から行われ気孔蒸散と、クチクラ層（特に葉の表面に分布）を通して行われるクチクラ蒸散とあります。

気孔蒸散　stomatal transpiration

気孔蒸散は、気孔の開閉によるもので、各種の気象要素によって左右されます。光は、気孔開度を増します。一方、葉の含水量低下、大気中のCO_2（二酸化炭素）濃度の増大は気孔を閉鎖する方向に作用します。さらに、葉温、大気の湿度、風速は気孔開度とともに蒸散に影響を及ぼします。

気孔開度が十分な大きさのとき、気孔蒸散量はクチクラ蒸散量の数倍～十数倍に達します。

クチクラ蒸散　cuticular transpiration

葉の表皮は、ロウ状物質で形成された膜状のクチクラ層で保護されていますが、この層からの蒸散をクチクラ蒸散といいます。

クチクラ蒸散は、表皮蒸散（epidermal transpiration. 孔辺細胞や各種の毛などの表皮細胞系）のうち、特にクチクラ層からの蒸散を強調する場合に呼ぶとされています。

気温とブルーベリーの栽培地域との関係

全国各地の栽培事例から、気温（温度）と栽培ブルーベリーのタイプとの関係を知ることができます（表2-1参照）。

ノーザンハイブッシュ

ノーザンハイブッシュは休眠覚醒に必要な低温要求量が多いため、栽培適地は、通常、12～2月の期間中に、1～7.2℃の低温が800～1,200時間確保できる地域です。日本では、北海道中部から東北、関東、甲信越、北陸まで、東海・近畿地方の比較的夏季が冷涼な地帯、中国山地や九州の少し標高が高い所で栽培さ

れています。

サザンハイブッシュ

　サザンハイブッシュは低温要求量が少ないため、ノーザンハイブッシュの栽培が困難な冬が温暖な地域でも栽培できます。日本の栽培地帯は、東北南部以南から関東、甲信越、北陸、東海、近畿、中国、四国、九州、沖縄地方で、冬季の低温がマイナス10℃以下にならない温暖な所です。

ハーフハイハイブッシュ

　このタイプは、樹高が低く、耐寒性が強いため、冬に積雪があり、また低温が厳しい所でも栽培できます。日本では、主に北海道北部から東北北部で、ノーザンハイブッシュと混植されています。気温に対する適応性が品種によって異なるため、一部の品種は、サザンハイブッシュやラビットアイ地帯でも栽培可能です。

ラビットアイ

　ラビットアイは、低温要求量がノーザンハイブッシュより少なく、サザンハイブッシュよりも多いのが特徴です。主な栽培地帯は、東北南部から関東、北陸、東海、近畿、中国、四国、九州にかけてです。ラビットアイとサザンハイブッシュの混植が一般的です。

四つのタイプの栽培地帯

　関東南部では、ノーザンハイブッシュ、サザンハイブッシュ、ハーフハイハイブッシュおよびラビットアイの四つのタイプが栽培できます。このような栽培地帯は、移行地帯（transition zone）と呼ばれて世界的にも限られ、アメリカでは南部のノースカロライナ州やアーカンソー州、チリの中央～南部地帯があたります。

　移行地帯の気温は、四つのタイプのブルーベリー栽培が可能な範囲にあります。

降水　precipitation

　一般に、雨、雪、みぞれなどが降る現象を降水といい、降水の量を水の深さで示したものが降水量（amount of precipitation）です。

　降水は、ブルーベリー樹の成長に必要な水分の第一の供給源ですから、その過不足は樹の成長、果実品質に大きく影響します。

◆成長期における消費水量

　樹の成長期間中（通常4～10月まで）に必要な水量は、樹体からの蒸散量と土壌面蒸発量の合計量（蒸発散量）ですが、この栽培に消費される水量を、消費水量（consumptive water use）または水消費（water consumption）といいます。

表２−２　日本の代表的なブルーベリー栽培地帯にある都市の気象条件*

都　市	降水量(mm)			果実の成熟期間中の日照時間(h)				霜(月/日)
	年	成長期	休眠期	6月	7月	8月	9月	初霜〜終霜
札　幌	1,107	606	501	187.8	164.9	171.0	160.5	10/22〜4/24
盛　岡	1,266	923	348	154.0	128.5	149.1	180.3	10/18〜5/4
東　京	1,529	1,160	369	123.2	143.9	175.3	117.8	12/20〜2/20
長　野	933	683	250	165.2	168.8	204.3	141.7	10/28〜4/28
名古屋	1,535	1,175	360	149.9	164.3	200.4	151.0	11/22〜3/26
広　島	1,537	1,193	344	161.4	179.5	211.2	156.3	12/14〜3/13
福　岡	1,612	1,215	397	149.4	173.5	202.1	162.8	12/12〜3/10
鹿児島	2,266	1,733	533	121.8	190.9	206.2	176.7	12/10〜3/1

（成長期は４〜10月、休眠期は11〜３月までとした）
*国立天文台編（2014）理科年表　第87冊をもとに作成

　消費水量は、ブルーベリーのタイプ、土壌条件、栽培方法（特にマルチの有無）、樹齢などによって異なります。
　降水量は地域によって大きく異なります（表２−２）。成長期間中の降水量を主要な産地（産地に近い都市）間で比較すると、札幌、盛岡、長野の各都市が633〜912mmですが、他の産地は1,000mmを超えています。
　全体的に、日本の産地の降水量は、海外と比べて非常に多くなっています。

◆水分含量と光合成速度
　植物体中の水分が不足すると光合成速度は低下します。これは、光合成の材料となる水の不足によるものだけでなく、むしろ、植物体が水の蒸散を抑えようとして気孔を閉じたために、二酸化炭素（CO_2）が葉の中に入らなくなったことによります。

◆日本の梅雨
　梅雨（ばいう．Bai-u）は、日本を含む東アジア地域に、晩春から初夏にかけて現れる雨季（rainy season、おおむね１〜数か月の間、他の期間に比べて降水

量が多い季節）をいいます。日本では北海道を除いて梅雨があり、関東南部では、例年、6月上旬〜7月中下旬までがその期間です。

　梅雨の期間は、ブルーベリーのタイプと品種によっては、果実の成熟（収穫）期間にあたります。通常、梅雨期間中は、曇天が続く、日照が不足する、空中湿度が高い、土壌が過湿になるなどして、風味の良い果実生産のために望ましくない状態にあります。また、降水は収穫作業や選果作業の遂行に支障をきたし、さらに収穫果の品質劣化を早めるなどの影響を及ぼします。

無霜期間　frost-free period(season), frostless period(season)

　霜（frost）は、大気中の水蒸気が昇華して地面や地物（その土地の産物）に付着した氷の結晶です。春や秋の風の弱い晴天夜間に、地表付近の気温が0℃以下（地上1.5mの気温で3〜4℃以下）になると霜が降ります。

初霜と終霜

　秋から初冬にかけて最も早く降りる霜を初霜（first frost, early frost）といい、春から初夏にかけて最も遅く降りた霜を終霜（last frost）といいます。

　平年の初霜の初日は、北海道（札幌）では10下旬、関東南部（東京）12月下旬、九州（福岡）で12月中旬ですが（表2−2参照）、同じ地方でも内陸部や山間部では早くなります。

　一方、平年の終霜の終日は、北海道（札幌）では5月下旬、関東南部（東京）が2月下旬です。同じ地方でも内陸部や山間部では遅くなります。

成長可能日数

　終霜から初霜までの無霜期間は、ブルーベリー栽培では成長可能日数と呼ばれ、栽培適地を決定する重要な要因の一つです。

　成長可能日数は、ノーザンハイブッシュでは160日以上、ラビットアイで200日以上が必要とされています。産地の例を挙げると（表2−2参照）、東京の無霜期間は290日あるため、ラビットアイの栽培は可能ですが、札幌は181日ですからラビットアイの栽培は難しいといえます。また、無霜期間の短い北海道や東北北部では秋の訪れ（気温の低下）が早いため、ノーザンハイブッシュでも成熟期が遅い晩生品種の栽培は避けることが勧められます。

日光　sunlight, sunshine

　地球上の生物は、究極のところ日光（太陽光）に依存して生命を維持しています。作物は、葉緑体（chloroplast）で太陽エネルギーを捕捉し、光合成を行っています。すなわち、作物自体の成長の可否、栽培の目的である収穫物の量や品質を決定する光合成は、全て太陽光によって左右されます。

日光に関係する基礎的な用語

◆**太陽エネルギー　solar energy**

　太陽が放出するエネルギーをいい、地球上のほとんど全てのエネルギーの源が太陽エネルギーです。太陽は核融合により得られたエネルギーを毎秒3.8×-10^{26}J（ジュール）の電磁波として放出しています。その約50％は赤外線（infrared radiation）、約40％が可視光線、約10％は紫外線（ultraviolet radiation）です。

◆**可視光　visible rays**

　肉眼で明暗が感じられる波長の電磁波〔(electromagnetic wave)，光〕が可視光です。眼に見えるあらゆるものは、全て可視光を通じて見ることができます。その波長は、380〜800nmの間にあり、この波長範囲を可視放射域といいます。

　光合成有効放射の波長範囲は、可視放射域に含まれます。このうち、450nmまでは紫、450〜490nmは青、490〜550nm緑、550〜590nmは黄、590〜640nmは橙、640nmは赤色に感じられます。

　照らされる場所の明るさは、照度計により照度（luminous intensity, illuminance. 単位はルックス）として計算されます。

◆**日射（量）solar radiation**

　地球に達する太陽放射（太陽から放射される電磁波）のうち、近紫外から近赤外の電磁波を日射といいます。波長で表すと約0.3μmから4μmの範囲に入る放射で、直射光、散乱光、反射光があります。太陽光線が直角に入ってくる直射光と散乱光を直達日射（direct solar radiation）、水平面に入ってくる全天候からの直射光、散乱光と反射光を天空散乱日射（diffused solar radiation）といいます。また、直達日射と天空散乱日射を合わせて全天日射（global solar radiation）といいます。

　日射量は、単位面積当たり、単位時間に受ける日射エネルギー量のことで、日射計（pyrheliometer, actinometer）を用いて測定されます。

◆**日照時間　duration of sunshine**

　太陽の直射が地表を照らすことを日照（bright sunshine）といい、照射した時間の長さを時間単位で示したものが日照時間です。日照時間は作物の成長、品質に大きく影響します。

　日照時間は、雲量や天気の指標となるほか、日射量の目安ともなります。

　日照の有無は、日照計で120W／㎡以上の太陽からの直射光を受けていることで規定されます。薄い雲では透過率が高いので、雲を通していても日照があります。

　日本の年間の日照時間は、2,000〜2,400時間ですが、月別に、また地域によっ

て異なります。関東南部（東京）について見ると、樹の成長期間（4〜10月）中の日照時間は、約1,424時間です。そのうち、果実の成熟期間中の日照時間を平年値で比較すると、6月が約123時間、7月が約144時間、8月が約175時間で、梅雨時期の6〜7月に少なくなっています。

光合成　photosynthesis

生物が、太陽光のエネルギーにより澱粉や糖などの有機化合物を合成する過程を光合成といいます。一般的には、植物が太陽光のエネルギーを用いて二酸化炭素（CO_2）と水（H_2O）から有機物を合成し、反応産物として酸素（O_2）が放出される反応〔$6CO_2 + 12H_2O + エネルギー → (C_6H_{12}O_6) + 6H_2O + 6O_2$〕で、栽培作物の収穫、品質を決定づける基本的な生理代謝です。

◆光合成速度　photosynthetic rate

植物は、光合成によってCO_2を吸収するとともに、呼吸によってCO_2を排出しています。光合成によるCO_2固定速度を光合成速度と呼び、一般に、その測定は単位時間当たりのCO_2の吸収量またはO_2の発生量によってなされます。このような測定値は、植物が呼吸によって生じたCO_2、消費したO_2を差し引いたものですから、純（見かけ上の）光合成速度（net photosynthetic rate）と呼んで、総（真の）光合成速度（gross photosynthetic rate）と区別します。なお、呼吸速度は暗黒時のCO_2排出速度量で求められます。

ブルーベリーを用いた研究によると、ブリーベリー葉の純光合成速度はタイプによって異なり、ノーザンハイブッシュとサザンハイブッシュは、平均で9〜12 $\mu mol\ m^{-2}s^{-1}$でした（図2−1）。同じ研究で、ラビットアイ（五年生樹、樹冠内部で測定）の純光合成速度は、平均で5〜8 $\mu mol\ m^{-2}s^{-1}$で、ノーザンハイブッシュよりも低いレベルであることが明らかにされています。光強度（light intensity, 光量子密度）を高めると、光合成速度は増大して500〜900 $\mu mol\ m^{-2}s^{-1}$で光飽和に達しています。この場合の光強度は、全太陽光の50％以下であったとされています。

光合成速度と光

光合成速度を左右する最も大きな環境要因は光で、光の強さと光合成速度の間には双曲線的な関係がみられます。まず、光の量が増加して、真の（総）光合成速度が呼吸速度に等しくなると、純（見かけ上の）光合成速度がゼロ（0）になります。この時の光の強さを光補償点（light compensation point）と呼びます。

光の増加とともに光合成速度は高くなりますが、ある程度以上光が強くなると光合成速度は飽和状態に達し、もはやその速さは光の量とは無関係になります。この時の光の強さを光飽和点（light saturation point）、光合成速度を飽和光合

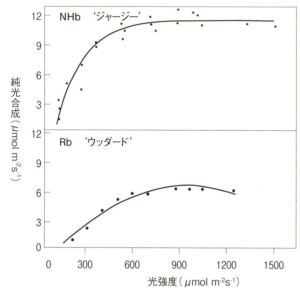

図2−1 ノーザンハイブッシュ(NHb)'ジャージー'およびラビットアイ(Rb)'ウッダード'の葉の純光合成に及ぼす光強度(光合成有効光量粒子束密度)の影響

(出典) Childers, M.F. and P.M. Lyrene eds. (2006)

成速度と呼びます。

光補償点、光飽和点、飽和光合成速度は、植物の種類によって決まっています。

光合成速度とCO_2濃度

CO_2以外の条件は一定にして、CO_2濃度を高くしていくと、光合成速度は変化します。

- あるCO_2濃度までは、CO_2濃度が高くなるほど光合成速度は大きくなる
- あるCO_2濃度以上になると、光合成速度は平衡に達し、それ以上大きくならなくなる。この時のCO_2濃度をCO_2飽和点という

光合成速度と光・温度との関係

CO_2濃度を一定にして、光の強さと温度を変化させると、光合成速度は次のように変化します。

- 光が弱いときは、温度が上がっても光合成速度はほとんど変化しない。これは、光が弱いと光化学反応(反応1)が制限されるためである
- 光が強いとき、30℃くらいまでは、温度の上昇にともなって光合成速度も増大する。これは、温度によって酵素反応が盛んになるためで、この場合、光合成速度は温度によって制限される

◆**光合成能 photosynthetic capacity**

作物の葉の光合成能力は、種や品種、葉齢、葉中の無機養分濃度やクロロフィル(chlorophyll、葉緑素. 光合成に際し、光エネルギーを捕捉し、化学エネルギーに変える役割を果たしている)含量あるいは葉の生育した環境条件によって大きく異なります。

このような光合成能力の違いを比較する目的のために、光合成が光飽和する強光条件下と光合成の適温域（通常20〜30℃）で、しかも水分等のストレスの無い条件の下で測定した単位葉面積あるいは葉重当たりの光合成速度をもって、葉の光合成能力あるいは光合成能とされています。

　展開直後の葉の光合成能は非常に低く、葉齢とともに高まり、葉面積が最大に達する時期前後に最大となり、その後次第に低下し、葉が枯死する直前にゼロ（0）になるのが一般的な変化パターンです。

　全ての植物の葉の光合成能は、窒素濃度に比例して高まります。

　植物の光合成は、日射追従型の日変化をするのが一般的ですが、日射量の十分にある日中に低下することもあり、そのような現象は日中低下現象あるいはひるね現象（midday depression of photosynthesis）といわれています。この現象は、気温が高く、日射の強い条件下で起こりやすく、過度の蒸散から体内の水分バランスが崩れて、気孔が閉鎖して起こることが多いとされています。

3　土壌条件

　土壌は、ブルーベリー樹が根を伸長させ、土中の水分や養分を吸収する場所です。

　栽培予定地（園地）の土壌条件（soil conditions）は、通常、土壌の種類や場所によって異なります。このため、土壌条件は、開園にあたっての土壌改良の方法、植え付け後の土壌管理、灌水、施肥などの栽培管理法と密接に関係して、樹の成長、果実収量と品質を大きく左右し、さらには経営の成否を決定します。

　この節では、まず土壌の概念について整理し、次に土壌条件を大きく物理的、化学的、生物的条件に分け、条件の内容とブルーベリー樹の成長との関係を解説します。また、それぞれの条件に関して、ブルーベリーの栽培管理上よく理解しておきたい用語を取り上げます。

土壌の概念

◆土壌　soil

　土壌には、種々の概念があるといわれていますが、一般的には「土壌とは、地球表面を被う自然物で、空気と水のほかに無機・有機化合物や生物を種々の割合で含む集合体であり、機械的ならびに養分・水分の供給を通じて植物を支え、支える力を持つもの」とされています。

土壌は、岩石の風化物やそれが水や風により運ばれて堆積したものを母材とし、気候・生物（人為を含む）・地形などの因子との、ある時間にわたる相互作用によって、生成されます。

土壌の役割

土壌は、大気・水とともに環境構成要素の一つで、作物の生育にとって農地（farmland, agricultural land）として必要不可欠な存在であり、大きく二つの役割を果たしています。一つは、作物の生育に必要な栄養素の供給源としての働きで、その能力は肥沃度（fertility）と呼ばれ、土壌の化学性として捉えられています。もう一つは、作物の生育の場としての物理的環境を提供する働きで、その能力は易耕性（tilth）と呼ばれ、土壌の物理性として扱われています。

環境　natural environment

環境とは、人間や動植物、微生物まで含めた生物を取り巻く社会・自然の総体で、狭義にはその中で生物に何らかの影響を与えるものを指します。

生物は環境に影響されると同時に、その生命活動は環境との間でのエネルギー・物質交換を通じて環境に影響を与え、環境を変化させています。

土壌の物理性　physical properties of soil

土壌の性質のうち、物理的手法により取り扱われる性質を土壌物理性といいます。

物理性の領域は、主に①土性、土壌の硬度、比重、土壌三相、単粒構造と団粒構造などの土壌構造、②保水性、透水性と運動法則などの土壌水、③ガス拡散と通気性などの土壌空気、④熱伝導と地温の土壌温熱、です。

土壌の物理性に関係する基礎的な用語

◆土性　soil texture

土粒子（soil particles）の粒径の大きさによる砂（粗砂、細砂）、シルト、粘土への区分を粒径区分（particle size classification）といい、それらの重量組成割合（％）を土性といいます。果樹栽培では、土壌物理性のうち土性が最も重視されます。

粒径区分は、日本の土壌学の分野では、2〜0.2mmを粗砂、0.2〜0.02mmを細砂、0.02〜0.002mmをシルト、0.002mm以下が粘土です。

砂〔sand. 粗砂（coarse sand）と細砂（fine sand）〕は、母岩〔土壌のもとになる風化岩石を母材（parent material）といい、風化を受ける前の岩石を母岩（parent rock）という〕の破片や母岩を構成している鉱物から成り、圧密作用を

受けにくい土壌の骨格として機能し、排水性や通気性の促進に関与しています。

シルト（silt）は、粘土と細砂の中間の性質を示します。

粘土（clay）は、土壌生成作用などの産物である粘土鉱物から成り、表面積が大きく微細なものはコロイド的性質を持ち、土壌の養水分の保持に関与しています。シルトと粘土は可塑性を持ち、土壌の可塑性や粘着性に影響します。

表2-3　土性による土壌物理性および土壌化学性の相違

特性	土性区分			
	砂土	シルト	埴土	壌土
透水性	良(早い)	中	劣(遅い)	中
保水性	劣(低い)	中	良(高い)	中
排水	優	良	劣	良
受食性*	易	中	難	中
通気	優	良	劣	良
陽イオン交換	劣(低い)	中	良(高い)	中
耕耘(作業性)	良(容易)	中	劣(困難)	中
根の伸長	良	中	劣	中
春季の地温	上昇が早い	中	上昇が遅い	中

（出典）Galletto, G.J. and D.G. Himerlioh eds（2006）
＊土壌の侵食されやすさの程度

土性は、土壌の物理性や化学性と深く関係していて、土性によって、土壌の養分の保持・供給のみならず、水・空気の供給、耕耘の難易の程度などが異なります（表2-3）。

◆ブルーベリーの成長に適した土性

土性は、粘土、シルト、砂の重量組成割合（％）から12種類に区分されています。そのうち、ブルーベリーの成長に適している土性は、タイプによって異なりますが、以下に示した五つです。

ノーザンハイブッシュとサザンハイブッシュの成長は、一般に、排水、透水性、通気性がよい壌質砂土、砂壌土、壌土で優れます。ラビットアイは土壌適応性が広いため、ノーザンハイブッシュの成長に好適な土性に加え、もう1段階粘土質含量が多い砂質埴壌土、埴壌土でも栽培できます。しかし、粘質な土壌では、砂質性の土壌と比べて成木に達する期間が長くかかります。

壌質砂土　loamy sand

壌質砂土は、粘土含量が0～15％、シルト0～15％、砂85～95％の土性。

砂壌土　sandy loam

粘土含量は0～15％、シルト0～35％、砂65～85％の土性が砂壌土。砂土と埴土の中間の土性で、触感は砂の感じが強く粘り気はわずかで、保水性や保肥力は、砂土ほど小さくありません。

壌土　loam

粘土含量は0〜15%、シルト20〜45%、砂40〜65%の土性が壌土で、ローム とも呼ばれます。壌土は、可塑性、粘着性がともに弱く、触感は砂と粘土が同じ くらいに感じられます。透水性や保水性も中程度で、耕耘も容易です。

砂質埴壌土　sandy clay loam
砂質埴壌土は、粘土含量が15〜25%、シルト0〜20%、砂55〜85%の土性。 粘着性は強いものの可塑性が弱いです。

埴壌土　clay loam
粘土含量は15〜25%、シルト20〜45%、砂30〜65%の土性の土壌が埴壌土。 可塑性、粘着性はともに強く、透水性は不良で、耕耘もやや困難。保水性は大き いです。

◆土壌三相　three phase of soil
土壌は、個体である無機質と有機質の粒子、その隙間を満たす気体（土壌空気）と液体（土壌水）の三つの相から成り立っています。これらを土壌の三相といい、それぞれの容積比率（%）が固相率（solid ratio）、液相率（水分率．water ratio）、気相率（空気率．air ratio）であり、それらの比率分布を土壌の三相分布または三相組成（three phase distribution）といいます。固相率に対して、水分率と空気率を合わせて孔隙率（air filled porosity）といいます。

三相分布は、土壌の構造そのものを示し、土壌の硬さや保水性、透水性、通気性などの物理的性質と密接に関係していますが、土壌のタイプ、乾湿、深さなどによって液相は減少し、気相が増加します。また、重機械や人間の踏圧、作業機による撹拌や圧縮などによって変化するため、特に果樹園のように耕耘の機会が少ない管理下では、これらの影響は蓄積するために偏った三相分布になりやすいとされています。

一般に、作物の生育に適する比率は、固相率45〜50%、水分率と空気率が20〜30%とされています。日本に広く分布する黒ボク土（ブルーベリー樹は良好な成長を示す）は、固相率28%以下かつ空気率10%〜20%以上あるとされています。地下水位の高い沖積土壌（水田の場合）の空気率は、10%以下です。

◆固相　solid phase
固相には、砂、シルト、粘土などの無機成分と、動植物遺体、腐植などの有機成分のほか、微生物、ミミズなどの土壌微生物が含まれます。

無機成分（inorganic materials）は、ケイ酸、ケイ酸塩、鉄やアルミニウムの酸化物や水酸化物が主体です。様々な粒形を持ち、2mm以下の固相成分が土粒子（soil particles）、それ以上のものは礫（gravel）とされています。

有機成分（organic materials）は、新鮮有機物、腐植物質（腐植酸、フルボ酸、ヒューミン）、被腐植物質（炭水化物、蛋白質、アミノ酸、脂質、リグニン）

第2章　ブルーベリー栽培に適した立地条件

などから成ります。

固相は、土壌の骨格を形作るとともに、作物の成長に必要な養分の供給源であり、肥料成分を保持するなどの重要な働きをします。

◆液相　liquid phase

液相は、固相間のすき間（孔隙）の一部または全部を満たしている土壌水（分）（soil water, soil moisture）です。作物への水や養分の供給源であると同時に、養分の根圏への輸送や有害物質の根圏からの排除に役立っています。

しかし、土壌水は孔隙の大きさによって様々な力で拘束されており、吸湿水（hygroscopic water．土壌粒子の表面に吸着している水）や膨潤水（swelling water．粘土の結晶の間に入り込んで、強く結合している水）のように微細孔隙に保持されて植物が吸収できない水、吸収可能な毛管水（capillary water．毛管作用によって土壌中の細孔隙に保持されている水）などがあります。

◆気相　gas phase

気相は、孔隙内の水に満たされない部分で、作物根への酸素供給、降水に対する水分貯留、通気性や透水性の良否に関与しています。一般的な畑土壌（好気的条件）では作物根、土壌動物、微生物の呼吸により酸素が消費されて二酸化炭素が生成されています。嫌気的条件では、微生物がメタン、亜酸化窒素や窒素ガスを生成します。

◆孔隙　pore space

固相間の隙間のことを孔隙といい、土壌水や土壌空気で満たされています。孔隙の量や大きさは、土壌粒子の集合度、配列の仕方などの土壌構造によって異なり、土壌の通気性、透水性、保水性、根張りの良否と関係しています。

孔隙は、大きさによって非毛細管孔隙と毛管孔隙に分けられます。非毛管孔隙（non-capillary pore）は、比較的大きな孔隙ですから毛管作用がなく、水を保持できず、粗孔隙（macro-pore）あるいは団粒間孔隙（interaggregate pore）とも呼ばれます。

一方、毛管孔隙（capillary pore）は、毛管作用の力によって水を保持できる微細な孔隙で、細孔隙（micro pore）あるいは団粒内孔隙（intraaggregate pore）といわれます。

孔隙率　air filled porosity

液相率（水分率）と気相率（空気率）の和を孔隙率といいます。降雨や灌漑の直後には固相間の隙間（孔隙）の大部分は水で満たされますが、時間の経過とともに大きな孔隙にあった水は流れ去り、空気で満たされるようになります。

孔隙率は、容積当たりの土壌粒子どうしの結びつき具合（単粒構造、団粒構造）や土壌の種類によって異なります。また、孔隙率は、土性、有機物含量、耕

耘、水分状態などによっても変化し、例えば、黒ボク土（火山灰土）では70〜80％、非黒ボク土では55〜60％であるとされています。

◆ち密度　compactness

　土層における土粒子の詰まり方（粗密の程度）を表わし、土壌硬度計（山中式硬度計）により得られた硬度値をち密度といい、通常、mmの単位で表わします。

　実際の作物栽培の場では、ち密度は大きく五つに区分されています。

①0〜10mm：極疎（ほとんど抵抗なく指が入る）
②11〜18mm：疎（抵抗はあるが指が楽に入る）
③19〜24mm：中（強い抵抗があるが、指が入る）
④24〜28mm：密（指が入らないが指跡が付く）
⑤29mm以上：極密（全く指跡が付かない）

　多くの畑作物では、一般に、ち密度が20〜23mmを超えると根の伸長が悪くなるとされています。ブルーベリーの場合、ち密度が18mm以下の極疎〜疎の状態の土壌あるいは土壌に改良にして後に植え付け、さらに保持する管理が重要です。

◆土壌構造　soil structure

　土壌中で、砂、シルト、粘土などの一次粒子とそれらが集合してできた二次粒子（団粒）が様々に配列して集合体（ベッド）を形成し、固相部分と孔隙部分を作っている状態を土壌構造といいます。

　このうち、土粒子が砂・微砂などの単一粒子として存在し、凝集化の遅れている状態を単粒構造（single-grained structure）といいます。一方、土粒子が集合して団粒を作り、この団粒が集まって構成された状態を団粒構造（aggregate structure）といいます。団粒構造が多い土壌では、大きな間隙（団粒間孔隙）は水と空気の流通経路となり、小さな間隙（団粒内孔隙）は水分保持を担うため、作物の生育に好適な環境が保証されることになります。

　このように土壌構造は、通気性、透水性、保水性、易耕性（耕耘の難易）などに密接に関わっています。

◆透水性　water permeability

　水が土壌中を浸透しやすいかどうかの程度を透水性といいます。透水性に深く関わるのは、毛管作用が無いため水分を保持することができない比較的大きな孔隙で、これを非毛管孔隙と呼びます。

　透水性が良好な土壌では、雨が降っても短時間で作物生育に必要な空気量が確保されるとともに、適度に水分が供給されます。透水性が良すぎる場合、作物は干ばつを受けやすく、逆に不良の場合には湿害を受けます。

◆保水性(力)　water retention, water holding ability(capacity), moisture holding ability

　保水性は土壌が水分を保持する能力で、保水力ともいいます。一般に、易効性有効水を保持する能力によって評価されます。すなわち、圃場容水量（pF1.5～1.8）から毛管切断点（pF2.7～3.0）までの水が、深さ30cmの土層当たり30mm確保できれば、保水性は良好とされています。

◆有効土層　effective soil layer, available depth of soil

　作物の根がかなり自由に伸長できる土層を、有効土層といいます。土壌の下層に、基岩や盤層、極端な礫層、地下水面があれば、その上層から地表までが有効土層とされています。

　有効土層の深さが十分でないと作物根の伸長や水分移動、養分吸収が制限されるため、より深い有効土層の確保が重要です。不良土層を取り除く対策として、深耕や客土などがあります。

　長年にわたって同一場所で栽培される果樹では、有効土層が深いほど樹の生育が良好となります。

◆盤層　pan

　植物の根の伸長を著しく阻害し、透水性を低下させているち密な層が盤層です。農耕地の土壌調査では、土壌硬度計による測定値（ち密度）が29mm以上を示す厚さ10cm以上の土層を盤層といいます。盤層は、鉄や粘土の集積、大型機械の踏圧などによって生まれます。

◆地下水位　groundwater level（table）

　地下水（groundwater）には、土壌孔隙を通して大気と連絡し、水面は自由に上下できる自由地下水（free surface groundwater）と、不透水層があるために自由な運動が妨げられている被圧地下水（piestic groundwater、宙水）とあります。通常、地下水位は、地下の帯水面を地表からの深さで表します。

　地下水面の直上の土層は、毛管孔隙が水で飽和されていますが、地表に近づくにつれて飽和度が低下します。毛管孔隙が発達している黒ボク土では、地下水位が低くても、毛管現象によって表層に水分が供給されるため、適度な水分が保持されやすくなります。一方、毛管孔隙が少ない砂質土では、地下水位が深さ30～50cmないと、表層の水分が不足します。また、地下水位が高くなり過ぎると、土壌空気が減って作物は湿害を受けます。

　普通作物の場合、根の活動に必要な気相率を確保するためには、地表から地下水面まで30cm以上、これに根域の必要な深さ20cmを加えた50cm程度が、地下水位の上限とされています。

　ブルーベリーの場合、成長に適した地下水位は、普通作物と同程度の地表下45～60cmであるとされ、地下水位が土の表面まで30cm近くの所にあれば、樹は生

育障害を受けます。

◆土壌空気　soil air

　土壌空気は、土壌の構成成分です。土壌中では、作物根や土壌微生物の呼吸によって酸素（O_2）が消費され、二酸化炭素（CO_2）が発生するため、大気と比べてO_2濃度が低く（0.1〜21%）、CO_2が高くなっています。

　土壌中のO_2濃度の大幅な低下は、作物根の呼吸不全を起こし、CO_2の上昇は根による養水分の吸収を阻害します。一方でCO_2は、土壌溶液中に溶け込んで、土壌中の養分を土壌溶液中に溶解させるのにも役立っています。土壌空気中の窒素は、O_2やCO_2に比べると、変動は小さく、75〜90%の範囲にあるとされています。

　土壌空気は、湿度が100%に近く、作物の根や微生物を乾燥から守っています。また、土粒子や土壌水に妨げられるため、大気に比べて不均一性が高くなります。

　土壌空気量が多ければ、土壌の通気性や透水性が良くなり、作物湿害を受けにくくなります。一般に、作物の生育にとって望ましい土壌空気量は、20%以上とされています。

◆通気性　air permeability

　土壌中における空気の流通の程度を、通気性といいます。土壌の通気性が低下すると、土壌の酸素が不足して作物根の呼吸を抑制され、また、根圏に生息する生物の活動が抑えられます。さらに、土壌中の酸素不足によって土壌は還元状態になり、嫌気性菌（anaerobic bacteria．分子状酸素の存在下では生存できないか生存しにくい細菌）の活動などにより有害な還元性物質が生成されて根腐れなどの障害が発生します。

◆土壌温度（地温）soil temperature

　地表面以下の地中の温度を、土壌温度あるいは地温といいます。地温とその変化は、作物の生育にとって重要であるばかりでなく、土壌成分の化学反応や、微生物活動に大きな影響を及ぼします。

　地温は、大部分は太陽の照射によってもたらされ、その受熱量は、季節や時刻などのほか土地の方位、傾斜度、被覆物の有無や色など地表の状態によって異なります。

地温の日変化

　地温は、同一土壌でも季節により、また土壌の部位（深さ）により異なります。地表から大体30cmまでの地温は、1日の間でかなり変化し、土壌表面に近いほど変動幅が大きくなります。一般に、土壌表面の温度は4時ころが最低となり、以後上昇を続けて12〜14時ころに最高に達し、以後は再び低下傾向に転じます。

深さ10～20cmの部位では、土壌表面からの熱伝導に時間差があるため、16～18時が最高で、以後次第に冷却して翌朝8時ころ最低になります。深さ40～50cmの部位では、時刻による変化はほとんど生じていないとされています。

地温と有機物含量

地温が土壌の有機物含量によって異なることは、一般によく知られています。例えば、砂質土壌では、春先に地温が上昇し易く、植物の生長に好影響を及ぼすものの、地温の変化は大きくなります。一方、有機物を多く含む土壌では、春先の地温の上昇が晩くて初期成長は遅れるものの、地温が一度暖まると冷めにくく、その変化はわずかです。

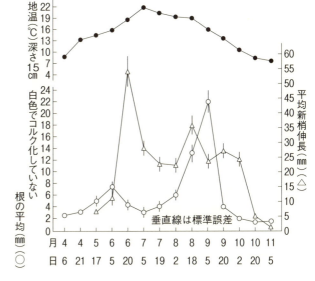

図2-2 ノーザンハイブッシュブルーベリーの成長周期、地温、新梢伸長と根の伸長との関係

(出典) Abbot, J.D. and R.E. Gough (1997).

地温とブルーベリー樹の根の成長

ブルーベリーについてみると、ノーザンハイブッシュの根は、地温が7℃以下では伸長が鈍く、12℃以上になると伸長が活発になり、20℃以上では伸長が鈍ることが観察されています（図2-2）。

土壌の化学性　chemical properties of soil

　土壌の性質のうち、土壌の養分供給能力に係る諸性質を土壌化学性といいます。通常、土壌の養分保持力と、保持している養分量の多少で評価されます。
　作物は、必要な養水分は根を通して土壌溶液中から吸収していますが、その養分量は土壌粒子に吸着保持されている養分と平衡しています。土壌の養分保持力（保肥力．plant nutrient retaining capacity）は、土壌粒子の陽イオン交換容量（cation exchange capacity, CEC）の大きさであり、土壌を構成している粘土鉱物、腐食の質と量で決まります。

土壌の化学性に関係する基礎的な用語

◆肥沃度　fertility
　肥沃度とは、作物の生育にとって必須な土壌養分の供給力を総合的に表わした呼び方で、土壌の持つ塩基保持力、養分固定力、養分の保持量などから総合的に判断されます。肥沃度は、長年にわたる気象、地形、母材、植生といった土壌生成要因と関係するだけでなく、人間による土壌管理により大きく支配されます。

◆地力　soil fertility
　地力とは、その構成因子である土壌の化学的、物理的、微生物的諸性質の総合されたもので、二面的な性格があります。その一つは養分的性格で、養分量、養分バランス、養分供給過程であり、作物養分の量をもって表わされます。
　もう一つは、機能的・容器的性格であるとされ、物理化学性（肥料保持力、緩衝能など）、物理性（有毒物の消去性、保水・排水性など）、微生物活性が含まれます。地力には、長年にわたる気象、地形、土壌母材、植生、人間などが関係しています。
　地力と類似した用語に、土壌生産力（soil productivity）があります。土壌生産力には、地力だけでなく栽培される作物の種類・品種、気象、栽培環境などが関係しています。高い生産力は、地力を基礎として、人間の意識的な力によって生み出されるものとされています。地力が低下すると、高い土壌生産力は維持できなくなります。

◆陽イオン交換容量（CEC）　cation exchange capacity
　土壌の微細な粘土と腐食によって構成されている土壌膠質〔コロイド、colloid．肉眼や光学顕微鏡では見えないが、普通の原子や分子よりも大きい粒子（直径約$10^{-5} \sim 10^{-7}$cm）として、物質が分散している状態〕は、電気的にマイナスの性質を示し、陽イオン〔cation．プラス（正）に帯電しているイオン〕のCa

（カルシウム）、Mg（マグネシウム）、K（カリウム）、Na（ナトリウム）、NH$_4$（アンモニウム）などの養分を吸着することができます。

　土壌が陽イオンを吸着できる最大量を陽イオン交換容量（CEC．塩基置換容量）と呼びます。単位は、通常、乾土100g当たりのミリグラム当量（meq）で示し、数値が大きいものほど多量の陽イオンを吸着することができ、保肥力が高い土壌とされます。

　CECは、粘質土壌や腐植質土壌で大きく、砂質土壌で小さいのが一般的です。火山灰土壌では、土壌溶液のpHや塩類濃度によって大きく変化します。

陰イオン交換容量（AEC）　anion exchange capacity

　土壌溶液中のNO$_3^-$（硝酸）、H$_2$PO$_4^-$（リン酸）、SO$_4^-$（硫酸）、Cl$^-$（塩素）などの陰イオン（anion）は、一部の粘土鉱物ならびに腐植物質は正荷電を持つため、交換、吸着されます。このように、土壌に交換、吸着される陰イオンを交換性陰イオンと呼び、交換反応により保持できる最大値を陰イオン交換容量といいます。

◆土壌有機物　soil organic matter

　土壌有機物は、土壌中の有機物全てを指し、分解程度の異なる動植物の遺体、様々な分解産物からなる理化学的・生物的に再合成された腐食物質で構成されています。通常、粗大有機物、非腐植有機物、腐食物質の三つに区分されます。

　粗大有機物（bulky organic matter）は、主として分解途上にある植物の残渣などであり、その組織が肉眼で認められるものです。非腐植物質（non-humic substance）は、蛋白質、酵素、多糖類、脂質などの化学的に同定できる物質群です。

　もう一つの腐植物質（humus substance）は、粗大有機物や非腐植物質からさまざまな経路をたどって、土壌中で形成された高分子有機化合物です。腐植物質は、腐植酸、フルボ酸、ヒューミンに3分画されます。

腐植　humus

　土壌有機物のうち、生物体や未分解の生物遺体を除いたものを総称して腐植といいます。このうち、土壌微生物による生化学的作用や化学反応により形成された比較的分子量の大きい暗色物質群を腐植物質と呼び、有機物が腐植物質に変換される過程を腐植化（humification）といいます。

　腐植物質は、カルボキシリ基やフェノール性水酸基などの官能基に富み、アルミニウム（Al）、鉄（Fe）や重金属イオンと強く結合したり、土壌の陽イオン交換容量を増加させたりするなどの働きがあります。また、キレート作用により重金属を可溶化する働きもあります。

土壌有機物の含有量

土壌有機物の含有量は、主に気候、植生、母材、地形などの土壌生成因子によって規制される有機物の動態に対応して定常状態を示します。自然土壌を農耕地化すると、通常は土壌有機物含量の減少が起こり、やがて土壌、作物、栽培条件などに応じた平衡状態に達します。一方、堆肥や緑肥などで土壌に有機物が施用されると、土壌有機物含量はより高い水準に保たれます。

腐植物質の合成と分解
　腐植物質は、動植物や微生物の遺体の分解と再合成によりつくられ、土壌中の金属イオン、遊離酸化物や粘土鉱物と複合体を形成して安定化します。また、腐植物質も徐々に分解され微生物菌体、代謝産物、二酸化炭素に変化します。
　新鮮有機物の供給が続く限り、新たな腐植物質の合成と分解が行われます。

土壌有機物の機能
　土壌有機物は、土壌の物理性、化学性、生物性に影響して、植物の生育に関与しています。

●土壌の物理性への影響
　糸状菌の菌糸、土壌微生物の細胞外分泌多糖類、腐食などにより団粒形成が促進され、土壌の保水性、通気性、透水性が改善されます。また、腐植の暗い色は、太陽エネルギーの吸収に役立ち、地温を上昇させます。

●土壌の化学性への影響
　土壌有機物には、窒素、リン酸、硫黄などの養分元素が含まれており、これらの元素は有機物の分解にともなって可給態となり、作物に供給されます。また、陽イオン交換容量が増大して養分保持能力を高める働きをします。さらに腐植は、緩衝作用が強く、土壌pHの急激な変化を防ぎます。

●土壌の生物性への影響
　土壌有機物中の炭水化物は、土壌微生物のエネルギー源としても重要です。土壌中の豊富で多様な微生物群は、作物養分の円滑な供給に役立つのみならず、病原菌との共助作用により、病害を抑制します。

◆土壌有機物含量とブルーベリーのタイプ
　ブルーベリー樹の成長は、これまで土壌有機物含量が5%以下の土壌では優れないとされてきました。しかし、近年、アメリカ各地の栽培情報から、樹の成長に好適な土壌有機物含量はタイプによって異なることが明らかにされています。
　それによると、砂質土壌の場合、成長に好適な有機物含量は、ノーザンハイブッシュでは5～15%であり、サザンハイブッシュでは3%が良いとされています。
　ラビットアイでは、有機物含量が3%以上の土壌では、樹勢が旺盛に過ぎて、株元の管理、収穫、整枝剪定作業に支障を来たし、病害虫の発生が多くなるなどの弊害を伴います。

このため、ラビットアイの栽培に勧められるのは、有機物含量が3％以下の土壌です。

◆**土壌酸性　soil acidity**

土壌の酸性は、通常、酸性の強さを示すpHで表わされます。酸性とは、土壌の水懸濁液のpHが7以下を指します。水懸濁液のpHは、土壌溶液のpHに近いとされています。

土壌の酸性の原因は、pH7〜4では、土壌溶液中の炭酸、有機酸やイオンが多く、pH3以下では硫酸などの無機酸であることが多いとされています。

土壌が酸性になるにつれ、交換性陽イオンに占めるAlイオンの割合が高くなります。

土壌pH

土壌pHは、土壌溶液中および土壌の陰荷電に吸着している水素イオンの液に対する濃度（水素イオン濃度）の表わし方で、土壌の酸性の程度を知ることを目的としています。通常、ガラス電極による測定値が用いられます。

土壌pHは、土壌の化学性を特徴づける基本的な要因です。土壌pHの違いは、土壌微生物の活動、土壌構成物質の形態変化、養分の有効性などに影響を及ぼします。

ブルーベリーは代表的な好酸性植物です。成長に好適な土壌pHは、ノーザンハイブッシュではpH4.3〜4.8（強酸性）、ラビットアイではpH4.2〜5.3（強酸性から明酸性）の範囲です。このため、肥料と土壌改良資材は、土壌pHを上げないものを使用します。

◆**水素イオン濃度　hydrogen ion concentration**

溶液1L中の水素イオン（H^+）のグラムイオン数（濃度）を意味します。通常、この濃度の逆数の常用対数が、水素指数pH（potential for hydrogen）の記号で表現されています。

25℃，1気圧での純水の水素イオン濃度は、1Lあたり約10^{-7}グラムイオンですから、pH7（中性）です。この数を境に、pH0〜7が酸性、pH7〜14がアルカリ性を示します。

◆**土壌の酸性化の原因**

土壌の酸性化は、一般的な畑条件の下では、主として次のような原因によっています。

雨水の土壌浸透にともなう塩基類の溶脱

雨水のpHは、大気中の炭酸ガスが溶けて約5.7の弱酸性を呈しています。年間降雨量が1,000mmを超える地域では、土壌に吸着している置換性塩基類が、雨水中の水素イオンと置換（交換）されて浸出し、溶脱するためです。

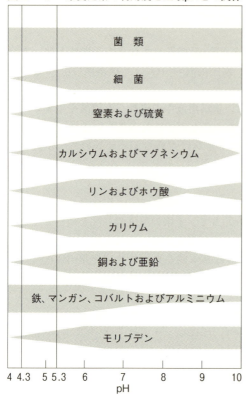

図2-3　栄養元素の利用度と土壌pHとの関係

注：①利用度は帯の幅で示してある
　　②pH4.3〜5.3の範囲がブルーベリーの成長に適する
　　③藤原ら（2012）をもとに作成
（出典）藤原俊六郎他（2012）

生理的酸性肥料の多施用

　土壌に施用された硫安、塩化カリなどの生理的酸性肥料は、土壌溶液中でアンモニウムイオンと硫酸イオン（$2NH_4^+$とSO_4^-)、またはカリウムイオンと塩素イオン（$K1^+$とCl^+）に解離します。アンモニウムイオン、カリウムイオンは作物に養分として吸収されますが、硫酸イオンや塩素イオンは作物にあまり吸収されずに、硫酸や塩酸などの強酸となって土壌中に残るため、土壌が酸性化します。

　さらに、アンモニウムイオンは硝化作用（nitrification）によって硝酸イオンに変わります。硝酸イオンはそれ自体でも酸性化の要因となるほか、陰イオンなので土壌に吸着されず、水の浸透に伴って根系以外へ流亡します。このとき、Ca、Mg、Kなどをともなって流亡するので土壌が酸性化しやすくなります。

◆土壌酸性と微生物

　多くの畑作物栽培の土壌では、土壌に施用したアンモニア態窒素（NH_4^+-N）は、微生物の作用（硝酸化成作用あるいは硝化作用）により2週間程度で、アンモニア（NH_3^+）→亜硝酸（NO_2^-）→硝酸（NO_3^-）という変化が起きるとされています。この変化は、硝化菌〔nitrifying bacteria. アンモニア酸化細菌（亜硝酸菌）と亜硝酸酸化細菌（硝酸菌）〕の働きによるものです。

　ブルーベリーの成長に適した強酸性条件下では、硝化菌の活動が低下し、pH5以下では抑制され、さらにpH4.5以下では大部分の硝化菌が休眠状態になっています。このため、施用したアンモニア態窒素が形態的に変化しないよう土壌を酸性に維持することが特に重要です。

◆硝酸化成作用（硝化作用）　nitrification

　施肥や有機物施用等に由来する土壌中のアンモニア態窒素（NH_4^+-N）が酸化され、硝酸態窒素（NO_3-N）を生ずる作用を、硝酸化作用あるいは硝化作用といいます。この作用は、主として硝化菌（硝酸化成菌）と総称される好気性の化学合成独立栄養細菌の働きによるものとされています。

土壌酸性と養分の有効性

　養分の有効性（溶解度．栄養元素の利用度）と土壌pHによって変わります（図2-3）。図からわかるように、土壌pHが低くなると、N（窒素）、P（リン）、K（カリウム）、Ca（カルシウム）、Mg（マグネシウム）、Cu（銅）、Zn（亜鉛）、Mo（モリブデン）、B（ボロン,硼素）、S（硫黄）などの溶解度が悪くなります。一方、Fe（鉄）、Mn（マンガン）、Co（コバルト）、Al（アルミニウム）の溶解度は高まります。

　ブルーベリーは好酸性植物です。すなわち、ブルーベリー樹の成長は、他の多くの果樹とは異なり、K、Ca、Mgなどの陽イオン濃度が低く、逆にAl、Mn、Feなどを多く含む強酸性土壌で優れます。このようなブルーベリー樹の性質は、樹の栄養特性とされています。

　現在の土壌pHから望ましいpHレベルに調整する場合、一般に、硫黄を用いますが、その目安は土壌の種類に応じます（「第4章　ブルーベリーの生育と栽培管理、2　開園準備と植え付け」の表4-1参照）。

土壌の生物性　biological properties of soil

　農作物の生育に広く係る土壌の生物的な性質を、土壌生物性といいます。土壌中には多数の生物群が生息し、有機物の分解や物質変換を通じて無機養分・エネルギーの循環に大きな役割を演じています。

土壌の生物性に関係する基礎的な用語

◆土壌微生物　soil microorganism, soil microbe

　土壌微生物は、肉眼でははっきりと認識できない大きさで、後世動物（Metazoa．全動物から単細胞の原生動物を除いて、体が多くの細胞でできている動物の総称）の一部、アメーバ、繊毛虫、鞭毛類などの原生動物（Protozoa．真核をもち、多少とも動物的傾向を示す単細胞生物の総称）、菌類や藻類、放射菌、光合成・窒素固定を持つラン藻を含む細菌、ウイルスが含まれます。それぞれの微生物は、土壌中の物質変化を担い、作物の生育に重要な役割を果たしています。

原生動物以外の土壌動物（soil animal）には、線虫、ダニ、トビムシ、アリ、ミミズなどが含まれ、植物遺体の分解や団粒など土壌構造の形成に寄与しています。

土壌微生物の種類

微生物を大別すると、細菌、糸状菌（かび）、担子菌、藻類、原生動物およびウイルスに分けられます。しかし、その量や活性から、農業上重要なのは、細菌〔バクテリア．bacterium，（*pl.* bacteria)〕、放線菌（actinomycetes）、糸状菌（filamentous fungi）です。

細菌の数が最も多く、表土1g当たり10^6（10万）〜10^8（1億）にも達し、広く分布しています。放線菌は細菌と糸状菌の中間の大きさで、表土1g当たり10^5（10万）〜10^6（100万）生息しています。糸状菌は大半が菌糸の状態で存在し、その数は表土1g当たり10^4（1万）〜10^5（10万）とされています。

土壌微生物には、根粒菌〔root nodule bacterium（*pl.* bacteria)〕、VA菌根菌〔VA mycorrhizal fungus（*pl.* fungi)〕など植物と共生するものがあり、生産性向上に寄与しています。逆に、土壌病害を引き起こす病原菌もいます。

土壌微生物の働き

土壌微生物の働きは多様ですが、特に分解者としての役割が大きく、土から生まれた植物、動物、その排泄物など全ての有機物を分解して土に戻す働きをしています。この過程で、地球の炭素および窒素循環を担っています。

炭素循環（carbon cycle）では、動植物遺体の分解によるCO_2（二酸化炭素）は大気へ還元され、大気中の二酸化炭素は、光合成のために作物に吸収されて作物体を形成しています。

窒素循環（nitrogen cycle）では大気中の窒素を固定し（窒素固定菌．nitrogen fixing bacteria）、アンモニアを硝酸（硝化菌．nitrifying bacteria）に、硝酸を窒素ガスに戻し（脱窒菌．denitrifying bacteria）て、地球の窒素循環を完結させています。S（硫黄）、P（リン）、Fe（鉄）、Mn（マンガン）などの形態変化も行っています。

このように、土壌微生物は土壌中の物質交換と、大気、水圏と土壌との間の物質循環を担っています。

第3章

ブルーベリー品種の選定と特徴

ノーザンハイブッシュの「デューク」

　ブルーベリー栽培に成功するための条件の三つ目は、「適産」(適作)です。「適産」は、選定した園地の自然条件の下で、長年にわたって樹が健全に生育し、良品質の果実を安定して生産できるタイプと品種を選定することから始まります。このため、品種選定の良否は、園地の自然条件(「第2章　ブルーベリー栽培に適した立地条件」参照)と同様に、ブルーベリー栽培と農園経営の成否を決定します。

　現在、非常に多くの品種が市販されている中で、まずどのような視点から品種を選定したらよいのか、が課題となります。この章では、最初に、品種選定の基準として特に重視すべき樹の特性と果実の形質を取り上げます。次に、現在、日本で栽培されている大半の品種について、その特性を解説します。また、導入年が新しいため栽培経験が少ないものの将来有望と期待されている品種について、主要な樹と果実形質の概要を述べます。

1　品種選定の基準

　園地の自然条件の下で、長年、優れた品質の果実を安定して生産できるブルーベリーのタイプと品種を選定するために、重視するべき基準があります。

品種・栽培品種に関係する基礎的な用語

◆品種・栽培品種　variety・cultivar, cv
　品種とは、農業上の概念です。同一の栽培種に属しても、形態的・生態的な実用形質に関して、他の個体群（集団）と明らかに区別でき、かつ同一群内では相互に区別し難い個体群が形成されます。これらの個体群を品種といいます。このため、類似した栽培条件下では、品種は遺伝的に安定した平衡状態、すなわち、成長の度合いや果実品質の均等性、その特性が年を経ても変化しない状態にあります。

　なお、植物学的分類（自然分類）によるブルーベリーの「種」（species）は、ハイブッシュ、ラビットアイ、ローブッシュであり、これらの下位に分けられているのが、実際に栽培される品種・栽培種です。これに関連して、導入品種、育成品種や品種登録などの用語があります。

◆導入品種　introduced variety
　日本の在来または育成品種ではなく、外国から導入した品種を導入品種といいます。

　ブルーベリーが日本の公立機関に導入されたのは、1951年（昭和26年）、農林省北海験農試が、アメリカ・マサチューセッツ農試から導入し、試作したのが始まりです。その後しばらくは、当時の農林省、二三の国立大学、地方の試験場によって導入されていましたが、栽培が大きく普及し始めた1990年代の中期からは、ほとんどが民間の種苗業者によるものです。現在、日本で栽培されているブルーベリーの品種は、大半がアメリカから導入されたものです。

◆在来種・在来品種　native variety, native cultivar
　日本国内で、ある地域に昔から栽培され、その地方の風土に適した地方の品種を、在来種・在来品種または地方種（local variety）といいます。

　日本には、ブルーベリーの在来種や在来品種の存在は知られていません。

◆育成品種　purebred variety
　育成品種は在来種・在来品種に対する語で、定められた育種目標にそって育成

された品種をいいます。

　現在、日本で栽培されているブルーベリーは、ほとんどがアメリカで育成された品種であり、導入品種です。このような中、国内の公立機関で育成されたのは、1998年、群馬県農業総合試験場北部分場（群馬県沼田市）によるノーザンハイブッシュの「おおつぶ星」（Ohtsubu-Boshi）が初めてで、続いて、1999年に「あまつぶ星」（Amatsubu–Boshi）が発表されています。2004年には「はやばや星」（Hayabaya–Boshi）が群馬県農業技術センター中山間地園芸研究センター（前述の北部分場から改組）から発表されています。

◆品種登録　registration of cultivar

　品種は、試験研究機関の研究者や農家が育成した知的財産ですから、品種登録は、育成者の権利を保護することを目的に、種苗法（Seed and Seedlings Law of Japan）に基づいて行われています。

　種苗法では、品種登録の要件を次のように掲げています。「1. 品種　登録出願前に日本国内又は外国において公然知られた他の品種と特性の全部または一部によって明確に区別されること。2. 同一の繁殖の段階に属する植物体のすべてが特性の全部が変化しないこと。

　3. 繰り返し繁殖させた後においても特性の全部において十分に類似していること。」

　このような種苗法で登録された品種（品種登録. registered cultivar）は、通常、パテント（特許）品種（patented cultivar）と呼ばれています。権利は、登録の日から20年（永年性作物の場合は25年）間存続します。この間、その品種を種苗として、有償で譲渡、または有償で譲渡する目的を持って生産したり、輸出、輸入したりする場合などには、育成者と許諾契約を結ぶ必要があります。これに反した場合は、懲役・罰金等の罰則が適用されます。

品種選定の基準

　ブルーベリーの各タイプには、それぞれに多数の品種があり、現在、日本で市販されているものは、タイプを合わせると100を超えています。このため、多数の品種の中から、自園地の自然条件の下で、樹が健全に成長し、良品質の果実を安定して生産するために重視すべき形質が品種選定の基準です。

　ここでは、生果販売を主とした普通栽培の場合に、品種選択の基本的な基準とされている、栽培上重要な樹と果実品質に深く関係している形質について、取り上げます。

◆品種特性　varietal characteristic

品種特性とは、一般的に品種の持つ樹や果実の形態的・生態的特徴を指し、その内容は、形態的にも生態的にも極めて多様です。

特に重視すべき形質

品種選定にあたって特に重視すべき形質は、成熟期、樹勢、果実収量、果実品質、耐寒性、日持ち性、裂果性、開花期の早晩の八つです。

◆成熟期　maturation period, ripening stage (time)

ブルーベリー栽培では、成熟期はすなわち収穫期です。成熟期は、タイプ、品種によって大きく異なり、また、地域の気象条件によっても異なります。このため、成熟期は、その地方における果実の販売時期を決定します。

長年の品種改良によって、成熟期がより早生の、またより晩生の品種が育成されて、従来の早生、中生、晩生の3段階による区分では整理が難しくなってきました。そこで現在では、世界的にブルーベリー全体を通して7段階の区分が一般的です。

成熟期の区分

一例を示すと、関東南部の場合、成熟期は次のように区分できます。ここで示した時期は、収量全体の20%～50%を収穫できる時期で、通常いわれる「収穫始め」や「収穫終わり」を示すものではありません。

- 極早生品種〔extreamly (very) early season cultivar〕：6月上旬
- 早生品種（early season cultivar）：6月上旬から中旬
- 早生から中生品種：6月下旬
- 中生品種（mid-season cultivar）：7月上旬
- 中生から晩生品種：7月中旬
- 晩生品種（late season cultivar）：7月下旬
- 極晩生品種〔extreamly (very) late season cultivar〕：前期－8月上旬、中期－8月中旬、後期－8月下旬

なお、1品種の収穫期間は、一般的に、3～4週間です。

成熟期の早晩とタイプとの関係

成熟期の早晩は、タイプによって違います。ノーザンハイブッシュ、サザンハイブッシュ、ハーフハイハイブッシュの品種は、関東南部では、多くが6月上旬～7月下旬までに成熟する極早生から晩生品種です。これらに対して、ラビットアイの品種は、ほとんどが8月上旬以降に成熟する極晩生品種です。

関東南部では、気象条件から、四つのタイプを栽培できます。このため、特に観光農園経営では、収穫期間（摘み取り期間）を長くとるために、極早生から極晩生まで多数の品種を組み合わせた栽培が一般的です。

第3章　ブルーベリー品種の選定と特徴

ハイブッシュ(チャンドラー)

ラビットアイ(ブライトウェル)

◆**樹勢　plant（tree）vigor**
　樹勢は、新梢伸長の強弱（新梢の発生数、新梢の長さなど）から判定されます。樹勢の旺盛なタイプと品種は、一般的に土壌適応性があり、樹形が大形になる傾向が強いため、栽培しやすい、といえます。タイプでは、樹勢の旺盛なラビットアイが、ハイブッシュよりも栽培しやすい（両タイプを栽培できる地方の場合）ことは、栽培経験上からも良く知られています。
　栽培上、気象条件に問題が無いものの、土壌条件に問題がある地方や場所では、樹勢の強弱は特に重視したい形質です。

◆**果実収量　yield**
　収量とは、収穫された果実の分量（重量）をいいます。果実収量は、1樹の果実数の多少と1果実重によって決定されます。
　1樹当たりの収量は、通常、樹形が大きい品種で多く、小形の品種で少なくなります。タイプ別でみると、収量は、樹形の大きいラビットアイが中形のノーザンハイブッシュやサザンハイブッシュよりも多くなります。
　1樹当たりの目標収量は、ラビットアイでは4〜8kg、ノーザンハイブッシュとサザンハイブッシュでは3〜5kg、ハーフハイハイブッシュでは0.5〜2kgとされています。
　単位面積当たりの収量は、1樹当たりの収量とともに植え付け樹数にも左右されます。樹形が大形の品種は、単位面積当たりの樹数が少なく、小形の品種では多くなるからです。

◆**果実品質のパラメーター**
　品質（quality）とは、食品や商品としての性質、品柄、その良し悪しと程度をいいます。
　品質の構成要因（指標）として、大きくは、外観、食味（風味）、栄養価、日持ち・貯蔵性・輸送性、安全性などが挙げられます。ブルーベリーの場合、品種

選択の上で重視すべき要因は、果実の大きさ、果柄痕、食味（風味）、肉質などです。

果実の大きさ　fruit (berry) size

果実の大きさは、品種選定に当たって特に重視される形質です。ブルーベリーでは、大きい果実が小さいものよりも消費者にも栽培者にも好まれています。大きな果実は、栽培者にとっては、一定量（重量）の収穫に要する時間が節約できることも魅力です。

果柄痕　scar

果房内で果実を支えていた果柄の跡（痕）は、収穫後は果実からの水分の蒸発、裂果、カビの発生源となって、品質の劣化や日持ち性を大きく左右します。その状態は、通常、大きさ（大、小）と乾燥の程度（乾燥、湿る）から区分され、品種によって異なります。

果柄痕は、小さくて、乾燥する特性の品種を選びます。

食味・風味　taste, eating (edible) quality・flavor

ブルーベリー果実を食べた際の味は、食味、香り、肉質、歯切れなど人間の全体的な感覚により決められます。食味に関係する成分は、糖、酸、アミノ酸、香気成分、ペクチンなどですが、一般的には、「生食しておいしい果実」という意味で、食味といわれています。

食味が優れる品種を選定するのは、もちろんです。品種特性の解説（第3章、2　タイプ別主要品種の特徴）では、風味の良否で説明しています。

肉質　texture

一般的に、果実を食べた際の歯切れ、舌触り、硬軟、粗滑など感覚に関与する物理的な特性を肉質といいます。ブルーベリーの場合、肉質は、口に含んだ際の舌触りを指し、硬質性（パリパリした食感）と軟質性（軟らかく、トロットとした食感）に大別されます。

どちらかといえば硬質性の肉質が好まれ、また日持ち性も優れています。品種特性の解説では、肉質について果実の硬さとして表現しています。

◆生態的特性

生物学的に、同一「種」（植物学的分類による種）が異なる環境に生育するために環境条件に応じて分化した性質が、遺伝的に固定したものを生態型（ecotype）といいます。

ここでは、生態型といえるブルーベリー樹の型を生態的特性とし、栽培上、特に重視すべきものを取り上げます。

耐寒性　cold hardiness, cold resistance, cold tolerance

冬季の休眠状態において、異常低温による被害を寒害といい、寒害発生の限界

温度の高低を耐寒性の強弱といいます。

ブルーベリーの耐寒性は、大きくは、タイプと品種によって違いますが、品種特性の解説では耐寒性の強弱で表されています。

日本の場合、耐寒性はブルーベリー栽培の北限を決定します。このため、冬季の低温が厳しい北海道、東北地方、本州でも標高の高い地域では、特に耐寒性の強い品種の選定が重要です。

日持ち性　longevity

ブルーベリーは、他の果実と比べて、果皮や果肉が軟らかく、傷みやすい果実です。その上、成熟期が高温多湿な夏であるため、収穫果の品質劣化が進みやすく、日持ち（shelf life, keeping quality）が悪くなります。

収穫後、果実を低温条件下で保冷することで日持ちは長くなりますが、基本的には品種の特性です。まずもって日持ち性の良い品種を選定することが重要です。

裂果

ブルーベリーの裂果（fruit cracking, fruit splitting）は、成熟期間中の降水あるいは高い空中湿度によって、果実表面が裂ける現象です。裂果の有無や程度は品種によって異なりますが、日本では、収穫期が梅雨の期間と重なり、またしばしば夕立に遭うため、裂果する品種が見られます。しかし、裂果しやすい品種でも、成熟期が晴天に恵まれた年や場所では、裂果が発生しません。

裂果した果実は商品性が皆無となり、また、そのまま園内に放置すると病害虫の発生源になる恐れがあります。

開花期の早晩

開花期間中に晩霜がある地域では、低温によって花器あるいは幼果が霜害を受け、多くの場合、枯死します。このため、結実率は低下し、最終的に果実収量が減少します。

開花期について、品種特性の解説では、特に早いかあるいは晩い品種の場合にのみ紹介しています。開花期の記載がない品種は、現在、その地域で栽培されている多くの品種と同一時期であるとみてよいでしょう。

2　タイプ別主要品種の特徴

　現在、日本に導入されているブルーベリーの品種は、四つのタイプを合わせて100以上に上ります。その中から、かつて栽培されていた品種、現在全国的に広く栽培されている品種を取り上げ、前掲の「品種選定の判断基準」で挙げた栽培上特に重要な樹の特性と果実形質について、タイプ別に解説します。また、近年、導入されている新品種については、項目を改め、形質の一部を要約して述べています。品種の掲載は、タイプ別に、五十音順としています。

　なお、解説中の成熟期は、関東南部における普通栽培の場合であり、収量全体の20～50％を収穫できる時期としています。また、育成者の国名は、品種の多くがアメリカ（米国）で育成されたものであることから、国名は省略して州名を記しています。USDA（United States Department of Agriculture）は米国（アメリカ）農務省の略称です。

ノーザンハイブッシュの品種

　ノーザンハイブッシュは、ブルーベリーの品種改良の歴史上、最も古くから改良されて来たタイプです。このため、育成された品種数は最も多く、ブルーベリー産業発祥の国・アメリカにおいてはもちろん、日本も含め世界各国で栽培ブルーベリーの中心をなしています。

　現在、日本に導入されているノーザンハイブッシュの品種は、50以上に達しています。

　ここでは、主要な品種（leading cultivar）、52種を取り上げます。

◆あまつぶ星　Amatsubu－Boshi

　ノーザンハイブッシュの中～晩生の品種。種苗法登録品種。群馬県農業総合試験場北部分場（群馬県沼田市）の育成で、1999年に発表。「コリンス」と「コビル」との自然交雑実生といわれているが明確ではない。

　樹姿はやや直立で、樹勢は中位。成熟は、沼田市で7月中・下旬～8月上旬に始まる。果実は扁円で、平均果重は1.9g程度。果皮は青色で果粉が多い。果柄痕の大きさは中程度で、湿っている。肉質はやや軟らかく、果肉は白色。甘味・酸味は中位。食味は良好。群馬県内の栽培が多い。

◆アーリーブルー　Earliblue

　ノーザンハイブッシュの極早生品種。USDAとニュージャージー州立農業試験

場との共同育成で、1952年発表。「スタンレイ」と「ウェイマウス」との交雑。

樹姿は直立〜開張性で、樹勢が強い。収量性は中位。果実は中粒〜大粒。果形は扁円。果粉が多く、果皮は明青色。果柄痕の状態は良く、果肉は硬い。わずかに香気がある。やや酸味があるが、風味は優れる。日持ち性は良い。裂果が少ない。耐寒性が強い。

栽培上の留意点：結実が安定しない。

◆ウェイマウス　Weymouth

ノーザンハイブッシュの極早生品種。USDAによる育成で、1936年に発表。「ジューン」と「キャボット」（野生株からの選抜株間の'ブロックス'と'キャッツワース'との交配）との交雑。

樹形は小形で、樹姿は直立性。樹勢は比較的弱いが、収量性は高い。成熟期は極早生で、関東南部では6月上旬から成熟する。果実は中粒。果形は円形から扁円。果柄痕の状態は中位。香りは欠くが風味は普通。果肉は粘質性が足りない。

日本では、1960年代から1970年代中期までの主要品種の一つ。現在では栽培が少ない。

栽培上の留意点：完熟前の果実でも適度の酸味と甘味を呈する。成熟果は降雨に当たると裂果しやすい。マミーベリー（モニリア病）が多い。

◆エチョータ　Echota

ノーザンハイブッシュの早生〜中生品種。ノースカロライナ州立大学の育成。1999年発表。系統番号E-66とNC683との交雑。

樹姿は半直立性で、樹勢が強い。自家結実性があり、収量性は安定して高い。比較的成熟期が揃う。果実は大粒。果皮は明青色。果肉の硬さは良い。果柄痕の状態は非常に良い。少し酸味は強いが、風味は良好で日持ち性も優れる。耐寒性は中位。

栽培上の留意点：ステムキャンカー（枝枯れ病）抵抗性が強い。

◆エリオット　Elliot

ノーザンハイブッシュで晩生品種。USDAの育成で、1973年発表。「バーリントン」と系統番号US1〔「デキシー」×（'ジャージー'×'パイオニア'）〕との交雑。

樹姿は直立性。樹勢は強い。収量性は安定して高い。成熟期は揃う。果実は中粒。果粉が多く、果皮は明青色。果肉は硬い。酸味は強いが、風味は良い。

栽培上の留意点：未熟果では酸味が非常に強いため、早取りしないようにする。他家受粉によって成熟期が早まる。寒冷地では、完熟しない場合もある。

◆エリザベス　Elizabeth

ノーザンハイブッシュの中生〜晩生品種。ニュージャージー州に住むクランベ

リー栽培者・エリザス女史（1920年代から1930年代、USDAの育種研究者・コビルの品種改良に協力した功労者）による選抜で、1966年発表。（'キャサリン'×'ジャージー'）と'スカンメル'〔（'ブルックス'×'キャツワース'）×「ルーベル」〕との交雑。

樹姿は、直立〜開張性。成熟期間は長い。果実は非常に大きい。果皮色、風味はともに良い。日持ち性は良い。

◆おおつぶ星　Ohtsubu−Boshi

ノーザンハイブッシュの中生の品種。種苗法登録品種。群馬県農業総合試験場北部分場（群馬県沼田市）の育成で、1998年に発表。「コリンス」と「コビル」との自然交雑実生といわれる。

樹姿は直立と開張の中間。樹勢は強い。成熟期は、沼田市で7月上旬から始まる。果実は扁円形で大きく、平均2.0g。果粉は多いが果皮は暗青色で、果肉は淡緑色、果柄痕の大きさは中程度。酸味はやや強く、果汁が多い。食味は良好である。群馬県内での栽培が多い。

◆カラズチョイス　Cara's Choice

ノーザンハイブッシュの中生品種。USDAとニュージャージー州立農業研究所との共同育成で、2000年の発表。系統番号G-114とUS-165との交雑。

樹姿は直立性。樹勢は中位。収量性は中位。果実は中粒。果柄痕は小さく、乾いている。果肉は硬い。果実は糖度が高く、糖と酸とのバランスも良く、風味は非常に優れる。

◆クロートン　Croaton

ノーザンハイブッシュの早生品種。ノースカロライナ州立農業試験場とUSDAとの共同育成で、1954年に発表。「ウェイマウス」と系統番号F-6〔'スタンレイ'×'クラブ4'（ノースカロライナ州東部の野生株からの選抜種）〕との交雑。

樹姿はやや開張で、樹勢は強い。収量性は高い。果実は中粒〜大粒。果皮は暗い青色。果柄痕の状態は良い。果肉の硬さは中位。わずかに香気がある。成熟と共に糖−酸比が整い、風味が良くなる。

栽培上の留意点：成熟時に降水による裂果が多い。ステムキャンカー（枝枯れ病）抵抗性が強い。

◆コビル　Coville

ノーザンハイブッシュの晩生品種。USDAとニュージャージー州立農業試験場との共同育成で、1949年に発表。系統番号GM-37と「スタンレイ」との交雑。

樹姿は開張性で、樹勢は強い。収量性は高い。果実は非常に大きい。果形は扁円。果皮は青色。果柄痕の状態は中位。果肉は硬い。わずかに香気がある。酸味は強いが風味は非常に良い。成熟果の裂果や落果は少ない。自家結実性は弱い。

◆コリンス　Collins

　ノーザンハイブッシュの早生品種。USDAとニュージャージー州立農業試験場の育成で、1959年発表。「スタンレイ」と「ウェイマウス」との交雑。

　樹姿は直立〜開張性。樹勢は中位。収量性は安定しない。果実は中粒〜大粒。果形は円形〜扁円。果粉が多く、果皮は明青色。果柄痕の状態は中位。果肉は硬い。わずかに香気がある。甘酸適和で風味は優れる。成熟果は裂果しやすい。耐寒性は弱く、土壌適応性も狭い。

◆サンライズ　Sunrise

　ノーザンハイブッシュの早生〜中生品種。USDAの育成で、1988年発表。系統番号G180とME-US6620（ローブッシュの遺伝質を含む）との交雑。

　樹姿は直立性。樹勢は中程度。収量性は中位。果実は大粒。果粉が多い。果皮は青色。果柄痕の状態は良い。果肉は硬い。風味が優れる。

　栽培上の留意点：ステムブライト（胴枯れ病）抵抗性が弱い。

◆シエラ　Sierra

　ノーザンハイブッシュの早生〜中生品種。ニュージャージー州立農業試験場の育成で、1988年の発表。形統番号US-169とG-156との交雑。ノーザンハイブッシュ、野生種・ダローアイ、ラビットアイの遺伝質を含む5倍体品種。

　樹姿は直立性で、樹勢が強い。収量性は高い。果実は大粒で、果形は扁円。果粉が多く、果皮は青色。果柄痕は小さい。果肉は硬い。風味は優れる。日持ち性は良い。土壌適応性がある。

◆ジャージー　Jersey

　ノーザンハイブッシュの晩生品種。USDAの育成で、1928年に発表。「ルーベル」と「グローバー」（共に野生株の選抜種）との交雑。

　樹姿は直立性。樹勢は非常に旺盛で、樹高は2.0mを超える。収量性は安定して高い。果実は全体的に中粒、収穫初期には大粒を含むが、後半になると小粒になる。果形は円形〜扁円。果皮は青色。果柄痕の状態は中位。香気を欠くが風味は良い。裂果が少ない。耐寒性は強い。土壌適応性がある。

　栽培上の留意点：大きくて、成熟が早い果実を収穫するために、他家受粉が望ましい。

◆スタンレイ　Stanley

　ノーザンハイブッシュの早生〜中生品種。USDAの育成で、1930年に発表。'キャサリン'と'ルーベル'（共に野生株からの選抜種）との交雑。

　樹姿は直立性。樹勢は強。収量性は中位。成熟期は早生〜中生。果実は全体的に中粒であるが、熟樹が後半になると小粒になる。果形は扁円。果柄根の状態は中位。果肉は硬い。爽やかな香りがあり、風味は優れる。

◆スパータン（スパルタン）　Spartan

　ノーザンハイブッシュの早生品種。USDAの育成で1977年に発表。「アーリーブルー」と系統番号US11-93との交雑。

　樹姿は直立性で、樹勢は中位。樹高は、成木で150〜180cm。収量性は中位。成熟期が揃う。果実は極めて大粒。果形は円形から扁円。果粉は少ないが、果皮色は明青色。果柄痕の状態は中位。果肉は硬い。裂果が少ない。風味は特に優れる。耐寒性が強い。

　栽培上の留意点：開花時期は遅いが、果実の成熟期は早い。土壌適応性が弱く、また栽培管理の精粗に敏感に反応するため、特に土壌の排水性、通気性・通水性、有機物マルチ、土壌pH、施肥、潅水管理に注意が必要。

◆ダロー　Darrow

　ノーザンハイブッシュの晩生品種。USDAとニュージャージー州立農業試験場との共同育成で、1965年発表。系統番号F-72（'ワーレム'×'パイオニア'）と「ブルークロップ」との交雑。

　樹姿は、直立〜開張性。樹勢は強いが、樹高は1.5〜1.8m。収量性は安定しない。果実は大粒〜特大。果形は扁円。果柄痕の状態は中位。果肉は硬い。完熟前は酸味が強いが、成熟にともなって糖・酸の比率が整い、風味が優れる。香気がある。日持ち性が劣る。耐寒性がある。

　栽培上の留意点：市場出荷には適さない。

◆チャンティクリアー　Chanticleer

　ノーザンハイブッシュの極早生品種。USDAによる育成で、1997年に発表。系統番号G-180とME-US6662との交雑。「サンライズ」と兄弟品種でローブッシュの細胞質を含む。

　樹姿は直立性。樹高は中位。果実は中粒。果皮は青色から明青色。果柄痕は乾く、果肉は硬い。糖－酸が調和して、風味は温和。日持ち性は良い。

◆チャンドラー　Chandler

　ノーザンハイブッシュの中生〜晩生品種。USDAの育成で1994年の発表。「ダロー」と系統番号M-23との交雑。

　樹姿は直立性。樹勢は旺盛で、樹高は約180cm、収量性は安定して高い。成熟期間は長く、5〜6週間にも及ぶ。果実は大粒から特大。果皮は明青色。果柄痕は小さくて乾く。果肉の硬さは中位。風味は非常に優れる。耐寒性がある。

◆デューク　Duke

　ノーザンハイブッシュで極早生品種。USDAとニュージャージー州立農業試験場による共同育成で、1986年に発表。系統番号G－100と系統番号192－8との交雑。

樹姿は直立性、樹勢は旺盛である。自家結実性があり、収量性は安定して高い。成熟期が揃う。果実は中粒〜大粒。果粉が多く、果皮は青色。果柄痕は小さくて乾く。果肉は硬い。収穫後、独特の香気が出る。日持ち性は良い。耐寒性が強い。

なお、当品種は、2004年、アメリカ園芸学会優秀果樹品種賞（The ASHS Outstanding Fruit Cultivar Award）を受賞している。

栽培上の留意点：開花時期は遅いが、果実の成熟期は早い。成熟期に降水量の多い場合には風味が劣る。日光が樹冠内部まで投射するように細やかな剪定が必要。

◆デキシー　Dixi

ノーザンハイブッシュの晩生品種。USDAによる育成で、1936年に発表。系統番号GM-37（'ジャージ'דパイオニア'）と「スタンレイ」との交雑。

樹姿は開張性。樹形は大形で樹勢は強い。収量性は高い。果実は大粒〜特大であるが、成熟期が後半になると、次第に小粒になる。果形は扁円。果粉が少なく、果皮は青色。果柄痕は大きくて湿るが、果肉は硬い。香りがあり、風味は良い。耐寒性は弱い。

栽培上の留意点：成熟果は、降水によって裂果しやすい。

◆トロ　Toro

ノーザンハイブッシュの中生品種。USDAとニュージャージー州立農業試験場との共同育成で、1987年に発表。「アーリーブルー」と「アイバンホー」との交雑。

樹姿は直立性。樹高は中位で、樹勢は強い。収量性は安定して高い。成熟期は中生でブルークロップと同時期。成熟期は揃う。果実は中粒〜大粒。果柄痕は小さい。果肉は硬い。糖-酸は調和して風味が良い。耐寒性が弱い。

◆ヌイ　Nui

ノーザンハイブッシュの中生品種。ニュージーランドのMoanatuatua研究農場で育成、1989年に発表。系統番号E118（'アッシュワース'דアーリーブルー'）と「ブルークロップ」との交雑。

樹姿は強い開張性。樹勢はやや弱い。果実は特に大粒。果形は扁円。果皮は青色。果柄痕は小さくて乾く。果肉は硬い。食味は良い。

◆ネルソン　Nelson

ノーザンハイブッシュの中生〜晩生品種。ニュージャージー州立農業試験場の育成で、1988年に発表。「ブルークロップ」と系統番号G-107（F-72×'バークレイ'）との交雑。

樹姿は直立性。樹勢は強いが、樹高は中位。収量性は高い。果実は大粒から特

大。果皮は明青色。果肉は硬い。風味は優れる。耐寒性は強い

◆バークレイ　Berkelay

　ノーザンハイブッシュの中生～晩生品種。USDAとニュージャージー州立農業試験場との共同育成で、1949年に発表。「スタンレイ」と系統番号GS-149（'ジャージー'×'パイオニア'）との交雑。

　樹姿は開張性。樹勢は強く、樹高は1.5～1.8m。収量性は安定。果実は大粒～特大粒。果形は円形から扁円。果粉が多く、果皮色は明青色。果柄痕は大きい。果肉は硬い。酸味は少ないが香りがあり、風味は良い。貯蔵性がある。裂果は少ない。耐寒性は強くない。

　栽培上の留意点：収穫が遅れると、成熟果の落果が多い。ステムキャンカー（枝枯れ病）抵抗性が弱い。生育は、排水の良い土壌で優れる。

◆パトリオット　Patriot

　ノーザンハイブッシュの早生品種。USDAとメイン州立農業試験場との共同育成で、1976年に発表。系統番号US3と「アーリーブルー」との交雑。

　樹姿は直立性。樹高は低く、成木でも120cmくらい。樹勢は強い。収量性は安定して高い。果実は大粒。果形はわずかに扁円。果皮は暗青色。果柄痕は小さくて乾き、くぼむ。風味は極めて良い。耐寒性は非常に強く、土壌適応性も広い。

◆ハーバート　Herbert

　ノーザンハイブッシュの晩生品種。ニュージャージー州立農業試験場とUSDAとの共同育成で、1952年の発表。「スタンレイ」と系統番号G5-149（'ジャージー'×'パイオニア'）との交雑。

　樹姿は開張性。樹形は大形で、樹勢は強い。収量性は安定して高い。果粒は大粒～特大。果形は扁円。果皮は明青色。果柄痕は大きくて、くぼむ。酸味は少ないが、香りがあり、風味は良い。果皮、果肉ともに軟らかい。日持ち性、貯蔵性が劣る。耐寒性が弱い。

　栽培上の留意点：市場出荷には適さない。

◆はやばや星　Hayabaya-Boshi

　ノーザンハイブッシュの極早生の品種。種苗法登録品種。群馬県農業技術センター中山間地園芸研究センター（組織改革により農業総合試験場北部分場を改組。群馬県沼田市）の育成で、2004年に発表。「コリンス」と「コビル」との自然交雑実生といわれる。

　樹姿は開張性、樹勢は中位。成熟期は、沼田市では6月上旬から始まり、最盛期は7月である。果実は平均して1.5g。果形は円形。果皮は暗青色で果粉が多い。果肉はやや軟らかい。果柄痕は湿る。糖度はあるが、酸味がやや強い。食味は中位。日持ち性は中位。裂果は少ない。主として群馬県内で栽培されている。

◆ハリソン　Harrison

ノーザンハイブッシュの早生～中生品種。ノースカロライナ州立農業試験場とUSDAとの共同育成で、1974年発表。「クロートン」と系統番号US11-93との交雑といわれる。

樹姿は半直立性。樹勢は強い。果実は大粒。果皮は暗青色。果肉は硬い。風味は良い。日持ちは劣る。裂果が多い。

栽培上の留意点：ステムキャンカー（枝枯れ病）抵抗性が強い。果実腐敗病に弱い。

◆バーリントン　Burlington

ノーザンハイブッシュの中生～晩生品種。USDAの育成で、1941年に発表。「ルーベル」と「パイオニア」との交雑。

樹姿は直立～開張性であり、樹勢は強い。果実は小粒で果皮は青色。果柄痕の状態は非常に良い。果肉は硬い。わずかに芳香があり、風味は良い。日持ち性、貯蔵性も良い。耐寒性が強い。

◆ハンナズチョイス　Hannah's Choice

ノーザンハイブッシュの早生品種。ニュージャージー農業研究所とUSDAとの共同育成で、2000年発表。系統番号G-136とG-358との交雑。

樹姿は直立性。収量性は中位。果実は中粒～大粒。果皮は暗青色。果柄痕の状態は良い。果肉は硬い。果実は甘く、わずかに酸味があり、風味はまろやか。耐寒性が強い。

◆ブリジッタブルー（ブリジッタ）Brigitta Blue

ノーザンハイブッシュの晩生品種。オーストラリア・ビクトリア州農務省園芸研究所の選抜で、1977年に発表。アメリカ、ミシガン州立大学から贈られた「レイトブルー」の自然受粉実生。

樹姿は直立性。樹勢は強い。収量性は安定して高い。果実は中粒～大粒。果皮は青色。果柄痕は小さくて乾く。果肉は硬く、パリパリした感じ。糖と酸が調和して風味は良い。日持ち性、輸送性は特に優れる。

◆プル　Puru

ノーザンハイブッシュの極早生品種。ニュージーランドのMoanatuatua研究農場の育成で1985年に発表。系統番号E118（'アッシュワース'דアーリーブルー'）と「ブルークロップ」との交雑。

樹姿は直立性で、樹勢はやや強い。収量性は高い。果実は大粒。果形は扁円。果皮は青色。

果柄痕は小さくて乾く。風味は良い。裂果が見られる。

◆ブルークロップ　Bluecrop

ノーザンハイブッシュの早生～中生品種。USDAとニュージャージー州立農業試験場との共同育成で、1952年発表。系統番号GM-37とCU-5（'スタンレイ'בジューン'）との交雑。

樹姿は直立性であるが、枝がしなるため、結実すると開張する。樹勢は中位。樹高は120～180cm。収量性は安定して高い。果実は中粒から大粒。果形は円形から扁円形。果粉が多く、果皮は明青色。果柄痕は小さくて乾く。果肉は硬い。酸味はあるが、まろやかな香りがあり、風味は非常に良い。耐寒性が強い。土壌適応性が広い。

ノーザンハイブッシュの標準品種である。

栽培上の留意点：結実過多の傾向が強いため、適度の剪定あるいは摘花房（果房）が必要。赤色果（red berry）と呼ばれる果実が枝上に残ることが多い。その原因は、結実過多、肥料分の不足、受粉不良（種子数が少ない）、不適切な剪定などによる。

標準品種　standard cultivar

樹や果実形質が優れているため、品種改良および栽培上の特性を比較する際の対象となる品種を、標準品種といいます。

◆ブルーゴールド　Bluegold

ノーザンハイブッシュの中生品種。ニュージャージー州立農業試験場の育成。1988年発表。「ブルーヘブン」（ローブッシュの遺伝質を含む）と系統番号ME-US‐5との交雑。樹姿は直立性。樹高は低く120cmくらい。収量性は高い。果実は中粒。果形は円形。果皮は明青色。果柄痕は小さくて乾く。果肉は硬い。風味は非常に良い。日持ち性が良い。耐寒性が強い。

栽培上の留意点：着花過多、結果過多の傾向が強いため、摘花房（果房）を兼ねた適度な剪定が必要。

◆ブルージェイ　Bluejay

ノーザンハイブッシュの早生～中生品種。ミシガン州立農業試験場の育成で、1978年に発表。「バークレイ」と系統番号ミシガン241（'パイオニア'בティラー'）との交雑。

樹姿は直立性。樹勢が強く、樹高は2mを超える。収量性は中位。成熟期は比較的揃う。

果実は中粒で、果形は円形。果粉が多く、果皮は明青色。果柄痕の状態は良く、果肉は硬い。酸はやや多いが、風味は良い。裂果が少ない。日持ち性、貯蔵性が良い。耐寒性が非常に強く、マイナス32℃の低温でも生存した。

栽培上の留意点：開花期は遅いが、成熟期は早い。マミーベリー（モニリア病）に強い抵抗性がある。

第3章　ブルーベリー品種の選定と特徴

◆ブルータ　Bluetta

　ノーザンハイブッシュの極早生品種。ニュージャージー州立農場試験場とUSDAとの共同育成で、1968年に発表。系統番号No.3と「アーリーブルー」との交雑。

　樹高は低く90〜120cmくらい。樹形は小形で開張性。樹勢は中位。収量性は高い。果実は小粒〜大粒。果粉があり、果皮は青色。果柄痕は大きいが、果肉は硬い。香気があり、風味は良い。裂果は少ないが、日持ち性は劣る。耐寒性が優れる。

◆ブルーチップ　Bluechip

　ノーザンハイブッシュの早生〜中生品種。ノースカロライナ州立農業試験場とUSDAとの共同育成で、1979年発表。「クロートン」と系統番号US11-93との交雑。

　樹姿は直立性で、樹勢は強い。収量性は安定して高い。果実は大粒〜特大。果粉が多く、果皮は青色。果柄痕の状態は良。果肉の硬さは良。風味は優。

　栽培上の留意点：マミーベリー（モニリア病）、根腐れ病に抵抗性がある。

◆ブルーヘブン　Bluehaven

　ノーザンハイブッシュの中生品種。ミシガン州立農業試験場の育成で1967年に発表。「バークレイ」と系統番号19-H（ローブッシュ×'パイオニア'の実生）との交雑。

　樹姿は直立性。樹高は成木で1.5m以上になる。収量性は高い。成熟期間が長く4〜6週間にも及ぶ。果実は大粒。果形は円形。果皮は明青色。果柄痕は非常に小さく、乾く。果肉は硬い。風味は非常に良い。耐寒性が強い。

　栽培上の留意点：成熟果の落果が非常に少ない。

◆ブルーレイ　Blueray

　ノーザンハイブッシュの早生〜中生品種。USDAとニュージャージー州立農場試験場との共同育成で、1955年に発表。系統番号GM37とCU5との交雑。

　樹姿は直立性であり、樹勢は強い。収量性は安定して高い。果実は大粒から非常に大粒。

　果形は扁円。果粉が多く、果皮は中位の青色。果柄痕の状態は中位で、果肉は硬い。香りがあり、酸はやや多いが風味は優れる。日持ち性は良。耐寒性は強い。

◆ペンダー　Pender

　ノーザンハイブッシュの中生品種。ノースカロライナ州立大学の育成で1997年に発表。

　ブルークロップと系統番号B-1（野生ハイブッシュの選抜株）との交雑。

樹姿は直立性、樹勢は強い。収量性は安定。果実は小粒。風味は良い。果柄痕の状態は良く、裂果抵抗性であり、日持ち性もある。機械収穫に向く。

◆ミーダー　Meader

ノーザンハイブッシュの早生～中生品種。ニューハンプシャー州立農業試験場による育成で、1971年に発表。「アーリーブルー」と「ブルークロップ」との交雑。

樹姿は直立～開張性。樹勢はやや強い。成熟期は揃う。果実は中粒～大粒。果皮は中位の青色。青色に着色した段階で糖度が高まる。果柄痕は小さくて乾く。果肉は硬い。酸味は強いが風味は良い。裂果は少ない。耐寒性は強い。

栽培上の留意点：結実過多の傾向が強いため、適度の剪定が必要。

◆ランコカス　Rancocas

ノーザンハイブッシュの中生品種。USDAの育成で、1926年に発表。（'ブロックス'×'ラッセル'、共に野生株からの選抜）と「ルーベル」（野生株からの選抜）との交雑。

樹姿は直立性で、樹勢は中位。果実は小粒～中粒。果形は扁円。果皮は暗青色。果柄痕の大きさは中位。果肉は硬く、歯切れが良い。香りがあり、酸味はややあり、風味は中位。日持ち性は良い。耐寒性は強い。

栽培上の留意点：成熟果は降水により裂果し易い。市場出荷には向かない。現在では、ほとんど栽培が見られない。

◆ルーベル　Rubel

ノーザンハイブッシュの晩生品種。1926年、USDAによって発表。ニュージャージー州に自生する*V. australe*種の選抜株。

樹姿は直立性で、樹勢は中位。果実は小粒。果皮は青色。果肉は固い。果柄痕の状態は中位。わずかに香りがあり風味は良い。

野生株から選抜された歴史上最も古い品種の一つ。2000年代になり、果実の機能性成分の含量が最も多い品種として栽培が注目されるようになった。

◆レイトブルー　Lateblue

ノーザンハイブッシュの晩生品種。USDAとニュージャージー州立農業試験場との共同育成で、1967年に発表。「ハーバート」と「コビル」との交雑。

樹姿は直立性で、樹勢が強い。収量性は高い。成熟は比較的揃う。果実は中粒～大粒。果形は扁円。果粉があり、果皮は明青色。果柄痕は大きい。果肉は硬い。酸味はあるが、風味は良い。

◆レカ　Reka

ノーザンハイブッシュの中生品種。ニュージーランドのMoanatuatua研究農場で育成、1989年に発表。系統番号E118（'アッシュワース'×'アーリーブルー'

と「ブルークロップ」との交雑。

　樹姿は直立性。樹勢は強い。収量性は非常に高い。果実は中粒。果形は丸みを帯びた扁円。果皮は暗青色。果柄痕は小さくて乾く。果肉の硬さは中位。成熟果は劣化しやすい。

◆レガシー　Legacy

　ノーザンハイブッシュの中生品種。USDAとニュージャージー州立農業試験場との共同育成で、1993年発表。「エリザベス」と系統番号US75（野生種・ダローアイの遺伝質を含む）との交雑。

　樹姿は直立性で、樹勢は旺盛。樹高は成木で180cmくらい。収量性は高い。果実は中粒。

　果皮は明青色。果柄痕の状態は優れる。果肉の硬さは中位。風味は優れる。気温および土壌適応性がある。

サザンハイブッシュの品種

　日本を含めて世界各国のサザンハイブッシュの栽培は、アメリカで育成された品種に依存しています。

　同タイプの品種は、低温要求量が少ないため、「ブルーベリー栽培はより南（暖地）へ」を合言葉に、世界的にはノーザンハイブッシュの栽培が難しい冬の温暖な地域に広がっています。サザンハイブッシュの日本への導入は、1980年代の後半からでした。それ以降、新品種の誕生に合わせるように次々と導入され、現在、市販されている品種は50を超えています。

◆アーレン　Arlen

　サザンハイブッシュの晩生種。ノースカロライナ州立大学の育成で、2001年発表。系統番号G‐144とFL4-76との交雑。

　樹姿は直立性。樹勢は旺盛。果実は中粒〜大粒。果色、風味は極めて優れる。果柄痕、果肉の硬さは優れる。枝枯れ病や果実腐敗病に抵抗性がある。

◆ウィンザー　Windsor

　サザンハイブッシュの早生品種。フロリダ大学の育成。系統番号FL83-132と「オニール」との交雑。2000年代の初期に発表。低温要求量は300〜400時間。

　樹姿は半直立性。樹勢は旺盛。果実は非常に大きく、風味が良い。果色は中位の黒色。果肉は硬い。果柄痕が大きく、ときに湿る。

◆エイボンブルー　Avonblue

　サザンハイブッシュで早生品種。フロリダ大学の育成で、1997年に発表。〔「バークレイ」×F-72（'ウェアハム'×'パイオニア'）〕、Fla.-13（ミシガンUSDA

ハイブッシュ)、野生株からの選抜種(ラビットアイの'キャラウェイ'あるいは'コースタル'×'ダローアイ')の三つの交雑。すなわち、この品種は、ノーザンハイブッシュ、ラビットアイ、野生種ダローアイの細胞質を含む。

低温要求量は約400時間。樹姿は半直立性で、樹形は小形。樹勢はやや強い。収量性は中位。果実は中粒。果形は扁円。果皮は明青色。果肉は硬く、果柄痕は乾く。風味は良い。

栽培上の留意点：着花過多の傾向が強いため、適度の剪定、摘花房(果房)が必要。

◆エメラルド　Emerald

サザンハイブッシュの早生～中生品種。アメリカパテント品種。フロリダ農業研究所の育成で、2001年発表。系統番号FL9169とNC1528との交雑。低温要求量は200～300時間。

樹姿は半直立性。樹勢は良い。果実は大粒から特大、大きさは収穫期間中安定している。果皮は暗青色。果実は硬い。果柄痕の状態は秀。甘さと酸味が調和して風味が優れる。

栽培上の留意点：ステムキャンカー(枝枯れ病)、ステムブライト(胴枯れ病)に抵抗性がある。

◆オザークブルー　Ozarkblue

サザンハイブッシュの中生～晩生品種。アメリカパテント品種。アーカンソー州立大学の育成で1996年の発表。系統番号G-144とFL64-76との交雑。およそ81％がハイブッシュ、13％がダローアイ、6％がラビットアイの遺伝質からなる。低温要求量は800～1,000時間。

樹勢は中位。収量性は安定して高い。果実は大きく、果皮は明青色。果柄痕の状態、果肉の硬さ、風味はいずれも極めて優れる。耐霜性、耐寒性が強く、花芽はマイナス20℃くらいまで耐性があるため、ノーザンハイブッシュ地帯でも栽培できる。

栽培上の留意点：開花時期が遅い。結実過多の枝梢はヤナギ枝状にしなる。

◆オニール　O'Neal

サザンハイブッシュの極早生品種。ノースカロライナ州立大学とUSDAとの共同育成。1987年の発表。「ウォルコット」と系統番号Fla4-15との交雑。この品種には、ノーザンハイブッシュ、ローブッシュ、ラビットアイ、野生種のダローアイの遺伝質が混合している。低温要求量は400～500時間。

樹姿は半直立性。樹勢が強く、収量性は高い。果実は大きく、丸みを帯びた扁円形。果粉は少ないが、果皮は明青色。果柄痕の状態は良い。果肉の硬さ、風味は共に優れる。土壌適応性はある。

なお、当品種は、2004年、アメリカ園芸学会果樹優秀品種賞（The ASHS Outstanding Fruit Cultivar Award）を受賞している。
　栽培上の留意点：開花期間が比較的長い。成熟果は、雨に当たると裂果しやすい。

◆ガルフコースト　Gulfcoast
　サザンハイブッシュの早生〜中生品種。USDA小果樹研究所（ミシシッピー州ポプラビレ市）による育成で、1987年に発表。系統番号G-180（ノーザンハイブッシュ）とUS75（ダローアイ雑種・Fla4B×'ブルークロップ'）との交雑。低温要求量は200〜300時間。
　樹姿はやや開張性。樹勢は強い。果実は中粒。果柄痕の状態、果肉の硬さ、風味は良い。
　栽培上の留意点：収穫果に果軸が付着する傾向が強い。

◆クーパー　Cooper
　サザンハイブッシュの中生品種。USDA小果樹研究所（ミシシッピー州ポプラビレ市）による育成で、1987年に発表。系統番号G180（ノーザンハイブッシュ）とUS75（ダローアイ雑種・Fla4B×'ブルークロップ'）との交雑。低温要求量は400〜500時間。
　樹姿は半直立性〜直立性。樹勢は中位〜強。果実は中粒〜大粒。果皮色、果肉の硬さ、果柄痕の状態、風味はいずれも良い。

◆クレイベン　Craven
　サザンハイブッシュの早生〜中生品種。ノースカロライナ州立大学の育成。系統番号NC1406と「ペンダー」との交雑。樹姿は直立性、樹勢は旺盛。収量性は高い。果実は小粒〜中粒。果色、果柄痕の状態は優れる。果肉の硬さ、貯蔵性は良い。機械収穫に向く。

◆ケープフェアー　Cape Fear
　サザンハイブッシュの早生〜中生品種。ノースカロライナ州立大学とUSDAとの共同育成で、1987年に発表。US75（ダローアイ雑種・Fla4B×'ブルークロップ'）と「パトリオット」との交雑。低温要求量は500〜600時間。
　樹姿は半直立性。樹勢は旺盛。収量性は高い。果実は大粒で、果皮は明青色。果柄痕の状態は良い。成熟果の風味は良いが、過熟果では劣る。輸送性が劣る。土壌適応性はある。

◆サウスムーン　South moon
　サザンハイブッシュの早生〜中生品種。アメリカパテント品種。フロリダ大学の育成で、1995年発表。系統番号FL80-40と4種のサザンハイブッシュ選抜種の混合花粉との交雑。低温要求量は300〜400時間。

樹姿は直立性。収量性は高い。果実の硬さは秀でる。果柄痕の状態は中位。風味は良い。

栽培上の留意点：土壌適応性が劣る。

◆サザンベル　Southern Belle

サザンハイブッシュの中生品種。フロリダ大学の育成。実生からの選抜で両親は不明。樹勢は旺盛。低温要求量は300〜500時間。果実は非常に大粒で、硬く、果柄痕も優れる。貯蔵性は良い。根腐れ病に弱い。

◆サミット　Summit

サザンハイブッシュの早生〜中生品種。ノースカロライナ州立農業試験場、アーカンソー州立農業試験場、USDAの三者による共同育成。1998年発表。系統番号G−144とE14−76との交雑。低温要求量は約800時間。

樹姿は半直立性。樹勢は中位。果実は大粒。果肉は硬い。果色、果柄痕の状態、風味はいずれも秀でる。

栽培上の留意点：自家不和合性ではないが、他家受粉によって果実の成熟期が早まる。

◆サファイア　Sapphire

サザンハイブッシュの極早生品種。アメリカパテント品種。フロリダ大学の育成で、1999年に発表。交配母本は不明。低温要求量は200〜300時間。

樹姿は半直立性。樹勢はやや弱い。果皮は青色。果柄痕は乾く。果肉の硬さは良い。風味は特徴的で、酸味はあるが甘味が強い。

栽培上の留意点：土壌条件を選び、また有機物マルチが必要である。花芽の着生が非常に多い。樹の成長を促進させるために、摘花房が必要。

◆サンタフェ　Santa Fe

サザンハイブッシュの早生〜中生品種。アメリカパテント品種。フロリダ大学の育成で、1990年に発表。「エイボンブルー」（サザンハイブッシュの品種）の自然受粉実生。低温要求量は350〜500時間。

樹姿は直立性。樹勢は旺盛。果実は中粒〜大粒。果皮は青色〜暗青色。果肉の硬さ、風味は秀でる。

栽培上の留意点：枝が太くて頑丈なため、剪定が容易である。

◆サンプソン　Sumpson

サザンハイブッシュの中生品種。ノースカロライナ州立大学の育成で、1998年発表。「ブルーチップ」と系統番号NC1524との交雑。

樹姿は半直立性。樹勢は旺盛。果実は非常に大きく、果柄痕の状態、果肉の硬さ、風味は極めて優れる。

◆シャープブルー　Sharpblue

サザンハイブッシュの早生〜中生品種。フロリダ大学の育成で、1975年に発表。サザンハイブッシュの品種第1号。系統番号Fla.66 − 11（ラビットアイ、野生種のダローアイ、ノーザンハイブッシュの交雑）から生まれた。低温要求量は200〜300時間。

樹は開張性。樹勢は旺盛。収量性は非常に高い。成熟期は長く続く。果実は中粒。果形は円形〜扁円。果皮は暗青色。果肉の硬さは中位。果柄痕の大きさは中位であるが、やや湿る。風味は優れる。

栽培上の留意点：成熟果の果頂部に花冠が残る傾向が強い。

◆ジュウェル　Jewel

サザンハイブッシュの早生品種。アメリカパテント品種。フロリダ大学の育成で、1998年に発表。交配母本は不明。

低温要求量は100〜150時間。樹姿は開張性で、樹勢は中位。果実は中粒〜大粒。果実の硬さ、果柄痕の状態はともに秀でる。果皮は中位の青色。酸味は強いが、風味は良い。

栽培上の留意点：低温要求時間が最も少ないため、冬季がより温暖な地域でも栽培が可能。

◆ジョージアジェム　Georgiagem

サザンハイブッシュの早生〜中生品種。ジョージア州沿岸平原試験場とUSDAとの共同育成で、1987年に発表。系統番号G132とUS75（ダローアイ雑種・Fla.4B×'ブルークロップ'）との交雑。低温要求量は350〜500時間。

樹姿は半直立性で、樹勢は中位。収量性は中位。果実は中粒。果皮色、果柄痕の状態、果肉の硬さ、風味はいずれも良い。土壌適応性が劣る。

◆スター　Star

サザンハイブッシュの極早生品種。アメリカパテント品種。フロリダ大学の育成で、1996に年発表。系統番号FL80-31と「オニール」との交雑。低温要求量は400〜500時間。

樹姿は半直立性。樹勢は中位。収量性は中位。成熟期は6月中旬から始まる。果実は大粒から特大。果皮は暗青色。果柄痕の状態、果肉の硬さに秀でる。風味は優れる。裂果が見られる。根腐れ病抵抗性が強い。

果実品質の点で、サザンハイブッシュとラビットアイの標準品種になっている。

栽培上の留意点：着生花芽数が少ない傾向がある。結果過多では、果実が小さくなる。ステムキャンカー（枝枯れ病）に弱い。

◆セブリング　Sebring

サザンハイブッシュの早生品種。フロリダ大学の育成で2003年発表。「シャー

プブルー」と「オニール」との交雑。低温要求量は200～300時間。樹姿は直立性、樹勢は旺盛。果実は中粒～大粒。風味は良い。果色は暗黒色。果肉は硬く、果柄痕、貯蔵性も良い。

◆ダップリン　Dupllin
　サザンハイブッシュの早生～中生品種。ノースカロライナ州立大学の育成で、1998年の発表。系統番号290-1と系統番号G-1564との交雑。低温要求時間は不明。
　樹姿は半直立性。樹勢は中位。成熟期は早生～中生。果実は大粒で、果皮は青色。果柄痕の状態、果肉の硬さ、風味はいずれも良い。
　栽培上の留意点：果柄痕の周りの着色が遅れる。

◆ニューハノバー　New Hanover
　サザンハイブッシュで極早生品種。ノースカロライナ州立大学の育成、2005年発表。「オニール」と系統番号NC1522との交雑。低温要求量は600～800時間。
　樹姿は半直立性。樹勢は非常に強い。自家結実性がある。果実は大粒で硬い。少し酸味があるが風味は優れる。日持ち性は秀でる。

◆パールリバー　Pearl River
　サザンハイブッシュの早生～中生品種。USDA小果樹研究所（ミシシッピー州ポプラビレ市）による育成。1994年の発表。系統番号G-136（ノーザンハイブッシュ）と「ベッキーブルー」（ラビットアイ）との交雑。低温要時間は約500時間。
　樹姿は直立性。樹勢は強い。収量性は高い。果実は中粒～大粒。果皮は果粉が少なく暗青色。果肉の硬さ、果柄痕の状態、風味はいずれも良い。
　栽培上の留意点：結実率を高めるため、他家受粉が必要。

◆ブラッデン　Bladen
　サザンハイブッシュの極早生品種。ノースカロライナ州立大学の育成で、1994年に発表。系統番号NC1171と系統番号NCSF-12-Lとの交雑。低温要求量は約600時間。
　樹姿は直立性。樹勢は強い。収量性は高い。果実は中粒。果皮は暗青色で、着色は揃う。果柄痕の状態、果肉の硬さ、風味はいずれも良い。
　栽培上の留意点：結実率を高めるため他家受粉が必要。着花（房）過多の樹では展葉が不良。

◆ブルークリスプ　Bluecrisp
　サザンハイブッシュの早生品種。アメリカパテント品種。フロリダ大学の育成で、1997年に発表。交配母本は不明。低温要求量は400～600時間。
　樹姿は開張性。樹勢は中位。果実は中粒～大粒。果皮は明青色。果肉は硬く、

シャリシャリ（crisp）した感じ。日持ち性は優れる。果柄痕の大きさは中位であるが乾く。

　栽培上の留意点：収穫時に果皮が剥けやすい。枝の枯れ込み（die back）が多い。

◆ブルーリッジ　Blue Ridg

　サザンハイブッシュの早生～中生品種。ノースカロライナ州立大学とUSDAとの共同育成で、1987年に発表。「パトリオット」とUS74（ダローアイ雑種・Fla.4B×'ブルークロップ'）との交雑。低温要求量は500～600時間。

　樹姿は直立性。樹勢は強い。収量性は高い。果実は中粒～大粒。果皮は強い明青色。果肉の硬さは秀でる。果柄痕は湿り、普通からやや劣る。

　栽培上の留意点：果柄痕から、果皮が裂けやすい。

◆フローダブルー　Flordablue

　サザンハイブッシュの早生品種。フロリダ大学の育成で、1975年に発表。ラビットアイ、野生種のダローアイ、ノーザンハイブッシュの3種の交雑。低温要求量は約300時間。

　樹姿は開張性。樹勢は中位。収量性は非常に高い。果実は中粒。果形は円形。果皮は明青色。果柄痕の状態は中位。果肉は硬い。土壌適応性が劣る。

◆マグノリア　Magnolia

　サザンハイブッシュの早生～中生品種。USDA小果樹研究所（ミシシッピー州ポプラビレ市）による育成。1994年の発表。系統番号FL78-15とFL72-5との交雑。低温要求量は約500時間。

　樹姿は開張性。樹高は中位。樹勢は成木樹では強い。収量性は高い。果実は中粒～大粒。果皮色、果肉の硬さ、風味はいずれも良い。果柄痕は小さい。

　栽培上の留意点：若木時代までは樹勢が弱いため、有機物マルチをして成長を促す。

◆ミスティ　Misty

　サザンハイブッシュの早生～中生品種。フロリダ大学の育成で、1990年に発表。系統番号FL67-1と「エイボンブルー」との交雑。この品種は、ノーザンハイブッシュ、ラビットアイ、野生種のダローアイ、野生種のV. tenellim, Ait（一般名はサザンブルーベリー、小果房ブルーベリー）の遺伝質から成る。低温要求量は100～300時間。

　樹姿は直立性。樹勢は強い。成熟期は6月中旬から始まる。果実は中粒～大粒。果肉の硬さ、果柄痕の状態、風味はいずれも良い。土壌適応性は劣る。

　栽培上の留意点：常緑性が強く、冬季が温暖な所では半落葉から常緑性を示す。着花過多の性質が強いため、剪定による摘花房が必要。枝の切り口から病気

が感染しやすい。特に、土壌粒子が付着しやすい地表近くでは、剪定しない。

◆ミレニア　Millennia

　サザンハイブッシュの早生品種。アメリカパテント品種。フロリダ農業試験場の育成で、2001年発表。系統番号FL85-69と「オニール」との交雑。

　樹姿はいくぶん開張性、樹勢は旺盛。収量性は高い。果実は大粒。果色は明青色、果柄痕の状態、果肉の硬さは極めて優れる。風味はマイルド。根腐れ病、枝枯れ病、胴枯れ病に抵抗性がある。

◆リベイル Reveille

　サザンハイブッシュで極早生品種。ノースカロライナ州立大学の育成で、1990年に発表。

　系統番号NC1171と系統番号NCSF-12-Lとの交雑。低温要求量は600〜800時間。

　樹姿は直立性。樹勢は中位。成熟期は早生。果実は中粒。果皮は明青色。果実の硬さ、果柄痕の状態は秀でる。シャリシャリした肉質で、風味も良い。裂果が多い。土壌適応性が劣る。

　栽培上の留意点：着色の揃いが悪く、果頂部は明青色になっても果柄痕の周りに赤みや緑色が残る。

ハーフハイハイブッシュの品種

　ハーフハイハイブッシュは、アメリカ北西部諸州の冬の低温が厳しい地方でも栽培できる、耐寒性が強い品種の育種計画から誕生しました。初めての品種は、1967年、ミシガン州立大学から発表された'ノースランド'です。それ以降の育種研究には、二つの方向性が見られます。一つは生果生産を目的とするもので、ノーザンハイブッシュと比べて、果実品質は同等であり、耐寒性がさらに強い品種の育成です。もう一つは、果実生産と合わせて、樹形、葉、花など、観賞性が高い品種の育成です。

　このタイプの日本への導入は、1980年代の後半からでした。日本では、ノーザンハイブッシュと組み合わせた栽培のほかに、鉢栽培され家庭果樹として楽しまれています。

◆チッペワ Chippewa

　ハーフハイハイブッシュの品種。ミネソタ大学による育成で、1996年に発表。系統番号B18（G65×'アッシュワース'）とUS3（'デキシー'×Mich. Wild LBS No. 1）との交雑。耐寒性が非常に強い。

　樹姿は直立性。収量性は高く、1樹あたり平均で1.5〜3.0kg。成熟期は中生。果実は大粒。果皮は明青色。果肉は硬い、甘味があり風味は中位。

栽培上の留意点：結実率を高めるために混植し、開花期間中はミツバチを放飼する。

◆トップハット Tophat

ハーフハイハイブッシュの品種。ミシガン州立大学による育成で、1960年に発表。系統番号Mich.19－H（ローブッシュの遺伝質を含む）と系統番号Mich.36－H（Mich.19－H×'バークレー'）との交雑。

樹姿は矮性で球形、広がりは30cmほど。収量は少なく、1樹当たり230gくらい。果実は中粒〜大粒。果皮は輝く青色。果柄痕は小さい。風味は中位。

葉は小形で、秋には美しく紅葉し、観賞用に勧められる。小鳥の飛来が多い。

◆ノースカントリー　Northcountry

ハーフハイハイブッシュの品種。ミネソタ大学による育成で、1986年に発表。系統番号B6（G65×'アッシュワース'）と系統番号R2P4（ノーザンハイブッシュとローブッシュの自然交配実生）との交雑。耐寒性は非常に強く、冬にマイナス37℃に遭遇しても、芽や枝に障害が無かった。

樹高は低く、成木でも45〜60cm、樹冠幅は1mくらい。樹勢は中位。収量は、1樹当たり1.0〜2.5kg。成熟期は早生。果実は横径が13mm前後と小粒で、平均で0.8g。また葉は小形であるため、果実はレーキ（rake,ローブッシュの収穫に用いられる器具）でも収穫できる。果皮は明青色、果肉はやや軟らかい。果柄痕は小さい。風味は、甘味がありローブッシュに似る。

食べられる観賞果樹の代表的な種で、夏に暗緑色の葉色が、秋には美しい深紅に紅葉する。

栽培上の留意点：結実率を高めるため、他家受粉が望ましい。

◆ノーススカイ Northsky

ハーフハイハイブッシュの品種。ミネソタ大学による育成で、1983年に発表。系統番号B6（G65×'アッシュワース'）と系統番号R2P4（ノーザンハイブッシュとローブッシュの自然交配実生）との交雑。耐寒性は非常に強く、雪に覆われた条件下ではマイナス40℃で生存した。

樹高は、成木でも35〜50cmと低く、冬季には完全に雪でカバーされる。樹冠幅は60〜90cm。成熟期は中生。収量性は低く、1樹当たり450〜900g。果実は小粒〜中粒。灰色がかった果粉で、果皮は美しい青色。風味はローブッシュに似る。

葉は密に着き、夏は光沢のある緑葉が美しく、秋には鮮やかな紅葉を呈して景観植物としての魅力を合わせ持っている。家庭果樹の鉢栽培に勧められる。

◆ノースブルー　Northblue

ハーフハイハイブッシュの品種。ミネソタ大学による育成で、1986年に発表。

系統番号B18（G65ב'アッシュワース'）とUS3（'デキシー'×Mich. WildLBS No. 1）との交雑。耐寒性は非常に強く、冬季にマイナス30℃に遭遇しても、芽や枝に障害はなかった。

　樹高は低く、成木でも60〜90cm。樹勢は強い。収量性は高く、平均収量は1樹あたり1.3〜3.0kg。成熟期は早生〜中生。果実は大粒。果皮は暗青色。風味は良好で、少し酸味があるが、ローブッシュに似る。冷蔵条件下での日持ち性は良い。根腐れ萎凋病に感染しやすい。

　果実は、生食用と加工用にも適し、栽培は市場出荷と摘み取り園の両者に向く。葉はつやがあり、暗緑色で観賞性がある。

　栽培上の留意点：結実率を高めるため、他家受粉が勧められる。植え付け後数年間は、旧枝を間引く以外は、ほとんど剪定を要しない。

◆ノースランド　Northland

　ハーフハイハイブッシュの品種。ミシガン州立大学による育成で、1967年に発表。「バークレイ」（ノーザンハイブッシュ）と系統番号Mich.19-H（ローブッシュの遺伝質を含む）との交雑。耐寒性が強い。

　樹姿は半直立性あるいは開張性。枝梢がよくしなる。樹高は成木でも1.2mくらいで、冬期は雪でカバーされる。収量性は高い。成熟期は早生〜中生。果実は小粒〜中粒。果形は円形。果皮は中位の青色。果肉は硬い。果柄痕は小さくて乾く。風味は良い。

◆フレンドシップ　Frendship

　ハーフハイハイブッシュの品種。育成者は不明。1990年発表。ウィスコンシン州アダムス郡フレンドシップ市（州都のマディソン市から北へおよそ120km）付近に自生する自然受粉実生。ノーザンハイブッシュとローブッシュとの交雑種とされる。耐寒性は非常に強い。

　樹高は低く、成木でも80cmくらい。樹勢は中位。収量性はある。成熟期は中生。果実は小さく、約0.6g。果皮は青色。果肉はやや軟らかい。風味は、適熟果では糖と酸が調和して良い。

◆ポラリス Polaris

　ハーフハイハイブッシュの品種。ミネソタ州立大学による育成で、1996年に発表。系統番号B15と「ブルータ」（ローブッシュの遺伝質を含む）との交雑。耐寒性が非常に強い。

　樹姿は直立性。樹高は成木でも約1.2m。収量性は中位。成熟期は早生。果実は中粒。果皮は淡青色。果柄痕は小。果肉は硬い。ノーザンハイブッシュの「スパータン」に似た香りがあり、風味はきわめて優れる。

　栽培上の留意点：自家結実性が悪いため、混植して他家受粉率を高める。

ラビットアイの品種

　ラビットアイは、ノーザンハイブッシュおよびサザンハイブッシュと共に栽培ブルーベリーの中心で、世界各国の冬が温暖な地域で栽培されています。
　長年にわたる育種プログラムから、形質の優れた品種が数多く育成されています。現在、日本に導入されている品種は30以上にも及びます。
　ラビットアイの品種は、ほとんど共通して自家結実性が劣ります。他家受粉（結実）率を高めるため、同一園に異なる品種を植え付ける、いわゆる混植が必要です。

◆アイラ　Ira
　ラビットアイの極晩生・中期の品種。ノースカロライナ州立大学の育成で、1997年に発表。「センチュリオン」と系統番号NC911との交雑。低温要求量は700〜800時間。
　樹姿は直立性、樹勢が強い。収量性は高い。果実は「ティフブルー」よりも大きい。果皮色は中位の青色。果肉の硬さ、果柄痕の状態、糖酸比は「ティフブルー」とほとんど同じ。風味は良く、香りがある。日持ち性も良い。土壌適応性がある。

◆アラパファ　Alapaha
　ラビットアイの極晩生・前期の品種。アメリカパテント品種。ジョージア州沿岸平原試験場とUSDAとの共同育成で、2001年に発表。系統番号T-65と「ブライトウェル」との交雑。低温要求量は450〜500時間。
　樹姿は開張性。樹勢は強い。収量性は安定して高い。果実は中粒。果皮色、果肉の硬さ、風味はいずれも秀でる。果柄痕は小さくて乾く。日持ち性は優れる。
　栽培上の留意点：結実率を高めるため混植が望ましい。小枝の枯れ込みが少し多い。

◆アリスブルー　Aliceblue
　ラビットアイの極晩生・前期の品種。フロリダ大学の育成で、1978年に発表。「ベッキーブルー」の自然受粉実生。低温要求量は300時間。
　樹姿は開張性。樹形は小形。樹勢は旺盛。果実は中粒で、果形は丸形。果粉は極めて多い。果肉は硬い。果柄痕の大きさ、乾湿の程度は中位。風味は良い。市場出荷に向く。
　栽培上の留意点：若い新梢はしなやかである。このため、強く剪定し、太くて直立性の枝梢の伸長を促すことが重要である。

◆ウィトー　Whitu

ラビットアイで極晩生・後期の品種。ニュージーランド園芸および食料研究所（株）の育成で、1994年に発表。低温要求量は400〜500時間。
　樹姿は半直立性。樹勢は強い。収量性は高い。果実は小粒〜中粒。果皮は美しい明青色。
　香気があり、風味は優れる。

◆ウッダード　Woodard
　ラビットアイの極晩生・前期の品種。ジョージア州沿岸平原試験場とUSDAとの共同育成で、1960年に発表。「エセル」と「キャラウェイ」（両種は共に野生株からの選抜種）との交雑。低温要求量は350〜400時間。
　樹姿は代表的な開張性。樹勢は中位〜強い。成熟期は極晩生の前期。果実は大粒であるが、収穫期が進むと小粒になる。果形は扁円。果皮は明青色。果柄痕は大きく、湿る。風味は良い。輸送性は弱い。
　栽培上の留意点：他家受粉が必要。果皮全体が青く着色してから5日以上経たないと酸味が残るため、適熟前の収穫（早取り）は避ける。

◆オクラッカニー　Ochlockonee
　ラビットアイで極晩生・後期の品種。ジョージア州沿岸平原試験場とUSDAとの共同育成で、2002年に発表。「ティフブルー」と「メンディトー」との交雑。
　樹姿は直立性。樹形は中位。樹勢は強い。収量性は「ティフブルー」よりも高い。果実は中粒〜大粒。果皮は明青色。果肉は硬い。果柄痕は小さくて乾く。風味は優れる。日持ち性は良い。裂果に抵抗性がある。

◆オースチン　Austin
　ラビットアイの極晩生・前期の品種。ジョージア州沿岸平原試験場とUSDAとの共同育成で、1996年に発表。系統番号T-110と「ブライトウェル」との交雑。低温要求量は450〜500時間。
　樹姿は直立性。樹勢は強い。収量性は高い。果実は大粒。果皮は明青色。果肉の硬さ、果柄痕の状態は良い。風味は優れる。

◆オノ　Ono
　ラビットアイの極晩生・中期の品種。ニュージーランド園芸および食料研究所（株）の育成で、1994年に発表。低温要求量は400〜500時間。
　樹姿は開張性。枝梢はしなる傾向が強い。樹勢は強い。収量性は中位。果実は中粒〜大粒。果形は扁円。果柄痕の状態は良い。香りがあり、風味は良い。種子は少ない。

◆オンズロー　Onslow
　ラビットアイの極晩生・後期の品種。ノースカロライナ州立大学による育成で、2001年に発表。「プリマイヤー」と「センチュリオン」との交雑。

樹姿は直立性。樹勢は強い。果実は大粒。果皮は中位の青色。果柄痕の状態、果肉の硬さが秀でる。完熟果では香気があり、風味がよい。貯蔵性は優れる。土壌適応性は広く、また耐寒性がある。裂果に抵抗性がある。

◆キャラウェイ　Callaway

　ラビットアイの育種研究初期の頃の品種。ジョージア州沿岸平原試験場とUSDAとの共同研究で1949年発表。「マイヤーズ」と「ブラックジャイアント」（共に野生株からの選抜種）との交雑。豊産性。

　樹姿はわずかに直立性。新梢は少ない。果実は大粒。果皮は中位の暗青色。果肉は軟らかい。風味は良い。果柄痕は中位から大きく湿る。

◆クライマックス　Climax

　ラビットアイの極晩生・前期の品種。ジョージア州沿岸平原試験場とUSDAとの共同育成で、1974年に発表。「キャラウェイ」と「エセル」（両種は共に野生株からの選抜種）との交雑。低温要求量は450〜500時間。

　樹姿は半直立〜直立性。樹形は小形。果実は中粒。果皮は中位の明青色〜明青色。果肉は硬い。果柄痕は小さい。種子数は多い。風味は良い。土壌適応性が弱い。

　栽培上の留意点：他家受粉が必要。成熟が遅い果実は極度に小粒になり、果皮が硬くなる。生食して、種っぽく感ずる。

◆コースタル　Coastal

　ラビットアイの育種研究初期の頃の品種。ジョージア州沿岸平原試験場とUSDAとの共同育成。1949年発表。「マイヤーズ」と「ブラックジャイアント」（共に野生株からの選抜種）との交雑。豊産性。

　樹姿は半直立性。新梢が多い。果実は中粒〜大粒。果皮は中位の暗青色、薄くて裂けやすい。風味が良い。果柄痕は中位から小。

◆コロンバス　Columbus

　ラビットアイで極晩生・中期の品種。ノースカロライナ州立大学による育成。2002年に発表。系統番号NC758とNC911との交雑。低温要求量は400時間以上。

　樹姿は半直立性。樹勢が強い。収量性は高い。果実は特大。果色は優れる。果実の硬さは幾分軟らかい。果柄痕の状態は中位。香りがあり、風味は非常に良い。日持ち性が良い。

◆センチュリオン　Centurion

　ラビットアイで極晩生・後期の品種。ノースカロライナ州立農業試験場とUSDAとの共同育成で、1976年に発表。系統番号W-4（ジョージア州の野生株からの選抜）と「キャラウェイ」（野生株からの選抜種）との交雑。低温要求量は550〜650時間。

樹姿は直立性。樹形は小形。樹勢は強い。収量性は高い。成熟期間が長く1か月にも及ぶ。果実は中粒。果皮は明青色〜暗青色。果肉は硬い。風味は香気があって秀でる。

栽培上の留意点：若木では、根張りが十分でなく強風で倒れることが多い。成熟期間中過湿になる土壌では、裂果が発生しやすい。

◆タカヘ　Takahe

ラビットアイの極晩生・後期の品種。ニュージーランド園芸および食料研究所（株）の育成で、1999年に発表。低温要求量は400〜500時間。

樹姿は直立性。樹勢は強。収量性は中位。果実は中粒。果形は扁円。果皮色は中位。

栽培上の特徴：初秋から晩秋にかけて濃赤紫色に紅葉するため、観賞用にも勧められる。

◆ティフブルー　Tifblue

ラビットアイの極晩生・後期の品種。ジョージア州沿岸平原試験場とUSDAとの共同育成で、1955年に発表。「エセル」と「キャラウェイ」（両種は共に野生株からの選抜種）との交雑。低温要求量は600〜800時間。

樹姿は直立性。樹勢は旺盛。収量性は非常に高い。果実は中粒。果形は扁円〜円形。果粉が多く、果皮は非常に明るい青色。果肉は硬い。果柄痕は小さくて乾く。種子は比較的少ない。適熟果の風味は優れる。日持ち性が良い。裂果が見られる。土壌適応性がある。

栽培上の留意点：果皮全体が青色に着色してから5日以上経たないと酸味が残るため、適熟前の収穫（早取り）は避ける。

◆デライト　Dellite

ラビットアイで極晩生・中期の品種。ジョージア州沿岸平原試験場とUSDAとの共同育成で、1969年に発表。系統番号T－14（後に、'ブルーベル'名で発表される）と系統番号T－15との交雑。低温要求量は約500時間。

樹姿は直立性。樹形と樹勢は中位。果実は大粒。果形は円形。果皮は明青色。果肉は硬い。果実中の種子数が多い。糖－酸比が高く風味は極めて良い。土壌条件に敏感である。

栽培上の留意点：葉色は、通常黄緑色であるが、葉中N濃度が高いと（N肥料が多過ぎる）深緑色になる。果実は完熟前でも赤褐色を呈しているため収穫しがちであるが、完熟前には収穫しないよう注意が必要である。

◆パウダーブルー　Powderblue

ラビットアイで極晩生・中期の品種。ノースカロライナ州立農業試験場とUSDAとの共同育成で、1975年に発表。「ティフブルー」と「メンディトー」と

の交雑。低温要求量は450〜500時間。

樹姿は直立〜開張性。収量性は高い。果実は中粒。果皮は明青色。果柄痕は小さくて乾く。果肉が硬い。風味は良い。裂果が少ない。

◆ブライトウェル　Brightwell

ラビットアイの極晩生・前期の品種。ジョージア州沿岸平原試験場とUSDAとの共同育成で、1981年に発表。「ティフブルー」と「メンディトー」との交雑。低温要求量は350〜400時間。

樹姿は直立性で、樹形が中位。樹勢は旺盛。収量性は非常に高い。果実は大粒。果形は扁円〜円形。果皮は明青色。果肉の硬さは良。果実中の種子が多い。果柄痕は小さくて乾く。風味は良好。

現在、ラビットアイの中心品種である。

栽培上の留意点：剪定が重要で、弱剪定の場合は結実過多になり、翌年の花芽数が少なくなる傾向が強い。摘花房が勧められる。

◆ブライトブルー　Brightblue

ラビットアイで極晩生・後期の品種。ジョージア州沿岸平原試験場とUSDAとの共同育成で、1969年に発表。「エセル」と「キャラウェイ」（両種は共に野生株からの選抜種）との交雑。低温要求量は約600時間。

樹姿は開張性。樹形と樹勢は中位。収量性は高い。果実は大粒。果形は扁円。ろう質の果粉が多く、果皮は明青色。果肉は硬い。種子が多く、口の中でザラザラを感ずる。風味は適度であるが、完熟前は非常に酸味が強い。裂果がある。日持ち性が良い。

栽培上の留意点：収穫時に注意が必要で、果柄痕の周囲から赤色が消失するまで収穫してはいけない。

◆プリマイアー（プリミア）Premier

ラビットアイの極晩生・中期の品種。ノースカロライナ州立農業試験場とUSDAとの共同育成で、1978年に発表。「ティフブルー」と「ホームベル」との交雑。低温要求量は約550時間。

樹姿は開張性であるが、枝梢はしなる。樹形は小形。樹勢は強い。収量性は高い。果実は大粒で、果形は扁円。果皮は濃青色。果肉は硬い。果柄痕は小さくて乾く。風味は良い。土壌適応性がある。

栽培上の留意点：他家受粉が必要。

◆ブルージェム　Bluegem

ラビットアイの極晩生・中期の品種。フロリダ大学の育成。1970年に発表。系統番号Tifton31〔'エセル'דキャラウェイ'（共に野生株からの選抜種）〕の自然受粉実生。

樹姿は開張性。樹形は中位。樹勢は強い。収量性は高い。成熟期が揃い、最初の1〜2回で、収量全体の90％も収穫できる。果実は中粒。果皮はろう質で明青色。果肉は硬い。果柄痕は小さくて乾く。風味はやや良。日持ち性は良い。土壌適応性が劣る。

栽培上の留意点：他家受粉が必要。

◆ブルーベル　Bluebelle

ラビットアイの極晩生・中期の品種。ジョージア州沿岸平原試験場とUSDAとの共同育成で、1974年に発表。「キャラウェイ」と「エセル」（両種は共に野生株からの選抜種）との交雑。低温要求量は450〜500時間。

樹姿は直立性で、樹形は中位。樹勢は中位。収量性は高い。果実は大粒で円形。果皮は成熟前に赤くなり、成熟すると明青色になる。種子数が多い。風味は秀でるが、適熟前は酸味が強い。果皮が裂けやすい。日持ちが劣る。土壌適応性が劣る。

◆ベッキーブルー　Beckyblue

ラビットアイの極晩生・前期の品種。フロリダ大学の育成。系統番号Florida6-138（ラビットアイの選抜系統で6倍体）とE96〔'バークレイ'×（'ウェアハム'×'パイオニア'）〕との交雑で、1968年に選抜。5倍体品種。低温要求量は約300時間。

樹姿は開張性。樹形は小形。樹勢は中位。収量性は高い。果実は中粒で円形。果皮は中位の青色。果肉は硬い。果柄痕は小さくて乾く。種子は少ない。風味は良い。

栽培上の留意点：受粉樹が必要。結実過多を防ぐため、強い剪定が必要。

◆ボニータ　Bonita

ラビットアイで極晩生・前期の品種。フロリダ大学の育成。1985年に発表。「ベッキーブルー」の自然受粉による実生。低温要求量は350〜400時間。

樹姿は半直立性〜直立性。樹形は中位、樹勢は強い。成熟期は比較的揃う。果実は大粒。果皮は青色。果肉は硬い。果柄が長く、果房は粗。果柄痕の状態は優れる。風味は良い。若木時代の成長が遅い。土壌適応性が劣る。

栽培上の留意点：他家受粉が必要。果皮が青く着色してから5日以上経たないと酸味が強い。

◆ホームベル　Homebell

ラビットアイの極晩生・中期の品種。ジョージア州沿岸平原試験場とUSDAとの共同育成で、1955年に発表。「マイヤーズ」と「ブラックジャイアント」（両種は共に野生株からの選抜種）との交雑。

樹姿は直立性であるが、枝梢がしなるため開張的になる。樹勢は極めて旺盛。

果実は中粒～大粒。果形は扁円。果皮は中位の暗青色。果肉は軟らかい。風味は中位であるが、種子を多く感じる。果皮が裂けやすく、日持ち性が劣る。
　栽培上の留意点：市場出荷には向かない。

◆ボールドウィン　Baldwin
　ラビットアイの極晩生・後期の品種。ジョージア州沿岸平原試験場とUSDAとの共同育成で、1985年に発表。「ティフブルー」と系統番号GA6－40「'マイヤーズ'×'ブラックジャイアント'（共に野生株からの選抜種）」との交雑。低温要求量は450～500時間。
　樹姿は開張性。樹勢は強く、樹形は大形。収量性は高い。果実は中粒。果粉が少なく、果皮は暗青色。収穫期間が長く6～7週にも及ぶ。果実の硬さ、風味は安定して良く、甘味がある。
　栽培上の留意点：他家受粉が必要。家庭果樹、摘み取り園用に勧められる。

◆マル　Maru
　ラビットアイで極晩生・後期の品種。パテント品種。ニュージーランド園芸および食料研究所（株）の育成で、1997年に発表。「プリミア」の自然受粉の実生。低温要求量は400～500時間。
　樹姿は開張性。樹勢は強い。収量性は高い。果実は中粒～大粒。果皮色、果肉の硬さは中位。風味は良い。貯蔵性があり、CA貯蔵では4週間後でも品質の劣化が少ない。
　栽培上の留意点：過熟する傾向が強いため、取り残しが無いように適期に収穫する。

◆メンディトー　Menditoo
　ラビットアイの極晩生・中期の品種。ノースカロライナ州立農業試験とUSDAとの共同育成で、1958に発表。「マイヤーズ」と「ブラックジャイアント」（両種は共に野生株からの選抜種）との交雑。
　樹姿は開張性。樹勢は旺盛、収穫期間が長く、6～8週間にも及ぶ。果色は暗青色から黒色。果柄痕は小さく、乾く。風味は良い。

◆モンゴメリー　Montgomery
　ラビットアイの極晩生・前期の品種。ノースカロライナ州立大学による育成で、1997年発表。系統番号NC763と「プリミア」との交雑。
　樹姿は半直立性。樹勢は中位。収量性は安定して高い。果実は中粒～大粒。果皮色、果柄痕の状態は良い。果実の硬さは中位。香気があり、風味が優れる。日持ち性が良い。

◆ヤドキン　Yadkin
　ラビットアイの極晩生・中期の品種。ノースカロライナ州立大学による育成

で、1997年発表。「プリミア」と「センチュリオン」との交雑。
　樹姿は、半直立性〜直立性。樹勢は中位。果実は中粒〜大粒。果皮色は中位。果柄痕の状態、果実の硬さは秀。香りが高く、風味も秀でる。裂果は少ない。日持ち性が優れる。
　栽培上の留意点：自家結実性は高いが、他家受粉が望ましい。他家受粉によって成熟期が早まる。

◆ラヒ　Rahi
　ラビットアイの極晩生・後期の品種。パテント品種。ニュージーランド園芸および食料研究所（株）の育成で、1992年に発表。「プリミア」の自然受粉の実生。低温要求量は400〜500時間。
　樹姿は直立性。樹勢は強。収量性は中位。果実は中粒〜大粒。果形は円形。果皮は明青色。風味は秀でる。貯蔵性があり、CA貯蔵では8週間後でも、品質の劣化が少ない。
　栽培上の留意点：葉色が特徴的で、淡紅緑色である。

近年の導入品種

　2013〜14年ころから、海外で育成された品種の導入が多くなり、新品種として苗木カタログの誌面をにぎわしています。多くがパテント品種ですから、いずれも将来有望な品種と推察されます。しかし、日本における栽培経験が浅いため、栽培上の特徴点が明らかでない点が多々あります。また果実が市販されあるいは観光農園の摘み取りでも食する機会が少なく、栽培者や消費者の評価も未だ定かではありません。
　ここでは、ブルーベリーのタイプ別に、新品種の樹、果実の特徴を簡単に紹介します。

ノーザンハイブッシュ

　●オーロラ（Aurora）：アメリカパテント品種。2003年発表。樹勢は旺盛。耐寒性が強い。成熟期は晩生。果実は中粒〜大粒。風味は優れる。果柄痕小さく乾く。日持ちが良い。
　●スイートハート（Sweet heart）：2010年発表。樹姿は直立し、樹勢は旺盛。耐寒性が強い。成熟期は早生で集中。果実は中〜大粒。風味は秀でる。果肉の硬さは良い。
　●ドレイパー（Draper）：アメリカパテント品種。2003年発表。樹姿は直立性。樹勢は旺盛。耐寒性がある。成熟期は中生で、果実は中粒〜大粒。果色、風

味、日持ち性は秀でる。
- ヒューロン（Huron）：アメリカパテント品種。2010年発表。樹姿は直立性。樹勢は旺盛。成熟期は早生で、果実は中粒。風味が優れる。
- リバティ（Liberty）：アメリカパテント品種。2003年発表。樹姿は直立性、樹勢は旺盛。耐寒性がある。成熟期は晩生で、果実は大粒。果柄痕は優。果色、硬さ、風味は秀でる。

サザンハイブッシュ

- OPI（オーピーアイ）：オーストラリアパテント品種。樹形はコンパクト。常緑性が強い。自家結実性。土壌適応性がある。成熟期は極早生。果実は中粒。果肉は硬い。
- ガップトン（Gupton）：2005年発表。樹姿は直立性。樹勢は旺盛。成熟期は中生～晩生。果実は中粒～大粒。果色、果肉の硬さ、風味は良い。
- カートレット（Carteret）：アメリカパテント品種。2005年発表。樹姿は直立性。樹勢は極めて旺盛。成熟期は中生。果実は小粒～中粒。果色、果柄痕、風味は秀でる。
- ケストレル（Kestrel）：アメリカパテント品種。2011年発表。樹姿は半開張性。樹勢は旺盛。成熟期は早生。果実は大粒で、成熟果は香気を放つ。果肉の硬さ、果柄痕は良い。
- サザンスプレンダー（Southern Splendour）：アメリカパテント品種。2010年発表。樹姿は直立性。樹勢は旺盛。成熟期は早生。果実は中粒～大粒。風味、果肉の硬さは秀でる。
- スージーブルー（Suziblue）：アメリカパテント品種。2009年発表。樹勢は旺盛。成熟期は早生。果実は大粒。果柄痕、果肉の硬さは特に優れる。風味は良い。
- スノーチェーサー（Snowchaser）：アメリカパテント品種。2005年発表。樹勢は旺盛。成熟期は早生。果実は中粒～大粒。果柄痕、硬さ、風味は良好。枝枯れ病に弱い。
- スプリングハイ（Springhigh）：アメリカパテント品種。2006年発表。樹姿は直立性。樹勢は旺盛。成熟期は極早生。果実は特大。果皮は暗黒色。果柄痕、果肉の硬さ、風味は良い。
- スプリングワイド（Springwide）：2006年発表。樹姿はいくぶん開張性。成熟期は極早生。果実は特大。果色は中位の青色。果柄痕、果肉の硬さ、風味は良い。
- デキシーブルー（Dixiblue）：2005年発表。樹姿は開張性。樹勢は旺盛。成

熟期は中生～晩生。果実は中粒～大粒で扁平。果色、果肉の硬さ、果柄痕、風味は良い。

- トワイライト（Twilight）：オーストラリアパテント品種。樹姿は直立性。樹勢は極めて旺盛。成熟期は早生～中生。果実は大粒～特大。果皮は青色。風味が秀でる。
- ノーマン（Norman）：2015年発表。樹姿は直立性。樹勢は極めて旺盛。成熟期は早生～中生。果実は中粒～大粒。
- パルメット（Palmetto）：アメリカパテント品種。2003年発表。樹姿は開張性。樹勢は中位。成熟期は極晩生の前期。果柄痕は小さく乾く。果肉の硬さ、風味は秀でる。
- ビューフォート（Beaufort）：アメリカパテント品種。2005年発表。樹姿は直立性。樹勢は旺盛。土壌適応性がある。成熟期は中生～晩生。果実は小粒～中粒。風味は秀でる。
- ファーシング（Farthing）：アメリカパテント品種。2007年発表。樹勢は旺盛。やや開張性。成熟期は早生。風味は良い。果実は大粒、硬く、果柄痕も良く、貯蔵性がある。
- フリッカー（Flicker）：アメリカパテント品種。2004年発表。樹姿は半開張性。樹勢は旺盛。成熟期は早生。果実は大粒で、果皮は明青色。果柄痕は秀でる。風味は良い。
- プリマドンナ（Primadonna）：アメリカパテント品種。2005年発表。樹勢は旺盛。成熟期は極早生で集中する。果実は大粒。風味、果肉の硬さ、果柄痕の状態は秀でる。
- メドーラーク（Meadowlark）：アメリカパテント品種。2010年発表。樹姿は直立性。樹勢は旺盛。成熟期は早生。果実は大粒。果皮は中位の青色。風味、果柄痕は良い。
- ユーリカ（Eureka）：オーストラリアパテント品種。樹姿は半直立性。樹勢は旺盛。成熟期は極早生。果実は特大粒。果肉は硬い。成熟果はほのかな香気がする。

ラビットアイ

- セイボリー（Savory）：アメリカパテント品種。2004年発表。樹姿は直立性。樹勢は旺盛。成熟期は極晩生の前期。果実は中粒。果柄痕、果肉の硬さは良い。風味は甘く、良い。
- タイタン（あるいはティターン）（Titan）：アメリカパテント品種。2012年発表。樹姿は直立性、樹勢は極めて旺盛。成熟期は極晩生の前期。果実は大粒～

特大。果肉は硬い。雨による裂果が見られる。

● **ディソット（Desoto）**：2004年発表。樹姿は半矮性。樹勢は中位。成熟期は極晩生の後期。果実は中粒〜大粒。果色は中位の明青色。果柄痕、果肉の硬さは良い。風味は秀でる。

新品種の導入はまず試作から

新品種の選定に当たっても、「品種選定の基準」で述べた重要な形質を重視すべきです。すなわち、望む品種は、成熟期の早晩、樹勢、収量性、果実品質（風味、果柄痕など）の順に選定し、次に、耐寒性、裂果性、開花時期、果実の日持ち性などを併せて検討します。

形質は基本的には品種特性ですが、発現の程度は自然条件によって大きく左右されます。そのため、本格的な栽培の前に、まずは十分な管理ができる栽培条件を整え、品種の重要な形質の発現を観察、調査できる試作から始めるべきです。苗木代も比較的高額です。合わせて生産費用の概算や販売価格などについて検討することが勧められます。

第4章

ブルーベリーの生育と栽培管理

樹列、樹間を適切に

　ブルーベリー栽培を成功させるため、「開園準備」と「適期管理」が肝要です。開園準備とは検討して選んだ栽培予定地で、ブルーベリー樹が、長年にわたって健全に生育できる土壌に改良することを指します。適期管理は、土壌改良を施した園に植え付けて以降、多岐にわたる栽培管理を、樹の一生と1年の成長周期に合わせて行うことをいいます。

　この章では、まず第1節で栽培管理の基礎となるブルーベリー樹の一生および1年の成長周期と栽培管理、樹の生理と栽培管理との関係について簡単に整理します。以降の節では、園の開園準備・植え付け準備から、土壌管理、灌水、施肥法と続き、開花・結実、果実の成長・成熟、収穫・出荷、整枝・剪定、気象災害、病虫害、鳥獣害、収穫果の品質保持までの一連の栽培管理技術について取り上げます。また、鉢栽培、施設栽培、苗木養成についても節を設けています。

1　栽培管理の基礎

　食用、薬用、観賞用などに利用する目的で、作物を植え、育てることを栽培（cultivation, growing, culture）といいます。栽培するためには、作物を植え付ける所を整え、健全に育て、良品質の収穫物を安定して生産する技が必要ですが、その技が栽培技術（cultivation techniques）です。栽培管理技術ともいいます。

　果樹の栽培管理は、基本的に、樹の一生の生育段階と1年の成長周期から判断して作成された栽培カレンダーに基づいて行われています。この節では、まずブルーベリー栽培カレンダーの作成の基になる樹の一生と1年の成長周期を概観し、次に栽培カレンダーを示します。最後に、樹の生理と栽培管理技術との関係について、簡単に整理しています。

樹の一生

樹の一生と生育段階

　ブルーベリー樹の一生（生活環．life cycle）は、芽（枝、葉芽や花芽）、葉、根などの諸器官が、春夏秋冬の四季に応じた生理的・形態的変化を、長年にわたり積み重ねた結果です。その樹の一生は、幼木期、若木期、成木期（盛果期）、老木期の四つの生育段階（ステージ．growth and developmental stage）に大別できます。

　生育段階によって樹の生理と形態に特徴があり、栽培管理にも違いがあります。

◆幼木期　juvenile plant (tree) period (stage)

　ブルーベリー栽培では、二年生苗木（挿し木苗を鉢上げ後約1年間養成）の植え付け後2～3年間を幼木期といい、この期間の樹を幼木〔juvenile plant (tree)〕といいます。

　幼木は、根の伸長範囲が狭くて浅く、また、枝の数が少なくて樹の骨格の形成が不十分です。このため、幼木期には根の伸長を促す管理が必要で、なかでも有機物マルチ、灌水、施肥、除草などが重要です。

　ブルーベリー樹は幼木でも花芽を着けます。そのまま開花、結実（果）させると樹勢が弱まり、枝の伸長が抑えられるため、幼木期には、全て摘花芽（花房）

第4章 ブルーベリーの生育と栽培管理

します。

◆若木期　young plant（tree）period（stage）

植え付け後3〜5年を若木期といい、この期間の樹を若木〔young plant（tree）〕といいます。若木期は、樹形の拡大を図りながら結実させる段階です。樹形の拡大のためには、幼木期と同様に根や枝葉の成長を盛んにしつつ、できるだけ短年月で、樹形、樹冠を完成させる栄養成長を促進する諸管理が必要です。

若木期には、ある程度結実させ収穫しますから、整枝・剪定、受粉、摘花房（果房）などの管理が重要です。特に摘花房（果房）して、1樹当たりの果実数を制限する必要があります。果実を着け過ぎると、養分競合から枝の伸長が抑えられるため、成木樹に達する樹齢が遅れます。

◆成木期　mature plant（tree）period（stage），adult plant（tree）period（stage）

樹齢の経過とともに主軸枝が充実し、新梢伸長も盛んになって樹冠が大きくなり、樹高は1.5〜1.8m、樹冠幅が2.5〜3.0mにもなります。樹冠の拡大と共に着果量が多くなりますが、全体として果実収量と品質は安定してきます。この時期を成木期といい、この期間の樹を成木〔mature plant（tree），adult plant（tree）〕と呼びます。

成木期は、通常、植え付け後6〜7年から20〜25年までです。しかし、成木に達するまでと成木期間の年限は、タイプや品種、土壌条件のほか灌水、有機物マルチ、施肥、剪定などの栽培管理に大きく左右されます。

◆老木期　old age plant（tree）period（stage）

樹齢を重ねると、樹は次第に老化して新梢伸長が悪くなり、また着生花芽（房）数は増えても結果量が減少するようになります。このような状態が老木期の特徴で、一般的に植え付け後26〜30年にあたります。この時期にある樹を老木〔old age plant（tree）〕といいます。

老木を若返り（rejuvenation, rejuvenescence）させるためには、生殖成長を抑え、栄養成長を盛んにする管理が必要です。具体的には、摘花房（果房）をして結果量を減らし、一方では、強い剪定と窒素肥料を増施して枝葉の成長を盛んにします。また、根群域を深耕して新根の発生を促します。しかし、このような樹の若返り策を計っても良いのは、土壌条件に特別な問題がなく、また樹と果実形質の優れている品種に限るべきです。

樹の1年の成長周期と栽培管理

ブルーベリー樹の1年の成長周期は、栽培カレンダー（図4-1）に挙げているように、芽（枝）、葉、花、果実などの諸器官が、春夏秋冬（季節）の気象条件

図4-1 ブルーベリーの栽培カレンダー（普通栽培の場合の

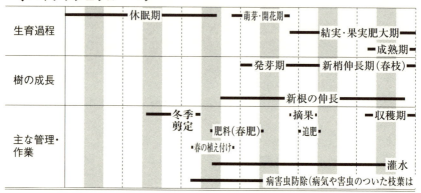

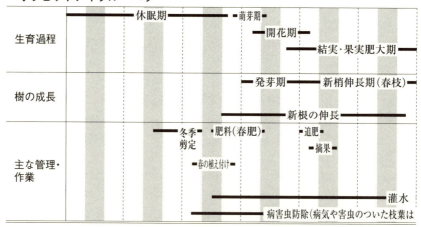

●各月における平均気温および平均降水量

気温(℃)	6.1	6.5	9.4	14.6	18.9	22.9
降水量(mm)	52	56	118	125	138	168

注：①栽培カレンダーは関東南部、関西の平野部を基準としている
　　②東京の平均気温を基準としている
　　③国立天文台編（2014）理科年表第87版をもとに作成

第4章　ブルーベリーの生育と栽培管理

1年の樹の生育過程、成長、および主要な管理）

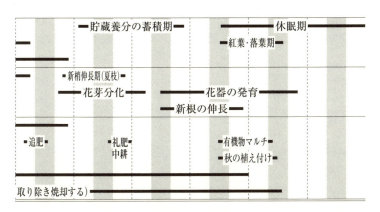

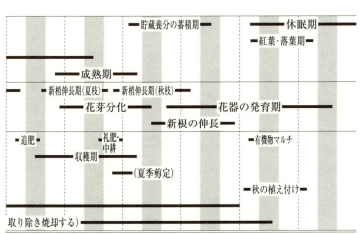

25.8	27.4	23.8	18.5	13.3	8.7
154	168	210	198	93	51

に対応している姿です。

　四季ごとの変化は、関東南部における普通栽培では、例年、次のように観察されます。

◆**季節　season**

　毎年規則正しく繰り返される気象状態の変化やそれにともなう動植物の周年現象などをもとに、1年をいくつかの期間に分けたのが季節です。季節区分は緯度によって大きく異なりますが、日本では、通常、春・夏・秋・冬の四季に区分されています。

◆**春（3〜5月）　spring season**

　3月になって次第に気温が上がってくると、花芽は膨らみ萌芽して、4月上旬に開花します。開花後は、受粉・受精が順調に進むと結実し、幼果は肥大を始めます。

　新梢（春枝）は、開花始めのころに展葉（leafing, foliation）します。その後は、急激に伸長して葉数を増やしていきます。

◆**夏（6〜8月）　summer season**

　6月中〜下旬になると、新梢（春枝）伸長が次第に緩やかになっていったん停止後、また枝上の先端葉が展開し始めます。それ以降は、葉で生成された光合成産物の多くが果実に送られるようになり、果実の肥大・成熟が急速に進みます。

　成熟期は、品種によって異なり、極早生品種の6月上旬から極晩生品種の8月下旬までの夏の間中続きます。なお、6月上・中旬〜7月中・下旬は、北海道を除く多くの地域が梅雨期です。

　伸長を止めた春枝上では、盛夏（7月）から初秋にかけての期間中、花芽が分化しています。

　成熟期（収穫期）を終えた樹では、いずれのタイプや品種でも、葉による光合成産物は、樹勢の回復と翌年の成長に必要な養分を備えるために、主軸枝や枝、根に蓄積されるようになります。特にブルーベリー樹は、他の果樹と比較して成熟期（収穫期）が早いため、貯蔵養分の蓄積は主として収穫後に行われているとされています。

◆**秋（9〜11月）　autumn season, fall season**

　初秋（9月）、枝上の葉は緑色で、光合成活動を盛んに営んでいます。秋が深まり気温の低下が進むと紅葉し、芽は鱗片葉または芽鱗に包まれた休眠芽を形成します。

　10月になると、春枝や夏枝上の先端から数節下位の節にまで着生した花芽は、丸みを帯びて大きくなり、それ以下の節の小さい三角形をした葉芽と、容易に区別できます。

第4章　ブルーベリーの生育と栽培管理

開花時の訪花昆虫（ミツバチ）

温度差の大きい土地での紅葉

　晩秋（11月）になると、多くのノーザンハイブッシュの品種は紅葉、落葉して冬を迎えます。なお、温暖地のサザンハイブッシュでは、品種によっては、緑葉を着けたまま年を越します。

　紅葉　red coloring of leaves, autumnal colors
　紅葉は、秋になって夜間温度が下がる一方で、日中温度が比較的高いため、植物ホルモンの働きによって葉柄の基部に離層ができ、糖類の移動が妨げられて葉に蓄積するために起こります。これは、その後に続く落葉に備えて、葉に蓄えていた栄養分、糖類や無機成分を枝に転流した後の状態ともいえます。
　紅葉は、主としてアントシアニン色素によるもので、一般に、高地や冷涼地のように昼夜の温度差が大きい土地で美しいとされていますが、ブルーベリーは平地でも美しく紅葉します。

◆**冬（12〜2月）winter season, dormant season**
　冬になって落葉した樹は、根の活動も抑えられています。この時期、樹は、厳しい低温に耐える自発休眠から多発休眠の状態にあります。

　自発休眠　endodormancy
　樹が、環境や樹自体の生理的要因で成長を停止している状態を休眠（dormancy）といい、その期間を休眠期間（dormant period）といいます。
　自発休眠は、落葉期の少し前に始まります。葉を取り除いても、また、気温、水分、肥料などの環境条件が発芽や開花に適していても、生理的な原因によって発芽しない状態です。自発休眠は、一般的に、短日、低温で促進され、高温で遅れます。

　他発休眠　ecodormancy
　自発休眠が解除されても、温度や水分などの環境条件が適していなければ、芽はそのまま休眠を続けます。このような休眠状態を他発休眠（強制休眠, external dormancy）といいます。

ブルーベリー樹が自発休眠から他発休眠に移行する時期は、多くの場合、寒さが厳しい1月下旬から2月上旬にあたります。他発休眠に移行した樹では、温度が高いほど発芽、開花が早まります。

ブルーベリーの栽培カレンダー

　樹の1年の成長過程と主要な栽培管理作業との関係を、普通栽培のノーザンハイブシュとラビットアイについて整理してみます（図4-1参照）。

樹の生理と栽培管理技術との関係

　ブルーベリー樹を、長年にわたって健全に育て、良品質の果実を安定して生産するための多岐にわたる栽培管理技術は、樹体の生理に働きかけ、器官や組織の機能を最大限するための手段です。
　ブルーベリー樹の生理と栽培管理技術との関係は、次のように整理できます。

◆光合成活動の効率を高め、最大限にする技術
　剪定、摘花芽、摘花房（果房）、灌水、施肥など。

◆果実の結実、成長（肥大）を良くする技術
　受粉、摘花芽、摘花房（果房）、灌水、施肥など。

◆栄養成長と生殖成長との均衡をとり、合わせて養分を芽や花、果実に集中させる技術
　剪定、摘花芽、摘花房（果房）など。
　なお、栄養成長（vegetable growth）とは栄養器官である枝や葉の成長をいい、生殖成長（reproductive growth）とは、生殖器官である花芽の着生、開花、結実、果実の肥大に係る成長をいいます。

◆根が適度に成長し、健全に機能する環境を作る技術
　土壌改良、有機物マルチ、施肥、灌水、除草、中耕、深耕など。

◆樹と果実の健全な成長を守る技術
　気象災害対策、病害虫防除、鳥獣害対策など。

◆果実品質の保持技術
　収穫、予冷、低温貯蔵。

2　開園準備と植え付け

　ブルーベリー樹の成長に好適な土壌は、砂質土壌のような三相分布であり、孔隙率が高くて透水性、通気性、保水性のバランスが取れ、ある程度の有機物を含有した強酸性土壌です。しかし、多くの栽培予定地は、通常、何らかの不良要因を持っており、規模の大小はあっても、植え付け前の土壌改良（開園準備）が必要です。
　土壌改良にあたっては、まず土壌調査を行い、日本の代表的な果樹園土壌の種類と特性を知り、改良すべき要素をつかむ必要があります。土壌改良後は、植え付けの段階で、また植え付けてから幼木期の1～2年の間に、特に注意を要する管理作業があります。

開園準備

開園　establishment of orchard

　既耕地、未耕地を問わず、果樹を植え、果樹園を作ることを開園といいます。
　開園は、気象条件と土壌条件が栽培目的の果樹に適した場所を選ぶことから始まります。農園経営の面では、一園地の面積、園の集約度、住居からの距離なども、開園にあたって重要な要件となります。
　ブルーベリー栽培に適した気象条件と土壌条件については、「第2章　ブルーベリー栽培に適した立地条件」で述べています。

◆**土壌調査**　soil surveys

　園地土壌の種類を知り、問題点を把握して、土壌改良や施肥法など、具体的な対策を行うための処方箋をつくるために土壌調査を行います。
　主要な調査事項（要素）は、ブルーベリーに好適な土壌条件で挙げた土性、三相分布、有効土層、土壌酸度（土壌pH）、有機物含量などです。これらについては、「第2章　ブルーベリー栽培に適した立地条件、3　土壌条件」で解説し、また「第4章、5　栄養特性、施肥と栄養診断の節、土壌診断の項」で取り上げています。

日本の代表的な果樹園土壌

　ブルーベリー樹の健全な成長に適した土壌に改良するためには、まず日本で一

般的な土壌の種類と特徴を知る必要があります。

日本の果樹園土壌は、主として黒ボク土、褐色森林土、赤黄色土、褐色低地土および水田土壌の5種類です。

◆黒ボク土　Andosols

この土壌は、火山灰を母材とする土壌〔火山灰土壌　volcanic（ash）soil〕で、大きくは、黒ボク土、多湿黒ボク土、黒ボクグライ土の3種類に分けられます。畑地として利用されているのは黒ボク土で、全国的に分布していますが、特に北海道、東北、関東、東山、九州に多く見られます。

黒ボク土は、断面的には、多量の腐食を含む表層があり、表層の下は次第に褐色ないし黄褐色の下層です。一般的に、表土、有効土層ともに深く、腐植（土壌有機物含量）が多く、透水性、保水性、通気性に優れます。ち密度は低く、易耕性も優れ、化学的には塩基の溶脱量が多く酸性で、リン酸を不溶化する活性アルミナも多く含まれています。

全国各地のブルーベリー栽培事例を見ると、黒ボク土は、ある程度の土壌改良を行った場合、全体的に樹の成長が優れていて、栽培に適しています。

◆褐色森林土　brown forest soils

この土壌は、山地、林地、台地に多く見られ、全国的に分布しています。地域的には、特に北海道、東北、中国、四国に多く存在します。

特徴は、断面で見ると、表層は腐食が比較的多いため暗い褐色、下層は黄褐色あるいは赤褐色です。雨が多いために塩基の流亡が進み、酸性化しています。一般的に、表土と有効土層が浅いので、作物根の伸長が阻害され、地上部の成長が劣る所も多く、常習的に干害に見舞われています。

ブルーベリー栽培は、中規模の土壌改良を実施した場合に可能であり、各地に多くの成功事例が見られます。

◆赤黄色土　red-yellow soils

赤色土と黄色土は、生成条件や分布する地形が似ているため、現在では一括して赤黄色土と呼ばれます。主として、東海、中国、四国、九州に分布し、台地または丘陵地の緩傾斜地に多く、果樹ではカンキツ類、ブドウ、カキなどが栽培され、また茶園として多く利用されています。

一般に、腐植含量が少なく、下層の土色は赤み味を帯び、あるいは明るい褐色ないし黄褐色を呈しています。堆積状態はち密で構造性に乏しく、物理性が不良で、下層の透水性、通気性も悪い土壌です。そのため、多雨期には過湿となりやすく、逆に乾燥期には硬く固結して過乾状態になります。化学性では、塩基や養分の含量が低く、酸性となりやすいのが特徴です。

ブルーベリー栽培のためには、土壌物理性の改善、高畝、有機物の補給など、

大掛かりな土壌改良が必要です。また、タイプと品種は、土壌適応性のあるものを優先して選定することが重要です。このようにして植え付けても、樹の成長は適土壌に比べて劣ります。

◆褐色低地土　brown lowland soils

　この土壌は沖積土で、深さ50cm以内に斑紋やグライ層を持たず（水田の作土と直下を除いて）、比較的排水の良好な低地土です。土性によって性質が変わるため、通常、細粒、中粗粒、礫質の三つに区分されています。

　全国的に分布し、北海道、東北、中部では畑地や樹園地として、西南日本では水田として多く利用されています。一般に、腐植質含量は低いものの、表土の厚いのが特徴で、ち密度は中程度、透水性と排水性は中ないし大です。化学的には、保肥力、塩基含量ともに良好です。

　ブルーベリー栽培では、中規模の土壌改良をして植え付け、成功している事例が見られます。

◆水田転換園　orchard converted from paddy field

　水田土壌には灰色低地土、グライ土、多湿黒ボク土が多く、厳密にはそれぞれ土壌物理性が異なります。しかし、全体的にはグライ層が発達して排水が不良で常に過湿状態にあり、また、少し乾くと硬い団塊になり、湿ると強い粘質性を示しすます。このため、ブルーベリー栽培にはあまり勧められません。

　グライ層　gley horizon

　湛水条件下にあるため、還元状態（酸素がほとんどない状態）が発達し、青灰色や緑灰色をしている土層でG層といいます。

開園時における土壌改良

◆土壌改良　soil improvement, soil amendment

　作物の成長、特に根の及ぶ深さと範囲が拡大できるように、主として土壌の乾湿、有効土層の深さ、耕耘の難易などの土壌物理性の改善をはかることを土壌改良といいます。

　ブルーベリー樹の成長は、基本的に、ち密度が低く、透水性、通気性、通気性のバランスがとれ、有効土層が45〜60cmあり、その上、適当量の有機物を含む強酸性土壌で優れます。しかし、栽培予定地（栽培園）の土壌は、多くの場合、樹（根）の成長に何らかの不良な要因を持っていますから、規模の大小はあっても土壌改良が必要です。土壌改良の上で特に重要なのは、孔隙率、ち密度、透水性、通気性、保水性、土壌三相、有効土層です。これらについては、「第2章　ブルーベリー栽培に適した立地条件、3　土壌条件」の中で、基礎的な用語として解説しています。

◆排水（drainage）を良くする

　畑土壌において、適正な土壌水分を保ち、作物の正常な生育を保持し、機械などによる作業の能率化を図ることなどを目的として、地表面や有効土層中にある過剰な水を排除することを、排水といいます。

　排水不良の原因が地形や排水路の不備による場合には、地表水を排除できる方法（高畝や明渠）を講ずることで栽培が可能になります。しかし、原因が不透水層（impermeable layer. 地層を構成する粒子間のすき間が小さく、地下水を通しにくい、または通さない地層）の場合には、一般的には、ブルーベリー栽培は勧められません。

　湿害を受けやすい地形の場合、排水工事が必要です。排水経路によって、地表排水と地下排水に分けられます。

地表排水　surface drainage

　降水や灌漑残留水等の地表にある過剰水を、地表流として排水路に導いて排除することを地表排水といいます。強雨時の排水が主で、地下排水に優先して行われます。

地下排水　subsurface drainage

　地下排水は、困難な地表残留水や過剰な土壌水の排除、地下水位の低下を目的とした排水で、さらに明渠排水と暗渠排水に分けられます。

明渠排水　open ditch drainage

　地表に掘削した水路を明渠（ditch drain）といい、これによる排水を明渠排水といいます。

　地表水の排除を目的とした場合は、集めた水が水路から溢れない程度に浅く掘るものです。地下水位の低下や過剰水の排除を目的とした場合は、地下水位よりも低い位置になるように、水路はかなり深く掘削します。いずれの場合でも、水路の水が、園外に流れるように排水渠を設置します。

暗渠排水　underdrainage

　地中に暗渠（underdrain）を埋設して行う地下排水が暗渠排水です。暗渠には、使用する材料により、無材料暗渠（弾丸暗渠）、竹やソダ、石礫などを用いる簡易暗渠、土管や塩ビ管を使用する管（完全）暗渠があります。

　開園に当たって暗渠排水を施すことが必要な場所は、ブルーベリー栽培には勧められません。

湿害　waterlogging injury（damage）

　土壌水分の過剰にともない土壌空気の不足のために起こる生理障害を湿害といいます。湿害は、湖沼や河川周辺、水田周辺の畑で地下水位の高い低平坦地、流去水や伏流水が集中する傾斜地裾部、浅い部分に不透水層がある台地、あるいは

深耕部の湛水条件下で多く発生します。その原因は、土壌水分の過剰により土壌空気が不足するため、根の呼吸障害が生じて養水分吸収能力が低下し、生育、収量を減退したもので、特有の生理障害や土壌病害の発生を伴います。

一般的に、湿害を起こす危険性の高い地形や条件の土壌には、ブルーベリー栽培には勧められません。

◆有機物の補給

有機物含量が少ない開墾地や休耕地に植え付ける場合には、特に有機物の補給が必要です。雑草防除と土壌ち密度の改善を兼ねて、植え付け1年前に、堆肥を10a当たり2～3t施用し、プラウ耕とハロー耕をしておくことが勧められています。

ブルーベリーの場合、有機物の補給量はタイプによって異なります。畑地の既耕地であっても、有機物含量が少ない土壌（3％以下）では、ノーザンハイブッシュやサザンハイブッシュを植え付ける場合、土壌改良の段階で、ピートモス、完熟した堆肥を補給し、耕耘しておきます。しかし、ラビットアイの場合には、透水性と通気性が良ければ、有機物含量が3％以下でも有機物の補給は必要ないとされています。

ピートモス　peat moss

ピートモスは、温帯湿原でミズゴケ、スゲなどの遺体が堆積分解してできたものです。水でよく洗浄し後に乾燥して細かくした物が製品化されています。

ピートモスは、保水性と通気性に富み、陽イオン交換容量が大きく補肥力もありますが、肥料分はあまりなく、特にカリウム（K）は流れ去っています。また、石灰分（カルシウム．Ca）や苦土分（マグネシウム．Mg）はごく少量で、pH4.0程度の酸性を示します。このような特性から、ピートモスは、ブルーベリー栽培に好適な土壌改良資材として最も広く使用されています。

堆肥　manure, compost

通常、わらなどの収穫残渣、野草、落ち葉、樹皮（バーク）やおがくずなどの木質、家畜糞尿などの有機資材を堆積・切り返して好気的条件で発酵させ、農作物に障害を与えなくなる条件まで成熟させたものを堆肥といいます。単に、有機物と呼ばれることもあります。

近年は、材料の入手難や労力の節約から、おがくず、チップ、樹皮（バーク堆肥、樹皮堆肥）、汚泥、都市ごみなどを堆肥化した有機質資材が作られ、市販されています。

堆肥の施用によって土壌の孔隙量が増し、陽イオン交換容量が高まります。また微生物の活動を促し、土壌の緩衝能を高める効果があります。このため、果樹栽培では、堆肥は土壌物理性を改善し、樹の生育に良好な土壌環境を作るために

表4-1 望ましい土壌pH(pH 4.5)に低下させるために必要な硫黄の量

現在の土壌pH	土壌のタイプ(10a当たりのkg)		
	砂土 (Sand)	壌土 (Loam)	埴土 (Clay)
4.5	0	0	0
5.0	20	60	91
5.5	40	119	181
6.0	60	175	262
6.5	75	230	344
7.0	95	290	435

(出典) Pritts, P. and J.F. Hancock (1992)

広く使用されています。しかし、ブルーベリー栽培では、堆肥の使用は有機物含量が少ない開墾地や休耕地に限られます。

◆土壌pHの調整

土壌pHが、各タイプの成長に好適な範囲を超えて高い場合には、少なくとも植え付け6カ月前には、硫黄を散布しておきます。それは、硫黄が土壌中のバクテリアによって硫酸に転換されて土壌pHが下がり、効果が現れるまでに時間を要するからです。

植え付け時に、硫黄を植穴に施すと、根を傷める恐れがあります。

土壌の種類によって、pH調整に必要な硫黄量が異なります（表4-1）。

◆硫黄細菌　sulfur bacteria

硫黄細菌は、硫黄や無機硫黄化合物を酸化することで得られるエネルギーによって、炭素の固定を行う細菌の総称で、土壌中や水中に広く分布します。通常、酸素によってH_2S（硫化水素）→S（硫黄）→$SO_2O_3^{2-}$（三酸化硫黄）→SO_4^{2-}（硫酸イオン）に酸化する好気的細菌（無色硫黄細菌）を指します。

土壌の種類別改良の一例

先に、日本の代表的な果樹園土壌の種類と特性について述べました。ここでは、その土壌の種類別に、実際に行われている改良方法の一例を紹介します。

◆黒ボク土の土壌改良例

黒ボク土は、一般的に、排水、透水性、通気性、保水性が良好で有効土層が深いため、ブルーベリーの成長は良好です。

近年、機械力を使った改良が一般的です。まず、園地全面を20～30cmの深さまで耕耘（ロータリー耕. Rotary tiller）します。次に樹列を決め、樹列の中心から左右50～60cmの幅に、1樹当たりピートモス約50L（ノーザンハイブッシュ、サザンハイブッシュの場合）、もみ殻（chaff, hull）50～70Lを帯状に撒き、樹列間の土を寄せて厚さ10cmくらいになるまで被せます。その上を再び耕耘して土と有機物を良く混合して、約20cmの高畝にします。ラビットアイの場合、

有機物含量は半分程度とします。
◆褐色森林土の土壌改良例
　褐色森林土の場合、有効土層を50cm以上の深さにし、合わせて透水性、通気性を改善する必要があります。

　まず、全園を深さ20～30cmまで耕耘します。次に1樹当たり50～100Lのピートモス（特にハイブッシュの場合）、100Lのもみ殻を全面に散布後、ロータリーをかけて撹拌します。その後、樹列に沿って、底辺の幅が1.5m、上面の幅が1.0m、高さが40cmくらいになるよう、樹列間の土（ピートモスともみ殻を混合してある土）を寄せて、高畝にします。

　ラビットアイでは、黒ボク土の場合と同様に、使用する有機物は半量程度とします。

◆褐色低地土の土壌改良例
　この土壌は、低地土でも排水が良好であり、表土は厚く、ち密度が中程度であるため、ブルーベリーの成長は比較的良好です。

　まず樹列の中央を、深さ40～50cm、幅60～70cmの溝を、トレンチャー（trencher）で掘り上げます。次に、掘り上げた土と、1樹あたりピートモス70～120L、もみ殻100～120Lを混合して埋め戻し、20cm以上の高畝にします。

　ラビットアイの場合には、有機物含量は半量程度とします。

◆赤黄色土と水田転換園の土壌改良例
　これらの土壌は、ち密で、排水性、透水性、通水性の悪い点が共通していて、特にノーザンハイブッシュの栽培には勧められません。しかし、ラビットアイやサザンハイブッシュの栽培では成功事例も見らます。

　水田転換園で、サザンハイブッシュの栽培に挑戦している事例から、土壌改良の手順を紹介します。
　①明渠を施工し、排水パイプを敷設して園地の水を園外に流す
　②園全面に、もみ殻（1樹当たり200L）を散布し、ロータリーをかけて深さ20～25cmまでの層と混合させる
　③樹列間を3.0mとし、樹列の中心線から左右75cm（畝の底辺が150cmとなる）の範囲内に、周囲のもみ殻を混合した土を集め、40cmの高畝にする
　④その高畝に、1樹当たりピートモス100Lを、平らに散布する
　⑤高畝にロータリーを掛けて混合する
　⑥混合した後、バックホー（back hoe）で畝立し、最後は手作業で仕上げる
　⑦完成した樹列は、高さが40cmの台形で、畝の底辺は150cm、畝の上部幅は90cmとなる

◆土壌改良と合わせて実施しておくべき作業

土壌改良と合わせて、実施しておくべ重要な管理作業があります。

多年生雑草の防除　perennial weed control
多年生雑草は、通常、地中の根茎から発芽、伸長するため、苗木の植え付け後の除去は難しくなります。休耕して数年が経過した荒れ地では、ヨシ、ススキなどの防除が厄介なため、開園の準備段階で抜根作業を徹底し、根が地中に残らないようにします。

高畝　high ridge
畑作物では、種子や幼苗を植え付けるために、土壌の耕耘後、土をある高さで帯状や線状に盛り上げて作った所を畝（planting row, ridge）といいます。畝は、畑面を削って溝と溝との間を高く盛り上げる高畝、畑面とほとんど同じくする平畝（level row）、両者の中間の畝があります。

ブルーベリー栽培では、土壌改良後に行う整地（soil preparation）作業の中で、決められた植え付け距離に基づいて、苗木を植え付ける樹列を高く盛り上げた状態を高畝と呼んでいます。すなわち、高畝はブルーベリー栽培に特徴的な栽培管理法で、通常、畝の高さが20〜40cm、上面が80〜100cmの台形にしています。高畝にすることで、根群域の排水を促し、また植え穴に雨水が流入して過湿になることを防ぐことができます。

植え付け

植え付けに関係する基礎的な用語

◆苗木（nursery plant, nursery stock）の条件
苗木は、品種名が確実であり、病害虫に冒されていない健全なものとします。市販されている苗木は、通常、挿し木後二年生（鉢上げ後1年間養成）の鉢植えで、樹高は30〜50cmのものです。

苗木は、ほとんどがポット（鉢）苗です。植え付けまでの期間、根が乾燥しないよう注意して管理しておきます。

◆植え付け　planting
植え付けの第一歩は、真っすぐな1本の線を引くことから始まります。基本線は、通常、道路側かフェンス側に引き、次に基本線に対して平行な線と直角な線を交互に引いた線の交差点が植え付け位置になります。

植え付け間隔（植え付け距離．plant spacing, planting distance）は、多くの場合、園の経営（観光園か市場出荷か）、使用する作業機械の種類などを考慮しながら、樹形の大小に基づいて決めます。

通常、ノーザンハイブッシュ、サザンハイブッシュでは、3.0m（樹列）×1.5〜2.0m（同一樹列内の樹間）です。樹形が大形で樹勢が強いラビットアイの樹間は3.0m×2.0〜2.5m、樹形が小型のハーフハイハイブッシュは、2.0〜2.5m×1.0〜1.5mです。

◆植え穴 planting hole

苗木を植え付けるために掘る穴を、植え穴といいます。植え穴は、多くの果樹では、大きく、深く掘り、その中に有機物を多く含んだ土を満たすと、その後の成長が良いとされています。

ブルーベリー栽培では、土壌改良時に各種の有機物を混入し、土壌pHなどを調整して、高さ20〜40cmの台形の高畝が一般的です。このため、植え穴とは、苗木の植え付け時に掘る穴をいい、幅が30cm、深さ15〜20cmほどの大きさの穴を指します。

◆植え付け時期 planting time

植え付け時期には、秋植えと春植えの二つがあります。

秋植え fall planting

秋植えは、休眠期に入った紅葉期から落葉期の初期に植え付けるもので、比較的冬が温暖な地方で行います。土壌に早くなじみ、翌春の成長が早く始まります。

春植え spring planting

春植えは、冬に土壌が凍結する寒冷地、積雪の多い地方や乾燥しやすい場所に適しています。気温が緩み始めたころに植え付けるもので、関東南部では3月上旬から下旬が一般的です。

◆混植 mixed planting

果樹栽培では、同一園（圃場）に2品種以上を植え付ける方式を混植といいます。ブルーベリー栽培では、訪花昆虫による他家受粉率を高めて果実収量を増し、また、成熟期間（収穫期間）を長くとるため、同一園に多数の品種を植え付ける混植が一般的です。特にラビットアイでは、混植が必要です。サザンハイブッシュは、ノーザンハイブッシュやラビットアイとの受粉でも結実します。

混植は、まず樹列は品種別とし、その上で、2〜3列（大面積であっても、同一品種が10列を超えないようにする）ごとに、異なる品種とします。

植え付け方の一例

植え付け方（planting method）は、まず、植え穴の中央部に、深さが15〜20cm、直径30cmくらいの穴を掘り、湿らしたピートモス1〜2Lを入れて、土と混合します。

苗は、ポットから取り出して根をほぐします。また、根が底部を包み込んだ根鉢（rooted ball）状態のものは、底部を十字に割って、根鉢の中心部の土を取り除きます。次に、ほぐした根を広げ、苗の地際から2cm（平手の厚さ）ほど深めに植え付け、直径50cmの大きさで外周を3cmくらい高い水盤状にします。そこに、バケツ1杯分（7〜10L）灌水します。苗木の浮き上がりを防ぐため、株の周囲の土を手で強めに押し固めて植え付けが終了です。

　植え付け時の根の深さが、根の活着に大きく影響します。特に大勢で作業した場合に個人差が出て、浅植えあるいは深植えの状態が多く見られます。植え付け1年後に成長が悪くなる樹は、ほとんどがどちらかの植え付け方による場合で、深植えでは根が酸素不足になり、一方、鉢用土の表面が見えるほどの浅植えでは根が乾燥しやすいからです。

　花芽（房）は、全て摘み取ります。また、弱々しい枝は切除します。さらに根量に比較して地上部が大き過ぎる場合、例えば、5〜6号鉢で苗の中心になっている枝が70〜100cmも伸長している苗木では、根部とのバランスを取るために、30〜40cmの高さに切り詰めます。

幼木期の管理

　植え付け後2年間は、ブルーベリー樹の一生のうちで幼木期にあたります。幼木期には、植え付け当初の根の活着と伸長を促すため、また、栄養成長を促して樹冠の早期拡大を図るために重要な栽培管理があります。

◆灌水　watering, irrigation

　植え付け後1〜2年間に見られる幼木の成長不良や枯死は、大半が土壌乾燥に因るものです。これは、幼木は全体的に根群域が浅いためですから、定期的に灌水して、土壌の乾燥から守ります。

　灌水量は、4〜10月の成長期間中は、1日当たり、1樹に2〜3L、間隔は5日おきを標準とします（この場合、1回の灌水量は10〜15Lとなる）。もちろん、自然の降水量が十分あった場合には、灌水は控えます。

　灌水が最も必要な時期は、関東南部では、梅雨明け後の7月中・下旬から8月いっぱいです。休眠期間中の土壌乾燥は、有機物マルチで抑えることができます。

◆支柱　stake, support pole

　植え付けたばかりの苗木や幼木は、竹やパイプなどの支柱と結束して、強風による倒木、また、植え付け後に伸長してくる新梢の折損を防ぎます。

　この際、苗木に付いている品種名の名札の紐やテープは外して、支柱に付け替えます。名札をそのままにしておいて、やがて枝（樹）に食い込み、その後の成

長が阻害されている例が多く見受けられます。

◆マルチ資材の補給

　植え付け直後の管理で、株元を中心に半径25〜30cmの範囲に十分量の有機物マルチができなかった場合には、早期に、10〜15cmの厚さにマルチ資材を補給します。

　有機物マルチをした所は、雑草の繁茂が抑えられます。

◆施肥　fertilization, fertilizer application

　施肥は、春植え（関東南部で3月）の場合、5月から行います。その後9月まで、6週間ごとに、8-8-8の化成肥料（窒素形態は必ずアンモニア態のものとする）を、1樹当たり、約30g施します。

　施肥位置は、株元から半径20cm離して、輪状とします。

　2年目は、3月下旬に基肥として施用後は、初年と同様の方法で施します。

◆病害虫の対策、野兎対策

　植え付けて以降、新梢の伸長に合わせるように、ケムシ類やミノムシなどの害虫の寄生が多く見られるようになります。2〜3日置きに園を見回って、樹の成長状況を観察し、病害虫の発見に努めます。

　害虫は見つけ次第捕殺し、病気による被害枝葉は除去します。

　園地の周囲の状況によりますが、植え付けた年の冬季に、野兎による枝の食害が多く見られます。

◆主軸枝の確保

　幼木の成長は、開花、結実させると極度に不良になります。このため、植え付け後2年間は、花芽（花房）や果房は摘み取って開花、結果させず〔摘花（房）deblossoming, flower cluster thinning (removal)，摘果房（fruit cluster thinning)〕、栄養成長を促進させます。

　栄養成長が良ければ、2年目には、株元から数本の強いシュート（発育枝）が伸長します。その枝は、将来の主軸枝になる重要な枝ですから、折損を防ぐために、6月下旬ころから支柱を添えるなどして大事に育てます。

◆植え付け3年目以降の栽培管理

　ブルーベリー栽培では、植え付け3年目から5, 6年目までは若木期と呼ばれます。

　3年目から開花、結実させるため、栄養成長と生殖成長との均衡を図りながら、良品質のブルーベリー果実を、長年にわたって、安定して多収するための栽培管理法に移行します。

3　土壌管理と雑草防除

　ブルーベリー樹は、繊維根で浅根性です。このため、苗木の植え付け以降は、連年、根群の発達を図るために、有機物マルチによる土壌表面の管理と雑草防除が重要です。
　また、成長期間中に各種の管理作業や摘み取り客によって踏み固められた園地土壌の透水性、通気性、保水性を改善するために、毎年、収穫後に中耕し、数年おきに深耕することが勧められます。

土壌管理　soil management

　土壌管理とは、果樹の生育のために土壌の物理性、化学性、微生物相が好適となるように、根の及ぶ深さの土層の改良と維持を図る管理をいいます。通常、畑土壌表面の被覆法と取扱法、深耕などを指しますが、広義には灌水、排水、忌(いや)地防止法、客土なども含みます。
　ここでは、通常の土壌管理法を取り上げます。

土壌表面の被覆法

◆清耕法　clean cultivation (tillage) system
　園地の表面を、耕耘や中耕などによって除草し、裸地の状態で管理する方法を清耕法といいます。清耕法は畑表面に雑草を繁茂させないため、菌類や害虫の寄主が少なくなり、樹冠下に落果した過熟果や裂果、病害虫の被害果などの除去処理が速やかにできます。
　しかし、この方法では風雨によって土壌が浸食して根群が露出しやすく、また表土が乾燥しやすく、地温が急激に上昇して根の成長が著しく阻害されます。このため、清耕法は、ブルーベリー栽培では一般的ではありません。

◆草生マルチ法　sod-mulch system
　草生マルチは、園地の表面を、雑草やイネ科、マメ科の多年生牧草で恒久的に被覆するものです。下草の生育を適当に抑えるため、年に数回は草刈をして、刈り草を被覆に用います。この方法は、土壌有機物の増加、根圏土壌の団粒化、土壌侵食の防止などの地力増進に効果があるため、深根性の果樹では一般的です。
　しかし、ブルーベリー栽培では、勧められません。それは、ブルーベリーは浅根性で、根群域が草種や雑草と同じくらいであるため、養水分の競合関係が生じ

るからです。

◆有機物マルチ法　organic substance mulching

　この方法は、ブルーベリー栽培で最も一般的で、園の表面を各種の有機物でマルチ（被覆）するものです。これにより、土壌浸食の防止、土壌水分の蒸発防止、有機物の補給、地温の調節、雑草防除などに高い効果が得られます。このような長所から、有機物マルチ法は、ブルーベリー栽培を世界的に普及させた優れた管理技術の一つとされています。

　この方法には、園の全面（樹冠の周囲と樹列間）を有機物マルチとする全面マルチと、樹冠の周囲を有機物マルチとし、樹列間は草生とする折衷方式があります。折衷方式の場合、草種はイネ科やマメ科の多年生牧草とします。

有機物資材

　マルチ資材は、分解が遅く、肥料成分の少ないものが適しています。バーク（bark）、木材チップ、おがくず（sawdust）、もみ殻（chaff, hull）、落ち葉などが良く、通常、半年ほど積み重ねて一度熱を持たせ、風雨に晒してから、単一であるいは混合して使用されています。

　新鮮な資材を用いると、バーク、木材チップ、おがくずでは樹種によって有害な化合物が放出され、葉にクロロシス症状や枝枯れ症状が出て、樹の成長が悪くなる危険性があります。

　また、稲わらや麦わら、堆肥は肥料成分を多く含み、また分解が早いため、有機物マルチとしての使用は避けるべきです。これらは、いずれも土壌pHを高め、樹の成長に好適なアンモニア態窒素の濃度を下げます。

有機物資材の補給

　有機物マルチは、風雨に晒されて分解して減耗しますから、減耗分は、毎年、紅葉期から落葉期間中に追加補充します。そうすることで、冬季間の土壌乾燥も防止できます。

　有機物マルチの効果を安定して持続させるためには、マルチは10～15cmの厚さに保持する必要があります。

有機物マルチは長年、継続する

　ノーザンハイブッシュとサザンハイブッシュの成長は、植え付け後有機物マルチをして1～3年目よりも、継続した場合に優れ、一方、有機物マルチによって根群域が浅くなることが明らかにされています。このことから、有機物マルチをした園では、有機物の補給を中断しないことが重要です。

折衷法の際の草の種類

　樹列間を早生とする折衷方式の場合、草の種類（草種）は、イネ科牧草のライグラスやブルーグラスなど、雑草との競合に強く、機械の走行や人間の通行によ

る踏圧にも耐性のあるものとします。成長期に4～5回刈り取って、旺盛な繁茂を抑える管理が必要です。観光農園の場合、摘み取り期間中は、顧客が足元を気にしなくても良いように、刈り取り回数を多くします。

◆プラスチックマルチ　plastic film mulch
　この方法は、樹列を高さ20～40cmの高畝にした後、園の表面を黒色のプラスチックシートや不織布の防草シートなどで被覆するものです。
　有機物マルチの場合と同様に、園地全体をプラスチックでマルチする全面方式と、樹冠下は樹列にそってプラスチックシートや防草シートで被覆し、樹列間はイネ科やマメ科牧草の草生とする折衷法があります。
　マルチの効果として、樹冠下の雑草を防除し、土壌水分の蒸発を防ぎ、強雨による土壌浸食の防止などが挙げられます。

雑草防除　weed control

　農耕地で栽培の対象である作物以外に生える草を、雑草（weed）といいます。
◆雑草の種類
　ブルーベリー栽培では、多くの場合、有機物マルチあるいは防草シートで土壌表面を被覆しているため、雑草の伸長は少ないはずです。しかし、樹列間を清耕法あるいは草生法で管理している園では、雑草がかなり繁茂します。
　果樹園の雑草は、通常、一年生、二年生、多年生に分けられます。
　関東南部のブルーベリー園（周囲が高木の杉林で囲まれている約40aの園）で観察したところ、次のような雑草が多く見られました。

一年生雑草　annual weed
　一年生雑草は、さらに夏季一年生雑草（summer annual weed）と冬季一年生草（winterannual weed）に分けられますが、いずれも種子が発芽してから1年以内に開花結実をして生命を終え、枯死します。
　●一年生雑草：コニシキソウ、ツユクサ、メヒシバなど。
　●一～二年生草：アレチノギク、ハコベなど。
二年生雑草　biennial weed
　二年生雑草は、1年以上にわたって生き延び、2年以内に枯れるもので、オオイヌノフグリ、ホトケノザ、ナズナなどが相当します。
多年（永年）生雑草　perennial weed
　多年（永年）生雑草は、2年以上生存し、冬に地上部が枯死するものの根や地下茎が生き残り、翌春、芽を出して地上部を形成するものです。カタバミ、ギシギシ、スイバ、スギナ、ドクダミ、ハルジオン、ヒルガオ、ヨメナ、ヨモギなど

があたります。

◆除草　weeding, weed control

　果樹園の雑草は、土壌有機物の増加、根圏土壌の団粒化、土壌浸食の防止などの働きをしています。

　しかし、ブルーベリー栽培では、雑草防除は重要な土壌表面の管理技術です。雑草の根は、ブルーベリーの根とほとんど同じ深さに伸長しているため、養水分の競合が起こり、また病害虫の寄主、病原菌の繁殖場所となるからです。さらに樹高が低い幼木期には、草丈のある雑草との間に、日光の競合もみられます。

　樹園地から完全に雑草を除くことは非常に難しいことです。それは、多くの雑草が1株当たり1,000から10万以上の種子を着ける種類や、種子は硬実（hard seed）で土中で何年も発芽しないものがあるからです。

　一年生雑草は、成長期間中数回の刈り込みや中耕で容易に除草できます。

　経済栽培園で見られる除草方法は、樹列を高畝にして樹冠下は有機物マルチ、樹列間を草生としている園の場合ですが、有機物マルチの部分は手で抜き取りあるいは刈り払い機で除草し、樹列間は自走式の草刈機で刈り込む方法が一般的です。

　なお、日本のブルーベリー栽培では、「健康果実の生産」を重視して、除草剤を散布しない管理法が一般的です。

中耕、深耕

◆中耕　cultivation, intertillage

　ブルーベリー栽培では、収穫時期が終了してからあまり日数を置かずに、樹列間を軽く（浅く）耕耘します。これを中耕といいます。水田管理の秋耕（しゅうこう）に当たる管理です。

　収穫後の園地で、特に樹冠下の少し外側の土壌は、成長期間中風雨にさらされ、また各種の管理作業や摘み取り客によって踏み固められています。その上、収穫期間中に落果した過熟果、傷害果や病虫害果が散在しています。このような状態のままにしておくと、土壌が硬くなって透水性、通気性、保水性が悪くなり、また病原菌や害虫の生息密度が高まります。

　そこで、お礼肥の施用と除草を兼ねて、また落下している過熟果、傷害果、病虫害果などを土中に埋めて病害虫の活動を抑制するために、表面から10〜15cmまでの層を耕耘する中耕が勧められます。多くの場合、同一園に収穫期の異なる多数の品種が混植されているため同一時期に中耕作業とはいきませんが、タイプ別（できれば品種別）に、収穫期の終了後、数日間のうちに行います。

◆**深耕** deep plowing, deep tillage

　固くなった下層土のち密度を改善して排水性、透水性、通気性を良好にし、根の活動を旺盛にして樹勢を回復させる管理方法として、深耕（部分深耕）があります。

　開園に当たって、まず土壌改良を行い、次に畝を決め、畝巾の範囲に大量のピートモス、もみ殻などの有機物を混合して高畝にし、さらに植え穴を掘って植え付け、土壌表面を有機物マルチで被覆しても、年月の経過に伴って根群域の土壌（樹冠下の下層土）が固くなります。このような園では、特にノーザンハイブッシュの場合、植え付け後7～8年経って収量が安定し、樹勢が落ち着く頃、新梢伸長の発生が少なくなり、収量の落ち込みが目立ち始めます。

深耕の方法

　深耕の方法は、土壌の種類によって異なります。例えば、土壌が粘質な場合、穴は掘った穴に地下水が停滞することのないよう溝状に掘ります。具体的には、植え付けから5～6年後に、樹冠下のわずか内側（根群域に掛かる）から外側に、樹列に沿って、幅が30cm、深さ30～40cmの溝を掘り、マルチしていた有機物や新しいピートモス30～40L（1樹当たり）を混合して埋め戻します。これを2年かけて行い、1年目は樹列の片面のみ実施し、翌年には反対側の樹列を同様の方法で深耕します。この場合、園外に通ずる排水溝も整えます。

　排水の良い黒ボク土で小規模栽培の場合、樹冠下の位置で1樹ごとに、幅が30cm、深さ30～40cmの大きさの穴をタコつぼ状に掘り、マルチしている有機物や新しいピートモスを混合して穴に埋め戻す方法もあります。

　1回の深耕は、2年かけて行います。新梢伸長の状況、果実の大きさなどを観察しながら、5～6年に1度、実施します。

4　灌水管理

　ブルーベリー樹は繊維根で浅根性のため、土壌水分の不足（土壌の乾燥）に敏感に反応します。土壌水分が不足すると、根の吸水が困難になって各種の生理作用（活動）が抑制されて樹の成長が悪くなり、果実収量や品質が劣るようになります〔「樹の生理と栽培管理（技術）との関係」参照〕。

　果実生産のために必要とする水量は、通常、降雨と灌水によってまかなわれています。日本の場合、成長期（4月から10月まで）の降雨量は多いのですが、期間的にも量的にも定期的ではありません。このため、時期によっては、適量の水を補充する灌水が必要です。

　この節では、灌水にあたって重要な灌水時期、灌水量、灌水様式などについて解説します。また、知っておきたい水の機能や役割、灌水と灌水管理に関係する用語（事項）を取り上げます。

灌水に関係する基礎的な用語（事項）

◆灌水　watering, irrigation

　作物の成長期間中、降雨量が少なくて土壌の乾燥が酷くなると、作物の葉は萎れ、落葉、果実肥大の鈍化～停止、落果などの直接的に影響を受けます。また、水分ストレスに伴う生理障害などがもたらされます。このような土壌の乾燥害を防止するために、園地に水を引くことや樹に水を注ぐことを、灌水といいます。

　適切な灌水管理（水管理．water management）を行うためには、まず初めに植物体中の水の機能と土壌中の水の役割を知り、次に作物に利用される水と利用されない水の種類を知る必要があります。また、実際栽培園における土壌水分の測定法と関連づけて、土壌中の水分状態を知ることも大切です。これらの知識を基に、作物が水を必要とする時期や量を判断することができます。

◆水分ストレス　water stress

　作物への水分供給が減少し、作物の水要求量（要水量．water requirement）を下回るようになると、体内の水分も低下します。このように、体内の水分欠乏（water deficiency）の状態を水分ストレスといいます。

　水分ストレスの反応は、形態的には成長の遅延、成長点の枯死、葉の肥厚化、茎の細小化などとして現れます。生理的には、ほぼ全ての養分吸収が低下するなかで、茎・葉・果実中のCa（カルシウム）、Mg（マグネシウム）含有率が顕著

に低下し、N（窒素）やK（カリウム）は増加することが知られています。

水分ストレスには、水過剰ストレス（土壌中の酸素不足）もあります。

◆植物体中の水の機能

水は、植物体の最も多い構成物です。したがって、水分不足は、生理的には、葉からの蒸散作用を減退させ、葉の光合成活動を制限し、呼吸作用を抑制します。形態的には、短期的な水分不足の場合、葉のしおれ、成長点の枯死、果実の萎縮などとして現れます。

ブルーベリー樹の水分含量（water content）は、枝（主軸枝や旧枝）では重量の70％、葉が90％以上、果実85％です。これは、全ての器官の生理機能は、様々な量を伴う水分ストレスの影響を受けやすいことを示しています。

水は、作物体内では、次のような重要な機能を果たしています。

- 多くの栄養分を溶解させ、物質の化学反応を容易にし、樹体のさまざまな器官、組織へ移動を容易にする
- 電解質をイオン化し、化学反応を促進する
- 呼吸（作用）、光合成、転流など通常の生理活動を保持する
- 作物体の急激な温度変化を防ぐ

電解質のイオン化

物質を溶媒（水）に溶かしたときに、陽イオンと陰イオンに解離することを、電解質のイオン化といいます。例えば、塩化カリウムを水に溶かすと、K^+（陽イオンのカリウム）とCl^-（陰イオンの塩素）に解離することです。

化学反応　chemical reaction

1種または2種以上の物質が、水に溶かしたときに、それ自身あるいは相互間で原子の組み換えを行い、もとと異なる物質を生成する変化を化学反応といいます。多くの場合、化学変化と同じ意味で使われています。

呼吸作用　respiration→57ページ参照

光合成　photosynthesis→63ページ参照

転流　translocation

作物体内で、無機養分、光合成産物やその代謝物などの溶質が、ある器官から別の器官に移動することを転流といいます。主として、通導組織（conductive tissue. 養水分の通導の機能を果たす維管束組織）を経て移動し、根から吸収された無機養分は導管を通って、同化器官で合成された有機物は篩管を通って移動します。

溶質の移動の良否は溶媒である水に左右され、植物体中の水分が不足すると移動が抑制されます。

◆土壌中の水の役割

土壌中の水（土壌水．soil water）は、土壌中に液相として存在するもので、土壌水分（soil moisture）ともいいます。土壌水には、土壌中の無機成分や有機成分、O_2（酸素）やCO_2（二酸化炭素）などが溶けていて、実際には土壌溶液（soil solution）となっています。

このような特徴から、土壌水の働きは次のように整理されています。
- 作物に吸収利用されて、成長を促進させる
- 土壌成分を溶かし出して、作物に必要な養分（成分）を供給する
- 比熱が大きく、高温時には蒸発に伴って大量の熱を奪い、低温時には結晶して熱を放熱し、地温の急激な変化を抑える
- 表面張力と凝集力が比較的大きいため、土壌孔隙中に保持されやすく、また、土壌中を移動しやすい

灌水管理に関係する基礎的な用語

適切な灌水の時期と量を判断するために、知っておくべき基礎的な用語が多数あります。

◆土壌水の分類

土壌水には、作物に利用される水（有効水．毛管水や重力水の一部）、利用されにくい水（重力水）、利用されない水〔無効水．結合水．吸湿水（吸着水）、膨潤水〕の3種類があります。土壌水は、通常、pF、水ポテンシャル、土壌水分恒数と関連して表わされます（図4－2）。

◆作物に利用される水

土壌水のうち、作物が利用できる水を有効水分（有効水．available water, effective water）といいます。大まかには、降雨後に過剰な水分が排除された後の土壌水分を上限値、作物が利用可能な最少の水分を下限値とし、その差を有効水分としています。言い換えれば、圃場容水量の土壌水分から永久しおれ（萎凋）点の土壌水分量を差し引いた値が有効水分です。さらに圃場容水量から初期しおれ（萎凋）点間の土壌水分を易効性有効水、初期しおれ点から永久しおれ点の土壌水分を難効性有効水としています（図4－2参照）。

毛管水　capillary water

毛管作用によって土壌中の細い孔隙に保持されている水を、毛管水といいます。作物が吸収可能な有効水のほとんどで、pF1.5～4.2に相当します。毛管水のうち、pF1.5～2.7までは毛管孔隙を移動し、作物に容易に吸収利用される水が、易効性有効水と呼ばれます。

◆作物に利用されにくい水

図4-2　土壌水分の分類と水ポテンシャルおよび水分恒数

吸引圧 (pF)	0		1.5 1.8		2.7		3.8 4.2 4.5		5.5		7.0
水ポテンシャル (-kPa)	0.1		3 6		49		619 1.5×10^3 3×10^2		31×10^3		981×10^3
水ポテンシャル (水頭-cm)	10^0		10^2	10^2		10^3	10^4		10^5	10^6	10^7
土壌水の区分	懸濁水	重力水			毛管水			膨潤水・吸湿水			化合水
	重力流去水 (過剰水)			有効水				無効水			
				易効性有効水				(非有効水)		(死蔵水)	
土壌水分恒数 その他	最大容水量		圃場容水量		毛管連絡切断点	(水分当量)	初期しおれ点	永久しおれ点		(風乾土水分)	105℃乾土
水移動の難易	容易			中		困難		移動不能			

(出典) 藤原俊六郎他 (2012)

重力水　gravitational water

降雨や灌水によって一時的に非毛細管孔隙内に留まるものの、重力の作用で下方に排除される水を重力水といいます。土壌の保水力に対して過剰な水分であることから、過剰水とも呼ばれます。

重力水の一部は、根圏から流れ去る前に作物に利用されることがありますが、過剰水は作物の湿害を招く要因にもなるため、明渠や暗渠による排水を心がけます。

◆作物に利用されない水

作物が吸収・利用できない土壌水を無効水といいます。土壌粒子の表面に吸着している吸湿水〔hygroscopic water．吸着水 (absorbed water) ともいう〕、粘土の間に入り込んで強く結合している膨潤水 (swelling water) がこれにあたります。吸湿水と膨潤水は、土に強く結合していることから、あわせて結合水 (bound water, combined water) とも呼ばれます。

第4章　ブルーベリーの生育と栽培管理

◆**土壌水分張力（土壌水のpF）**

　土壌水が、どれほどの強さで土壌に吸着・保持されているか、土壌水の状態を表わす尺度としてpF値が用いられます。

　土壌水は、孔隙の大きさなどにより保持される力（水分張力．moisture tension）が異なり、その力に見合うだけの圧力（吸引圧．pF）をかけると取り出すことができます。水分張力はテンシオメーターなどで測定され、この圧力を水柱の高さ（cm）に換算して、その対数をとったものがpF（potential of free energy．土壌水のpF）です。国際的には、SI単位（国際単位）であるPa（パスカル）で表されます。

◆**水分恒数（定数）water constant, moisture constant**

　作物の生育や土壌水の運動にとって重要な水分状態を示す定数を、水分定数あるいは土壌水分定数といいます。土壌水の区分では、通常、pF値との関連で表されます（図4−2参照）。主な定数としては、最大容水量、圃場容水量、毛管連絡切断点、初期しおれ点、永久しおれ点などがあります。

最大容水量　maximum water holding capacity

　土壌が保持できる水分の最大量で、ほぼ全孔隙量（気相と液相の合計）に相当するのが最大容水量で、飽和容水量（saturated water capacity）ともいいます。土壌から水を取り去る力が全く働いていない状態の水分量です。pFは、ほぼゼロです。

圃場容水量　field water capacity

　降雨や灌水（灌漑）によって十分な水が土壌に加えられた後、1〜2日経過して重力水が排除されたときの水分状態を、圃場容水量といいます。この場合のpFは、黒ボク土ではほぼ1.8、非黒ボク土では1.5とされています。

毛管連絡切断点　depletion of moisture content for optimum growth

　土壌が乾き、毛管水のつながりが切れて、毛管孔隙による水の移動が困難になった時の水分状態が毛管連絡切断点で、成長阻害水分点ともいいます。作物が吸収できる水分（易効性有効水）の限界を示す値で、pFは2.7〜3.0です。

初期しおれ点　first initial wilting point

　作物の水分要求量に不足するほど土壌水分が減って、作物がしおれ始めるときの水分状態を、初期しおれ点といいます。初期萎凋点ともいわれ、pFはほぼ3.8に相当し、理論上の灌水開始点です。

永久しおれ点　permanent wilting point

　土壌水分は存在しているものの、作物が吸水できる水がなくなって萎れてしまい、もはや回復できなくなった時の水分状態が永久しおれ点で、永久萎凋点ともいいます。この時のpFは4.2です。

ブルーベリー栽培の灌水方法

灌水適期の判断

　灌水が必要な時期と灌水量は、乾燥の頻度と期間、土壌の有効水分、樹の耐乾性や根群の深さなどの特性によって異なります。一般的に、果樹を含めて多くの作物の成長のために必要な土壌水分は、pF値が1.8（圃場容水量）からpF3.0（易効性有効水分の限界点）までの範囲とされています。
　ブルーベリー栽培における灌水適期は、大規模栽培園の多い海外では、テンシオメーターや土壌水分計による測定結果から判断されています。日本では、そのような測定機器の利用は、現在のところ極めて少ないようです。

テンシオメーター法

　テンシオメーター（tensiometer）は、実際の園地で、土壌水が作物に利用されやすい状態にあるかどうかを測るための機器です。水を満たした素焼きカップを土壌中に埋設し、土壌中に吸引される水負圧（吸引圧）を測定します。
　素焼きカップの先端部、透明塩化ビニル、シリコン栓からなるテンシオメーター部分と、圧力読み取り装置からなります。測定値はpFで表されます。

土壌水分計による方法

　孔径の異なる不数個の多孔質セラミックを装着した水分センサーを用いて、電気的に水ポテンシャルを測定する機器による方法で、水を使わないので保守管理が容易です。

観察法

　人間の目や手による感覚で、土壌表面の色、土壌を手で握った時の感触、枝の先端葉のしおれ程度などから土壌水分含量を判断するものです。いずれも客観性に欠け、特に葉のしおれから判断した場合は、既に樹は水分欠乏の状態にあります。

◆灌水量の基準

　灌水量は、気象条件、土壌の種類、品種、樹齢、樹形の大きさ、結果量などによって変わるため、実際栽培園で厳密に算定するのは難しいとされています。
　ブルーベリー栽培では、いろいろな基準が提案されています。

蒸発散量を基準

　アメリカ・ミシガン州では、旺盛な成長を示しているノーザンハイブッシュ樹の蒸発散量（evapotranspiration rate, amount of evapotranspiration）は、夏季には1日当たり6.4mm（半旬では32mm）とされ、この量を灌水量の基準（灌

水基準量）とするよう勧められています。灌水量の目安は、灌水基準量から半旬別降水量を差し引いた水量ですから、地域における半旬別降水量の平年値の情報が必要になります。

ここで、アメリカで勧められているノーザンハイブッシュの灌水基準量（1日当たり6.4mm）を、東京の一時期に当てはめてみましょう。例えば、東京の7月21〜25日の平均降水量は、例年、15mmですから、必要な灌水量は、5日間の蒸発散量32mmから15mmを引いた残りの17mmとなります。ちなみに、この頃は、東京では果実の成長期から成熟期間中であり、昼・夜間とも温度が高く、枝葉の繁茂が旺盛で蒸発散量が多い時期です。また、東京では、降水量が樹の蒸発散量よりも多い時期があります。例えば、6月21〜7月10日の20日間の降水量は、半旬ごとで35mmを超えています。したがって、この期間は灌水の必要がなく、むしろ土壌の過湿による悪影響が見られます。

園地で応用しやすい灌水量の基準

蒸発散量を基準とした灌水量の決定には、測定機器が必要であり、少し面倒です。そこで、アメリカでは分かりやすい基準が設けられ、健全な成長を示している樹の場合、夏季、1日、1樹当たりの灌水量として勧められています。この基準は、日本の場合も準用されています。

- 苗木の植え付け後1〜2年間の幼木期には、2〜3L（5日間隔で10〜15L）
- 3〜6年生の若木では、4〜5L（5日間隔で20〜25L）
- 7〜8年生以上の成木では、9L（5日間隔で45L）

灌水の間隔は、5日おきとします。間隔が短いと、水量が多過ぎて土壌が過湿になり、根腐れ病の発生を助長し、養分の溶脱をもたらして、樹の成長、土壌の性質に悪影響を及ぼします。逆に、間隔が長過ぎると、土壌水分が不足して乾燥害を招きます。

◆**灌水の水質**

灌水の水質（water quality）は非常に重要です。特に、Ca（カルシウム）、K（カリウム）、Na（ナトリウム）、Mg（マグネシウム）などの陽イオン濃度が高い水は、長年使用している間に土壌pHを高め、樹の成長に悪い影響を及ぼします。中でもCaとNaは肥料としても施用されていませんから、これらの成分濃度が高い水の使用は避けます。

◆**灌水方式**

灌水方式には、普通栽培の場合、大別してスプリンクラー方式（散水式）、点滴方式〔トリクル方式、ドリップ灌水〕の二つがあります。どの方法を選ぶかは、水源の確保（園の近くに大きい沼、池、泉などがあるか、汲み上げ能力、栽培面積などを検討して決めます。

スプリンクラー方式の散水

点滴灌水(ドリップ灌水)

スプリンクラー散水　sprinkler irrigation

　スプリンクラー散水は、海外の大規模栽培園では最も一般的です。近年、日本でも取り入れられ始めていますが、未だ一般的ではありません。この方式は、地形を選ばずに設置でき、凍害や塩害の防止に役立ち、病虫害防除の農薬散布などにも利用できる点が長所とされています。しかし、灌水量の15〜20％が直接蒸発してしまい、灌水効果の落ちるのが短所です。

点滴灌水　drip irrigation (watering), trickle irrigation (watering)

　点滴方式には、多孔パイプ式とドリップ灌水式とありますが、いずれも樹列に沿って地面に配置しているホースまたはチューブに極細のチューブ（径が0.5〜1mm）を取りつけ、比較的低圧で灌水するものです。チューブ灌水（plastic tube watering）ともいいます。

　この方式の長所は、灌水できる範囲が比較的広い、灌水ムラが少ない、樹体に直接水がかからないことなどです。

手灌水

　この方式は、水源（灌水用の井戸として設置した汲み上げポンプ）からホースを引き、手作業で1樹ずつ灌水するものです。家庭栽培園や面積が小さい園では、雨水を溜めてタンクから汲み上げ、1樹ずつの手灌水が一般的です。

灌水上の留意点

◆根の生育と土壌水分

　適切な土壌改良を行って植え付けて以降、適切な土壌管理の下で栽培していても、根の成長は、地温と土壌水分に大きく左右されます。

　ノーザンハイブッシュの根の伸長パターンについて、コンテナ栽培で調べた研究によると（「第2章　ブルーベリー栽培に適した立地条件、3　土壌条件、図2-2参照）、4月の初めと9月に山があり、中でも9月には最大の伸長量を示してい

す。早春、地温が7℃では、根の伸長はほとんど見られず、8℃から18℃までは地温の上昇に合わせて活発に伸長しますが、20℃を超えると伸長は鈍っています。秋になって地温が低下し始めると、根の伸長は再び活発になっています。根の伸長が、夏に停滞する原因として、一つは土壌水分の不足によって葉が水分ストレスを受け、光合成活動やホルモンの活性が低下し、さらに根の活力が弱まるためと推察されています。また、土壌の乾燥によって根の先端がコルク化し、養分の吸収力が低下するとためであろうとされています。

◆灌水の位置

ブルーベリー栽培では、樹の周囲に円周状に、均一に灌水することが重要です。これは、それぞれの主軸枝には対応した根が発達していて、同一樹体内で水分や養分の転流が困難な特性によります。根域の一部にしか灌水しなかった場合は、灌水した方向の地上部にしか灌水の効果が現れません。

◆過剰な灌水量

土壌の乾燥（水分不足）は、ブルーベリー樹の健全な成長を阻害しますが、逆に、灌水量が過剰だった場合（水過剰ストレス）にも、土壌の種類によっては過湿になり、土中の酸素が不足して、樹の成長に悪い影響を及ぼします。

ノーザンハイブッシュの鉢植え樹を用いて湛水（flooding, waterlogging）処理した実験によると、光合成速度は、湛水後2日以内に無処理区の60％に低下しています。これは、ブルーベリー樹の生理が、多量の灌水による土壌酸素の不足に敏感に反応した結果です。

◆収穫期間中の灌水

ブルーベリー栽培では、通常、5日間隔で樹齢に合わせた水量を灌水していても、収穫期間中における灌水の時期（時間）が難しいとされています。

アメリカの栽培指導書では、多数の意見があるが、と断わった上で、普通栽培園の場合、収穫期が始まる前に十分量灌水して土壌水分を満たし、収穫が始まったら果実品質に及ぼす望ましくない影響、特に果実水分の上昇を抑えるために、灌水量は最小限とするよう勧められています。

なお、果実の成長期間中、土壌が乾燥して果実に軽い萎みが発現した時に灌水した場合、萎んだ果実は、ラビットアイでは回復します。しかし、ノーザンハイブッシュでは回復が見られず、やがては枝ともに枯死することが観察されています。

> **◆コラム** ストレスと水分ポテンシャル

◆ストレスとその種類

ストレス（stress）は、何らかの作用因によって、生物（動物でも植物でも）体に引き起こされる非特異的・生物的緊張状態を表わす現象をいいます。

植物の場合、植物に有害な緊張を引き起こすあらゆる環境因子に対してストレスという語を用い、それを克服して生き続ける能力をストレス抵抗性といいます。

環境ストレス（environmental stress）には、物理化学的と生物的な要因によるものとあります。

物理化学的なものには、温度、水、放射、化学物質などによるストレスがあります。温度ストレスには、低温（寒冷と凍結）ストレスと高温ストレスがあり、放射ストレスには、紫外線やX線、γ線などが含まれます。化学的ストレス（chemical stress）は、塩類またはイオンの過不足によるストレス、大気汚染ガスストレス、農薬ストレスなどです。

生物的ストレス（biotic stress）には、雑草、病原菌、害虫などが含まれます。

◆水分ポテンシャル　water potential

物体の物理的状態の違いは、エネルギーの違いとして表わすことができ、運動エネルギー（kinetic energy）とポテンシャル（位置）エネルギー（potential energy）があります。

土壌水には、土壌粒子の表面に強く付着しているもの、微細な孔隙に毛管力で保持されているもの、粗大な孔隙に弱い力で保持されているものなどがあり、そのエネルギー状態には大きな違いがあります。

土壌水の動きは非常に遅いため、運動のエネルギーは無視できます。ポテンシャルエネルギーは、位置、内部の界面張力、浸透圧、温度、圧力などにより変化します。土壌中のある点AからBの間にポテンシャルエネルギーが生ずると、その高い所から低い所へ水は動きます。水ポテンシャルは、このような水のエネルギー状態を表します。

水ポテンシャルの測定には、テンシオメーターや土壌水分計が使われています。

5　栄養特性、施肥と栄養診断

　ブルーベリー樹は、成長に必要な栄養分のほとんどを土壌から吸収しています。しかし、土壌中の養分量だけでは不足するため、樹の成長周期に合わせて時期を調整しながら量的に補充する、いわゆる施肥が不可欠です〔「樹の生理と栽培管理（技術）との関係」参照〕。
　施肥を適切に行うためには、ブルーベリー樹の栄養特性を知り、定期的に栄養診断を行って、施肥上の改善点を把握する必要があります。

ブルーベリー樹の栄養特性

　作物が健全に成長するためには、成長に適した土壌条件の下で、多種類の養分を適当な割合で吸収しなければなりません。養分の種類と割合は、作物の種類によって異なりますが、その違いがいわゆる栄養特性です。
　ブルーベリーは、代表的な好酸性、好アンモニア性植物で、そのうえ他の果樹と比較して葉中無機成分濃度の低いのが特徴です。

◆好酸性植物　acid soil-loving plant, acidphilic plant
　一般に、多くの畑作物は、土壌pHが微酸性（pHが5.0～6.9の範囲）から中性（pH7.0）の土壌でよく成長し、pHの低い土壌では成長障害を起こします。これに対し、土壌pHがより低い強酸性土壌（pHが5.0以下の場合）で良好に成長する植物を好酸性植物といいます。
　ブルーベリーは好酸性植物です（図4-3）。それは、次のような樹の生理的特性（physiological characteristics）によるとされています。

- 強酸性土壌で溶出する高濃度のAl（アルミニウム）、Mn（マンガン）に耐性がある
- 強酸性土壌で溶解度が劣る塩基、特に土壌pHを高めるCa（カルシウム）、Mg（マグネシウム）の要求量が少ない
- 強酸性土壌で安定して存在するアンモニア態窒素（NH_4-N）を好む

　なお、他の果樹について成長に最適な土壌pH範囲をみると、例えば、リンゴがpH5.0～6.5、ブドウはpH6.0～7.5とされています。

◆好アンモニア性植物
　植物が吸収する窒素形態をアンモニア態（ammonium nitrogen, NH_4-N）と硝酸態（nitrate nitrogen, NO_3-N）で比較した場合、全窒素供給の中で、アン

図4-3 施用N（窒素）形態およびpHレベルの相違がラビットアイブルーベリー「ティフブルー」の地上部ならびに地下部の生長に及ぼす影響

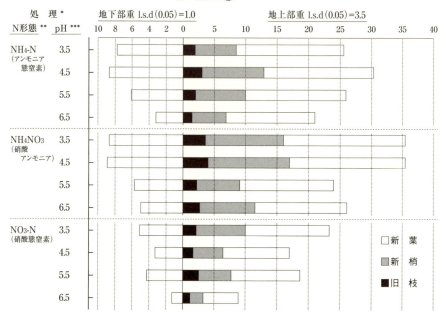

付記1：2000年の4月〜10月まで、無加温のガラス室内で、水耕法（完全培養液）で育てた。培養液の組成は、ここには示さなかった
　　2：NH₄-Nは（NH₄)SO₄で、NO₃-NはNaNO₃で与えた
　　3：pHは週に3回（月、水、金曜日）、H₂SO₄とNaOHで調整した
（出典）Tamada, T.（2004）

モニア態で供される割合が高い場合に良好な成長を示すものを好アンモニア性植物といいます。

ブルーベリーは代表的な好アンモニア性植物ですが（図4-3）、それは次のような特性によると考えられています。

- 強酸性土壌では、アンモニア態窒素が安定した窒素源であるため、環境（酸性土壌）適応の結果であろう
- 多くの作物では、吸収したアンモニア量が多くなるとアンモニア過剰障害が起きる。しかし、ブルーベリー樹でアンモニア過剰障害がみられないのは、吸収した過剰なアンモニアをグルタミンやアスパラギンなどに変換して解毒する能力が高いためではないか、と考えられている

好硝酸性植物

表4-2 ノーザンハイブッシュおよびラビットアイブルーベリー葉中無機成分濃度の欠乏、適量および過剰レベル

要素	欠乏レベル（以下）（ハイブッシュブルーベリー）	適量レベル ハイブッシュブルーベリー		適量レベル ラビットアイブルーベリー		過剰レベル（以上）（ハイブッシュブルーベリー）
		最低	最高	最低	最高	
N	1.70%	1.80	2.10	1.20	1.70	2.50
P	0.10%	0.12	0.40	0.08	0.17	0.80
K	0.30%	0.35	0.65	0.28	0.60	0.95
Ca	0.13%	0.40	0.80	0.24	0.70	1.00
Mg	0.06%	0.12	0.25	0.14	0.20	0.45
S	0.10%	0.12	0.20	—	—	—
Fe	60ppm	60	200	25	70	400
Mn	23ppm	50	350	25	100	450
Zn	8ppm	8	30	10	25	80
Cu	5ppm	5	20	2	10	100
B	20ppm	50	70	12	35	200

（出典）Eck, P.（1988）

　抗アンモニア性植物とは対照的に、窒素源がアンモニア態よりも硝酸態である場合に良好な成長を示す植物群を好硝酸性植物といいます。トマト、キュウリ、キャベツ、ホウレンソウなど多くの野菜や畑作物がこれにあたります。

アンモニア過剰障害
　全ての植物は、吸収したアンモニアをアミノ酸の合成に利用できます。しかし、吸収量が多くなると、光リン酸化の阻害、二酸化炭素の固定阻害、呼吸阻害、水吸収阻害などの障害が起きます。これらの障害をアンモニア過剰障害といいます。

◆葉中無機成分濃度が低い
　健全な成長とブルーベリー樹の葉中無機成分濃度との関係について、適量のレベルと範囲、成長が脅かされる欠乏ならびに過剰のレベルが整理されています。
　成長に適量なレベルについて、タイプ間で比較すると、ノーザンハイブッシュの全成分の葉中濃度は、ラビットアイよりも高くなっています（表4-2）。中でも興味を引くのはN（窒素）成分で、ノーザンハイブッシュの欠乏レベルが、ラビットアイの適量レベルの最高値と同じことです。このことは、ノーザンハイブッシュのN施用量は、同一土壌（園）で栽培した場合、ラビットアイよりも多量に必要とすることを示しています。

サザンハイブッシュの葉中無機成分濃度は、アメリカ南部諸州の代表的な産地で調べた結果によると、平均で、N（窒素）が1.53%、P（リン）0.10%、K（カリウム）0.52%、Ca（カルシウム）0.65%、Mg（マグネシウム）0.16%、Fe（鉄）97ppm、Mn（マンガン）が29ppmでした。これらの値は、ラビットアイより高く、ノーザンハイブッシュと同等のレベルです。

ブルーベリーの施肥法　method of fertilizer application

施肥（fertilization, fertilizer application）は、作物が成長し、生産物の生産のために土壌中から吸収・利用した栄養分（肥料）を時期的に調節しながら、量的に補充して、安定した良品質・高収量の生産物を得るために行われます。

作物による肥料成分の効率的利用を図るためには、施肥量、施肥位置、施肥時期が適切でなければなりません。

施肥の目的

施肥の主たる目的は、ブルーベリー栽培では樹齢（樹の成長段階）によって異なります。

肥料　fertilizer

作物に栄養を与え、より多くの収量を上げるために、土壌に施され、また、葉面散布されるものが肥料です。

作物の成長には、必須元素（essential element. 植物の成長や生存にとって必要不可欠な元素）である15元素〔O（酸素）、H（水素）、C（炭素）、N（窒素）、S（硫黄）、P（リン）、K（カリウム）、Ca（カルシウム）、Mg（マグネシウム）、Fe（鉄）、B（ボロン）、Mn（マンガン）、Cu（銅）、Zn（亜鉛）、Mo（モリブデン）が必要ですが、その大部分（空気と水からもたらされるO, H, C以外の元素）は、土壌中より吸収されます。そのうちN, P、Kの吸収量が特に多く、土壌中に欠乏しやすいので、肥料の三要素（three major nutrient）として多量に施されます。

なお、多くの作物では、N、P、K、Ca、Mgは多量要素（macronutrient）と呼ばれ、体内の含有率が高いため、肥料として多量に施されています。それ以外のFe、Mn、B、Cu、Zn、Moは、体内の含有率が低いため、微量要素（micronutrient）と呼ばれ、含有率が低くても、欠如すると作物に特有の欠乏症状が発現し、成長がいちじるしく損なわれます。

◆幼木期の施肥

苗木の植え付けから約2年間の幼木期は、新梢伸長を促進させる栄養成長の管

表4－3　ブルーベリーの樹齢別施肥例
（8―8―8式肥料[1]、1樹あたりの施肥量）

植え付け後の年数	年間の施用量（g）	1回あたりの施用量（g）および時期（株元から30cm以上はなして散布）
1（植え付け年）	42～62	21～31gを植え付け6週後、それから6週後に1回
2	84～126	21～31gを萌芽直前、それから6週ずつの間隔で3回
3	112～168	28～42gを萌芽直前、それから6週ずつの間隔で2回、果実収穫後
4	168～252	42～63g。施肥時期は3年以降同じ（計4回）
5	228～340	57～85g。施肥時期は3年以降同じ（計4回）
6年	280～420	70～105g。施肥時期は3年以降同じ（計4回）
6年以上	280～420	70～105g。施肥時期は3年以降同じ（計4回）

1）12―4―8式肥料をN成分を中心にして8―8―8式（普通化成）に換算した
（出典）Himelrick, D.G., et al.（1995）

理が主体です。幼木樹は地上部、地下部ともに樹体重が小さいため、施肥量は少量で十分です。

◆若木期の施肥

　植え付け後3～6年間の若木期は、開花・結実させながら、樹冠の拡大に重点をおいた栄養成長期間です。通常、樹齢とともに樹冠が大きくなり、果実収量が増加するため、施肥量は年ごとに増やします。

◆成木期の施肥

　植え付け後6～8年に達した以降の成木期は、樹の栄養成長が落ち着き、果実収量と品質が安定する期間です。この時期の施肥は、新梢伸長、花芽の着生、結実、果実収量、品質などの樹の生理に加えて、灌水や剪定などの栽培管理との相互関係を考慮して、施肥量に一定の幅を持たせます。

◆老木期の施肥

　普通栽培では、タイプや品種によって異なりますが、樹齢が26～30年以上になると新梢伸長が劣って樹勢が衰え、果実収量が少なくなる老化現象が現れます。この時期が老木期です。老木樹は、強い剪定、N質肥料を主体とした施肥、

深耕、灌水などを組み合せた栽培管理によって栄養成長を盛んにし、樹勢を回復させることができます。

しかし、樹勢の回復を図っても良いのは、果実の大きさ、食味（風味）、日持ち性など果実品質に難点がなく、今後の消費も期待される品種に限られます。

施肥例

具体的な施肥法は、土壌条件によって異なります。本来は、日本各地の土壌条件に基づいて施肥法が確立されていることが望ましいのですが、現在のところ国内における研究が少ないことから、アメリカの栽培指導書を参考にして施肥法が組み立てられています（表4-3）。

◆肥料の種類

ブルーベリー栽培で用いられている肥料は、多くの場合、N（窒素）、P（リン）、K（カリウム）の三要素を含む化成肥料です。

化成肥料〔compound (synthetic) fertilizer〕は、成分量によって普通化成（低度化成．low-analysis compound fertilizer）と高度化成（high-analysis compound fertilizer）に分けられます。

普通化成は、低度化成ともいい、三要素の合計量が15％以上30％未満の化成肥料をいいます。ブルーベリー栽培では、N、P、K成分が8-8-8の普通化成肥料の施用が一般的です。普通化成は肥料成分が少ないので、少し多量に施用しても施肥ムラや濃度障害を受ける危険性が少なく、葉中成分濃度が低く、また繊維根で浅根性であるブルーベリー樹の栄養特性に合致しています。

高度化成は三要素の合計が30％以上のもので、原料として尿素やリン酸アンモニアが用いられています。普通化成に比べて成分量が多いため、過剰施肥にならないように注意が必要です。このため、ブルーベリー栽培では勧められていません。

◆窒素（N）肥料（nitrogen fertilizer）の形態が重要

肥料のうち、ブルーベリーの樹の成長、果実収量と品質を最も大きく左右するのはN（窒素）肥料です。また、ブルーベリー樹は代表的な好アンモニア性植物ですから、施用するN肥料の形態が重要です。

N肥料は、N成分の形態によって、①アンモニア系〔硫酸アンモニア（硫安）、塩化アンモニア（塩案）など〕、②硝酸系〔硝酸アンモニア（硝案）、硝酸ソーダなど〕、③尿素系（尿素、被覆尿素など）、④シアナミド（石灰窒素）、⑤緩効性窒素〔IB（イソブチルアルデヒド加工尿素肥料）、CDU（アセトアルデヒド加工尿素肥料）など〕に大別されます。

これらのN質肥料のうち、ブルーベリー樹の生長に最も好適なのは、アンモニ

アイオン（NH_4^+）の形態の硫酸アンモニア〔硫安．ammonium sulfate．組成式：$(NH_4)_2SO_4$〕です（図4-3参照）。

硫酸アンモニアは、施用後、アンモニウムイオン（NH_4^+）と硫酸イオン（SO_4^-）に電離するため、即効性です。また、アンモニウムイオンは、プラスの電荷を帯びているため、マイナス電荷の土壌粒子に吸着保持され、雨水などで流れ去りにくく、肥効が持続します。一方、副成分である硫酸イオンは土壌を酸性にするので、硫安は生理的酸性肥料（potentially acid fertilizer）です。このような硫酸アンモニアの土壌を酸性化する性質は、ブルーベリー樹の成長に好適な酸性土壌条件を保持するうえでも優れています。

そのほか、尿素系、尿素を含んだ緩効性窒素（delayed release nitrogen）も使用されていますが、多くは家庭栽培や鉢栽培の場合です。

◆施肥様式

施肥様式には、固形肥料を土壌表面に散布する土壌施肥（soil application）と、灌水チューブを用いて液肥を灌水液に溶かして与える液肥灌水（液肥灌漑．fertigation）の二つがあります。日本では、ほとんどが土壌施肥です。

液肥灌水は、チリ、スペイン、オーストラリアなどの海外のサザンハイブッシュ地帯では通常の様式です。

葉面散布〔foliar (leaf) spray，foliar application．養分の希釈な水溶液を葉面に散布して補給すること〕は、特に微量要素が欠乏した場合に行います。

◆施肥量　fertilizer application rate, amount of application fertilizer

施肥量は、多くの果樹では10a当たりのkg数で表されますが、ブルーベリーでは1樹当たりのg（グラム）数で示すのが一般的です。

表4-3の場合、肥料の種類は、N（窒素）：P（リン）：K（カリウム）が1：1：1の普通化成肥料で、施用量は、1樹、1回当たりの量とし、時期は関東南部を基準にしています。

幼木期の施肥量

幼木期は、1樹、1回当たり、ラビットアイが21g、ノーザンハイブッシュとサザンハイブッシュでは31gを標準とします。

若木期の施肥量

若木期は、栄養成長が旺盛で、樹冠の拡大が急激に進む期間のため、施用量は樹齢とともに増やします。なお、1回の施用量は、表4-3中の低い数値がラビットアイ、高い数値がノーザンハイブッシュ、サザンハイブッシュの場合の目安です。

成木期の施肥量

植え付け6〜8年後から約20〜25年間の成木期は、樹の成長が落ち着き、果実

収量と品質はともに安定しています。このため、栄養成長と生殖成長のバランスがとれた剪定が行われている場合には、樹齢に合せて施肥量を増やす必要はないでしょう。

◆**施肥時期** time of fertilizer application

施肥時期は、若木時代からは年4回を標準とします。1回目は萌芽（発芽）直前に春肥（元肥）として施し、それから6週ずつの間隔で2回追肥し、そして果実収穫後に礼肥として1回施します。毎回、同量を施します。

春肥（元肥） spring fertilizing, basal application

春肥は、関東南部を例にとると、3月下旬に行います。4月から5月上旬〜中旬の春枝（新梢）の伸長、果実（幼果）の成長に必要な養分を満たすためです。

追肥 supplement application of fertilizer, side dressing, top dressing

追肥は、春肥から礼肥までの期間に1〜2回行います。1回目は、春肥が果実や春枝の枝葉の成長のために吸収され、また土中から流亡して不足した状態になる5月上旬〜中旬に行います。収穫時期が遅い品種では、1回目の追肥から6週間後にもう一度追肥する場合があります。

礼肥 side dressing after harvest, top dressing after harvest

礼肥は、枝葉の成長、果実の成長・成熟に消費された養分を、収穫後に補給するために行います。タイプ別、品種別に、収穫期の終了後できるだけ早期に行います。

礼肥によって、秋までの期間、葉の光合成活動が回復して樹体内の貯蔵養分が増加し、枝上の花芽の充実が図られます。さらに翌年の新梢伸長が良好になります。中耕と兼ねて行うとよいでしょう。

◆**施肥位置** fertilizer placement

肥料を施す位置は、根の生理生態的特徴、土壌の肥料養分保持力、肥料の土壌中での動きなどに基づいて決められています。

ブルーベリーでは、施肥位置は非常に重要です。幼木は根群域が浅く狭いため、1か所に全量を施すと濃度障害を起こし、根が枯死する危険性があります。そのため、幼木では、株元から半径15〜30cmの範囲に、円周状に散布します。

若木や成木では、根群域が比較的深く広くなっています。しかし、株元から伸長している主軸枝には、それぞれに対応した根が発達しているため（主軸枝の方向と根の伸長方向が同じ）、肥料は、株元から30〜75cmの範囲に円周状に散布します。

散布時には、肥料が湿った葉に付着しないよう注意します。付着すると、葉焼けが起きたり、落葉したりします。

散布後は、マルチ資材と軽く撹拌します。
◆養分欠乏症が見られる樹の施肥
　ブルーベリーでは、新梢の伸長期間中に、黄化した葉や、葉脈間クロロシスなどの養分欠乏症（mineral deficiency symptom）が、しばしば発現します。このような欠乏症状が、春枝が完全に展開した以降でも発現している場合には、まず、硫酸アンモニア肥料を施用してN成分を補充し、副成分である硫酸イオンで土壌pHレベルを下げ、症状の回復程度を観察します。欠乏症状は、多くは葉のFe（鉄）欠乏やMg（マグネシウム）欠乏によるものですが、これらの症状の発現は単に成分不足だけではなく、他の肥料成分の濃度、土壌pHが深く関係しているからです。
　欠乏症状が硫酸アンモニアの施用で回復した場合、主として高い土壌pHレベルに起因していると考えられるため、まずは硫黄を散布して土壌pHを矯正することが勧められます。
　一方、欠乏症状が硫酸アンモニアの施用でも回復しない場合には、葉分析（栄養診断）に基づいてFeやMgを含む肥料を追肥します。施用量は、肥料の種類や樹齢に応じます。

栄養診断

　作物体の外観の観察や化学分析に基づいて、異常生育の原因を早期に判断し、肥培管理の改善指針を得ることを栄養診断（nutritional diagnosis, diagnosis of nutrient condition）といいます。
　栄養診断には、葉分析と土壌診断の二つがあります。

葉分析 leaf analysis

　樹全体の栄養状態を判断するために、葉中の無機成分含量（濃度）を測定することを葉分析といいます。これは、葉中無機成分濃度が、樹体の栄養状態と密接に関係しているからです。葉分析は、海外の大規模農園では一般的です。
　葉分析を行うためには、専用の分析機器や装置、施設、分析技術が必要ですから、栽培規模の小さい日本では、農家が個別で対応するのは困難です。地域の農業事務所や農業協同組合に相談、依頼して、4～5年に1度、実施することが勧められます。
◆葉のサンプリング　sampling of leaves
　葉中無機成分濃度は、枝の種類、同一枝でも基部（下部）と先端部（上部）とでは異なります。そのため、分析する葉のサンプリング（採葉）の方法は非常に

重要です。

　まず、樹は同一園地の同一品種から5〜10樹を選び、次に1樹から樹高の中位付近から健全な春枝を5〜10本選んで、枝ごと採取します。葉は、完全に展開しているものを選び、100葉以上とします。

　サンプリングの時期は、葉中無機成分の変化が少ないころが望ましく、関東南部では7月下旬〜8月下旬（成長期間の中期から果実の収穫期間中）が適しています。

　採った枝は、品種別、場所別に区分して、乾燥しないようポリエチレン袋に詰め、ただちに低温ボックスに入れて鮮度を保持し、分析依頼場所まで届けます。

◆分析する葉成分（葉分析）

　分析する葉成分は、主としてN（窒素）、P（リン）、K（カリウム）、Ca（カルシウム）、Mg（マグネシウム）の多量要素、Fe（鉄）とMn（マンガン）の微量要素です。

　これらの要素が、表4−2に示した「ブルーベリーの葉中無機成分濃度の欠乏、適量および過剰レベル」と比較して高いか低いかを判定し、次回から施肥量を増減します。

　施肥量を増減した結果が、次年以降の樹の栄養状態にどのように反映されているか診断する場合は、前述した方法と同じように採葉し、分析します。

土壌診断　soil diagnosis

　土壌診断は、土壌調査で得られた結果をさらに展開させ、個々の耕地土壌の問題点を知り、土壌改良や施肥法などについて具体的に処方箋を作るための調査です。

　海外のブルーベリー栽培では、特に大規模栽培園の多いアメリカの栽培指導書は、施肥管理の基本的な事項として重視し、植え付け後に3〜4年ごとの土壌診断が勧められています。

◆土壌診断の内容

　診断の項目（内容）は、通常、土壌pH、有機物含量、P_2O_5（リン酸）、K（カリウム）Ca（カルシウム）、Mg（マグネシウム）、B（ボロン）含量、塩基置換容量（CEC）などです。ブルーベリー栽培では、土壌中のN含量よりも葉中N濃度が重視されているため、土壌分析の項目には含まれません。

　土壌サンプルは、樹冠下の位置から10〜20cm内側の地点で、マルチ層を含まずに土壌表面から深さ20cmと40cmの2か所から採取します。園全体が比較的均一な土壌であれば、採取地点は10a当たり1地点でも園全体の把握は可能ですが、できれば2〜3地点とすると、より精度の高い診断結果が得られます。

土壌診断は、葉分析の場合と同様に、一栽培者（農家）が行うことは非常に困難です。

自園の土壌に何らかの問題があるように見受けられた場合には、葉分析の場合と同様に、地域の農業事務所や農業協同組合に相談、依頼して実施します。

参考までに、アメリカの代表的なブルーベリー栽培地帯における土壌調査結果の一例を表4-4に示します。

表4-4 アメリカ・ノースカロライナ州東部のノーザンハイブッシュブルーベリー栽培地帯の土壌調査結果

調査項目		平均	範囲
土壌pH		3.9	3.5 ～ 4.4
有機物含量(%)		7.5	1.7 ～ 52.9
CEC (me,/100g)		17.07	3.16 ～ 129.68
全塩基(me,/100g)		1.78	0.56 ～ 9.05
塩基飽和度(%)		14.2	4.0 ～ 31.6
Ca	me,/100g	0.83	0.27 ～ 1.62
	%／CEC	8.12	0.93 ～ 24.85
	%／全塩基	53.4	15.3 ～ 78.8
Mg	me,/100g	0.6	0.02 ～ 5.8
	%／CEC	3.25	0.47 ～ 7.47
	%／全塩基	26.1	3.6 ～ 61.0
K	me,/100g	0.21	0.05 ～ 1.01
	%／CEC	1.53	0.43 ～ 3.01
	%／全塩基	11.7	5.3 ～ 23.0
Na	me,/100g	0.15	0.06 ～ 0.88
	%／全塩基	8.8	3.8 ～ 20.6

付記　品種：'Wolcott'と'Murphy'　調査園：51区（plot）
　　　調査年：1958～1961年　　　位置；樹冠下0～15.2cm
（出典）Ballinger, W. E. and E. F. Goldston（1967）

栄養生理障害の診断

何らかの原因で樹体の必須養分に過不足が生じると、果実、葉、枝などに障害が発生します。この生理障害を栄養生理障害（nutritional disorder）と呼びます。

ブルーベリー栽培においても、主要な無機成分の欠乏または過剰が、葉にどのような症状として発現するかを知っておくことは、園地で栄養診断をする上で非常に有用です。

◆N（窒素）欠乏・過剰症　N deficiency symptom・N excess symptom

健全な成長のために適量な葉中N濃度は、ノーザンハイブッシュが1.7～2.1%、ラビットアイが1.2～1.7%、サザンハイブッシュが1.53%です。

N施用量が適切な場合、葉は濃緑色を呈して大きく、新梢伸長が適度で、樹は健全な成長を示します。

一般に、N肥料は多用される傾向があります。多肥によって、旺盛な新梢が多数発生し、大きくて暗緑色の葉を着け、新梢伸長の停止期が遅れます。その結果、花芽の形成が少なくなり、果実の着色（成熟期）が遅れ、また、枝の硬化が不十分なまま冬を迎えて、凍害を受ける危険性が高まります。

　逆に、N施用量が少ない場合には、葉中N濃度が欠乏レベルになり、新梢の発生数は少なく、長さが短くなります。すなわち、樹勢が弱まり、果実収量も少なくなります。

　N欠乏症状は新梢の下位葉に表れ、全体的に小さくて、黄緑色を呈します。

◆P（リン）欠乏・過剰症　P deficiency symptom・P excess symptom

　ブルーベリー樹がP肥料に反応することは少なく、実際栽培園でP欠乏症状が見られることはほとんどないとされています。

◆K（カリウム）欠乏・過剰症　K deficiency symptom・K excess symptom

　Kは果実に大量に蓄積されるため、葉中K濃度は、結果（着果）量が多い場合に低く、結果量が少ないと高くなります。このため、葉中K濃度が適量のレベルにあれば、K施用量とともに結果量が適度であったと判断できます。

　Kは、樹の成長に必要とされる量以上に吸収されているため、直接的な過剰障害は発生しにくいとされています。しかし、過剰なK肥料の施用はMgの吸収を抑制〔拮抗作用（antagonism）．相互作用が互いに妨げれ方向に働く場合をいう〕しますので、陽イオン間のバランスが崩れます。

　K欠乏症は、新梢の下位部（基部）葉では、成熟葉の葉縁に沿って焼け、凹凸、ネクロシス（え死）などの症状が複合して発現します。新梢の上部では先端部が枯死し、若い葉にはFe欠乏に似た葉脈間クロロシス（黄白化）症状が現れます。

◆Ca（カルシウム）欠乏・過剰症　Ca deficiency symptom・Ca excess symptom

　ブルーベリー樹の成長は酸性土壌で優れるため、実際栽培園でCaが施用されることは少なく、また、Ca欠乏症状はほとんど見られません。

　一般に、土壌中のCa含量が多いと、土壌pHが高まり、Fe欠乏が見られます。このため、葉中Ca濃度から土壌pHの高低を推定できます。

◆Mg（マグネシウム）欠乏・過剰症　Mg deficiency symptom・Mg excess symptom

　Mg欠乏は、実際栽培園で多く見られ、Mg施用量の不足のほかにも、土壌pHや葉中pHが高い場合、さらには成分間のバランスが崩れても起こります。例えば、葉中K濃度が高くなると、適量な葉中Mg濃度レベルも高くなります。高い葉中Mg濃度は、土壌pHが高いことを示しています。

　Mg欠乏症状は、葉脈間が黄色から明るい赤白色になるなど多様ですが、典型

第4章　ブルーベリーの生育と栽培管理

N（窒素）欠乏

K（カリウム）欠乏

Mg（マグネシウム）欠乏

Fe（鉄）欠乏

的な症状は、葉の中央部にクリスマスツリー状に緑色が残る葉脈間クロロシス（interveinal chlorosis）です。特に新梢の下位部葉に発現します。

◆Fe（鉄）欠乏・過剰症　Fe deficiency symptom・Fe excess symptom

　ブルーベリー栽培では、Fe欠乏症状が最も多く見られ、特にラビットアイに多く発現します。一般的な症状は、主脈や側脈が緑色を呈する葉脈間クロロシスで、クロロシス（chlorosis．退緑、白化）の部分は明るい黄色からブロンズ色まで多様です。

　Fe欠乏症状は、Mg欠乏症状と類似していますが、Fe欠乏による葉脈間クロロシスは、新梢の若い葉によく発現して、葉の大きさは正常葉と変わりないのが特徴で、Mg欠乏による症状とは異なります。

　葉中Fe濃度の適量範囲には幅があります。それは、Fe欠乏症状の発現が複雑なためで、Fe欠乏は、土壌中の絶対的なFe含量の不足よりも、高い土壌pH、葉内のpHレベル、高濃度のP（リン）やCa（カルシウム）、重金属によるFe吸収の抑制などの原因でも発現するからです。このような点から、Fe欠乏の矯正は、まず土壌pHの調整が最も効果的です。

◆Mn（マンガン）欠乏・過剰症　Mn deficiency symptom・Mn excess symptom

　Mnの可溶性は土壌pHが低くなると上昇するため、酸性土壌を好むブルーベリーでは、通常、欠乏症状は見られません。

　葉中Mnの適量レベルは、Fe（鉄）と同じように幅があり、25ppm以下であれば欠乏レベル、450ppm以上であれば過剰とされています。

　Mnに対する成長反応、特に過剰症状の発現は品種によって異なるようです。ラビットアイの「ティフブルー」を用いた研究によると、pH5.1のときにMn濃度が531ppm、pH6.9のときに343ppmでも、いずれでも過剰症状が発現しませんでした。

　サザンハイブッシュの「オニール」はMn過剰に敏感なことが知られています。葉のMnが過剰な場合、成長期間中数回にわたって新梢が伸長し、また、旧枝の同一場所から多数の新梢が伸長（天狗巣とも呼ばれる症状．witch's broom）し、葉は小形で縮れ、葉縁は赤身がかった症状を呈しました。このときの葉のMn濃度は、症状が酷い場合の一次伸長枝で426ppm、症状が中位の場合の一次伸長枝が476ppmでした。

6　花芽分化、開花、受粉と結実

　結実しなければ、栽培の目的である果実生産は達成されません。その結実は、通常、花芽分化から始まり→開花→受粉→受精という形態的および質的変化を経て（発育段階．生育段階．growth and developmental stage）もたらされます。
　この節では、花芽分化、開花、受粉と結実に関係する用語や事項を解説し、それぞれの発育段階で影響を受ける環境要因について取り上げます。

花芽分化

花芽分化　flower bud（floral）differentiation

　花の原基は花芽の形成に始まります。それまで葉や側枝などの栄養器官を形成してきた茎頂分裂組織が花芽分裂組織に変わり、花の形成を始める転換現象を花芽分化（花芽形成）といいます。この転換する時期が、花芽分化開始〔flower bud（floral）initiation〕にあたります。
　花芽分化は、外的要因と内的要因によって誘導されます。

◆茎頂分裂組織　shoot apical meristem
　茎（枝）の先端にある分裂組織（成長点、生長点）が茎頂分裂組織で、細胞分裂により茎の伸長成長を起こさせます。

◆花芽分化に影響する外的要因
　温度、降雨、日照、土壌栄養などの環境条件が果樹の花芽形成（flower bud formation）に重大な影響を及ぼすことは、経験上良く知られています。例えば、花芽形成前の夏期が高温で土壌乾燥が進むと、沢山の花芽を着生します。一方、病虫害や強風によって早期に落葉すると、花芽形成は少なくなります。また、窒素（N）肥料を多く施用すると、栄養成長が過ぎて花芽形成は低下します。逆にN肥料が不足して栄養成長が弱まると、花芽形成が盛んになります。
　ブルーベリーの場合も同様ですが、加えて、花芽分化に日長と健全葉の存在が重要であることが明らかにされています。

　日長　day length, photoperiod
　ブルーベリーの花芽分化は、いずれのタイプでも、短日（short-day．日長がある限界よりも短い、逆に暗期が長い）条件下で促進されます。
　ノーザンハイブッシュをハウスで育て（温度は21℃で一定）、春枝が伸長を停

止してから8週間、5段階の日長処理をした実験によると、花芽分化は、14、16時間日長区よりも8、10、12時間日長区で早まっていました。また、ラビットアイを、秋季に6週間日長処理した実験では、8時間日長区が11〜12時間日長区よりも早期に花芽分化していました。

◆日長反応　photoperiodic response

　植物の花芽分化、開花、栄養器官の成長が、日長条件に支配される現象を日長反応といいます。日長の長さによる反応から、大きくは、短日、長日、中間植物に分けますが、ブルーベリーは短日植物（short-day plant）です。

　日長反応は、地域や生態的特性と関係しているため、栽培地や品種などによって異なります。

健全葉と花芽形成

　花芽分化と花器の発育に健全葉が必要なことは、よく知られています。アメリカ・フロリダ州で、サザンハイブッシュを用い、9月4日〜12月7日まで1カ月ごとに、新梢の上部3分の1の着生葉を摘葉処理した実験によると、摘葉した区は、摘葉しなかった区よりも、枝上の着生花房数と花房内の小花数が少なくなっていました。

◆花芽分化の内的要因

　花芽分化は、樹体内の内的要因によって誘導されます。主な内的要因は、果樹の場合、樹体の栄養条件（炭素－窒素の関係．carbon-nitrogen relation）と植物ホルモン（plant hormone）です。

炭素と窒素の比率（C－N率）carbon-nitrogen ratio

　一般に、栄養成長（vegetative growth．葉、枝や根などの栄養器官の成長）と生殖成長（reproductive growth．花芽分化期以降の生殖器官の発達）は相反関係にあり、栄養成長が旺盛に過ぎると生殖成長が抑制され、逆に栄養成長が衰えると生殖成長が盛んになります。

　樹体内の炭素と窒素含量がともに豊富で、C－N率のバランスが取れている場合には、花芽形成も良好です。通常、C－N率が大きい場合には花芽分化が促進され、低い場合には栄養成長が続きます。

　ブルーベリーの場合、N過剰によって秋遅くまで伸長した枝、日影で伸長している枝、夏季に落葉が見られた枝などは、樹体（枝）内の炭水化物が少ないため花芽分化が遅れ、着生花芽が少なくなります。

植物ホルモン　plant hormone, phytohormone

　産生器官とそれが働く器官が異なり、しかも微量で重要な生理作用を有する内生物質を植物ホルモンと呼んでいます。リンゴ、ニホンナシ、ブドウ、かんきつ類などでは、植物ホルモンと花芽形成の関係が研究されていますが、ブルーベリ

第4章 ブルーベリーの生育と栽培管理

ーを用いた研究は非常に少ないようです。

しかし、リンゴやニホンナシなどの場合でも、花芽分化（花芽形成）についての知識は錯綜しています。内生ジベレリン（gibberellin.GA）、サイトカイニン（cytokinin）、アブシジン酸（ABA.abscisic acid）、オーキシン（auxin）の変動が花芽形成に重要であることは間違いなくても、その正確な役割についてはまだ不明な点が多いようです。

◆**花芽分化（開始）期 flower bud (floral) initiation**

図4-4 ラビットアイブルーベリー'ウッダード'の花芽（房）分化開始期から胚珠形成期まで

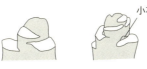
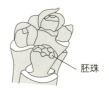
①未分化　②花芽（房）分化開始期　③花冠形成期

④雄ずい形成期　⑤胚珠形成期

①花軸が短く、花軸上に小花の花芽形成が見られないとき
②花軸の節間が伸長し、鱗片を7～9枚剥ぐと小花になる突起が出現するが、まだ小苞の形成が進んでいないとき
③小苞の内部でがく片間に花冠の先端が見られたとき
④花冠の下方に雄ずいが現れ始めたとき
⑤子房内に胚珠が形成されたとき
（出典）玉田孝人（2014）

葉芽から花芽に転換する時期が花芽分化（開始）期で、通常、芽の形態を顕微鏡で観察して、花芽の初徴を認めた時期を指します。その初徴は、ブルーベリーの場合、花芽が花房であるため、芽の内部にある栄養分裂組織が肥厚し、その基部に最初の小花の先端が出現した時です。このような芽の内部構造を直接調べる方法は、果樹では一般的で、直接観察法または形態的観察法と呼ばれています。

ブルーベリーの花芽（花房）分化期は、タイプと品種によって、また同一品種でも地域によって異なります。関東南部における形態的観察では、花芽分化期間（春枝の先端の芽）は、ノーザンハイブッシュの晩生種が7月下旬～9月中旬、ラビットアイの極晩生種が8月中旬～9月中旬でした。分化後、花器の発育（花芽の発達）は急速に進み、年内には胚珠が発生しています（図4-4）。

花芽分化期は枝の種類によっても異なり、一般に、春枝では早く、夏枝や秋枝

で晩くなります。また、同一枝上でも早晩があり、頂芽は早く、先端から下位にある節では頂芽よりも数週間遅れます。

開花　flowering, flower opening, bloom, blooming, anthesis

　花芽が完成していく過程を花芽の発達〔flower bud（floral）development〕といい、最終的に花が開くことを開花といいます。花芽は、自発休眠の覚醒に必要な低温要求量が満たされた後、適当な温度が得られると開花します。
　ブルーベリーは、開花して初めて受粉が可能になります。

◆**開花期　flowering time（period, season）**
　花が開く時期を開花期といいます。多くの果樹では、開花期は、開花始め（咲き始めた最初の日）、開花揃い（全株の40〜50％が開花に達した日）、満開（目測で7分開いた日）などに区分されます。
　ブルーベリー栽培では、開花始めとは1樹で5花房が開花した状態を指し、そのほかは1樹の開花状況から、20％開花期（約20％が開花した状態）、50％開花期（約50％が開花した状態）、80％開花期（約80％が開花した状態）という呼び方が一般的です。

開花の早晩と開花期間
　ブルーベリーの場合、開花の早晩と開花期間は品種によって異なり、また気象条件（特に気温）に大きく左右されます。
　南北に長い日本列島では、開花は南の地域から始まり、次第に北へと移ります。例えば、ノーザンハイブッシュ「ウェイマウス」（極早生品種）の開花は、東京では、例年、4月上旬から始まりますが、北海道札幌市では5月中旬ころです。
　開花期の平均気温を半旬別にみると、東京では4月1〜5日が12.0℃、6〜10日13.0℃、11〜15日13.9℃、16〜20日14.8℃ですが、札幌市では5月中旬（16〜20日）になって、ようやく12.7℃です。

花房の開花順序
　ブルーベリーでは、1品種の開花期間が長く、通常、3〜4週間に及びます。これは、花芽分化の時期が枝の種類により、また同一枝上でも着生位置によって異なるからです。花芽分化の時期の早晩は、通常、開花時期と密接に関係しています。
　花房の開花順序（flowering order）は、一般に、同一枝上では、枝の先端の花房が早く開花し、枝の基部に向かって遅れます。また、同一花房内では、花房基部の小花が早く、先端のものが晩く開花する傾向が見られます。

受粉と結実

受粉　pollination

　花粉が雌蕊の柱頭に付着する現象を受粉といいます
　受粉は、果樹の場合、花粉の品種の別から自家受粉と他家受粉に、方法が人手によるかどうかで自然受粉（放任受粉）と人工受粉に分けられます。
　ブルーベリー栽培では、安定した果実生産のためには、およそ80％の高い結実率が必要とされています。そのため、同一園に異なる数品種を植え付け（混植）、開花期間中、訪花昆虫を放飼して他家受粉を促す結実管理が一般的です。
　結実性は、大きくはタイプによって異なります。ノーザンハイブッシュとサザンハイブッシュの多くの品種は、自家受粉でも比較的高い結実性を示しますが、より高い安定した結実を確保するために他家受粉が勧められています。
　小花の受粉可能期間は、品種にもよりますが、ノーザンハイブッシュでは開花後5～8日、ラビットアイでは開花後約6日です。

◆自家受粉　self-pollination

　果樹では、同一品種の花粉がその柱頭に着く受粉を、自家受粉といいます。ブルーベリーの小花は、釣鐘状で花冠の先端が狭くなり、花柱は長く、柱頭が花冠の外部に突出しています。また、葯は、花冠内部に隠れ、花粉は粘着性があって塊状です。
　このような花の構造と花粉の性質から、同一花による受粉（同花受粉．strict self‐pollination）は困難なため、通常、訪花昆虫による花粉の媒介が必要です。

◆他家受粉　cross pollination

　果樹では、異なる品種間の受粉を他家受粉といいます。ブルーベリーでは、自家受粉の場合と比べて、他家受粉によって結実率は高まり、果実が大きく、種子数が多く、成熟期が早まります。
　ラビットアイの品種は、多くは自家不和合性が強いため、結実率を高める上で他家受粉が必要です。通常、同一園に数品種を混植し、開花期間中、訪花昆虫を放飼します。

◆訪花昆虫　flower visiting insect

　開花期間中に花を訪ね、受粉をしてくれる昆虫を訪花昆虫といいます。ブルーベリーの場合、主な訪花昆虫はミツバチとマルハナバチです。
　ミツバチ（honey bee）は、飼育されているため多数の個体を容易に得やすく、また、同一種類の花の間を続けて飛び回ることから、巣箱（hive）の設置による

放飼が一般的です。しかし、ミツバチの活動は気象条件に左右されやすく、低温、降雨、強風などの時は活動しません。

一方、マルハナバチ（bumble bee）は、低温条件下でも活動が旺盛です。口吻が長いために吸蜜が容易であり、花を高速で振動させることができ、受粉効果の高いのが長所です。しかし、生息密度が一定していないことが難点です。

訪花昆虫の密度は、1日の最も暖かい時間帯で、1樹に4～8匹の飛来が望ましいとされています。

◆人工受粉　hand pollination, artificial pollination

受粉樹を混植して結実の確保を図っていても、開花期の天候不順で訪花昆虫の活動が不活発なときや、霜害などによって結実不良の恐れがある場合に、あらかじめ用意しておいた花粉を人手で受粉する方法が人工受粉です。

人工受粉は、ニホンナシやリンゴ栽培では一般的な結実管理法ですが、ブルーベリーの経済栽培ではほとんど行われていません。

◆自然受粉・放任受粉　natural pollination・open pollination

人手によらない昆虫などによる受粉を、自然受粉あるいは放任受粉といいます。主要な訪花昆虫は、野生のミツバチ、マルハナバチです。

ブルーベリーの場合、小規模な栽培園や家庭栽培では、主として自然の訪花昆虫による受粉が一般的です。

◆実際栽培園に勧められる受粉方法

普通栽培園では、同一園に数品種を植え付け（混植）、開花期間中はミツバチを放飼するのが一般的です。この場合、開花期間が同時期の異なる品種を、樹列を換えて植え付けることが重要です。

多くの果樹では、適当な花粉供給者として混植する異品種のことを受粉樹（pollinizer）と呼んでいますが、ブルーベリー栽培では混植した品種は、相互に受粉樹としての役割を果たしているため、そのような呼び方はありません。

ミツバチの巣箱の設置

ミツバチの巣箱は、10～20aごとに、約1万匹のものを1群、園内でも日当たりの良い所に、出入り口を東に向けて設置します。放飼期間（巣箱の設置期間）は、5％開花時から95％（多くの花は花弁が落下している状態）の間が適切で、25％以上が開花した後の設置では遅過ぎます。

開花期間中は、ミツバチの安全を守り、頻繁に訪花させるために、殺虫剤は絶対に散布してはいけません。また、タンポポはミツバチの大好物ですので、園内や近くにある場合は刈り取ります。

受精・結実（果）fertilization・setting, fruit set, fruiting, bearing

受粉した花粉が発芽し、その核が胚囊内の卵核と結合することを受精といいます。被子植物では、珠孔に入り込んだ花粉管の先端が破れて、その1個の雄核（雄性核）は卵細胞に入って卵核と合し、他の雄核は極核（胚乳核）と合体します。前者は発育して胚となり、後者は分裂して胚乳組織を作ります。このように受精が胚囊内の2か所で行われるので、これを重複受精（double fertilization）といいます。

受精は、同一品種の花粉の受粉による自家受精（self-fertilization）と、別品種の花粉による他家受精（cross fertilization）に分けられます。

受粉・受精して胚珠が発育し、果実内に種子が形成された状態を結実（果）と呼んでいます。なお、開花から間もない時期における結実は、実止まりといいます。

◆花粉の発芽　germination of pollen

柱頭に付着した花粉の発芽と花粉管の伸長は、温度に大きく左右されます。人工培地（寒天濃度2.0％、ショ糖10％、pHレベル4.5、発芽時間4時間）での発芽試験によると、ノーザンハイブッシュの「ジャージー」、ラビットアイの「ティフブルー」の花粉は、5℃では発芽が見られず、10℃では「ジャージー」55％、「ティフブルー」が約18％の発芽率でした。

最も高い発芽率は、「ジャージー」では20〜30℃、「ティフブルー」では20〜35℃の範囲で、40℃では両品種とも発芽しませんでした。

◆和合性と結実性

受精が行われる場合、自家受精を行うものは自家和合性（self-compatibility）、自家受精しないものを自家不和合性（self-incompatibility）といいます。ブルーベリーの場合、ラビットアイの品種は、多くは自家不和合性の強い品種です。

また、他家受精するものを他家和合性（cross compatibility）、他家受精しないものを他家不和合性（cross incompatibility）といいます。

さらに、自家和合性による不結実を自家不結実性（self-unfruitfulness）、他家不和合性による不結実を他家不結実性（cross unfruitfulness）といいます。

不和合性　incompatibility

花粉と胚囊が完全に機能を有するにもかかわらず、その間で受精が行われないことを不和合性といいます。

前述の自家不和合性と他家和合性は、受粉を行っても花粉の不発芽、花粉管の花柱への侵入不可、花粉管の成長速度の低下、停止などが起こり、受精に至らな

い現象です。
◆受精に要する時間
　花粉管が胚珠に達するまでに要する時間は、温度条件によって1〜4日の幅があるようです。サザンハイブッシュを用いた実験によると、柱頭に着いた花粉が発芽し、花粉管が伸長して花柱を通って胚珠に達するまでに、2〜3日を要しています。
◆受精可能期間
　雌蕊には、開花して以降、受精が可能な期間に限度があり、通常、開花後6〜8日間とされています。ノーザンハイブッシュの「ブルーレイ」を用いた観察によると、開花8日後でも受精が可能であり、ラビットアイでは開花後6日まででした。
◆受精の兆候
　ブルーベリーでは、受精すると小花の形態（外観）に変化が現れます。
　受精した場合、それまで下向きだった花柄と小花は反転して上向きになり、花の器官は閉じ、花冠はやがて褐色になり、落下します。雄蕊（雄ずい）と花柱は同時期に閉じます。
　しかし、受精しなかった場合には、花冠はワインカラーに変色して10日以上も残り、その後落下します。
◆胚珠の発育
　ハイブッシュとラビットアイで調べた研究によると、受粉後、花粉管が伸長して花柱を通って胚珠（ovule）に達するまでに、4日間を要しています。しかし、多くの場合、胚珠（種子）の80％は不受精による発育不良で、小花の開花後3〜4週間の間に起きています。
　胚珠の発育は、開花期間中の低温、晩霜、降水、強風などの障害によって制限されます。それでも、最終的な結実率は55〜100％の間であるとされています。
◆メタキセニア　metaxenia
　サザンハイブッシュは、異なるタイプ間の受粉でも良く結実します。
　サザンハイブッシュとラビットアイの数品種を相互に自家受粉または他家受粉した実験によると、結実率はほとんど同じでしたが、他家受粉の場合、花粉親（品種）によって果実の大きさ、果実の成長期間に違いが見られました。この結果は、他家受粉の花粉親の形質が果実の形質に現れるメタキセニア（metaxenia）であると推察されています。
◆結実、結果　setting, fruit set, fruiting, bearing
　果実を形成することを結実または結果といいます。一般に、受粉が行われることで子房もしくは花たくが肥大して果実が形成されることが結果であり、受粉・

受精して胚珠が発育し、果実内に種子が形成された状態を結実と呼んでいます。しかし、これはある時期までは同時並行的に進行するものであり、区別できないことが多いとされています。

　ブルーベリーの結実性（通常、受粉した花数に対して果実が形成される割合）は、大きくはタイプによって異なります。ラビットアイでは、自家結実（自家受精による結実）による結実率が、他家結実（他家受粉による結実）よりも劣るため、適正な他家受粉が確保できるように、同一園に異品種を植え付け、開花期間中は訪花昆虫の放飼が勧められています。

　ノーザンハイブッシュとサザンハイブッシュは、比較的自家結実性がありますが、他家受粉（受精）によってさらに結実率が高まり、果実は大きくなり、成樹期の早まることが認められています。

◆**単為結果（実）parthenocarpy**

　受精の過程を経なくても（種子ができないにも関わらず）、果実が成長肥大する現象を単為結果（parthenoはギリシャ語で処女の意、carpyは結実の意）と呼びます。この現象には、厳密には自動的単為結果（autonomic parthenocarpy. 受粉なしでも果実形成）と他動的単為結果（stimulative parthenocarpy. 受精しなくても刺激によって果実形成）の二つがあります。

　単為結果は、植物成長調整物質を用いることで人為的に誘起でき、ブドウの無核果形成にはジベレリン（gibberellin）の利用が実用化されています。

　ブルーベリーでもジベレリン処理によって単為結果が誘発されることは、いくつかの実験で明らかになっていますが、栽培的には実用化されていません。

7 果実の成長と成熟

ブルーベリー果実は、タイプや品種の違いにかかわらず、結実から成熟までの期間に、二重S字型曲線を描いて成長します。このため、果実の成長周期の第3期は、着色段階（期）とほぼ一致しており、この段階の期間中に、果実品質が決定される果皮色、糖度、酸度、肉質などと関係する化学成分や物理性が大きく変化しつつ完熟します。

このような果実の形態的、生理的変化に伴う成長と成熟の進行は、気象条件や栽培環境に大きく左右されます。

果実の成長

果実の成長に関係する基礎的な用語

◆成長曲線　growth curve
結実してから成熟までの期間、果実は一定の周期の曲線を描いて成長します。これを成長曲線といいます。果実の成長は、基本的に、細胞分裂による細胞数の増加と、細胞容積の増大および細胞間隙の容積の増大によるものです。

成長曲線には、大きくはS字型成長曲線と二重S字型成長曲線の二つがあり、どちらの成長曲線で成長するかは果樹の種類によって異なります。

◆S字型成長曲線　sigmoid (al) growth curve
果実の成長初期と末期（成熟期）の成長（肥大）が緩慢で、成長中期になると著しく成長する型を示すのがS字型成長曲線です。この型の果樹には、リンゴ、ナシ、カンキツ、ビワなどが含まれます。

◆二重S字型成長曲線　double sigmoidal growth curve
果実の成長期間の中期に肥大の一時停止期があり、成長期が第1期、第2期、第3期の三つに分けられる型を示すのが二重S字型成長曲線です。この型の果樹は、ブルーベリーのほかに、モモ、ウメ、アンズ、オウトウなどです。

ブルーベリー果実の成長周期

ブルーベリー果実の成長周期は、果実重、横径、縦径ともに三つの段階に分けられます（図4-5）。成長周期第1期は、果実が急激な成長を示す段階（幼果期）であり、成長周期第2期は成長（肥大）の停滞期です。その後、再び成長が盛ん

になる成長周期第3期（最大成長期、最大肥大期）となり、果実の大きさは最大に達し、果皮は赤色に着色を始め、全体が明青色（青紫色）になって成熟します。

果実が急激に成長する第1期は細胞分裂の時期であり、第2期の肥大停滞期には果実内の種子（胚と胚珠）が急速に発育します。第3期の果実が再び急激に成長する最大肥大期は、個々の細胞の肥大期です。

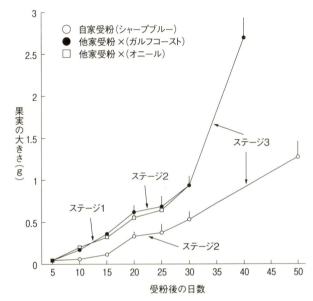

図4−5　サザンハイブッシュルーベリー'シャープブルー'の自家受粉果実と他家受粉果実の成長周期

（出典）Huang, D.H. et al.（1997）

各成長期の長さ

果実の全成長期間と各成長段階の長さは、ブルーベリーのタイプ、品種、気象条件や栽培環境などによって異なります。タイプ別に見ると、全成長期間は、ノーザンハイブッシュが約42〜90日、サザンハイブッシュが55〜60日ですが、成熟期が遅いラビットアイが60〜135日と長期に及びます。

第2期の長さと成熟期の早晩

成長周期第2期の長さは、成熟期の早晩（肥大速度）と密接に関係しています。

タイプ間で比較すると、成熟期が早いノーザンハイブッシュとサザンハイブッシュの第2期は、成熟期が遅いラビットアイよりも短期です。

品種間でみると、第2期の期間は、全体として早生品種は晩生品種よりも短くなります。

また、同一品種内でも熟期の早晩によって異なり、特にラビットアイでは顕著で、早期に成熟した果実は、晩期に成熟したものよりも第2期が短く、さらに果実は大きく、充実種子の多いことが明らかにされています。

受粉の種類によっても果実の成長速度に違いがあります（図4−5参照）。サザ

ンハイブッシュ「シャープブルー」を用いた実験によると、他家受粉果実（花粉品種「ガルフコースト」）は、自家受粉果実と比べて成長速度が速く、特に第2期の期間が短く、成長曲線が立った状態でした。受粉10日後には、他家受粉果実は自家受粉果実の2倍の大きさとなり、それ以降も、果実重の差が広がっています。

◆ 果実の成長と植物成長調節物質

ノーザンハイブッシュの「コビル」を用いた実験によると、植物成長調節物質・ジベレリン（GA_3）処理で単為結果した果実（無種子）は、受粉果実（有種子果）と同様に、二重S字型曲線を示して成長し、成長第1期では受粉果実よりも肥大していました。しかし、第2期に入ると成長は停滞し、第3期でも果実が小さく、成熟期も遅れています。

成長期間中の果実中のオーキシン（auxin, IAA）濃度を測定したところ、GA_3処理果実では成長周期第2期の初めに当たる2週間後にピークに達し、その後低下したものの、最大肥大期となる第3期の始めに再び上昇していました。

果実中のGA濃度は、受粉果実（有種子果実）では開花時に最も高かったのに対し、GA_3処理果実（無種子果実）では処理1〜2週間後にピークに達していました。

◆ 果実の成長に影響する気象要因

果実の成長が、成長期の気温や光によって左右されることは、良く知られています。

果実の成長に影響する温度

一般的に、日中温度が10℃から25〜30℃までの範囲内では、果実の成長は、低い温度よりも高い温度条件の下で早まります。

成長期間中の夜間温度（夜温. night temperature）は、結実と果実の成長に大きく影響します。ラビットアイ「ベッキーブルー」を用いた実験によると、夜温が21℃（日中温度が26℃）では、夜温が10℃（日中温度が26℃と29℃）の場合よりも結実率が低下し、果実重は小さくなる傾向がみられました。しかし、果実の成長期間は、高い夜温の場合に短くなっていました。

果実の成長に影響する光

果実の成長が日光の照射量によって影響されることは、良く知られています。例えば、ラビットアイでは、通常、樹冠上部で日光を良く受けている果実は、樹の他の場所や日蔭の果実よりも早期に成熟します。

◆ 種子（胚珠）の発育

ブルーベリーでは、胚と胚珠の多くが受粉後短期間のうちに発育停止を起こします。サザンハイブッシュを用いた実験によると、胚珠数は、開花日〜受粉5日後には110個前後でしたが、受粉10日後になると、他家受粉区では24〜29％、自

家受粉区では約40%も減少しています（図4-6）。それ以降、成熟までの間における胚珠数の減少はわずかでした。

　胚珠は、自家受粉、他家受粉区ともに、受粉後5～25日の間に著しく肥大します。それ以降、他家受粉果実の胚珠は、自家受粉のものよりも早く肥大し、受粉後10日目には自家受粉果実の2倍以上になります。これは、胚珠の成長は、他家受精後ただちに始まることを示しています。

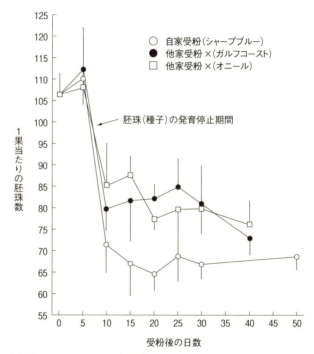

図4-6　サザンハイブッシュブルーベリー'シャープブルー'の自家受粉果実と他家受粉果実の成長期間中における胚珠数の推移

（出典）Hung, D.H. et al.（1997）

生理的落果　physiological fruit drop

　開花から成熟までの期間に、樹体の生理的な要因によって落果する場合、これを生理的落果といいます。風などの物理的な衝撃や病害虫の被害に因る落果は、生理的落果には含まれません。

　ブルーベリーの生理的落果は、通常、1～2回認められます。1回目の生理的落果は、ほとんどの品種にみられ、開花3～4週間後における落果です。その主な原因は、不受精による胚珠の死亡によるものです。

　2回目の生理的落果は、特にラビットアイの品種に多く見られる成長周期の第1期から第2期への移行期における落果です。この時期は、新梢伸長が旺盛であることから、果実間、果実と新梢との間に養分競合が生じ、胚珠の発育が不良になったと考えられています。

肥大中の果実(ティフブルー)

成熟果(ウッタード)

成熟　ripening, maturation

　ブルーベリー果実では、成長周期第3期になると、肥大成長が最大になることと合わせて、果皮の着色、糖含量の増加、酸含量の減少、風味、肉質の変化などが顕著に進みます。これらの現象を成熟といいます。

果実の着色段階（期）

　ブルーベリーでは、果実の成長周期第3期は、着色段階とほぼ一致しています。すなわち、この期間中の果実内の生理的作用により、成熟果の果皮色、糖度、酸度、肉質などが決定されます。
　着色段階は、通常、六つに区分されています。
未熟な緑色期　Immature green stage, Ig
　果実は硬く、果皮全体が濃緑色の段階。この段階は、まだ果実の成長周期第2期です。
成熟過程の緑色期　Mature green stage, Mg
　この段階から、果実の成長周期第3期に入ります。果実はわずかに軟らかくなり、果皮全体が明緑色の段階で、果実中の糖が多くなり始めます。
グリーンピンク期　Green-pink stage, Gp
　果皮は全体的に明緑色で、がく（萼）の先端がいくぶんピンク色になった段階です。
ブルーピンク期　Blue-pink stage, Bp
　果皮は全体的にブルーであるが、果柄痕の周りがまだピンク色の段階。
ブルー期　Blue stage, B
　果皮全体はほとんどブルーであるが、果柄痕の周囲にわずかにピンク色が残る

表4-5 ノーザンハイブッシュ「ウォルコット」果実の成熟ステージと果実成分

成熟ステージ	pH	全酸(クエン酸として)(%)	可溶性固形物(%)	可溶性固形物/クエン酸比	全糖(%)	全糖/クエン酸比	アントシアニン(mg/100)	果実重(g)	1果中の酸含量(g)	1果中の糖含量(g)
1	2.60	4.10	6.83	1.67	1.15	0.28	—	0.31	12.9	4.0
2	2.68	3.88	7.20	1.86	1.70	0.46	—	0.52	20.2	9.4
3	2.74	3.19	8.96	2.83	4.03	1.28	—	0.64	20.2	25.6
4	2.81	2.36	9.88	4.22	5.27	2.28	85	0.74	17.5	38.9
5	2.96	1.95	10.49	5.48	6.20	3.26	173	0.80	15.7	49.7
6	3.04	1.50	10.79	7.30	6.87	4.69	332	0.91	13.7	62.3
7	3.33	0.76	11.72	15.42	8.57	11.18	593	1.18	9.0	101.3
8	3.80	0.50	12.42	24.84	9.87	19.95	1033	1.72	8.6	169.3
lsd(0.05)*	0.14	0.23	0.30	0.38	0.36	0.25	20	0.06	1.5	3.7

(出典) Ballinger, W. E. and L. J. Kushman (1970)
* 熟ステージ1から6までについて行った
付記. 成熟ステージの概要
　1. 果実は小さく果皮が深緑色　　5. 果皮がほとんど赤色化
　2. 果皮が明るい緑色　　　　　　6. 果皮全体が青ー赤色
　3. がく(萼)の周りがわずかに赤色　7. 果皮が全体に青色
　4. 果皮の半分くらいが赤色化　　8. 完全に青色

段階。
　　成熟段階　Ripe stage, R
　　果皮全体がブルー(品種本来の果色)に着色した段階。

果実の成熟に伴う成分変化

　果実の成長周期第3期は、着色から完熟までの期間です。この期間中の果実内の化学成分の変化が、ノーザンハイブッシュの「ウォルコット」で明らかにされています(表4-5)。
◆**成熟期　ripening time, ripening stage, maturation period**
　果実の発育段階の一つで、果実の状態が収穫して食べられる状態になった段階の時期を、成熟期といいます。収穫適期に達した果実は、一般に、組織の軟化、クロロフィルの消失、着色、甘味化、酸味の減少、細胞容積の増大、呼吸の増大などを伴っています。
　ブルーベリーは樹上でのみ完熟しますから、成熟期は、果実が大きく、着色が優れ、風味が整い、おいしい果実の収穫適期です。
◆**アントシアニン(anthocyanin)の変化**

ブルーベリーの果皮色は、暗青色（dark blue）、明青色（light blue）、あるいは紫青色や紫黒色などと表現されますが、全てアントシアニン色素によるものです。

　通常、幼果では果皮にクロロフィルを含むため緑色をしていますが、着色段階に入るとクロロフィルが分解消失する一方で、アントシアニン色素が急激に増加します。さらに着色段階が進んで、果皮全体が青～赤色の段階（表4-5のステージ6）では、アントシアニン含量は増加し、完全な青色になった果実（ステージ8）では1033mgにもなっています。

◆糖（sugar）の変化

　一般に、ブルーベリー果実に含まれる主な糖は、果糖（フルクトース．fructose）、ブドウ糖（グルコース．glucose）、蔗糖（スクロース．sucrose）ですが、果糖とブドウ糖が全糖（total sugar）の90％以上を占めています。

　着色段階別にみると、全糖、可溶性固形物含量（soluble solids content, SSC．通常、屈折糖度計の読みで示す）は、がく（萼）の周りがわずかに赤色になった段階（表4-5のステージ3）と、果皮が全体に青色の段階（ステージで急激に増加し、完全に着色した段階（ステージ8）で最高値に達しています。

◆有機酸（organic acid）の変化

　ブルーベリー果実の有機酸は、タイプによって異なりますが、主としてクエン酸（citric acid）、コハク酸（succinic acid）、リンゴ酸（malic acid）、キナ酸（quinic acid）です。

　表4-5の研究では、クエン酸含量のみ測定されていますが、クエン酸は、全糖と可溶性固形物含量が増加した同じ段階（ステージ3と7）で大きく低下し、完全に着色した状態（ステージ8）では最低となっています。

◆食味・風味　eating（edible）quality, taste・flavor

　生果の食味（風味）は、糖酸比〔(total) sugar-acid ratio,（soluble）solid-acid ratio〕によって決定され、その比率は果実が成熟した時に有意的に高まります。ブルーベリーでは、可溶性固形物含量（糖度）とクエン酸の比率で表す糖酸比は、着色段階の進行に合わせて高くなります。

ブルーベリー果実の成熟に伴う物理的変化

◆肉質（texture）の変化

　果実の肉質（果肉の硬さ）は、着色段階の進行とともに軟らかくなります。これは、成熟ホルモンといわれるエチレンによって細胞壁加水分解酵素の合成が促進され、細胞壁のペクチンが可溶化し、果肉が軟化するとことによるとされています。

第4章　ブルーベリーの生育と栽培管理

◆石細胞　stone cell

　ブルーベリー果実組織中には、石細胞があります（第1章　ブルーベリー樹の分類、形態、特性　3　ブルーベリーの形態、39ページ参照）。ノーザンハイブッシュの「コリンス」では、石細胞は果皮から460～920μmの範囲に分布し、子室の周囲から中果皮にかけての組織層で多いことが知られています。

　石細胞の発達は、果皮が未熟な緑色期（Ig期）から、がく（萼）の先端が幾分ピンク色になったグリーンピンク期（Gp期）までの、着色段階の早い時期に急速に進みます。石細胞の大きさは、Ig期の約1.5μmからGp期の11μmくらいまで肥大し、それ以降の着色段階では、肥大は比較的緩やかなようです。

◆果実の分離

　ブルーベリーでは、果実と果柄との離れ方（分離）が果実の成長段階によって異なります。着色段階の緑色期（Mg期）の半ばまでは、果実と果柄が付着した状態で分離します。しかし、それ以降の着色段階と成熟果では、果実を軽くひねる程度の小さい力でも、果柄は果梗に付着したまま、果実だけ摘み取ることができます。

ブルーベリー成熟果の特徴

　ブルーベリーでは、成熟段階の進行とともに果実が大きくなり、アントシアニン含量が著しく増加し、糖度が高まります。逆に、酸含量は低下し、糖酸比が高くなって、風味のあるおいしい果実になります。このため、消費者の嗜好・志向に合致した「大きくて、風味があっておいしく、その上健康に良いアントシアニン色素含量が多いブルーベリーは、いずれのタイプと品種でも、成熟果だけが該当します。

8 収穫、貯蔵、出荷

　ブルーベリー果実は、成長周期第3期に入るとさらに肥大し、着色が進み、糖度が高くなり、酸度は低下し、果肉は軟らかくなって成熟し、収穫期を迎えます（「第4章、7　果実の成長と成熟」の節参照）。これは、果実の品質が、収穫適期の判断と収穫方法の良否によって左右されることを示しています。
　ブルーベリーは、ソフト果実といわれるように日持ち性が劣ります。また、成熟期は果実が傷みやすい高温多湿の夏期です。このため、果実の品質を保持して消費者に届けるためには、収穫から選果、貯蔵、出荷までの各段階で、各種の作業を注意深く行う必要があります。
　この節では、まず収穫期の判断と収穫上の注意点、収穫果の取扱いについて、次に貯蔵法、出荷基準と包装について述べます。

収穫　harvest, harvesting, picking

◆収穫期　harvesting season, picking season
　ブルーベリー果実は樹（枝）上で加食状態になり、成熟します。成熟した果実を取り入れることを収穫といいます。
　収穫期（成熟期）は、地域、タイプ、品種によって異なり、また期間に幅があります。例えば関東南部の場合、品種全体の収穫期は、極早生品種の6月上旬から始まり、中生品種、晩生品種と続き、極晩生品種の9月上旬までの、3か月間にも及びます。また、南北に長い日本列島では、収穫期は、同一品種でも西南暖地で早く、東北地方や北海道では遅くなります。
　1品種（樹）の収穫期は、通常3〜4週間です。これは、同一品種でも樹や枝によって、また同一果房内でも、果実の成長と成熟に早晩があるためです。

◆収穫適期の判断
　ブルーベリー果実の品質は、収穫適期の判断に最も大きく左右されます。
　収穫適期（optimum harvesting time, harvesting stage, picking stage）は、通常、果皮の着色の程度から判断されています。大粒で、風味があっておいしい果実は、アントシアニン色素が果皮全体を覆ってから5〜7日後に収穫した完熟果（fully ripend berry）です。勧められるのは、5〜7日間隔で収穫することですから、1樹（品種）の収穫回数は4〜6回になります。

◆収穫方法　harvesting method

収穫方法には、手収穫（手摘み）と機械収穫の二つがあります。

手収穫（手摘み）hand picking, picking
手収穫は、アントシアニン色素が果皮全体にまわっている完熟果を、目と指先の感覚で選別し、手で摘み取る方法です。日本では、生果販売用も加工用も全て手収穫です。

収穫量には、個人差と熟練の差がありますが、成人1人、1日当たり25～35kgが平均とされています。このため、収穫最盛期には、成木園10a（全収穫量は400～600kg）当たり2～3人の労力が必要となります。

機械収穫　mechanical (mechanized) harvesting
機械収穫は、ブルーベリー果実用に開発された専用の機械で収穫するもので、樹高1.5～2.0mもある樹をまたいで走行するオーバーロー収穫機と、結果枝を手持ちの電動式バイブレーターで振動させ、受け取り用のシート上に成熟果を落果させて収穫するバイブレーター方式の二つがあります。

オーバーロー収穫機の使用は、アメリカなど海外のノーザンハイブッシュやラビットアイの大規模栽培園では一般的です。収穫能力は、成人労働者の約200倍とされています。

◆手収穫上の注意点
手収穫の場合、収穫果の品質保持の面から注意すべき事項があります。

- 早取りしない

収穫始めは、1樹全体で15～20％の果実が完熟した状態になった時とします。そうすることで、成熟度が揃った果実を相当量収穫できます。

- 収穫間隔を守る

1樹からの収穫は、5～7日ごととします。果皮に赤みが残っている状態は未熟果（immature berry, unripe berry）であり、また、果皮全体がブルーに着色してから品種本来の良好な風味に達するまでに数日間を要するからです。これは、ブルーベリーは樹上で完熟する果実であり、収穫後にデンプンが糖化して糖度（可溶性固形物含量）が高まることがないためです。

収穫間隔を守ることで、完熟果（果柄痕が乾燥した状態になっている）を収穫できるため、果柄痕からの水分蒸発による萎れや、病菌の寄生による腐敗を防ぐことができます。

- 朝霧が消散してから摘み取る

果実が朝露に濡れていると、各種のカビ病の発生率が高まり、品質が劣化しやすいからです。

- 底の浅い容器に収穫する

果実の押し傷を少なくするため、収穫容器は深さ10cmくらいの底の浅いもの

とします。

- **軽くねじって摘み取る**

果実は、軽くつまみ、ねじって摘み取ります。果房から引きちぎるようにして、また引っ張って摘み取ると、果柄痕が傷み、果皮が剥けるなど、商品価値がなくなります。

- **果粉を取り除かない**

果粉は、美しい明青色あるいは紫青色に輝く果皮色と関係しています。消費者は、果実表面が擦れて果粉が落ち、また指紋が付いている果実を見た場合、品質が劣ってると判断して購入を控えるといわれます。

果皮の果粉を守るためには、収穫時はもちろん収穫果の運搬、選別の段階でも、薄手の柔らかい手袋を使用して作業することが勧められます。

- **収穫果は涼しい場所に置く**

一定量になった収穫果は、果実温を下げるために、容器ごと速やかに日影や涼しい場所に置きます。

- **取り残しをしない**

成熟果を取り残すと、次の収穫日には過熟果(overripening berry)となります。過熟果は潰れやすいため、健全果と混在すると果汁が染み出て周りの果実を汚し、また、病害虫の寄主となる恐れがあります。収穫作業中、過熟果は見つけ次第除去し、樹列間に3～5cmの深さの穴を掘り、埋めます。

- **傷害果の除去**

収穫前に園内を良く見回り、病虫害果、裂果は、見つけ次第除去します。

◆**収量　yield**

1樹当たりの収量は、1樹当たりの花房数、花房の開花小花数、花数に対する成熟果の割合、成熟果の平均重、1樹の最終的な収穫果数、の五つの要素によって構成されます（収量構成要素．yield component, yield determining factor）。しかし、一般的には、タイプと樹形からおおよその収量を判断しています。

普通栽培の場合、成木1樹の果実収量は、樹形が大きいラビットアイが4～8kg、次いでノーザンハイブッシュが3～5kg、サザンハイブッシュは2～4kg、樹形が最も小型のハーフハイハイブッシュは0.5～2.0kgが標準とされています。

収穫果の取り扱い

収穫した果実の品質保持（劣化防止）管理には、特に注意を要します。

◆**果実温の低下**

収穫果の傷みや軟果など品質の劣化は高温条件下で進行し、低温条件下で抑制されます。そこで、「手収穫上の注意点」で述べたように、まず、朝霧が消散し

てから気温の低い午前中に、メッシュの入った底の浅い容器に摘み取り、直射日光に当てないよう物陰に置きます。その後、量がまとまったら、あらかじめ整えていた低温場所に運びます。

◆予冷　precooling

収穫した果実を、収穫後できるだけ早く適度な品温まで冷却することで、果実自体の呼吸量、品質変化を抑えて鮮度を保つ処理を予冷といいます。

22〜29℃の園地から手収穫したノーザンハイブッシュ「ブルータ」と「ブルークロップ」で調べた研究によると、2℃で1〜2日間予冷後、10℃で3日間貯蔵した果実は、予冷しないで1〜2日置いた後に10℃で貯蔵したものよりも、腐敗が少なくなり、日持ちが長くなっていました。

◆選果　fruit grading, fruit sorting

収穫後、低温な場所に運ばれた果実は、商品としての品質を揃えるために選果（選別）します。作業は、施設全体が低温に保持されている選果場で行うのが望ましく、海外の大規模栽培園では常設されています。

日本では、専用の選果場を備えている園の事例は少なく、多くは他の作物と共用の作業場で行われています。一般に、大きいテーブルや容器に広げて果実温を下げ、収穫時に混合した葉、果軸、未熟果や過熟果、傷害果などを除去し、最後に、指定の出荷容器に詰められています。

貯蔵　storage

収穫後、予冷、選別、包装された果実は、品質保持のために、ある温度条件下で貯蔵されます。

ブルーベリーでは、低温貯蔵と冷凍貯蔵の二つが重要です。

◆低温貯蔵 low temperature storage, cold storage

冷凍機を用いて、常温より低い一定の温度で貯蔵する方法を低温貯蔵（冷蔵貯蔵．refrigeration storage）といいます。

貯蔵条件のうち、温度は、果実の呼吸速度に大きく影響し、日持ち性、輸送性、貯蔵性を左右します。このため、包装した果実を、できるだけ速やかに目的とする温度まで低下させることが重要です。

現在、ブルーベリー栽培で広く普及している低温貯蔵は、差圧通風冷却（static-pressure air-cooling）です。この方法によると、冷蔵庫内の積み出し棚の一方から他方へ圧力をかけて空気を循環させるため、短時間で果実温を下げることができます。

低温貯蔵の温度

貯蔵温度は、凍結しなければ低温であるほど日持ちします。貯蔵温度を数段階変えた試験によると、貯蔵温度を約1℃まで下げると、腐敗が少なくなり、10℃の場合の3～4倍も日持ちしましたが、貯蔵温度22℃では2～4日で腐敗し始めています。
　サザンハイブッシュの「ガルフコースト」を用いた試験によると、2℃で、3日、5日、7日、11日、15日間貯蔵後における鮮度（果実重の減少）、腐敗果の割合、糖度、pH、クエン酸含量には、7日目までは温度処理間に有意な差はありませんでした。しかし、貯蔵11日後になると、低温でも腐敗果の発生が多くなりました。また、2℃で3日間貯蔵後の果実を21℃に置くと、生果として販売できる許容状態は、その後4日目まででした。

◆冷凍貯蔵　freezing (frozen) storage
　ブルーベリーの場合、冷凍果（frozen berry）は、通常、収穫果を選果する過程で洗浄した後、マイナス20℃以下の温度で急速冷凍（quick freezing）したもので、果実が1果ずつバラバラになっている、いわゆるIQF（individually quick frozen）によるものです。
　ブルーベリーを使った各種加工品は、多くの場合、この冷凍果実を原料にしています。それは、ブルーベリー果実では凍結、解凍によって急激に酸化しても、組織や構造に損失を生じにくいからです。さらに、温度管理に注意すれば、色調や肉質などの変化も少なく、加工品の製造でも生果と同じように使用できることによります。

出荷　shipment, shipping

　果実（商品）を市場に出すことを出荷といいます。ブルーベリー栽培では、収穫果実の選別後、包装容器に詰めて出荷されます。

◆出荷時期　shipping period
　ブルーベリーは、他の種類の果実と比較して、果皮、果肉が軟らかく、日持ち性が劣ります。そのうえ、果実の収穫、出荷時期は、日本では主として6月から8月までの高温多湿の時期です。良品質の果実を出荷して消費者の信頼を得るために、栽培者が守るべき基準の設定が必要です。

◆出荷基準
　アメリカでは、ブルーベリー果実の出荷規格や基準がありますが、日本には、現在のところありません。今後は、日本の消費者と栽培者の双方に共通理解される、ある一定の基準が必要であると考えられます。
　ここでは、アメリカにおける等級区分と階級（区分）を紹介します。

等級区分　grading

等級区分は、果実の外観の美しさを基準にした選別方法で、肉眼や機械センサーによって着色、病虫害の被害度、形状などから分けるものです。

アメリカの場合、等級区分の中で最高の評価と位置づけられる「U.S.No.1」の内容〔100果中、欠点果実（障害果、損傷果および重欠点果）が13果以上含まれないもの〕は、次のように解説されています。

- 同一品種である
- クリーン（clean）である

具体的には、果実が泥、ほこりなどで汚れていない、果実に害虫の糞粒や他の異物が付着していないこと。

- 着色が優れている

着色の程度で、果皮表面の2分の1以上がブルー（青色）、青紫色、青赤色、青黒色であること。このように果色の表現の多いのは、成熟果の着色が品種によって異なるためである。

- 過熟でない

いわゆる、完熟期が過ぎていないこと。過熟果（overripening berry）は、果肉が軟らかく、手で触った時に、ぶよぶよした感じで、生食はもちろん加工にも利用できない。

- 裂果して、潰れて果汁が染み出ていない

裂果や降雹によって果皮が破れ、潰れたり腐りかけたりして果汁が染み出て、果実表面が濡れていないこと。

欠点果実の内容として、次の六つが上げられています。

- 果軸が着いている
- カビが生えている
- 腐敗している
- 病害果、虫害果、傷果（果実表面に傷がある）
- 萎縮果（果皮に皺がより、萎びているもの）、裂果、障害果、緑色果を含む
- これらのうち、カビが生えた腐敗果、過熟果、つぶれた果実、裂果、果汁の染み出ている果実、萎縮果、病害果、虫害果、果皮の50％以上に傷のあるものを、重欠点果とする

階級区分　sizing

階級区分は、果実の大きさ別による区分です。多くの果樹では、形状選果機や重量選果機を用い、機械で階級選別が行われています。しかし、ブルーベリーの場合、階級区分は主として品種特性の調査のための基準であり、等級選別のためではないとされています。

大きさの区分は、1カップ（約237ml）に入る果数です。
- 極大（Extra large）：1カップに90果以下の大きさ
- 大（Large）：90〜129果
- 中（Medium）：130〜189果
- 小（Small）：190〜250果

◆包装　packaging

　予冷、選別された果実は、通常、容器（cup）に詰めて出荷されます。包装は、流通段階における果実品質の劣化の進行を抑え、日持ち性と輸送性を保つために必要です。

　日本では、容器の大きさは統一されていません。店頭でよく見かけるのは、一つは、100g入りのプラスチック製のもの（高さ4.5cm、上部の直径が10cm、底部の直径が8cm、側部が網目状）で、フタの中央部にシールが貼付されているものです。もう一つは、125g入りの容器とフタが一体となった、ポリエチレン製のクラムシェル形容器（二枚貝のように開く）です。いずれも、シール上には果実の絵や産地名（組合名、生産者名）などが表示されています。

　海外では、ポリエチレン製のクラムシェル形の容器で、容量は250gと500g入りのものが一般的です。

◆出荷された果実の鮮度

　適期に収穫後、適切に選果、予冷された果実が店頭に並んだ時点で、消費者が最も重視する品質要素は、果実の鮮度（freshness）です。

　アメリカの例では、店頭に並んでいるノーザンハイブッシュ果実の腐敗状態についての調査によると、平均で15.2％の欠点果実が見つかり、そのうち3分の2は菌による腐敗果、残りは過熟果、萎縮果と機械による傷害果でした。

　腐敗果をもたらした主な菌は、炭そ病菌、灰色カビ病菌、アルタナリア菌の3種類で、その発生部分は90％が果柄痕でした。このようにブルーベリー果実の菌類の発生は、果柄痕の状態と深く関係しています。

　なお、過熟果、萎縮果、障害果などの欠点果実は、多くが選果の過程で見過ごされたものですから、より注意して選果することによって少なくできるはずです。

9　整枝・剪定

　ブルーベリーの樹姿は叢生のため、整枝・剪定の基本は、骨格をなす主軸枝を更新しながら樹高を制限し、樹冠内部が混雑しない樹形に整えることです。毎年、樹形を整えることで、栄養成長と生殖成長との均衡を図り、養分を芽、花、果実に集中させ、また光合成活動を高めることができます。
　整枝・剪定に当たっては、それらに関係する基礎的な用語を理解し、実際栽培園で対応できるタイプ別、樹齢別の剪定技術についての知識が必要です。

ブルーベリーの整枝・剪定に関係する基礎的な用語

◆整枝・剪定
　整枝（training, trimming）とは、幹の高さや枝の配置などを考慮して樹形を作ることであり、剪定（pruning）は樹姿（樹形）を作り、結実管理などのために枝を切ることです。したがって、枝を切ることが樹形を作ることにもなるので、整枝と剪定は一体の技術とされています。
　ブルーベリー樹の整枝・剪定は、株仕立て（compact bush training）が基本形ですから、そのためには、樹姿の構成、枝の種類と性質、剪定の種類、切除する枝の種類などについての知識が必要です。

◆樹形、樹姿　plant size, tree form, plant (tree) figure, tree shape, tree performance
　樹形は自然の形と人為の加えられた形の両者を含み、樹姿は人為的に整枝もしくは整枝された形とされています。
　ブルーベリー樹の樹形は、通常、休眠期における状態で表されます（図4-7）。図は、大きくは各種の枝が縦横に伸長して樹形を作っている地上部と、根が主軸枝に移行するクラウン（crown. 根冠）を示しています。
　地上部全体を樹冠（tree crown, tree canopy）といいます。樹冠は、樹形の範囲で、真上から見ればほぼ円形です。樹冠幅は樹形の直径を指します。

◆枝の種類
　ブルーベリー樹は株仕立てのため、樹形を作っている枝には種類があり、高木性果樹とは枝の呼称が違います。各枝の発生程度や伸長量は、タイプ、品種によって異なります。

結果枝（fruit）bearing branch,（fruit）bearing shoot

図4-7 休眠期におけるブルーベリー成木の樹形と枝などの種類

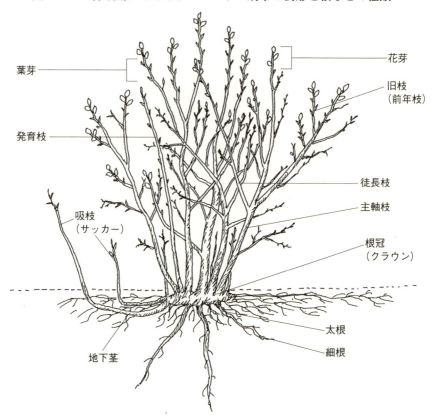

注:Pritts M.P. and J.F. Hancock eds.(1992)の原画をもとに加工作成

一年生枝(前年枝)で、春になって開花、結果(結実)する枝です。
主軸枝　cane
発育枝に由来する最も古い枝で、株の骨格となる中心的な枝です。枝上に多数の旧枝と結果枝(一年生枝)を発生します。
発育枝　vegetative shoot (branch)
株元から伸長し、将来、主軸枝となる旺盛な枝です。
徒長枝　water shoot (sprout), succulent shoot (sprout)
主軸枝と旧枝から伸長する勢いの強い枝です。長さが100〜150cmにもなり、多くは樹形を乱す混み入った枝になります。
吸枝(サッカー) sucker

地表下数cmの深さを横に伸長し、株元から50cmから1m以上も離れたところで地上茎になる枝です。一般に、樹形を乱し、除草、収穫など管理作業に不便をきたす枝です。

旧枝　branch
枝齢が2年以上の枝で、比較的太い枝や小枝も含みます。

一年生枝（前年枝）one-year-old shoot
冬季剪定の時期に観察すると、1年前に伸長した枝で、通常、枝の上部節に花芽を着けています。

新梢・当年（生）枝　current shoot
休眠期には見られなく、春になって発生してくる枝が新梢〔当年（生）枝、今年枝〕です。新梢には、春枝（一次伸長枝. spring shoot, first flush of growth）、夏枝（二次伸長枝. summer shoot, second flush of growth）、秋枝（三次伸長枝. fall shoot, third flush of growth）の三種類あります。

◆剪定の種類

剪定には、切除する枝の位置、時期、その程度（強弱）に応じて種類があります。

切り返し（戻し）剪定　heading-back pruning, cutting back pruning
旧枝（二年生以上）、前年枝（一年生枝）や徒長枝を枝の途中から切除して、新梢の発生を促すものです。

間引き剪定　thinning-out pruning, thinning
枝の発生基部から先の枝全体を切除する方法で、主軸枝の更新、主軸枝上の旧枝や旧枝上の前年枝、徒長枝を切除する場合に行います。枝は、切り残しがないように元から除去することが重要です。切り残し部分があると、そこから望ましくない新梢が発生し、枝が混み合います。

冬季剪定　winter (dormant) pruning
休眠期間中（冬季）に行うもので、ブルーベリーでは中心となる剪定法です。関東南部では、通常、2月から3月中旬に行います。この時期になると、晩秋までに生産された炭水化物が枝や根に転流し、貯蔵される期間も十分あります。また、秋から冬の間に障害を受けた枝の確認が容易なためです。通常、切り返し剪定と間引き剪定が行われます。

夏季剪定　summer pruning
夏季剪定は、特にラビットアイの「ティフブルー」に必要で、収穫期が終了した8月下旬〜9月上旬（関東南部の場合）に、旺盛に伸長して樹形を乱している徒長枝を切り返す剪定法です。ヘッジング（刈り込み. hedging, trimming）、トッピング（摘心、心抜き. topping）とも呼ばれます。

ノーザンハイブッシュ、サザンハイブッシュの普通栽培の場合、夏季剪定は、日本では行われてはいませんが、収穫後落葉するまでの期間の長いアメリカ南部諸州やチリでは、冬季剪定よりも重視されています。

弱剪定　light pruning
切除する枝の量が少ない剪定です。切り返し剪定では残る枝の葉芽数が多くなり、間引き剪定では除去する枝が少なくなります。このため、全体として枝が混み合い、弱くて細い枝の伸長が多くなり、翌年以降、果実生産の中心となる太い新梢の発生が不足します。

強剪定　heavy (sever) pruning
切除する枝の量が多い剪定です。弱剪定の場合とは逆に、徒長枝の発生が多くなります。このため、翌年、十分な収量を上げるためには、再び強い剪定（特に徒長枝の切除）が必要となります。すなわち、一度強剪定すると、毎年、強剪定しなければなりません。

一般に、強剪定では、果実収量は少なくなりますが、1果実重は大きくなります。

中位（適度）の剪定
剪定の強弱の程度からの比較で、切除する枝の量が中位で望ましい剪定の程度です。毎年、果実生産と新梢伸長の均衡が取れている状態を維持できます。

◆剪定の対象となる枝
ブルーベリー栽培で剪定の対象となる枝は、次のような種類です。
- 気象災害で、秋から冬にかけて障害を受けた枝
- 病気や害虫による被害枝
- 地面に着くように下垂している枝（下垂枝）
- 地際部（株元）から発生している、短くて軟らかい枝
- 樹冠から極端にはみ出し、樹形を乱している枝
- 樹冠中心部で混み合い、交差している枝（内向枝、交差枝）
- 必要であれば、古い主軸枝や弱い主軸枝を1～2本間引く
- 樹が結果過多の傾向にあり、長い枝で多数の花芽を着けている場合は先端部数節を切除し、花芽（房）を間引く
- なお、傷害のある枝、病気や害虫の被害枝は、季節に関わらず切除する

生育段階における整枝・剪定の要点

整枝・剪定の要点は、タイプに共通して、樹の生育段階によって異なります。

◆幼木期から若木期の前半までの剪定

植え付けてから3年後までの剪定は、樹冠の骨格となる発育枝の発生を促し、旺盛に伸長させるために行います。このため、植え付け1～2年間の若木期は、花芽（花房）は全て除去します。植え付け3年目の若木期の前半に、初めて結実（果）させますが、太い枝や旺盛な枝のみに結果させ、細い枝や弱枝上の花芽（花房）は摘み取るか、枝ごと切除します。

◆若木期の後半から成木期までの剪定

植え付け後4年目以降になると、樹形が大きくなり、樹冠内部は各種の枝で混雑してきます。また、花芽の着生が多くなり、結果過多（over‐cropping）の傾向が強まります。したがって、この樹齢の剪定では、栄養成長と生殖成長とのバランスを取ることが重要です。

具体的には次のような作業があり、効果が得られます。

● 樹高、樹冠を一定の高さと幅に調節する

これによって、各種の作業能率が高まり、収穫作業が容易になります。

● 樹冠内の混雑した枝を切除する

その結果、樹冠内部まで日光が投射し、通風が良くなるため、病害虫の発生が少なくなり、果実品質が高まります。

● 結果過多を調整する

剪定によって1樹（枝）の着生花芽を切除し、結果過多を調整できます。これによって収量が減少しますが、果実は大きくなります。

● 栄養成長と生殖成長のバランスが保たれる

剪定によって、栄養成長と生殖成長とのバランスが保たれるため、連年、安定した果実生産ができます。また、樹の成長を調節して経済樹齢を延長させることが可能です。

タイプ別の剪定のポイント

ノーザンハイブッシュの剪定

ノーザンハイブッシュの剪定法について、樹齢（樹の生育段階）別に述べます。

植え付け後2年間の剪定

新梢と根の成長を促すため、花芽（房）は除去して結実させません。また、地面に着くように樹冠の低い位置から伸長している枝は、間引きます。一方、株元から発生している太くて旺盛な枝（発育枝）は、将来の主軸枝とするため大切に育てます。

望ましい樹勢は、樹高が1年間で30～40cm伸びる程度です。

植え付け後3年目の剪定

植え付け後3年目になると、樹高は80〜100cm以上になり、多数の新梢が伸長して、樹冠幅はおよそ100cmになります。この場合でも、勢力が中位から強い枝（一年生枝）のみに結果させ、他の枝の花芽（房）は摘み取って結果させません。1樹当たりの収量は、300〜500gに留めます。

勢力が旺盛な発育枝が、株元から2本以上伸長している樹では、最も強いものを2本残し、他のものは間引きます。また、枝の途中から伸長している新梢（側枝）のない徒長枝は、側枝の発生を促すために、地面から80〜100cmの高さで切り返します。

植え付け後4年目の剪定

4年目には、樹高は120cmくらいになり、主軸枝が5〜6本ある状態が望ましい樹形です。植え付け4年目の剪定のポイントは次の通りです。

- 樹冠の内部で混んでいる徒長枝は間引く
- 樹冠内部まで日光が投射され、通風が良くなり、諸管理に便利なように、内向枝（樹冠内部に向って伸長している枝）、下垂枝、吸枝は間引く
- 徒長枝は先端から1/4〜1/2の所で切り返し、翌年、花芽を着ける太い側枝の発生を促す

植え付け後5〜6年目の剪定

5〜6年目の冬季には、通常、樹高は1.5m以上に達します。そのような樹では、剪定のポイントは、植え付け後4年目とほとんど同じです。

- 樹冠の高さは1.5〜1.8mが望ましい。樹冠から長く突き出ている枝（主として徒長枝）は、切り返す
- 6年目には、主軸枝の更新が必要となる。古い主軸枝の1〜3本を地面に近い所で切り返し、新しい発育枝を伸長させる

成木期の剪定

植え付け6〜8年後から20〜25年後までの長い年月、収量が十分で、大きくて、良品質の果実を安定的に生産するための剪定です。そのためには、中心となる主軸枝を、安定的に維持、更新する管理が重要です。

なお、成木時代の果実収量は、品種や栽培管理によって異なりますが、1樹当たり3〜5kgを目安とします。

- 多数の花芽を着けている50cm以上の長い枝では、5〜7花房を残して切り返す
- 主軸枝は8〜10本とする

主軸枝の数は、品種、土壌条件、栽培管理により異なりますが、8〜10本が望ましく、それ以上では主軸枝間に競合が起こり、収量が劣ります。これは、主軸

第4章　ブルーベリーの生育と栽培管理

病害虫被害枝を除去

主軸枝を整理

枝の齢によって新梢の発生が異なるからです。通常、二年生、三年生の主軸枝からは太い新梢が多く発生し、その新梢には多数の花芽が着生し、さらに果実の肥大も良くなります。

● 主軸枝を更新する

5年以上経った主軸枝、その主軸枝から発生して4～5年経過した旧枝は、枝齢が増すとともに勢力が弱まります。また、その旧枝から伸長した新梢は細くて弱く、枝数と花芽数が少なくなり、果実も小さくなります。

主軸枝の更新が適切な樹にするためには、毎年、2本以上の主軸枝候補になる発育枝を発生させる必要があります。例えば、10本の主軸枝がある樹の場合、毎年、古い順に2本ずつ更新すると（20%の更新）、5年で終了します。

樹勢が悪くなった成木では、樹勢回復のためには、主軸枝を40％まで間引き（強剪定）ます。しかし、それ以上間引くと、栄養成長と生殖成長との均衡が大きく崩れ、目的とする収量は期待できなくなります。

サザンハイブッシュの剪定

これまで、日本を含めて世界各国ともにサザンハイブッシュの栽培経験が浅かったため、その剪定方法はノーザンハイブッシュに準じてきました。近年の世界的なサザンハイブッシュの栽培普及と共に樹の特性が明らかになり、剪定法が確立されています。

望ましい樹形

望ましい樹形は、主軸枝を4～6本（ノーザンハイブッシュよりも少ない）とした直立型で、中心部が空いたカップ状です。

若木期の剪定

まず、枝葉の成長を促進させるため、植え付け後2年間は結果させず、3年目から結果させます。植え付け3～4年後は、樹の1/3から1/4量を切除する強剪定に

より枝葉の成長を図りながら、望ましい樹形に近づけます。
　剪定の程度は、次のようにします。
- 2～4本の主軸枝を残し、樹冠内部で混み合っている枝、下垂枝、弱い枝、細い枝は全て切除する
- 花芽が多く着生し、また結果過多の一年生枝は間引く
- 樹勢が弱い樹は、旺盛な樹よりも強く剪定する
- 「ミスティ」のように結果過多になる品種は、樹勢の衰弱を防ぐため強く剪定する

成木期の剪定

　品種、場所によって多少の違いがありますが、サザンハイブッシュは、通常、6年から7年で成木期に達します。
　成木樹では、樹形を保持するため強めに剪定し、樹冠の中心部が空いたカップ状の樹形にします。この場合、特に主軸枝の更新が重要で、3～4年ごとに更新します。また、新しい主軸枝を発生させるため、毎年、1～2本を地際から間引きます。
　サザンハイブッシュは、全体的に結果過多になる傾向が強いため、短くて細い枝には結実させないよう、剪定に加えて開花期間中に摘花（果）房も行います。

ラビットアイの剪定

　ラビットアイは、ノーザンハイブッシュと比較して樹勢が旺盛で土壌適応性があります。このため、土壌中の有機物含量が3％以上の所には植え付けない、また有機物含量が3％以上の土壌では施肥を控えて、樹勢を抑えることが重要です。

剪定を開始する樹齢

　適切な条件下で栽培されているラビットアイ樹は、多くの品種では、植え付け後5～7年を経て、樹高が180～240cmに達するまで剪定しなくても良いとされています。この年数は、樹の一生から見ると、若木時代の後半から成木時代の初期にあたります。
　しかし、「アリスブルー」、「ベッキーブルー」、「ティフブルー」の3品種は、樹勢が強いため、植え付け3～4年後から剪定することが勧められています。

樹高、樹形の管理

　ラビットアイの五～七年生樹では、樹高が180～240cmにもなり、樹冠幅は3.0mを越えます。これ以上になると樹冠内部が混雑し、収穫作業や各種管理作業に支障を来たし、さらに、長年にわたる良品質の安定的な生産が難しくなるため、枝の整理が必要です。

- 樹高は180～220cm、樹冠幅は300cm以内に制限する

前年の結果枝を除去する

樹形を乱す立ち枝を落とす

- 樹冠から長く飛び出ている枝は、切除する
- 樹冠内部の徒長枝は、先端から1/4〜1/2の所で切除する
- 吸枝（サッカー）は切除する
- 地面に着くように下垂している枝は切除する

古くなり、結果しない枝の切除

枝齢が4〜5年経過している旧枝は、急激に勢力が弱くなります。そこで、旧枝の途中から比較的強い一年生枝が伸長している場合はその芽の上部から、強い枝が伸長していない場合は、旧枝の基部から切除します。そのほか、樹間内部で枯れている枝、障害のある枝、病害虫の被害枝は切除します。

主軸枝の更新

五〜七年生樹では、主軸枝は、通常10本以上伸長しています。そこで、6〜7年以上経った主軸枝は切除して、最終的に8〜10本とします。すなわち、旧い順に主軸枝2〜3本を、地面から20〜30cmの所で切り返し、新しい発育枝を伸長させる剪定を毎年繰り返し行います。

成木期の剪定

ラビットアイは、ノーザンハイブッシュと比べて樹勢が旺盛なため、成木樹の樹高は3.0m、樹冠幅は3.0〜3.5mにもなります。このため、成木期の剪定では、三つの視点を重視します。

①樹高、樹形の管理
②古くなり、結果しない枝（旧枝）の切除
③古い主軸枝の更新

なお、成木時代の果実収量は、品種や栽培管理によりますが、1樹当たり4〜8kgを目安としています。

観光農園における剪定

ラビットアイの樹形は大形のため、アメリカの観光農園では、収穫期間中、顧

客にとってより安全な状態で、楽しく摘み取りできる樹形管理が勧められ、剪定上、考慮すべき点として次の四つが挙げられています。
　①摘み取りに邪魔になる枝は除去し、樹高は収穫がしやすいよう、高くても180〜210cmとする
　②樹形、樹冠を維持するために、主軸枝は活力が旺盛なものを5〜10本とする
　③樹齢が8年以上経った樹では、主軸枝全体の1/4〜1/5を切除し、樹冠の空いた所に新しい主軸枝を伸長させ、毎年、順次更新する
　④剪定の対象となる枝は、全て切除する

夏季剪定　summer pruning

　特に「ティフブルー」に行われる剪定法です。「ティフブルー」は、他の品種と比べて旺盛な徒長枝（長い枝は2mにも及ぶ）が伸長するため、樹形が乱れ、樹冠内部が混雑します。そこで、このような枝を、夏季（収穫期の終了後、関東南部では8月下旬から9月上旬）、樹冠より上に飛び出している徒長枝の上部を1/3〜1/2切り返すのが夏季剪定です。

　夏季剪定によって、残した徒長枝の先端に花芽が形成され、また、残した枝から新梢が伸長し（秋枝）、その枝にも花芽が着きます。一般的に、枝の先端（上部）に花芽が着生した枝は、翌年、新梢伸長が抑えられます。

　なお、旺盛な徒長枝を冬季剪定すると、春から夏にかけて、一層旺盛な徒長枝が伸長して、さらに樹形を乱すという悪循環を繰り返します。

老木（園）の若返り

　ブルーベリーの経済樹齢は、一般的に、25〜30年とされています。それ以降の樹齢に達した、いわゆる老木になると、新梢の発生が少なくなって樹勢の維持や良品質果実の生産が困難になり、しだいに経済性も悪くなります。

　老木は、更新剪定（rejuvenation pruning, renewal pruning）によって若返らせることができます。

◆老木に見られる表徴

　個々の主軸枝は、定期的に更新しない場合、10〜15年以内に活力、生産力を失います。そのため、旺盛な発育枝の発生や太くて勢いのある新梢の伸長が少なくなります。また、樹齢とともに収量が減少し、果実が小さくなります。

　しかし、更新剪定で若返り（rejuvenation, rejuvenescence）を図って良いのは、樹と果実形質がともに優れ、将来も市場の評価が高いと推察される品種に限るべきです。

◆一挙更新　complete hedge

　この方法は更新剪定の一つで、冬季に、一樹の全ての主軸枝を一度に切り戻すものです。一般的に、ノーザンハイブッシュでは地上から10cm前後で、ラビットアイでは20〜30cmの高さで切り戻します。

　春になると、残した主軸枝から旺盛な新梢（発育枝）が多数発生します。夏（7月）には、発育枝間に枝の勢力、枝の方向、長さ、太さの違いがはっきり区別できます。その時期に、1本の主軸枝から外側に向って伸長している、旺盛で、長くて太い枝（発育枝）2本を選抜して残し、他の枝は切除します。

　残した発育枝は、支柱をして枝折れを防ぎ、大切に育てます。その発育枝から、2年目には春枝が多数伸長し、夏には花芽を着け、3年目には、大きな果実を収穫できるようになります。

　実際栽培園で更新剪定する場合、1年目は、樹列上で1樹おきにあるいは1列おきに一挙更新し、次年に残りの樹または列を剪定すると、2年で全園の樹を更新できます。

◆経済樹齢　productive age

　果樹は、通常、苗木を植え付けてから数年間は幼木期で、栄養成長のみを続けます。それ以降、結果開始年齢に達すると、花芽を着け、開花、結実するようになります。しかし、若木段階では未だ着花量が少ないため、果実の販売収入よりも栽培に要する支出の方が多い状態です。その後、樹冠の拡大に伴って枝葉が十分に展開し成木期に近づくと、収穫量の増加に伴って収入が支出と釣り合い、やがて支出を上回るようになります。それ以降さらに樹齢を経て老木期に達すると、逆に果実生産に要する支出が収入を上回るようになります。このように、収入と支出のバランスが取れている期間（年限）を経済樹齢といいます。

　ブルーベリーの場合、経済樹齢は、タイプ、品種によって異なり、また、同一品種でも環境条件や栽培条件によって変化します。経済樹齢を長期化させるためには、施肥や灌水管理、整枝・剪定などの樹体管理を適切に行い、適正な樹勢を長期にわたって維持する必要があります。経済樹齢は、一般的に、25〜30年とされています。

　しかし、近年は、消費者の嗜好に出来るだけ早く対応したいとの栽培者の願望から、経済樹齢のうちでも、優良な新しい品種に更新する事例が多くなっています。

10　気象災害と対策

　気象災害（meteorological disaster）とは、果実生産に関わる気象環境に大きな変化が起こり、樹体、果実、生産施設、園地などに直接あるいは間接的に被害を及ぼし、生産が低下することをいいます。
　ブルーベリー栽培では、特に芽（枝）、花、果実は、年間を通して、予期しない気象災害に見舞われています。気象災害は、温度の高低、降水量の多寡、強風の種類に大別できますが、多くは強風害、霜害、雪害で、年や地域によっては雹害も見られます。

気象に関係する基礎的な用語

◆**気象**　　51ページ参照
◆**大気**　　51ページ参照
◆**気象要素**　　52ページ参照
◆**気候要素**　　52ページ参照
◆**気温**　　53ページ参照
◆**平年値**　normal value
　気象要素である気温や降水量などを年や季節間で比較する場合、よく平年よりも高いとか、低いとかいいます。この場合の平年の値は、世界気象機関では最近の30年間の気温や降水量などの平均値を指し、それを平年値あるいは気候値といいます。平均値は10年ごとに更新され、2011年から2020年までは、1981～2010年の平均値が用いられています。
◆**雨**　rain
　大気中の水蒸気が水滴となり、落下するものをあるいはその現象を雨といいます。大気中の水蒸気は、雨のほか雪や雹などの形をとって地上に達するので、これらを総称して降水（precipitation）と呼びます。
　雨は、ブルーベリー樹の成長に必要な土壌水分の第一の供給源です。雨の降る時期や量は、樹の成長はもちろん、果実の品質を左右します。
　雨の降り方と1時間当たりの降水量から、雨の呼び方に違いがあります。
- 小雨：時間降水量が長時間続いても1mmに達しない程度。地面がかすかに湿る程度
- 弱い雨：時間降水量が1～3mm。地面がすっかり湿る

- 並の雨：時間降水量が3～10mm。地面に水溜まりができる
- やや強い雨：時間降水量が10～20mm。ザーザー降り、地面からの跳ね返りで足元が濡れる状況
- 強い雨：時間降水量が20～30mm。土砂降り、傘を差しても濡れる状況
- 激しい雨：時間降水量が30mm以上の場合で、激しい雨（時間あ当たり30～50mm）、非常に激しい雨（50～80mm）、猛烈な雨（80mm以上）の三つに区分されている。このよう雨の場合、道路は川のようになり、さらに激しくなると水しぶきで一面が白くなり、視界が悪くなる

◆集中豪雨　local severe rain, torrential rain

　時間的にも空間的にも限られた範囲に、大量の降水があった場合を指します。日本における集中豪雨は、梅雨末期などの全線に伴うもの、台風になど伴うもの、両者の相互作用によるものなどがあります。

◆驟雨（しゅうう．にわか雨）shower

　急に降り始め、短時間のうちに止む雨で、降り方も急速に変化するのが驟雨です。雷雨（thunderstorm）はその一種で、雷を併発する降雨を指します。多くは、寒冷前線や台風などに伴い発達した積雲や積乱雲（雷組）によって発生します。

◆梅雨　　60～61ページ参照

◆風　wind

　空気の地表面に対する相対的な運動を風といいます。山を越える場合や発達した雷雲中以外ではほとんど水平に吹きます。風は、時々刻々、不規則に変動しており、また地物などの影響を強く受けて局地的です。通常、地上での風の観測は、開けた所の地上10mの高さで、風速計を用いて測り、10分間の平均値で表現しています。

　通常と異なる強い風を強風といい、程度によって呼び方が違います。

- やや強い風：平均風速が秒速10～15m。風に向って歩きにくくなる
- 強い風：平均風速が秒速15～20m。風邪に向って歩けない。転倒する人も出る
- 非常に強い風（暴風）：平均風速が20～25m。しっかり身体を確保しないと転倒
　平均風速が25～30mの場合、立っていられない状況。ブロック塀が壊れ、取り付けの不完全な屋外外装材がはがれる
- 猛烈な風：平均風速が秒速30m以上。立っていられない。屋根が飛ばされたり、木造住宅の全壊が始まる

◆異常気象　unusual weather

世界気象機関の取り決めでは、日々年々変動する気象要素の30年間の平均値（平年値）を求め、この値を平年の気候と定義し、この値から著しく変化した天候を異常気象と定義しています。30年という期間は、人間の社会活動や標準偏差の2倍程度の偏りから求められています。

大気の変動が大きく、何らかの偏りが約1か月以上続くと、程度の違いがあるものの、寒冬、暖冬、寒波、暑夏（猛暑）、干ばつ、熱波、長雨、日照不足、豪雪などの異常気象と見なされる現象が現れるとされています。

温度の高低による災害

災害の種類

温度の高低による災害にも、種類があります。ブルーベリー栽培では、主に樹体、花や果実に被害を及ぼす低温障害による霜害と凍害です。

◆高温障害　high temperature injury, heat injury

成長に適当な温度以上の高温によって作物が衰弱したり、枯死したりする被害を高温障害といいます。通常、夏季の異常高温を指しますが、寒地作物の暖地における栽培やハウス（施設）栽培などでも発生します。

◆低温障害　low temperature injury, chilling injury

低温障害は、ある限界温度以下の低温によって発生する作物の被害です。冷害、冬季の寒害（凍害）、凍霜害などを総称して低温障害といいます。

◆寒害　cold damage, cold injury

秋期から春季にかけての低温による被害のうち、霜害、凍害、寒風害、土壌凍結による乾燥害を総称して、寒害といいます。

　耐寒性　cold hardiness, cold resistance, cold tolerance

作物体が、凍結の起こるような寒さに対して生存できる性質を耐寒性といい、広義には耐雪性、耐霜性などを含みます。寒害の主な原因は、低温による細胞や組織の凍結と融解に起因する原形質の破壊と脱水による死滅です。

凍結には、細胞内凍結と細胞外凍結があります。作物は、細胞外凍結に対してある程度耐えるこができますが、細胞内凍結は致命的です。

◆霜害　frost damage（injury）

ブルーベリー樹は、春と秋に結露を伴った霜（frost）に遭遇すると、低温に弱い樹体部分が生理障害を起こしたり、あるいは凍死したりします。

霜は、大気中の水蒸気が昇華して地面や地物に付着した氷の結晶で、うろこ状、針状、羽状または扇子状をしています。春や秋の風の弱い晴天夜間に、地表

付近の気温が0℃以下（地上1.5mの位置で3〜4℃）になると霜が生じます。

霜害には、春の晩霜害と秋の初霜害の二つがあります。

晩霜害　late frost damage

晩霜害は、地域によりますが、関東南部の場合、4月中旬〜5月中旬の開花期間中（幼果の成長初期）に見られます。この時期は、花が発芽・開花に伴い耐凍性が急激に失われているため、樹体温がマイナス2〜3℃でも被害を受けるからです。被害を受けた花や幼果は、茶褐色になって萎れ、やがて落下しますから、結実量は少なくなります。

霜害の程度は、花芽の発育程度によって異なります。ラビットアイを用いた実験によると、閉じている花芽（蕾）はマイナス15℃に遭遇しても、また開花に向けて発育中の膨らみつつある花芽ではマイナス6℃でも被害は見らません。しかし、鱗片が脱落して個々の小花が区別できる段階になると、マイナス4℃で枯死しています。さらに発育が進んで、まだ開いてはいないものの、小花が明らかに別々になっている状態ではマイナス2℃で、完全に開花したものは0℃で枯死したことが観察されています。

防霜（frost protection）対策

ブルーベリーの場合、晩霜害対策（防霜）の基本は品種の選定にあります。例年、地域で晩霜害が発生する時期を調べ、その時期よりも遅く開花する品種を栽培します。他の果樹では一般的な防霜ファンは、ブルーベリー園にはほとんど導入されていません。

初霜害　early frost damage

初霜害は、ブルーベリーの場合、秋遅くまで伸長していた新梢の未成熟の部分（通常、枝の先端から数節下位の部分まで）が、秋から冬にかけての初霜（first frost, early frost）に遭って枯れるものです。

枝が秋遅くまで伸長するのは、多くの場合、肥料の効果が遅く現れたためですから、礼肥の施用量や時期を守ることで防げます。

◆凍害　freezing damage（injury）

冬季に著しい低温に遭遇し、細胞凍結によって起こる被害を凍害といいます。凍害の発生温度はタイプと品種によって異なり、また気温変化とともに変動します。

ブルーベリーの場合、厳寒期の耐凍性は、ノーザンハイブッシュがマイナス20℃、サザンハイブッシュとラビットアイはマイナス10℃とされています。それ以下の温度になると、器官や組織が障害を受けます。ハーフハイハイブッシュは最も耐凍性が強いタイプで、マイナス30℃でも障害を受けない品種が育成されています。

耐凍性　freezing resistance

耐凍性とは、作物が氷点（0℃）以下の低温に耐える能力で、低温に遭遇した際に生じる細胞の内容物が、凍結による脱水や濃縮に対する抵抗性といえます。

凍結は、通常、細胞の外側で始まり（細胞外凍結．extracellular freezing）、細胞内の氷晶（ice crystals）で形成される細胞内凍結（intercellular freezing）は、自然条件下ではまれであるとされています。

細胞外に氷晶が形成されると、凍っていない残りの細胞外溶液は濃縮されます。その結果、細胞内の水が浸透圧の高い細胞外に引き出され、細胞外の氷晶はさらに成長する一方、細胞内は脱水のために激しく収縮します。

凍害に直接関与する耐凍性は、器官や部位などによって差が見られます。ブルーベリーの場合、花芽は、葉芽よりも耐凍性が劣ります。また、枝の種類別では、耐凍性が最も弱いのは秋枝（十分に硬化していないため）であり、夏枝、春枝、旧枝と枝齢が増すごとに耐凍性が高まります。

硬化　hardening

耐凍性は、同一品種でも季節によって異なります。果樹など越冬する作物では、秋から冬にかけて耐凍（寒）性が次第に高まり、特に0～5℃の低温に遭うと耐凍（寒）性が著しく増大します。この過程を硬化といい、細胞内の含水量の減少、細胞浸透価や透過性の増大、糖類、蛋白質の増加などを伴います。

硬化の過程で増加した糖類は、浸透価を高め、氷点を低くして、凍りにくくするとともに、原形質蛋白の変性を保護します。また、水和（水和作用，hydration．水溶液中の溶質分子の周りに水分子が引きつけられる現象）により細胞内部からの脱水を少なくして、原形質の耐凍性を大きくするとされています。

降水の多寡による災害

◆干害　drought injury

特に夏に、長期間にわたって無降雨状態が続くことを干ばつ（drought）といいます。連続干天日数（continuous drought days．日降水量が5mm未満の日を含む）が20日以上の場合を干ばつといい、その結果、農耕地の土壌水分が枯渇し、作物の枯死、生育抑制などの被害が発生することを干害といいます。

農耕地における土壌水分のポテンシャルが－560kPa（pF4.2）以下になると、一般的に水ストレスによる植物のしおれ現象が回復しなくなる（永久しおれ）、とされています。

日本のブルーベリー栽培では、干害が問題となる時期は、通常、梅雨が終了した後の7月中・下旬～8月中・下旬で、果実の成熟（収穫）期間中です。灌水施

設がない園や、施設があっても灌水量が少ない場合には、水分不足による葉のしおれ、新梢伸長の停止、果実の肥大停滞や萎縮などが見られます。

対策は、樹の生育段階（樹齢）に応じて、必要な量を灌水することです（「第4章、4　灌水管理」の節を参照）。

耐干性　drought tolerance (resistance)

乾燥ストレスに対する耐性を耐干性といいます。乾燥ストレスは、干ばつ、高温、強光、低湿度などにより作物体内に水欠乏が起こり、生理的環境が乱された状態です。その結果、果実の成長は不良になり、収量は低下します。

耐干性の強弱は、作物の二つの能力から説明されます。一つは、主として葉の蒸散による水分制御で、作物の正常な生理状態を保ち、生産性を維持する能力です。水利用効率〔光合成で同化されたCO_2（二酸化炭素）量と蒸散作用で放出された水分量との比〕が高い作物は、耐干性の強いことが知られています。

もう一つは、水ポテンシャルが低い土壌における根の効率的吸水能力です。一般に、水を求めて土中深くまで根を伸ばす速度が速い作物ほど、耐干性が強いとされています。

◆乾燥害　drought injury

作物に対する水の供給が低下すると、体内の正常な生理活動が行われなくなり、その結果、生育不良となり、極端な場合には枯死します。これが乾燥害で、土壌中の水分欠乏と空気の乾燥の二つの条件に因って起こります。

作物の葉は、光合成を行う過程で二酸化炭素（CO_2）を吸収し、酸素（O_2）を放出しますが、同時に蒸散によって水も放出します。このため、根は蒸散によって放出した水に見合う水分を、土壌中から吸収して地上部へ送る必要があります。しかし、土壌が乾燥し、土壌中の毛管張力が高まって根の吸水力に等しくなってくると、作物は水を吸収できなくなります。あるいは、空気が乾燥して作物体から過剰に水が奪われ、奪われた水に見合う水分を土壌中から吸収できないと、葉の細胞は膨圧を失ってしおれ、生育が抑制され、極端な場合には枯死します。

この対策は、干害の場合と同様に、樹の生育段階（樹齢）に応じて、必要な1日当たりの水量を灌水することです（「第4章、4　灌水管理」の節を参照）。

◆膨圧　turgor pressure

細胞を低張液（塩や糖などの溶質の濃度が細胞内液より低い溶液）に接すると、浸透圧によって水が浸入し、細胞容積の増大が起こります。植物細胞には細胞壁があるため、容積の増大は一定の限界で停止します。このとき収縮しようと内方へ向かって働く細胞壁の圧力に対し、細胞内液が細胞壁に及ぼす圧力を膨圧といいます。

耐乾性　drought resistance, drought tolerance

作物の土壌乾燥に耐える性質のことを耐乾性といいます。作物は、乾燥に対して多様な対応機構を備えています。土壌が乾燥してくると気孔を閉じ、葉がしおれたり落葉したりして体内水分の喪失を抑える一方で、根を土中深く発達させて吸水を維持し、乾燥を回避しようとしています（乾燥回避性）。

乾燥に強い（耐乾性）作物では、外部浸透圧が高くなっても酵素活性に大きな影響を及ぼさない溶質（適合溶質）を細胞内に蓄積して、浸透圧の調節を行うことができるとされています。

適合溶質には、グリシンベダイン（glycine betaine. アミノ酸の一種）、ソルビトール（sorbitol. 糖アルコールの一種）、マンニトール（mannitol. 糖アルコールの一種）、プロリン（proline. 蛋白質の構成成分）、フルクタン〔fructan. フルクトース（果糖）からなる多糖の総称〕、スクロース（sucrose. ショ糖）、トレハロース（trehalose. 糖の一種）などがあり、細胞膜や酵素蛋白質の保護の役割を果たしています。

浸透圧　osmotic pressure

溶媒（例えば水）は通すが溶質は通さない半透膜を固定して、その両側に溶液と純溶媒とを別々に置くと、溶媒のほうが溶液へ浸出する傾向が強いため、半透膜の両側で、溶液側から溶媒側へ向かう圧力を生じます。この圧力を溶液の浸透圧といいます。

生物の細胞膜は一種の半透膜であり、浸透圧は、生体の内部環境を一定に保つ上で極めて重要な意味を持っています。また、気孔の開閉、形状維持などにも働きます。

◆雪害　snow damage

雪害は多量の降雪に伴い発生する傷害で、被害発生の機構により機械的傷害（mechanical snow damage）と生理的障害（physiological snow damage）の二つに分けられます。ブルーベリー栽培では、主として、冠雪などの積雪荷重や積雪の沈降力による旧枝や主軸枝の折損などの機械的傷害を指します。

雪害には地域性があります。北海道、東北、甲信越、北陸地方などの降雪量が多い地域では、雪害対策が必要です。

雪害対策には、大きく二つあります。一つは、「冬囲い」です。積雪荷重や雪の沈降力を軽減するために、紅葉期の後半～落葉期間中に、樹冠のほぼ中央に折れにくい支柱を立て（鉄棒や太い木材の棒を、年間を通して立てている）、樹形を乱している徒長枝を切除し、荒縄で樹形をまとめ、支柱にくくりつけるものです。春、融雪後は冬囲いを解きます。

もう一つの対策は、ハーフハイブッシュタイプの品種の栽培です。このタイプ

は、全体的に樹高が低く、枝がしなるため、樹全体がすっぽりと雪に覆われても、ほとんど枝折れしない（少ない）からです。また、雪の保温効果によって極度の低温にさらされることがなくなります。

なお、生理的障害とは、作物が積雪下の低温、高湿、通気性の悪い環境下で衰弱化し、品質低下を招くなどの障害をいいます。

◆雹害　hail damage（injury）

降雹（hail fall）による傷害で、その形態には雹粒の衝突による葉や果実の損傷、落果、枝の折損といった直接的なものと、損傷が原因で起こる病虫害といった間接的なものとあります。ブルーベリー栽培では、通常、直接的な傷害を指しています。

なお、雹（hail）は径が5mm以上の固形の降水粒子であり、これより小さい粒子はあられ（霰．snow pellets, ice pellets）と呼ばれます。

果樹の防雹対策は、降雹地帯では、網目9〜12mmの防雹網を、防虫網と兼ねて園全体に被覆する方法が一般的です。しかし、ブルーベリー栽培では、ほとんど対策が取られていないのが現状です。

風害　wind damage（injury）

強風や強風による乾風によって生ずる作物被害を風害といいます。風害には、強風害、潮風害、乾風害、寒風害などがあります。

風害をもたらす気象現象は、主として、台風、温帯低気圧、季節風、局地風などです。

風害の原因は、風の物理的なものと生理的なものに大別できます。物理的原因は、風速の増大に伴うもので、作物の茎葉や果実の損傷、脱粒や落果、倒伏や枝折れなどが含まれます。生理的原因には、作物体内の水分、同化作用の低下、呼吸増大が挙げられます。

ブルーベリー栽培で問題となるのは、主として、果実の成熟期（収穫期）における台風による強風害です。

◆強風害　strong wind damage

適度の風は、園内や樹冠内の風通しを良くして、光合成活動を促進し、また病害虫の発生を少なくする効果があります。しかし、強風は樹体の各部に被害をもたらします。

強風害には、強風による作物の折損、倒伏、落果、擦り傷などの機械的傷害（mechanical damage．直接的原因）と、強制蒸散による光合成低下や生育障害などの生理的障害（physiological damage．間接的原因）があります。

ブルーベリー栽培の場合、成熟期の台風は、直接大きな被害をもたらします。強風によって、果実の落下、果実と枝葉との擦り傷、落葉などが見られ、さらには枝梢の折損、樹の倒伏などが生じます。そのような樹では、果実収量が減収し、品質が低下します。樹の倒伏が多かった場合は、経営の継続の成否をも左右します。

　また、開花期間中には、強風によって訪花昆虫の活動が妨げられ、受粉率が低下して結実不良になる被害もあります。

　防風対策は、園の周囲を、地面から2〜3mの高さに、網目3mmのネットで囲む防風網（windbreak net）法が一般的です。

◆潮風害　salty wind injury（damage）

　潮風害は、強風を伴った海水の飛沫（塩分）が作物の葉、果実などの表面に付着し、塩分が作物体内に侵入して生理的障害を起こし、変色、落葉、落果する現象です。

　ブルーベリーの場合、潮風があたるような海岸線近くでの栽培は、勧められません。

11　主要な病害と虫害

　農作物の生産は、病害虫との闘いといわれます。ブルーベリーとて例外ではなく、経済的被害の程度に多少があっても、各種の病原菌や害虫の被害を受けています。このため、病虫害の防除は、ブルーベリー樹の健全な成長を守り、良品質果実を生産（収穫）するために必要不可欠な栽培管理技術です。しかし、日本国内における研究結果は少なく、加害する病害虫の種類や加害の症状など、不明な点が数多くあります。

　この節では、アメリカの中心的なブルーベリー生産州で、主要な病害および虫害とされている種類のうち、同種類（同属）で、日本でも比較的被害の程度が大きい種を取り上げ、病原菌（害虫の種類・形態）、発生・症状（害虫の生態）、防除法を解説します。また、知っておきたい基礎的な病気、害虫に関係する分野と病害虫防除に関係する用語を取り上げます。

病害

病害に関係する基礎的な用語

◆**病害**　disease damage (injury), damage (injury) by disease
　植物（作物）の病気（disease）とは、作物が本来、その個体の発揮すべき正常な生理機能が乱された状態をいいます。
　病気を起こす糸状菌やウイルス、細菌などの病原菌（体）が、作物体に寄生することによって生ずる被害を、病害といいます。

◆**病原菌**　pathogenic fungus (*pl.* fungi)
　作物に感染（infection. 病原菌が体内に侵入すること）し、また寄生（parasitism. 病原菌が植物体に付着すること）して病気を引き起こす糸状菌（＝カビ、菌類）、ウイルス、細菌などを病原菌といいます。

◆**寄主・宿主植物**　host・host plant
　寄生生物（parasite. 病原菌や害虫）に寄生される側の植物を、寄主または宿主植物といいます。

◆**糸状菌**　filamentous fungi
　糸状菌は、葉緑素などの光合成色素がなく、栄養器官の菌糸と生殖器官の胞子からなる微生物で、他の有機物から細胞壁を通じて生活しています。糸状菌のう

ち、特定の生物（宿主、寄主）から栄養をとるものを寄生菌（parasite）と呼びます。植物（作物）に寄生し、病気を起こすのが植物病原菌です。

　ブルーベリーの場合、ほとんどの病害は糸状菌によるもので、灰色かび病、マミーベリー、落葉斑点病、枝枯れ病、果実腐敗病などが含まれます。

◆細菌（バクテリア）bacterium（*pl.* bacteria）

　大部分の植物病原細菌は、球形、桿状、短桿状の菌体に1本ないし多数の鞭毛を持っています。菌体の大きさは、幅が0.5〜1.0μm、長さ1〜数μmのものが多く、菌体の最外層は多糖質からなる粘質層または莢膜（きょうまく）で包まれており、その内側は順に細胞壁、細胞膜、細胞質からなっています。

　ブルーベリーでは細菌による病害は少なく、根頭がんしゅ病がこれにあたります。

◆ウイルス　virus

　植物ウイルスは、球状、棒状、ひも状、糸状などの形態をしています。その大きさは極めて小さく、電子顕微鏡による観察が必要です。

　ウイルス粒子は、核酸（nucleic acid）がタンパク質の外殻より囲まれた核タンパク質構造物であり、各ウイルスのRNAかDNAかのどちらか一方の核酸のみを含みます。核酸の構造には、1本鎖と2本鎖がありますが、植物ウイルスでは1本鎖のものが大半です。

　ブルーベリーのウイルスによる病害は、海外ではアメリカで多く、葉のモザイク、株の萎縮、葉に奇形などをもたらすウイルス病の対策が問題となっています。

　近年、日本でもウイルス病の発生が報じられています。

核酸　nucleic acid

　核酸は、生物にとって最も重要な化学物質で、核酸塩基（プリンとピリミジン塩基）、ペントース（五炭糖デリボースまたはデオキシボース）とリン酸からなる高分子物質です。遺伝、生存、繁殖になくてはならない物質で、「地球上の生物は、ウイルスから人間に至るまで、核酸を土台として生きている」、とされています。

RNA（リボ核酸）ribonucleic acid

　核酸のうち、糖部分にリボースを含むものの総称で、RNAと略記されます。細胞の核や細胞質中に存在し、DNAとともに遺伝やタンパク質合成を支配します。

DNA（デオキシリボ核酸）deoxyribonucleic acid

　DNAは核酸の一つで、デオキシボヌクレオチドが多数重合したものです。遺伝子の本体で、主として細胞核中に存在し、細胞分裂の際に複製されます。デオ

キシリボースとリン酸から成る2本の鎖がらせんを巻き、その内側に塩基が水素結合による対を作って、いわゆる二重らせん構造をしています。

◆**病徴　disease symptom**

植物が病気にかかると、その結果として植物体にさまざまな変化、異常が現れます。これを病徴といいます。

病徴は、植物体の外部に現れる外部病徴（external symptom）と、植物体の内部に生じる内部病徴（internal symptom）に分けられます。また、植物体全体に現れる病徴は全身病徴（systemic symptom）、ある器官や組織など局部的に生じるものは局部的病徴（local symptom）と呼ばれます。さらに、病気にかかった最初の病徴を一次病徴（primary symptom）、その病気の影響がほかの組織や器官に及んで生じる病徴を二次病徴（secondary symptom）といいます。

病徴は、植物と病原体との相互作用の結果生じたものであるため、それぞれに特徴があります。これは、病気の診断をする上で重要な手がかりとなります。

◆**標徴　sign**

標徴とは、病原体（pathogen）そのものが罹病植物の外面に現れて、肉眼的に認められるものをいいます。病原体によって異なりますが、糸状菌の場合、胞子などの粉状物、菌糸束、菌核、キノコなどがこれにあたります。

◆**糸状菌の主な外部病徴**

糸状菌による病徴は、病害の種類や発病条件の違いによって様々です
- 斑点：葉、茎、果実などに色、大きさ、形など特徴のある斑点を生ずる
- 萎縮：植物の全身または一部が水分を失ってしおれる
- 腐敗：病原菌の増殖部分を中心に、組織が崩壊する
- 落葉：葉身部や枝幹樹皮の感染により葉柄基部に離層が形成され、落葉する
- 胴枯れ、枝枯れ：幹や枝の一部がえ死して枯れる
- ミイラ化：感染した器官が乾固、萎縮して植物体上にとどまるもの

◆**細菌の主な外部病徴**

植物病原細菌は、宿主の表皮を直接貫通する能力に欠け、宿主体の表面に開口する気孔、水孔、皮目、あるいは風雨、昆虫の寄生、栽培管理などの要因によって生じる傷口から浸入します。

がんしゅ

浸入した病原の刺激によって宿主細胞が異常に分裂し、根、枝、幹に様々な大きさのこぶを形成します。

◆**ウイルス病の主な外部病徴**

ウイルスに罹った植物は、いろいろな型の病徴を示しますが、特に次の四つが多く見られます。

- モザイク：枝と葉に見られる病徴として最も一般的で、緑色部分と黄緑色〜黄色の部分が混じり合って現れる。展開直後の新葉ではモザイクは明瞭だが、葉の老化が進むと不明瞭になることが多い
- 萎縮：植物体全体の生育が抑制される症状
- 奇形：葉、花、果実などの形が異常となる症状
- 斑入り果：果実に生じるまだらの斑入り症状

◆病気の発生

病気の発生には、まず、病気にかかる植物（素因）とこれを侵す病原体（主因）が存在し、病気の成立を助ける環境（誘因）が必要です。病気は、これら三つの要因の相互作用によって生まれます。

誘因である環境条件は、主として温度、湿度、日照、降雨、風、土壌条件で、病害の発生の有無、程度を支配します。一方、これらの環境条件の適否は、寄主・宿種である作物の成長を左右し、病原体に対しては伝染源の形成、伝搬や浸入を助長しています。

日本で見られる主要な病害

日本では、ブルーベリーに加害する病原菌の種類、生活史、加害の状況などについての研究は極めて限られています。ここでは、アメリカ・ノースカロライナ州のブルーベリー防除暦の中で主要な病害（経済的な被害が大きい病害）とされている種と同属で、日本の主要な果樹およびブルーベリーに加害が認められ種を取り上げます。

病名は、病原菌名（学名）から日本の専門書に当たって調べたもので、同定の結果ではありません。また、防除法で挙げた農薬名は、現在、日本で登録されているものです。

なお、ノースカロライナ州は、アメリカを代表するブルーベリー生産州で、日本列島とほぼ同緯度に位置し、ノーザンハイブッシュ、サザンハイブッシュ、ハーフハイハイブッシュ、ラビットアイの、四つのタイプの栽培が可能な地帯です。

◆同定　identification

病害や虫害防除にあたっては、その病害や虫害に関する情報を正確に把握する必要があります。そのために、病原菌や害虫の種名を既存の分類体系に照らしあわせて決定することが同定です。

花に加害

◆灰色かび病　Botrytis mold blight

病原菌：*Botrytis cinerea*　日本の各種果樹に見られる灰色かび病菌と同属。

発生：ブルーベリーでは、開花時期に湿度が高い場合、また曇天が数日続いた場合などに、花と果実に多く発生する。

症状：花の場合、発生した花は褐色になり、霜で焼けたような症状を呈し、花は互いにくっつき、ホコリのような灰色の菌糸で覆われる。湿潤な天気が長く続くと、新梢に感染する。感染した新梢は、褐色から黒色に変わり、さらに黄褐色あるいは灰色になり、やがて枯れる。

収穫果では、感染した果実は萎縮し、表面に分生子（菌類の胞子の一種）の固まりを作り、商品性が全くなくなる。

防除：防除に最も効果があるのは、適切な剪定である。樹冠内部の混雑した枝を切除して空気の流れを良くすると、花の周囲の湿度が低下し、降水後の乾燥を早めるため、菌の活力が妨害される。

農薬はエコショット、オーソサイド水和剤80、カリグリーン、ストロビードライフロアブルなどが登録されている。

枝に加害

◆ボトリオスファエリアステムキャンカー　Botoryosphaeria stem canker

病原菌：*Botoryosphaeria cotticis*　日本のウメ、ナシ、ブドウなどの枝枯れ病、リンゴ、カキの胴枯れ病菌と同属。

発生・症状：ブルーベリーでは、比較的温暖な地方で多く発生する。新梢にのみ感染し、感染後1～2週間内に枝上に小さな赤い部分が作られ、4～6か月以内に円錐状になり、その後枯れる。

防除：この菌は、枯死した枝で越冬し、春から初夏の間に胞子を出して感染する。胞子の発芽には25～28℃の高温が適しているため、被害は暖地で多い。適度の剪定と枯れ枝を除去、樹冠内部の風通しを良くすることで被害を軽減出来る。

葉に加害

◆アルタナリアリーフスポット（斑点落葉病．Alternaria leaf spot）およびアルタナリアフルーツロット（果実腐敗病．Alternaria fruit rot）

病原菌：両病ともに同じ *Alternaria tenuissima* 菌によるもので、日本のリンゴ斑点落葉病、ナシ黒斑病、モモ斑点病と同属の菌。ブルーベリーでは、葉と

果実に感染する。

発生・症状：葉の斑点（リーフスポット）は、径5～6mmの赤褐色で丸形や不規則な形を示し、周囲は赤色。斑点の大きさは湿度によって変化し、多湿条件下では大きく、乾燥状態では小さくなる。葉で激発すると早期落葉を起こし、果実の肥大が抑制される。リーフスポットは、通常、斑点病と呼ばれる。

果実腐敗病（フルーツロット）は、成熟前の果実に発生するのが特徴で、果実の花落ちの部分に暗緑色のカビが発生する。

防除：菌の発育は多湿条件下で促進され、最適温度は、葉の斑点病では20℃くらい、果実腐敗では28℃くらい。果実が過熟にならない段階で収穫し、収穫後は速やかに低温状態にすることで発生を抑えることができる。

葉の斑点病の防除にはインプレッション水和剤が、果実腐敗病にはストロビードライフロアブルが登録されている。

果実に加害

◆マミーベリー　Mummy berry

病原菌：*Monilinia vaccinii-corymbosi*　日本の各種果樹の灰星病、リンゴのモニリア病と同属の菌。

発生：ブルーベリーでは、果実（果実ブライト）と新梢（シュートブライト）に発生し、比較的多く見られる。

症状：果実の腐敗は、果実が成熟段階に入り、果色が青色に変化するまでは現れない。感染した果実は、「マミーベリー」と呼ばれ、白色がかったピンク色あるいはサーモン色を呈して萎びるのが特徴。果実はやがて落下する。

新梢（シュートブライト）には、発芽後数週間してから発現するため、症状が目立たず、見落とすことが多い。湿度が高い場合に発生しやすく、感染した新葉や新梢は萎れ、暗褐色に変わってすぐに枯れる。枯れた部分には、明灰色あるいはクリーム色の粉末状の組織が形成される。

防除：花や葉は分生子によって、新梢は子嚢胞子によって感染する。このため、防除の基本は、子嚢胞子の発生を妨害して葉や新梢への感染を防ぐことである。

◆アンスラクノーズフルーツロット　Anthracnose fruit rot

病原菌：*Colletotrichum gloesporioides*　日本の各種果樹の炭疽病と同属の菌。ブルーベリーでは、果実の腐敗のほか、花、葉、新梢にも感染する。

発生：菌の発育には温暖で多湿な条件が適し、非常に湿潤な場合には、ピンク色あるいはサーモン色の濃い粘液が感染部分の表面を覆う。果実収穫後まで感染していることがわからないこともある。

症状：通常、果実の花落ちの部分に感染し、被害は果色が青色に変化する成熟期に見られる。果頂部が軟らかく、しわになる。

防除：開花期から緑色果までの成長段階で感染しているが、病徴は果実が感染した段階で発現する。このため、有効な対策法を取ることが難しいが、この菌は新梢に感染することから、被害枝の除去は非常に効果がある。

根に加害

◆根腐れ病　Phytophthora root rot

病原菌：*Phytophthora cinnamomi*　日本のナシ、ビワ、リンゴなどの疫病菌と同属。同じ菌は、多種の植物に害を及ぼしている。

発生・症状：ブルーベリーでは、初夏に葉が黄化、赤褐色化し、時には葉縁が焼けた症状を示す。細根にネクロシス（壊死）が見られ、新梢伸長が悪くなり、さらに症状が進むと根は腐敗し、樹が矮化し、数年以内に樹全体が枯死する。水田転換園の排水不良園で多く発生する。

防除：水媒伝染性の強い土壌病害のため、特に排水不良園や過湿土壌で多く発生する。

防除のカギは、まず排水性、通気性・通水性の良い土壌に植え付けることであり、次に適切な水管理にある。

ウイルス病　virus disease

2009年、日本で初めて、ブルーベリーのウイルス病の発生が報告されている。

病原名：ブルーベリー赤色輪点病。

病原ウイルス：*Blueberry red ringspot virus*（BRRV）

発生を確認にした場所・品種：2011年11月、千葉県木更津市のハイブッシュ樹に、果実に赤色のリング状および斑入り症状が、茎と葉には赤色のリング状症状の発生が認められた。専門家の診断と分析から、日本で初めてBRRVによるブルーベリー赤色輪点病と確認されている。

病徴等：病徴は葉、茎、果実に発現するが、時期が異なり、葉は秋、茎は春から初夏、果実は成熟期に顕著な病徴を示すとされている。病徴が現れている葉の裏面はきれいな状態で、かび等の発生は認められないようである。果実に発病すると、商品性は著しく劣る。

防除：発病樹は抜き取り、焼却処分する。

その後、本ウイルス病の発生は、宮城県、山梨県でも報じられている。今後、発生地域の拡大、タイプや品種別の罹病性、伝染経路などが注目される。

病害防除に関係する基礎的な用語

◆病害防除の考え方

病気の成立に関与する要因には、主因（病原体）、素因（宿主、病気にかかる植物）、誘因（病気の成立を助ける環境）の三つが必要で、これらのうちどれが欠けても病気は発生しません。したがって、病害防除の基本は、この成立要因を排除または制御することです。

具体的な防除には、大きくは、病原体の制御による方法（化学的防除、生物的防除、物理的防除）、宿主の抵抗性による方法（病害抵抗性の利用）、環境の制御による方法（耕種的な方法）があります。

◆化学的防除　chemical pest control

これは、生物農薬以外の化学物質の農薬を用い、作物などの病害を防除する方法です。対象は殺菌剤〔fungicide（糸状菌に対して），bactericide（細菌に対して）〕による糸状菌と細菌病の防除で、薬剤によって直接、病原体を殺しあるいは増殖を抑制するものです。殺菌剤は、使用方法、殺菌剤の成分、効果を表わす生理作用などの点から、さらに多種類に分けられています。

ブルーベリーの防除にも、多くの登録農薬（registered pesticide）が使用されています。使用に当たって守るべき事項がたくさんありますから、注意が必要です。

農薬　agricultural chemicals, pesticide

農薬は、農林生産物を害する病原菌、昆虫、ダニ、線虫、ネズミその他の動植物やウイルスの防除に用いる薬剤の総称で、植物成長調節剤も含まれます。

農薬安全使用基準　direction for safe use of agricultural chemicals

この基準は、農薬の使用に関し、安全性を確保するために農林水産省が定めたものです。

農作物への農薬残留が一定基準を越えないよう使用量、使用時期、使用回数などが限定されていますので、使用者は農薬のラベルにある使用基準を遵守しなければなりません。なお、魚類に対する毒性が強い農薬に関してもその使用基準が定められています。

◆物理的防除 physical pest control

物理的防除法は、病原を物理的に除去するもので、果樹栽培では、ニホンナシやブドウの袋かけがこれにあたります。

ブルーベリーの普通栽培では、病害の物理的防除法は一般的ではありません。

◆生物的防除　biological pest control, biocontrol

生物的防除は、病原菌に対して拮抗的に働くさまざまな生物（ウイルス、細

菌、糸状菌など）によって病原体の感染密度あるいは発病の能力を減少させるものです。

ブルーベリー栽培では、現在のところ、病害の生物的防除法は見られません。

◆寄主の抵抗性による防除

この方法は、寄主（宿主植物）（host. 栽培の主体である作物）の病害抵抗性の利用です。病害抵抗性を有する遺伝資源から、品種や台木に抵抗性を交雑育種あるいは分子生物学的手法によって組み込み、利用するものです。果樹の種類によって、農薬の使用とともに病気を予防する有力な手段でとなっています。

ブルーベリーの病害抵抗性（耐病性. disease resistance, disease tolerance）品種の開発は、USDAのベルツビル試験場で進められており、これまで、ステムキャンカー（枝枯れ病）、ステムブライト（胴枯れ病）、モニリア病（マミーベリー）などの抵抗性品種が育成されています。

◆耕種的防除法　cultural control

この方法は環境制御（environmental control）であり、温度・湿度などの気象条件、土壌条件の改善などによって病害を防除するものです。

ブルーベリーの場合、栽培管理による耕種的防除法には、次のような例があります。

- 樹の成長に適した土壌pHに調整
- 園地の排水性の改善
- 整枝・剪定による日当たりや風通しの改善
- 雨よけ栽培

ただし、これらの耕種的防除法を単独に用いただけでは、十分な効果を発揮することが困難な場合が多いようです。

虫害

虫害に関係する基礎的な用語

◆害虫　pest insect, insect pest

人間や人間が利用する有用な動植物を直接または間接的に加害し、被害をもたらすダニ、昆虫、線虫などを含む無脊椎動物を、害虫と呼びます。

害虫の密度は、天候、天敵、栽培条件などで変動します。経済的被害をもたらす場合は防除され、ひんぱんに大きな被害を及ぼす害虫は、主要害虫とされています。

◆虫害　insect damage（injury）

昆虫、ダニ等の節足動物、線虫などが作物体を食害し、または寄生、侵入することによって生ずる被害を、虫害といいます。

◆害虫の分類

害虫とは、主に昆虫を指しますが、ダニ、線虫、陸産貝類などの小型の無脊椎動物も含めて扱います。

害虫の分類は自然分類法によっていますが、実際の場面では、綱（class）以下を細分化して、綱―亜綱（subclass）―目（order）―亜目（suborder）―上科（superfamily）―科（family）―属（genus）―種（species）―亜種（sub-species）とされています。

◆昆虫　insect

昆虫は、分類学上、節足動物門（Arthropoda）・昆虫綱（Insecta）に位置づけられます。

昆虫綱は、翅の有無により、無翅亜綱（Apterygota）と有翅亜綱（Pterygota）に大別されます。

有翅亜綱は、20余りの目に分けられますが、果樹の主要な害虫が含まれるのはカメムシ目、アザミウマ目、コウチュウ目、チョウ目などです。

昆虫の特徴は、体がキチンと蛋白質を主成分とする堅い表皮で覆われていること、その表皮が多くの小節に分かれ、柔軟な膜でつながれた体構造になっていることなどです。特に成虫では、体が頭部・胸部・腹部の3部に分けられ、頭部には1対の触覚、1対の複眼、通常3個の単眼および口器があります。胸部は、前胸・中胸・後胸の3環節に別れ、それぞれに1対の脚、また多くの場合、中胸・後胸に1対の翅があります。腹部は基本的には11節から成り、第8環節以降は多くは生殖器官に変形しています。

◆ダニ類　mites

ダニ類は、節足動物門・クモ形綱・ダニ目に属しています。ダニ目は、呼吸器官である器官系統の構造などから、さらに7亜目に分類されていますが、果樹を加害する主要なダニ類は、ハダニ科、フシダニ科、ホコリダニ科です。

ダニ類は、一般に小型で、成虫の体調は0.1～0.8mmの範囲で、体は顎体部と胴体部に分けられます。顎体部には触肢と触角という付属肢があります。蝕角は、一般に摂食のための器官として働き、多くのダニ類では先端が挟み状ですが、ハダニ類では基部が合着して口針を支える構造になっています。胴体部は、さらに前胴体部、中胴体部、後胴体部に分けられます。

ダニ類の成虫は、一般に4対の脚を持っていますが、前の2対の脚が前胴体部に、後ろの2対が中胴体部に付属しています。

ブルーベリーに寄生するダニ類には、ブルーベリー芽ダニ（blueberry bud

mite, *Acalitus vaccinia* Keifer) があります。

◆**線虫類・ネマトーダ　nematodes**

　果樹に寄生する線虫類は、線形動物門（Nematoda）の幻器綱・ティレンクス目、尾線綱・ドリライムス目に属しています。

　果樹で多いのは、根部に寄生してコブを形成するネコブセンチュウ類や、根部の組織内に侵入して移動し、根を腐敗させるネグサレセンチュウ類です。

　ブルーベリーに寄生するネマトーダに関する研究報告は、海外でも少ないようです。

◆**陸産貝類　snails and slugs**

　果樹を加害する陸産貝類は、軟体動物門・腹足門・柄眼目に属しています。

　主要な種は、日本では、チャコウラナメクジ、ウスカワマイマイです。これらは頭部に歯舌と呼ばれるヤスリ状の口器を持ち、植物の組織を削り取るようにして食べます。

　ブルーベリーの場合、普通栽培園では陸産貝類の被害はほとんど報告されていません。しかし、鉢栽培の場合にはナメクジ類（slugs）が鉢の底部で繁殖し、新根を食する害が見られます。

日本で見られる主要な虫害

　ここでは、病気の場合と同様に、アメリカ・ノースカロライナ州のブルーベリー防除暦の中で主要な害虫とされている種と同属で、日本の主要な果樹およびブルーベリーに加害が見られる種を取り上げます。

　なお、害虫名は学名から専門書に当たって調べたもので、同定の結果ではありません。また、防除法で挙げた農薬名は、日本で登録されている農薬です。

葉に加害

◆**ケムシ類　Caterpillars**

　種類：アメリカでは、防除の対象害虫として、マイマイガ（ブランコケムシ、Gypsy moth, *Lyma ntriadispar*）、アメリカシロヒトリ（Fall webworm, *Hyphantria cunera*）が挙げられている。

　生態・被害：ケムシ類の幼虫は葉を食害し、その被害は甚大である。

　防除：ケムシ類による食害は、若齢幼虫までに防除しないと効果が劣る。マイマイガ、ドクガの防除には、サイアノックス水和剤（有効成分・CYAP）が使用できる。

◆**ハマキムシ類　Leaf rollers**

　種類：日本では、1化性のミダレカクモンハマキ（Apple totrix, *Archips*

fuscocupreanus)、カクモンハマキ（Apple leafroller, *Archips xylosteanus*)、多化性のリンゴカクモンハマキ（Summer fruit totrix, *Adoxophyes orana fasciatawal singham*)、トビハマキ（*Pandemis heparana*）などが一般的である。

生態・被害：この害虫は、葉を巻いたり二つ折りにしたりする習性がある。一化性の種類は、年1回の発生で、幼虫は春から初夏にかけて出現して、葉ばかりでなく花や蕾も食害する。一方、多化性のものは年に数回発生し、後期の世代の幼虫は果実の表面にも食い痕を残す。

防除：ハマキムシ類の幼虫防除には、BT水和剤が使用できる。

◆ミノガ類　Bagworm moths

種類・形態：日本の果樹で多く見られるミノガ類は、オオミノガ（Giant bagworm, *Clania formosicola*) とチャミノガ（Tea bagworm, *Clania minuscule*) の2種である。

オオミノガの巣は、35mm（雄）から50mm（雌）の大きさで、紡錘形で外側に小枝をあまり着けない。これに対し、チャミノガの蓑は25〜40mmとオオミノガに比べて小型で、外側に葉片や小枝を密に縦に並べて着け、上方が角張り、下方は閉じている。

生態：オオミノガは年1回発生し、蓑の中で、終齢幼虫で越冬し、3月下旬頃から活動を開始して加害を続ける。蛹化、羽化の後、ふ化は7月下旬から始まる。ふ化した幼虫は適当な場所で、最初は小円孔を穿って加害するが、成長すると大きな円形の孔の食痕を残す。

チャミノガは年1回発生し、初齢幼虫で、蓑内で越冬する。翌年、4月頃から葉、果実に加害し始め、時には樹皮までかじることがある。7月中旬からふ化幼虫が現れ、若齢幼虫は葉の表皮を残して葉肉を食害し、落葉前に枝梢に移り、巣を固定して越冬に入る。

防除：捕殺が良く、枝ごと除去して焼却する。

◆コガネムシ類　Scarab beetles

種類：マメコガネ（Japanese beetle, *Popillia Japonica*)、フォルスジャパニーズビートル（False Japanese beetle, *Strigoderma arboricola*)，バラコガネムシ（Rose chafer, *Marcodactylus subspinosus*) の3種が重要である。

生態・被害：マメコガネの成虫は、体長9〜13mm、体は黒緑色で強い光沢がある。幼虫態で、土中で越冬し、翌春、蛹化する。成虫は5〜9月に発生し、初夏に最も多くなる。

昼間活動性で、日中盛んに飛び回り、葉や果実を食害する。

防除：成虫は1か所に数匹〜数十匹固まる集合性が強いため、見つけ次第捕殺して密度を下げる。幼虫の農薬防除では、ダイアジノン粒剤が登録されている。

◆イラガ類　Cochlid moths
　種類：イラガ（Oriental moth, *Monema flavencens*）、ヒロヘリアオイラガ（Parasa lepida）が重要である。幼虫が葉を食害する。
　ブルーベリー栽培では、幼虫による食害よりも、収穫者の人体に及ぼす害が問題となる。特に観光農園の場合、摘み取り客が幼虫の棘毛に触り、痺れるような痛みを感じて、収穫の喜びや風味を楽しむことよりも先に不快な思いを抱くからである。
　生態：いずれの幼虫も、年1～2回発生する。弱齢幼虫は葉裏から葉肉を食して表皮を残すが、中齢幼虫以後では葉縁から暴食する。
　防除：幼虫の寄生を見つけ次第、葉あるいは枝ごと切除し、土中に埋め込み、圧殺する方法が勧められる。登録農薬には、デルフィンイ顆粒水和剤がある。

枝に加害

◆ゴマダラカミキリ　Whitespotted longicorn beetle
　分類・形態：*Anoplophara malasiaca*　主に柑橘やリンゴに加害するが、ブルーベリーでも多くみられる。
　成虫は、体長が35mmほどになり、背面は黒褐色で光沢があり、多数の白点が点在。触覚は灰白色で各節の基部は黒色である。
　幼虫は、いわゆる"テッポウムシ"（鉄砲虫．Borer, larva of longicorn）で乳灰色を呈し、老熟すると50mm以上の大きさになる。年1回または2年に1回の発生で、幼虫で越冬し、5～6月に羽化する。
　産卵は、多くは主軸枝で、地際部から地上10～20cmの部分。ふ化した幼虫は表皮下に食入するが、ほとんど被害部は見えない。しかし、2齢になると維管束部に、3齢で木質部に食入して大量の糞を排出するため、被害部は容易に分かる。
　防除：被害樹（主軸枝）を見つけたら、孔口（円形）から内部に針金を挿入して、突き刺して殺す方法が最も効果的である。
　生物農薬のバイオリサ・カミキリ（バンド状になっている）が登録されている。成虫発生の初期に、1樹当たり1主軸に、地上10cm前後の高さの位置に巻き付けて使用する。被害樹の回復方法は、現在のところ確立されていない。

◆カイガラムシ類　Scales
　種類：アメリカの栽培指導書では、プットナムカイガラムシ（Putuaum scale, *Diaspidiotus ancylus*；日本のイヌツゲマルカイガラムシと同属）、レカニンカイガラムシ（Lecanium scale, *Lecanium nigrofasciatum*．日本のチャノカタカイガラムシと同属）の二つが重要な種とされている。
　日本ではカイガラムシ類の種が多く、重要な種は、ロウムシ類（Ceroplastes

spp.)、クワシロカイガラムシ（White peach scale, *Pseudaulacapis pentagona*）、ナシマルカイガラムシ（San Jose scale, *Comstockaspirs perniciosa*）、クワコナカイガラムシ（Comstock mealybug, *Pseudococcus comstocki*）、フジコナカイガラムシ（Japanese mealybug, *Planococcus kxraunhiae*）などである。

生態・被害：樹（枝）の表面上に鈍い甲殻のような外見をして固着し、樹液を吸収して勢力を弱め、さらに葉や枝上に分泌物をつける。

防除：古い枝や樹、勢力の弱い枝に多く発生するため、剪定で除去できる。また、軍手やゴム手袋をはめ、手でこすり取る方法もある。

農薬では、ダーズバンDF、クロルピリホス水和剤が登録されている。

果実に加害

◆オウトウショウジョウバエ（Cherry drosophila）

各地のブルーベリー産地で発生がみられ、近年、その被害は拡大している。特にこれまで無農薬栽培をしてきた園では、経営の成否を左右する害虫とまでいわれる。

分類・形態：*Drosophila Suzukii* ショウジョウバエ科に属し、成虫は、体長3mm弱で暗褐色。卵は乳白色。ふ化当初の幼虫は白色で小さいため、発見が困難。幼虫は、体長約6mmの白色のウジ状である。

生態：寄主植物は多く、オウトウ、モモ、ブドウ、カキ、クワ、キイチゴ、サクラ、グミ、ブルーベリーなど。年間、十数回発生する。

ブルーベリーでは、寄生は収穫前から始まり、収穫期が近づくにつれて多くなる。成虫は、未熟果にも産卵できるが、多くは成熟果に産卵し、ふ化幼虫は果肉を食害し、老熟すると脱出して地面の浅い所で蛹になる。

成虫態で、落葉や小石の下で越冬する。成虫は羽化して2～3日後に交尾し、果実に産卵管を挿入して1回に1卵ずつ、1果に1～15卵を産みつける。産卵された果実の発見は大変難しい。

卵の期間は1～3日で、幼虫は不規則に果実を食害し、4～6日後に蛹になる。蛹の期間は4～16日。卵から成虫までの発育日数は、温度によって異なり、15℃で約30日、22℃約14日、25℃で約10日である。適温は20～25℃で、32℃を超えると産卵しても成虫まで発育しないといわれる。

被害の状況：果実内でふ化した幼虫（ウジ）は果肉を食して成長し、被害果は食害された所が軟化し、幼虫が出た穴から果汁がしみ出る。そのため、被害果はもちろん、被害果が混入していると出荷容器内の果実全体の表面が濡れて、商品性がなくなる。

さらに、収穫時、出荷時に気づかなくても卵の期間が1～3日であるため、消

費者が購入して食べる頃に、ウジが発見される可能性が極めて高い。

　発生は、関東南部の場合、特にノーザンハイブッシュ、サザンハイブッシュの早生～中生種から中生種の成熟期（6月中・下旬～7月中旬）で被害が多くなる。また、密植園、樹冠内部が混み合って日射や風通しの悪い園に多発する。

　防除：園内の生息密度を下げることが重要で、成熟果を取り残さない、障害果は摘み取る、落果している被害果は適切に処分するなどの耕種的管理を徹底する。

　農薬では、アディオンフロアブル、モスピラン水和剤、モスピラン顆粒水和剤が登録されている。

病虫害の防除に関係する基礎的な用語

◆病害虫発生予察（発生予察）disease and pest forecasting

　農作物の病害虫に対して、適時に経済的な防除を行うためには、病害虫の発生状況を把握し、将来の発生程度やそれによる被害を適確に予報する情報が有用です。その情報を病害虫発生予察情報、その情報を得て公表する活動を病害虫発生予察（発生予察）といいます。

　日本では、植物防疫法により発生予察の実施が定められており、農水省と都道府県が協力して実施し、都道府県の病害虫防除所より発表されています。また、公的な発生予察情報に基づかない情報を他者が発表することは、禁止されています。

◆総合的有害生物管理　integrated pest management（IPM）

　この言葉は、IPMの中のpest（ペスト）の意味を「人間にとってあらゆる有害な生物」と広義に解釈して和訳したものです。農業におけるペストには、害虫、病気、雑草、害鳥、害獣などがあります。害虫だけを対象にしている場合には、IPMは、総合的害虫管理と訳されています。

　日本の場合、推進すべき「総合的病害虫・雑草防除の（IPM）実践指針」が示されています。それは、「総合的病害虫・雑草防除とは、利用可能なすべての防除技術を、経済性を考慮しつつ慎重に検討し、病害虫・雑草の発生・増加を抑えるための適切な手段を総合的に講ずるものであり、これを通じ、人の健康に対するリスクと環境への負荷を軽減、あるいは最小の水準に留めるものである。また、農業を取り巻く生態系の攪乱を可能な限り活用し、安全で消費者に信頼される農作物の安定生産に資するものである」とされています。

◆経済的被害許容水準　economic injury level（EIL）

　この用語は、害虫防除に要する費用と、無防除での被害額が同一となる害虫密

度のことで、防除を行ったほうが経済的に得する害虫の最低密度を意味します。実際には、害虫がこの密度に達する前に防除の要否を判定しなければ手遅れになるので、そのための害虫密度として要防除水準（control threshold）を設定することになります。

◆病害虫防除作業　pest and pathogen control

作物を保護して安定した農業生産を得るために、化学的、生物的、物理的ならびに耕種的手法を用いて病害虫を予防（発生を前もって抑制したり被害を回避したりすること）あるいは駆除（発生後短期間に殺虫して密度を減少させること）する行為を、病害虫防除作業といいます。

病害虫の発生数は、気象条件、農作物の生育状況などで大きく異なるため、防除作業は発生予察情報に基づいて、適期に行う必要があります。

◆化学的防除（虫害）chemical control

この方法は、化学物質（農薬）を使用して害虫を殺し、害虫の走化性〔化学物質の刺激によって起こされる走性（刺激に対して方向づけられた運動を起こす性質）〕を利用して作物の被害を低減さる防除法です。害虫を殺す目的の化学物質を殺虫剤（insecticide）、害虫の走化性を利用する物質を誘引剤（attractant）あるいは忌避剤（repellent）といいます。

殺虫剤は、速効的に害虫を死亡させるものが多く、効果も安定して高く、使いやすいことなどから、現在の害虫防除の主流になっています。

殺虫剤はその成分によって、合成された無機化合物、有機化合物、天然有機化合物に分けられますが、現在はほとんどが有機合成化合物です。また、作用性によって神経系作用剤と昆虫成長抑制剤、その他に分けられます。

殺虫剤は効果が顕著な反面、散布者の薬剤への暴露、作物への残留、環境への影響、薬剤抵抗性害虫の出現、潜在害虫の顕著化、天敵生物への影響などが懸念されています。使用基準を守ることや、同一系統の農薬の連用を避けるなどに留意します。

ブルーベリー栽培では、主要な害虫に対して法的に使用が認められている各種の殺虫剤が、登録されています。

◆生物的防除（虫害）biological control, biocontrol

あらゆる生物には天敵が存在し、その生物の増殖の制限因子となっています。この天敵を利用した害虫防除を生物的防除と呼びます。生物的防除に利用される天敵には、捕食者、捕食寄生者、寄生性線虫、病原微生物があります。

捕食者（predator）は、自らが餌を探し、生存期間中に1匹以上の餌（害虫）を食べるのが特徴で、ベダリアテントウ、クサカゲロウ、チリカブリダニが該当します。

捕食寄生者（parasitoid）は、寄生ハチや寄生バエが主要で、幼虫期に他の昆虫に寄生し、寄主を殺した後に成虫が羽化して自由生活者となるものです。

病原微生物（pathogen, pathogen microorganisms）には、ウイルス、細菌、糸状菌などが含まれます。細菌は、生物農薬として最もよく利用されており、BT剤がその例です。糸状菌では、*Beauveria* 属や*Metarrhizium* 属などが有望であるとされ、なかでも*Beauveria brongniartii* は、ブルーベリーに対してもゴマダラカミキリ、キボシキカミキリの生物農薬として登録されています。

天敵　natural enemy
ある特定の種の動物の捕食者、寄生省として、それを殺したり増殖をはばむ動物を、天敵といいます。

生物農薬　biotic pesticide, biological pesticide
生物的防除のために用いる生きた拮抗微生物、病原微生物、天敵昆虫などの生物資材を農薬として製剤化したものを生物農薬といいます。

◆物理的防除（虫害）physical control method
物理的防除は、器具や機械、ならびに光、熱といった物理的要因を用いて、殺虫や害虫行動を制御する方法です。単独で被害を安全に回避することは困難でも、補助手段として有効であり、総合的害虫管理法を支える主要な防除法の一つです。しかし、ブルーベリー栽培で行われている方法は、現在のところ少数です。

捕殺・除去
手（手袋をはめて）や器具を用いて害虫を殺す方法です。果樹栽培では、ゴマダラカミキリの成虫を手で捕殺したり、樹幹内の幼虫を針金で刺殺したりするなどの作業が行われています。同様の防除法は、ブルーベリー栽培でも一般的です。

遮断
害虫が果樹へ至る通路を遮断する方法で、果実への袋かけ、防虫網の設置などがこれにあたります。多くの果樹では一般的ですが、ブルーベリー栽培では行われていません。

光・色
可視光線や紫外線により、害虫の行動を制御・攪乱する方法です。果実吸蛾類に対する黄色蛍光灯の夜間照明や、紫外線反射シートで土壌を被覆する処理などがあります。ブルーベリー栽培では行われていません。

熱処理
加熱や冷却により殺虫する方法で、ミバエ類を対象とした43℃以上の温熱処理や、クリシキシゾウムシの幼虫に対するマイナス2～マイナス3℃の低温処理な

どの例があります。ブルーベリー栽培では行われていません。

◆耕種的防除　cultural control

作物の耕種と栽培手段を変更することにより、害虫の定着や増殖を抑制し、被害の軽減をはかる防除法をいいます。環境に対する負荷の小さいのが特徴で、主として栽培環境の調整、耐虫性品種の栽培の二つがあります。

栽培環境の調整

これは、害虫が生存・繁殖しにくい環境を作り、保つ方法です。具体的には、果樹の場合、清掃・除草・耕起などによる環境整備（environmental improvement）、輪作、混作、間作などによる栽培環境の複雑化、肥培管理や植え付け間隔の調節による作物の対害虫耐性の強化などが含まれます。

ブルーベリー栽培の場合、苗木の植え付け間隔を検討して植え付け、それ以降は、季節に合わせて定期的に除草・中耕して環境を整えています。また、樹の成長に合わせて肥培管理を行い、樹勢の強化を図っています。さらには、園地周辺の害虫の宿主となる雑草処理も行われています。

耐虫性品種の利用

耐虫性（insect resistance，虫害抵抗性）品種の利用は、他の防除手段を必要としない点で、最も理想的な防除法で、幾つかの果樹では実用化されています。クリタマバチに抵抗性を示すクリ品種、リンゴワタムシ抵抗性の矮性台木、ネコブセンチュウ抵抗性のモモ台木などがそれにあたります。

ブルーベリーでは、USDAベルツビル試験場で研究が進められていますが、現在のところ、耐虫性品種の育成までには至ってないようです。

ブルーベリー栽培で農薬散布は必要か

◆農耕地の特徴

農耕地は、耕作などの人為的攪乱を受けるため、自然生態系に比べて生物相が単純になり、病気や害虫が発生しやすいとされます。農耕地の特徴は、次のように整理されています。

　①大面積に同じ作物が一様に栽培される
　②同じ時期に、同じ作物が、同じ場所に栽培される
　③作物は、病気や害虫に対する防除機能が弱い
　④雑草など、作物の競争者は排除される
　⑤植食者やその寄生者は、農薬によって排除される
　⑥肥料が投入され、作物が収穫されて物質循環が変わる

生態系　ecosystem

生態系とは、景観としてまとまりを持つ一定地域内の全ての生物と非生物的環境を、エネルギーの流れ、食物連鎖、物質循環などに着目して、一つの機能系を見なしたものとされています。特に、生物にとっての環境要因の重要性を強調する立場をとっています。その基本構造は、生産者（緑色植物）、消費者（植食動物が一次消費者、肉食動物が二次消費者）、分解者（細菌・菌・土壌動物など）、非生物的環境からなります。

◆ブルーベリーの普通栽培園で無農薬栽培は可能か

　果樹栽培では、特定の病気や害虫による被害は、栽培面積の増加と栽培年数に密接に関係しています。ブルーベリーの普通栽培園でも同様で、栽培面積の増加に伴って農生態系が拡大し、また、古い産地では長年の間に特定の病気、害虫の生息密度が高まっていると推察されます。このため、長年にわたって樹の健全な成長を図り、良品質果実を安定して生産するためには、病原菌や害虫の生息密度を安定的に低く抑える最低（少）限の範囲内での薬剤散布は必要であると考えられます。

　アメリカでは、多くの栽培研究者が、「ブルーベリー園全体から、全ての病気や害虫を排除することは不可能である」としたうえで、各種の病気と害虫防除のために薬剤散布の重要性を強調しながら、一方で、生態系の破壊をもたらすような過剰な薬剤防除を戒めています。

12　鳥獣害と対策

　鳥獣類によるブルーベリーの被害（鳥獣害，wildlife damage, damage caused by wildlife）は、全国各地でみられ、その程度は甚大です。
　鳥害は、主に収穫期における完熟果の傷害であり、獣害は、小動物の野ウサギによる新植樹の咬み切り、大型獣のイノシシやシカによる樹（枝）皮の剥皮、枝の折損、倒木などです。
　この節では、加害する主要な鳥獣の種類別に、形態・生態、被害、対策法について解説します。対策法は限られ、鳥害は樹や園全体をネットで囲い、獣害は園の周囲を柵で囲む方法が一般的です。

鳥害

鳥害　bird damage, bird injury

　鳥による作物の芽や果実の食害を鳥害といいます。その被害は大きく、また、全国どこでも見られます。
　芽の食害は春先に多く、ウソやムクドリによって萌芽前の芽が啄ばまれるものです。
　果実の場合は、ムクドリ、オナガ、ヒヨドリ、スズメ、カラスなどにより、特に収穫直前の成熟果が啄まれることによります。ヒヨドリ以外は、いずれも1年中ほぼ同じ場所に留まり、繁殖する留鳥（resident bird）です。
　被害の様相は鳥の種類によって異なりますが、対策法は、防鳥ネットの設置が最も効果的です。

鳥の習性
　わずか数種の鳥を相手に、なかなか効果的な対策が打てないのは、次のような鳥の習性によるとされています。
- 鳥は賢い（学習能力があり、各種対策に慣れる）
- しつこい（おいしい餌場に執着）
- 付和雷同（群れで生活）

◆ムクドリ（gray starling）害
　形態・生態：スズメ目ムクドリ科に属し、全長24cm、体重75～90g前後。背は黒褐色で、腹は淡く、頭頂、翼、尾は黒味が強い。頭頂から頬に不規則な白色

部がある。脚とくちばしは鮮やかな橙色で目立つ。

　日本では、一年を通じて全国的に見られ、農耕地、公園、庭園、村落付近の林、果樹園、牧場など様々な場所に生息する。主として群れで生活し、「キュルキュル」、「ジャージャー」などいろいろな声を出す。

　ムクドリは雑食性で、動物質ではミミズや昆虫を、植物では液果を食べる。

　被害：ムクドリによる被害は主として果樹であり、初夏から秋にかけて、モモ、オウトウ、ナシ、ブドウ、カキなどの果実が食害される。群れで飛来するため、被害は甚大である。

　ブルーベリーの場合、成熟果を持ち逃げして食べ、また、枝に止まって果実を地面に揺すり落とす。

　対策：防鳥ネットの被覆が最も効果的である。

◆ヒヨドリ（brown eared bulbul）害

　形態・生態：スズメ目ヒヨドリ科に属し、全長28cm、体重70〜100g前後。全体に黒い灰色で、頬と脇が茶色。波形を描いて飛び、ホバリング（はばたいて空中の1か所に留まる）もできる。大きな声で「ピーヨ、ピーヨ」と鳴く。

　日本列島から朝鮮半島南部に生息し、木のあるところなら市街地から山地のいたるところに棲む。北日本や高地のものは、冬季に関東以南や平野部に移動する。また、北日本のヒヨドリは南西日本に渡って越冬する。

　被害：あらゆる果樹は被害を受けるが、落葉果樹（ナシ、リンゴ、カキなど）よりもカンキツ類の被害が大きい。

　ブルーベリーの場合、成熟果を持ち逃げして食べ、また、枝に止まって果実を地面に揺すり落とす。

　対策：ヒヨドリの被害は長期間にわたることが多いので、作物を物理的に保護する方法が基本となる。効果的な方法は、防鳥ネットを張ることである。

◆スズメ（sparrow）害

　形態・生態：スズメ目ハタオリドリ科に属し、全長14〜15cm、体重20〜25g前後。頭から背面は茶色で、白い頬の黒点が特徴である。下面は白っぽく、黒いくちばしは太くて短い。「チュン、チュン」などと鳴く。

　日本では、小笠原諸島を除く全国に生息する。人の生活に密着して生活し、人家とその周辺の樹林、農耕地、草地、河原に棲む。

　被害：主として種子食で、イネ科、タデ科、キク科などの小粒の乾いた種子を好む。動物食としては、小形の昆虫、クモ類などを食べるブルーベリーの場合、スズメは、くちばしや爪で果実をえぐるため、果肉が露出して商品価値が失われる。果肉が露出した果実を樹上に残しておくと、その果実に蟻やハチが寄生し、また病気や害虫の発生源となる。このため、被害果は見つけしだい除去し、土中

に埋める。また、被害果は決して食べない。

対策：防鳥ネットを張るのが最も効果的である。

◆カラス（crow）害

形態・生態：農作物への主要な加害種は、スズメ目カラス科のハシブトガラスとハシボソガラスの2種である。

ハシブトガラス（hondo jungle-crow）は、全長56cm、体重700g前後。くちばしは太く、上くちばしは湾曲している。額の羽毛をふくらませているので盛り上がって見える。「カア、カア」と澄んだ声で鳴くが、濁った声も出す。日本では全国に生息する。

ハシボソガラス〔carrion（common）crow〕は、全長50cm、体重500〜600g前後で、くちばしはハシブトガラスより細く、湾曲は少ない。額の羽毛は寝かせており、なだらかに見える。「ガア、ガア」と濁った声で鳴く。日本では全国に生息する。

両種はいたるところに生息するが、ハシブトガラスは市街地や林を、ハシボソガラスは農耕地など開けた環境を好む。3〜7月に樹木や高圧鉄塔に巣を作り、3〜5個の卵を産む。巣立ち後も50〜100日ほど家族で行動する。

被害：雑食性で、残飯や動物の死体、昆虫、種子、果実、鳥の卵や雛なども食べる。

ブルーベリーの場合、果実を丸ごと食べ、また果実を地面にゆすり落としたり、体重で枝を折ったりする。

対策：最も効果的な対策法は、防鳥ネットを張ることである。

鳥害防止対策

各種の手段が講じられていますが、鳥の習性から、鳥害を完全に防止することは困難であるとされています。

◆防鳥ネット（網）の被覆

鳥害対策法で最も有効なのは、園全体を防鳥ネット（網）（bird protection net, anti-bird net）で覆い鳥を近づけない方法です。これは、園全体を2m前後の高さに、8〜16mm目のネットで覆う、いわゆる防鳥ネットを被覆するものです。ネット（網）は、一定間隔で打ち込んだ支柱と、縦横に張り巡らせた架線上に被せます。

被覆期間は、収穫期間中のみとし、収穫終了後は取り外して、鳥類に園内を自由に飛来させます。そうすることで、秋から翌年の収穫始めまでの期間、鳥類が各種の害虫を捕食してくれます。

この方法は、効果が最も高いのですが、高額な施設費がかかります。

第4章　ブルーベリーの生育と栽培管理

園全体を防鳥ネットで被覆

一般に8〜16mm目のネットを使用

◆追い払い法

　この方法は、鳥の視覚、聴覚（爆音器、他の鳥の鳴き声を放送など）、臭覚（忌避剤）などに作用するものです。中でも視覚刺激による追い払い法が代表的で、次のようなものがあります。
- ひらめくビニール袋や旗を立てる
- 風で空中に上がる凧、目玉風船、ワシ・タカの模型をつるす
- 防鳥テープを張り巡らす
- カラスや他の鳥の死体をぶら下げる

　しかし、鳥は学習能力が高いため、対策をとった初期は効果が見られても急速に慣れが生じ、次第に忌避効果が弱まります。

獣害

　ブルーベリー栽培では、獣類による果実の食害のほか、根の切断、樹皮の剥離、枝の折損などの被害が見られます。

　獣害の種類は、場所により異なります。中山間地ではイノシシ、シカによる被害が大きく、両者はともに雑食性で、学習能力の高いことが知られています。里山では、野ウサギの被害が多く見られます。

◆イノシシ（wild boar）害

　形態・生態：ウシ目・イノシシ科イノシシ属で、ブタの祖先と考えられている。太い胴に短い四脚が付いている。体調1.1〜1.5m、肩高55〜110cm、体重45〜300kg。体色は灰褐色から黒色または茶色。剛毛に覆われた体は太く、ずんぐりしている。吻（ふん、口先）は、円筒状に突出し、先端が扁平となり、二つの鼻孔がある。

　嗅覚に優れ、イモやキノコなど地中の食物も匂いで探し出す。夕刻から翌早朝

にかけて歩き回る。

　日本海側の豪雪地帯や北海道、市街地周辺を除けば、ほぼ日本全域に分布する。雑食性で多様な環境に適応するが、里山や平野を好む。通常、毎年春に平均4～5頭の子を出産する。

　被害：植物質を中心に、動物質も食べる雑食性で、堅果、根、茎、穀物などのほか、腐肉、鳥卵、トカゲ、昆虫などを食べる。

　ブルーベリーの場合、地中で繁殖しているミミズや昆虫の幼虫を食べようと、鼻を使って餌を探し出すことで株元が掘り起こされ、根が切断され、樹が倒される被害である。時には、枝の食害もある。

　対策：対策法は、園の周囲を1.0～1.5mの高さに、強い金網を張り巡らす方法が一般的である。その場合、支柱の埋設強度が重要で、鼻に引っ掛けて持ち上げられないよう、支柱は土中にしっかりと打ち込む。

◆シカ（Japanese deer）害

　シカ（deer）は、ウシ目シカ科の哺乳類の総称で、13属約43種あるとされますが、ここでは、ニホンジカについて取り上げます。

　形態・生態：ニホンジカは、シカ科シカ属シカ亜属に属する。体長1～1.7m、体高0.8～1.0m内外で、亜種により体長が異なる。体色は、夏は赤褐色に白色斑があるが、冬にはこの白色斑が消失し、灰褐色がかった体色になる。角は4～5月ごろ袋角が生え始め、9月ごろ完成される。成獣の角は、普通四枝である。

　春、夏には雌雄別々で生活し、秋か冬は10頭前後の群れをつくる。森林地帯に棲み、主に早朝と夕刻に活動する。草食性である。

　被害：ニホンジカは、夏は主に低木の葉を食べ、冬に葉がなければ小枝や樹皮を食べる。林業では最大の加害獣といわれるように、ヒノキやスギでは枝葉、樹皮の食害、角擦りによる樹皮剥ぎが主な被害とされている。

　ブルーベリーでは、春の新芽のころから夏の成長期間中の枝の食害（咬み切り）もあるが、主として冬に、枝（特に、夏に旺盛に伸長し充実したもの）が食害を受ける。

　対策：対策法として、適当な間隔に支柱を立て（約2.5m）、合成繊維のネット、中古の魚網、強い金網などで、高さ1.5mくらいに、園の周囲を囲む方法が勧められる。

◆野兎（hare）害

　形態・生態：野兎（野ウサギ）は、本州、四国、九州の平地から高山に住む野生ウサギ。ニホンウサギ、エチゴウサギ、ヤマウサギとも呼ばれる。

　ニホンウサギは、ウサギ目、ウサギ科ウサギ亜科に属し、体長50cm、尾長4cm、体重2.2kg前後。耳は長さ7cm前後、先端が黒い。

体型は家畜のカイウサギに似るが、前肢が長く、耳は短い。後足が長さ15cmと大きく、これをかんじきのように使って、柔らかな雪の上を敏捷に走ることができる。

体色は、夏毛で灰褐色ないし暗褐色、冬毛では褐色になるもの（ナベウサギあるいはゴマウサギ）と、黒色の耳の先端部を除いて全身白色になるものとがある。

生息場所は、草原、森林であるが、林縁部に多い。行動圏は100～200m四方程度で、普通単独で生活する。木の根元や茂みの中などを休み場（寝場）として夜活動する。

雌は、冬を除いて年に数回、1産1～3子を産む。子は、毛が生えそろい、目も開いた状態で生まれるが、休み場で寄り添ってじっとうずくまり、動かないことでキツネ、猛禽類などの天敵に見つけられるのを防ぐ。親は別の場所に休んでいて、授乳時のみ子のもとを訪ねる。

被害：夜活動して、草木の芽、枝、樹皮などを食べる。

ブルーベリーの場合、野兎による被害はほとんどが新植園に限られるが、被害の程度は無視できない。植え付け1年目の冬、主軸枝候補である優良な発育枝が、地上部30～40cmの高さで切断される。鋭利なナイフで斜めに切断されたような滑らかな断面に、細い筋の残るのが特徴である。

被害を受けると、将来、樹の中心となる主軸枝の候補枝がなくなるため、樹冠の形成が1年から数年遅れることになる。

対策：具体的な対策法は取られていない。植え付け樹数が少ない場合には、冬期間、幼木の周囲を金網や使い終わった肥料袋で囲む方法も有効である。

植え付け後3～4年経って、株元がブッシュになり、また主軸枝が肥大して太く硬くなってくると、ほとんど被害が見られない。

13　鉢栽培

　ブルーベリー樹は小形ですが、栄養繁殖苗で、成長が早いため、幼木期でも花、果実を着けます。また、花や葉、果実は観賞性に優れています。このような特性から、ブルーベリーは"食べられる観賞果樹"と注目され、家庭果樹としての栽培が広がっています。

　家庭果樹としての育て方には、庭植えと鉢栽培があります。庭植えの場合は、これまで述べてきた「第4章　ブルーベリーの生育と栽培管理」の各節を参考にすると、樹を健全に育て、大きくて、おいしい果実を収穫できます。しかし、鉢植えの場合には、特に鉢の大きさとその置き場所に制約があることから、庭植えの場合とは異なる管理と作業が必要になります。

家庭果樹に関係する基礎的な用語

◆家庭園芸　home gardening

　商品として販売目的で園芸作物を栽培する生産園芸（commercial horticulture）に対して、家庭での利用を目的としたものを家庭園芸といいます。

　園芸作物は野菜・花き・果樹ですが、花きを家庭で育てる場合は、通常、趣味の園芸（amateur gardening, hobby gardening）と呼ばれ、果樹の場合は家庭果樹と呼ばれています。

◆家庭果樹

　ブルーベリー樹を家庭で育てる楽しみは、開花、果実の成長から着色段階の進行、紅葉と、花、果実、葉の形態的な季節変化を愛でることです。さらには、品種別に、完熟果を生食したり、自家製のジャムやジュースなどに加工したりして賞味できることです（「第1章　ブルーベリー樹の分類、形態、特性、4　ブルーベリー樹の性質、栽培特性　家庭果樹としての楽しみ」の項参照）。

　家庭果樹の栽培様式には、大きくは、庭植えと鉢栽培（ポット栽培）の二通りあります。

◆庭植え

　収穫や観賞にポイントをおき、数本から十数本の単位で庭に植え付け、管理する栽培法が庭植えです。庭植えの場合、植え付けて以降の栽培管理は、一般的に、第4章の「2　開園準備と植え付け」から「12　鳥獣害と対策」までで述べた普通栽培の方法に準じて行います。

◆鉢栽培（ポット栽培）pot culture

鉢栽培は、果実の収穫、樹を育てる楽しみと観賞に重点を置き、鉢を庭やベランダに置いて育てる栽培法です。鉢栽培は、容器栽培あるいはコンテナ栽培（container culture，container planting）とも呼ばれます。

なお、鉢栽培と似た用語に「実物盆栽」がありますが、これは、特殊な種や品種を用いて観賞だけを対象としているものです。

鉢栽培には管理上の特徴があります。

鉢栽培の管理上の特徴点
①鉢の置き場所が限られる

庭やベランダなどの広さ（面積）、灌水の便、日当たりの良否などから、鉢の置き場所が制限されます。

②樹形を重視した品種選定

果実の収穫を目的としているので良品質な果実の品種選定はもちろんですが、場所と育てやすさから樹形の大小、樹勢の強弱を優先します。

③根の伸長範囲が限定

鉢栽培のため、根域（rooting zone）が鉢（コンテナ、プランター）内に限られます（根域制限，root-zone restriction）。すなわち、樹形の大きさは、鉢の大きさによって決まります。

④灌水と施肥管理が重要

根域が限られるため、根は、土壌水分や養分（肥料成分）の多寡に敏感に反応します。このため、特に灌水と施肥管理に注意が必要です。

⑤生存樹齢が不明である

現在のところ、樹形、樹齢と枝葉の成長、樹齢と果実収量との関係についての資料はほとんどなく、また、鉢の大きさと栽培可能樹齢との関係も不明です。

いくつかの栽培事例から、初年に7号鉢に植え付け、2年ごとに1号ずつ大きい鉢に交換して最終的に10号鉢まで育てた場合、栽培可能樹齢は、通算でおよそ10年前後ではないかと考えられます。

鉢栽培を始める

鉢栽培では、管理できる鉢の大きさと場所に制約があるため、品種選定の視点、育て方（各種の栽培管理法）が普通栽培の場合とは異なります。

◆品種選定

鉢植えの品種選定の視点には、大きく二通りあります。一つは、経済栽培の品種の中から、特に果実品質、樹形の大小、樹勢の強弱、観賞性などを重視して選ぶものです。

もう一つは、特性として"果実が食べられる観賞品種"と評価されている品種

のうちから選定するものです。

　鉢植えでも、結実率を高め、大きい果実を収穫するためには他家受粉が必要です。このため、同一タイプから2品種以上を組み合わせて選定します。

◆鉢栽培に勧められる品種

「第3章、2　タイプ別主要な品種の特徴」の節で紹介した品種のうちから、果実品質、樹形の大小、樹勢の強弱、観賞性を重視して選んだものです。

　各タイプから選定して育てた場合、果実の成熟期・収穫期は、関東南部では、6月上旬から8月下旬まで続きます。

- ノーザンハイブッシュ：「アーリーブルー」、「スパータン」、「ブルークロップ」、「ブルーゴールド」、「レガシー」、「ブリジッタ」など
- ハーフハイハイブッシュ：「ノースランド」
- サザンハイブッシュ：「サミット」、「マグノリア」など
- ラビットアイ：「ブライトウェル」、「モンゴメリー」、「パウダーブルー」、「ヤドキン」など
- 別名、"食べられる観賞品種"といわれる観賞性の高い品種：ハーフハイハイブッシュの「トップハット」、「チッペワ」、サザンハイブッシュの「ケープフェアー」など

◆苗木の入手

　近くのホームセンターや園芸店を訪ねて苗木を実際に見て、鉢や苗木の大きさ、枝の太さ、根の状態などから判断して入手します。

　苗木は、品種名が正しいこと、病気に冒されたり、害虫の寄生していないことが第一です。そのうえで、次の条件を満たしているものが勧められます。

①株元（穂木）から、数本の旺盛な枝が伸長しているもの
②新梢（落葉期には一年生枝）は太くて、節間の短いものが多数あること。また、枝の上部には、丸い花芽が着いているもの
③鉢から根部を引き抜いてみて、根まわりが良いもの

◆最初の植え替え

　ここでの植え替えとは、入手した苗木を鉢栽培のために初めて行う鉢替え（re-potting）を指します。

鉢の種類と大きさ

　鉢には、深さから深鉢と平鉢とがあり、また、通常「号」と呼ばれる大きさがあります。それぞれ、特徴的な用途がありますが、深鉢で、7〜10号の菊鉢が勧められます。この鉢は、鉢の乾燥が少し抑えられ、また、安定感があるからです。

鉢の用土　soil for pot culture

第4章　ブルーベリーの生育と栽培管理

ポット入りの苗木

苗木を鉢に置き、植え付ける

木製プランターでの栽培

プランター栽培（3年生）

　用土は、保水性と通気性・通水性が良いものにします。市販のブルーベリー栽培専用用土は、ピートモスを主体とした鹿沼土と赤玉土の混合用土で、合わせて土壌pHが酸性に矯正されているため、取扱いが便利です。

植え替え時期

　植え替え時期は、地方によって異なります。冬に土が凍るほどの低温になる地方では春の植え替え（凍結の心配がなくなってから）、冬が温暖な地方では秋の植え替え（関東南部では紅葉の時期）が適しています。

植え替えの一例

　ここでは秋に植え替えを行い、翌春開花させて花を愛で、結実させ、収穫する、果実の風味を楽しめる事例を紹介します。市販の二〜三年生苗木（枝上に花芽が着生しているもの）を、7号（直径が24cm）の菊鉢に植え替える場合です。

　菊鉢の底部にネットを敷き、前述したブルーベリー専用の用土を、苗木と鉢の大きさに応じて（通常、鉢の深さの1/3〜1/2くらいまで）詰めます。その後、灌水して湿らせます。中央部の土は、少し盛り上げておきます。

　苗の根元を持ち、苗木の地上部を傷めないように注意して引き抜きます。次に

根鉢（rooted ball. 根とその周りに付いている土を含めていう）の底部を、根鉢の長さの1/8〜1/10くらい切り落とします。こうすると、旧根は傷みますが、むしろ新根の発生が多くなります。

　用土を詰めて準備しておいた鉢の中央に、根を広げて置きます。その周囲に、湿らした専用用土を、鉢の上面から1.0〜1.5cm低い位置（灌水のための深さ）まで、押し込むように入れ、灌水して植え替え終了です。

　枝の剪定は特に必要としませんが、5cm以下の枝に着いている花芽（房）は除去します。

　植え替えた鉢は、日当たりが良く、水やりに便利で、あわせて排水の問題がない場所に、枝が重なり合わない間隔で置きます。

日常の管理

　日常の管理では、灌水、施肥、強い風による倒伏防止、病害虫防除などが重要です。これらの管理の目的と基本は、「第4章　ブルーベリーの生育と栽培管理」の相当する節で述べている通りです。

◆灌水　watering

　鉢栽培で樹が枯死するのは、鉢用土の乾燥か、逆に、水のやり過ぎによる酸素不足によるものです。灌水は、成長期の夏には、鉢ごとに、土の表面の乾燥程度や新梢の元気度（しおれの程度）を観察して判断します。梅雨期間を除けば、通常、晴天の日には、1日に1回は灌水します。

　果実の収穫予定日には収穫後に（午前中に収穫）、それ以外の日には、早朝に灌水します。

　1回の灌水量は、鉢の容量の20％くらいまでとします。鉢の上部に水が溜まる場合には、土壌がち密で、排水が悪いことを示しています。応急的には、株元と鉢の端の中間の位置数か所に、径が1〜2cmの棒で鉢底まで穴を開けると、排水が改善されます。

　使用する水は水道水が一般的ですが、できれば汲み置きして使用するか、天然水を貯めておいて灌水する方法が勧められます。

◆施肥　fertilization

　鉢植え樹は、根域が限られているため、肥料分の過不足に敏感に反応します。

　肥料分は適量、用土に常に安定して含まれていることが望ましいため、緩効性肥料とします。一般的に、硫酸アンモニアを含むブルーベリー専用肥料、尿素入り緩効性肥料〔controlled (slow) release fertilizer〕のIB化成、マグアンプKなどが勧められます。

　施用量は、鉢の大きさによりますが、1鉢に5〜10gです。固形肥料ですから、

土の表面に置くと灌水によって徐々に溶け出し、効果は4〜6週間続きます。

◆風害対策

　鉢植え樹では、根部に比べて地上部の成長が大きくなり、少し強い風でも倒伏しやすくなります。倒伏によって枝が折れたり、枝葉や果実が土（泥）で汚染したり、時には落果も見られます。最も良い風害対策法は、場所全体を防風ネットで囲むことです。

　防風ネットを設置できない場合、樹（鉢）が小さいうちは、建物の陰や室内に移動することで倒伏を防止できます。樹が大きくなって鉢の移動が困難な場合、特に台風のような強風害が心配される時には、あらかじめ鉢底を風上の方向に向けて倒しておくと、落葉、落果、枝の折損などの被害がないか、あっても軽くて済みます。台風が去った後は、鉢を戻し、地上部全体に水をかけ、枝葉や果実に付着した土（泥）を洗い落とします。

◆病害・虫害の防除

　庭の鉢植え樹の観察では、開花時期に灰色かび病が、5月にはミノムシ類、6月にはケムシ類の発生が見られます。多くの場合、「第4章、11　主要な病害と虫害」の節で解説している種類による被害は、鉢栽培でも見られます。樹を定期的に観察しながら、病気や害虫は、被害部の葉や小枝ごと取り去り、3〜5cmほどの深さで土中に埋めます。この場合、必ずゴム手袋を着用して作業します。

◆収穫・貯蔵　picking・storage

　鉢栽培でも、大粒で、おいしい果実を収穫し味わうためには、普通栽培と同様に収穫適期の判断が重要であり、収穫方法にも注意すべき点があります。

　収穫果の品質劣化を抑えて果実品質を保持するためには、生食する場合でも、加工品を作る場合でも、家庭用冷蔵庫で低温貯蔵、あるいは冷蔵貯蔵することが勧められます。

　これらの収穫、貯蔵法については、「第4章、8　収穫、貯蔵、出荷」の節で述べています。

季節の主要な管理

◆鉢替え　repotting

　1〜2年間、同じ鉢で育てていると、根は伸長して鉢の中で一杯になり、鉢土面に張りつめ、また底孔から張り出すようになる、いわゆる根詰まり（root-bound, pot-bound）を起こします。こうなると養水分の吸収が劣り、根はもちろん、枝葉の成長も悪くなります。

　根詰まり状態は、植え替え1〜2年後の秋（関東南部では落葉期の11月）か春（3月）に、一回り大きい鉢、あるいは同じ大きさの鉢で、新しい用土に植え替え

ることで防ぐことができます。
　鉢替えにあたって、根の扱い方、使用する用土などは、前述した「最初の植え替え」で述べた方法と同様にします。

◆剪定　pruning
　育てて楽しむことが目的の鉢栽培ですが、大きくておいしい果実を収穫するためには、樹冠の内部まで日光が投射し、風通しが良い樹形にすることが重要です。

剪定する枝
　①病害虫の被害枝葉は、見つけ次第除去し、土中に埋めて処分します。
　②8月になって、1m以上も伸びた枝（発育枝や徒長枝）は、基部から1/3〜1/2くらいの位置で切り返します。そうすると、残した枝の上部や新しく伸長した枝にも花芽が着きます。通常、上部に花芽が着いた枝からは、翌年、強い徒長的な新梢は発生しません。
　③弱々しい枝、5cm以下の短い枝、下垂している枝は、発生基部から切除します。11月の剪定時と春の開花時期（特に葉が着いていない枝の切除）に行います。
　④外側から樹の内側の方向に伸長し、中央部で混み合っている枝は、11月の剪定時に基部から切除します。

望ましい樹形
　鉢栽培を楽しんでいる家庭は、全国各地に見られます。しかし、どのような品種を、どのような樹形で育て楽しんでいるのか、なかなか知る機会がありません。
　一例ですが、ラビットアイ、ノーザンハイブッシュの五年生樹の場合、菊鉢10号の大きさで、およそ樹高が1.0〜1.2m、株元から3〜4本の主軸枝が立ち、樹の内部の枝が混み合わない樹形を想像して育てても良いでしょう。そのような樹では、果実収量は0.5〜1.0kgくらいを目標とします。

14　施設栽培

　日本では、北海道を除いて梅雨があります。梅雨期間は、関東南部の場合、例年、6月上旬から7月上旬〜中旬までですから、ノーザンハイブッシュやサザンハイブッシュの成熟期（収穫期）にあたります。
　梅雨は、特有の曇天、降水、日照不足などを伴うため、良品質のブルーベリーを生産する上で大きな障害です。そこで、梅雨期間中でも、良品質の果実を生産できる方法として施設栽培が注目されています。
　この節では、まず、果樹の施設栽培の目的について整理し、施設栽培に関係する基礎的な用語（事項）を解説します。次に、ブルーベリーの施設栽培の様式と特徴を上げ、最後に実際の栽培事例を簡単に紹介します。

果樹の施設栽培の目的

　果樹の施設栽培は、季節の気象条件、病虫害などの環境条件によって普通栽培（露地栽培）が困難かあるいは不安定な樹種や品種を対象に、生育期や成熟期の栽培環境を施設内に設定した栽培方法です。
　ブルーベリー栽培の場合、施設栽培の目的は次の五つに要約できます。
- 成熟期の促進：成熟期（収穫期）を梅雨期よりも早められる
- 生産の安定：梅雨期間中でも定期的な収穫が可能となる
- 品質の向上：病害や虫害のほか、梅雨期に多い裂果がなくなる
- 労力の分散：収穫期間の長短の調整、作業性の向上を図ることができる
- 経営改善：果実の有利販売、収益性の向上を図ることができる

施設栽培に関係する基礎的な用語（事項）

施設栽培　protected cultivation

　ガラス室やプラスチックハウスで、栽培環境をある程度調節しながら、園芸作物を生産する方式が施設栽培です。昼夜の気温、湿度、二酸化炭素（CO_2）濃度、地温、灌水時期とその量、施肥時期とその量などを制御でき、病害虫からの保護も可能です。このため、安定した高位生産ができます。
　生産に利用される施設を園芸用施設（horticultural facility）または温室とい

います。

◆温室　greenhouse

　温室とは、ガラス室とプラスチックハウスの総称です。これらの施設を利用して行う栽培を温室栽培（greenhouse culture）またはハウス栽培（プラスチックハウス栽培）と呼びます。暖房機や換気装置を利用して環境を自動的に調節する施設から、無加温や手作業で換気する施設まで含みます。

　ガラス室　glasshouse

　ガラス室は、木材や鉄、アルミ合金などの材料で組み建てられた骨格を、ガラスで被覆した温室です。ガラス温室を利用する栽培が、ガラス室栽培（glasshouse culture）です。

　果樹のガラス室栽培は、ブドウ栽培では一般的ですが、ブルーベリー栽培での例は少ないようです。

　プラスチックハウス　plastic film greenhouse, plastic house

　プラスチックハウスは、プラスチック製の被覆資材を用いた温室の総称です。このような環境下での栽培をプラスチックハウス栽培〔plastic greenhouse culture, cultivation（growing）in plastic greenhouse〕といい、単にハウス栽培とも呼ばれます。

　プラスチックハウスは保温施設としてばかりでなく、雨除けの効果や灌水量を調節できる効果があるため、各種の園芸作物栽培を始め、ブルーベリー栽培でも普及しています。特に、骨材が鉄骨で軟質のポリ塩化ビニルを被覆した場合は、パイプハウス（pipe frame greenhouse）あるいはハイトンネル（high tunnel）といいます。

　被覆用フィルムは、ポリビニル、ポリエチレン、ガラス繊維強化アクリル樹脂などが使われています。これらはいずれも扱いやすく、軽量なので、骨材が鉄パイプで足り、全体として設置の経費が安価です。

　構造形式は、最も簡易な鋼管を骨材としたパイプハウスが主体で、連棟、単棟大型など多種類あります。

◆加温栽培　heated culture

　この方式は、ブルーベリー栽培の場合、通常、鉢植え樹を用い、1月下旬～2月上旬の樹の自発休眠明け後から果実の成長期間中を通して、成熟（収穫）が終了するまでの期間、暖房機（heater）を用いて一定範囲の温度に加温（heating）して育て、普通栽培よりも数週間程度、成熟期（収穫期）を早めるものです。

　施設の形式や設備の種類は特になく、パイプハウスが一般的です。フィルムは紫外線ノンカットのものとし、屋根部付近の高温を防ぐため、換気できるサイドは高い位置に付けています。暖房方式は温風暖房が一般的で、保温効果を高める

ため、発芽期から開花期間中、ポリエチレンフィルムを保温カーテン（thermal screen）としています。

ハウス内には、加温機のほか灌水装置、換気扇、天窓換気装置などの設置が必要です。これらの設備類は、ハウスの規模と一体となっています。

鉢植え樹は収穫後、ハウス内から戸外に出して管理します。

◆**無加温栽培 unheated culture**

暖房機を用いてハウス内部を加温することなく（無加温．unheated）、被覆資材の保温効果のみによって果実の成熟期（収穫期）を早める方式が無加温栽培です。従って施設や設備のうち、加温器は備える必要がありません。

ブルーベリー栽培では、加温栽培の場合と同様に、鉢植え樹が用いられています。収穫後、鉢植え樹は戸外に出して管理します。

◆**雨除け栽培　cultivation under a rain shelter, rain protected culture**

成熟期の樹と果実が雨でぬれないようにするため、作業に支障をきたさない一定の高さに被覆資材を張り、側方（サイド）は開放した施設栽培を、特に雨避け栽培といいます。

ブルーベリーの場合、普通栽培樹で行われ、被覆資材は成熟期間中だけ張り、それ以外の時期は取り外すのが一般的です

ハウス内の特異な栽培環境

ハウスは資材で被覆されていますから、内部は、普通栽培と比べて特異的な栽培環境にあります。すなわち、ハウス内では日照不足下の栽培となり、管理できるのは、温度（加温栽培の場合）と灌水（量と時期）だけです。

◆**日照量　amount of sunshine**

ハウスの屋根と側方を被覆しているフィルムの遮光率は、30〜50％にも及ぶため、普通栽培と比べると内部は日照不足です。日照不足の下では、多くの果樹の場合、枝葉の軟弱、着花量の不足、生理落果、果実の着色不良、糖度不足などが大きな課題となります。

◆**温度　temperature**

ハウス内の温度は、平均、最高、最低気温ともに、戸外より常に高く推移します。推移の傾向は戸外と同様で、戸外の気温が高い場合にはハウス内の温度も高くなります。

鉢植え樹の場合、地温（鉢の中心部で測定）は、室内温度に比例して変化します。

◆**湿度　humidity**

ハウス内は、普通栽培と比べて多湿で推移します。ハウス内の湿度が、呼吸、

蒸散、光合成など基本的な樹の生理作用、花粉の発芽や受精などの結実に大きく影響していると考えられます。

◆土壌水分　soil water, soil moisture

　土壌水分は、ハウス内では灌水のみによって管理されるため、樹と果実の成長は灌水量と時期に大きく左右されます。

　ブルーベリーの鉢植え樹では、ほぼ毎日灌水する必要があります。収穫期間中の灌水は、毎日の収穫終了後に行います。

ハウス栽培の事例（栽培管理）

　ブルーベリーのハウス栽培の事例は、現在では、加温栽培、無加温栽培ともに各地で見られますが、全体的にデータ不足です。ハウス栽培の体系化のためには、次のような栽培要因の検討が必要と考えられます。

品種選定

　ハウス栽培の主目的は成熟期の促進、特に入梅以前に収穫を終えることですから、品種は、まず成熟期を優先して選定します。ハウス栽培に適した品種は、休眠覚醒に必要な低温要求量が少なく、成熟期（収穫時期）が早いサザンハイブッシュとノーザンハイブッシュの極早生や早生品種が該当します。

◆ハウス栽培に勧められる品種
- サザンハイブッシュ：「サファイア」、「ニューハノバー」、「エメラルド」、「ミスティ」、「マグノリア」など
- ノーザンハイブッシュ：「アーリーブルー」

ハウス栽培管理上の要点

　試験的な栽培事例から、栽培管理上の要点は、次のように整理できます。

◆鉢植え樹　potted plant

　ハウス栽培には、鉢栽培や容器栽培が勧められます。ブルーベリー樹は、他の果樹と比較して、樹形が小形で扱いやすく、ハウス内外への移動、灌水、施肥管理などが容易なためです。また、鉢植えの場合には、普通栽培のような大規模な土壌改良や大量の資材を準備する必要がありません。さらには樹の成長が早いため、鉢植え1～2年後には収穫できることも長所です。

　例を挙げると、三年生樹以降の鉢栽培が勧められます。鉢8号（上部の直径が約24cmの菊鉢）とし、樹齢が1年増すごとに、1号ずつ大きくしていきます。用土は、酸性で、通気性・通水性、保水性の均衡が保持できるように、ピートモ

ス：赤玉土：もみ殻をそれぞれ5：3：2の割合の混合土とします。

ハウス内に搬入の時期

幼木を植え付け、戸外で管理していた鉢は、低温要求量が満たされたと推定される1月下旬～2月上旬に、加温ハウスあるいは無加温ハウス内に搬入します。

◆日照不足　lack of sunshine

ブルーベリーの場合、一般的なハウス内部の日照不足程度では、枝葉の成長や果実品質に大きな障害は小さいか、ないようです。それは、次のような理由によると考えられます。

- ハウス内で伸長する枝は、主として春枝のみである
- 多くが鉢植え樹のため、収穫後は戸外に出して管理され、普通栽培と同じ環境下で新梢が伸長し、花芽分化している
- ブルーベリーでは、全体的に生理落果が少ない
- ブルーベリー果実の着色は、着色段階に達すると日照量に影響されない

◆温度管理　temperature control

加温開始

加温栽培の場合、ハウス内には加温機（暖房機）、を設置し、1～2月でも室内の最低温度が10℃以下にならないように設定します。室内の保温効果を高めるため、ハウス内に、ポリエチレンフィルムを保温カーテン（ハウスの左右に寄せられるように設置）として張ります。

開花期間中の温度

開花期間中は、日中の室内の最高温度が35℃以上にならないよう、窓の開閉装置を作動させて管理します。それは、関東南部の普通栽培の場合、例年の開花期間中の日最低気温の平均が10.7℃であること、並びに人工培地を使った花粉の発芽試験から、温度が35℃を超えるとノーザンハイブッシュの花粉発芽率が、不良になるという報告によります。室温が35℃以上になった場合には、保温カーテンを左右に寄せて室温の低下を図ります。

果実の成長期間中の温度

果実の成長期間中の中頃にあたる4月になると、室内の最高温度が40℃以上になることもあります。温度が40℃以上になるのが一時的であり、土壌水分が十分な場合には、新梢、葉や果実に外観上の変化は見られません。

◆湿度　humidity

湿度は病気の発生に大きく影響します。一般に、湿度が高いと、花や新梢、果実に灰色カビ病の発生が多くなり、逆に、湿度が低いとアブラムシの発生が多くなります。

◆灌水・施肥（法）watering, irrigation・fertilizer, fertilizer application

鉢ごとの手灌水あるいはチューブ灌水で、原則として1日1回とし、灌水量は鉢容量の10分の1～5分の1程度とします。

　肥料は、緩効性のIB化成（IB compound fertilizer，固形．N‐P‐Kは10‐10‐10で、NはIB）を3月上旬と4月中旬に、8号鉢で、約10g施します。

◆結実管理
　開花始め

　1月下旬～2月上旬にハウス内に搬入し、加温を開始すると、多くは2月中旬から開花が始まります。サザンハイブッシュ18品種を用いた試験によると、開花は、普通栽培よりも30～40日早まっています。

　無加温栽培の場合、2月上旬にハウス内に搬入した場合、開花期間（20％～80％開花時）は3月上旬～4月上旬で、開花始めは、普通栽培よりも約30日早まります。

　訪花昆虫　flower visiting insect
　他家受粉による結実率を高めるため、開花状態が5％（開花初期）から95％（開花終期）の期間、ミツバチを1群、ハウス内に導入します。

　結実（果）setting, fruit set, fruiting, bearing
　サザンハイブッシュ18品種を用いた試験によると、結実率は、品種間に差があっても、普通栽培と同程度かやや高い傾向を示します。なお、結実過多を防ぐため、開花期間中であっても長さが5cm以下の枝、5cm以上でも葉を着けていない枝は切除します。

◆新梢の管理
　加温栽培では、新梢伸長は比較的旺盛で、成熟期（収穫期）までに二次伸長枝（夏枝）が発生します。この枝は、そのまま伸長させます。

◆病害、虫害の防除
　加温ハウス内は乾燥するため、新梢の先端葉にアブラムシ類（aphides）の寄生が目立ちます。また、開花期間中（開花の早い花房では幼果の初期）に、灰色かび病が発生しますが、通風を良くすると発生が少なくなります。通常、ハウス栽培の期間中は、無農薬栽培されます。

◆収穫後は戸外で管理
　5月下旬～6月上旬、収穫終了後の鉢植え樹は戸外に搬出し、引き続き灌水、施肥、除草など、通常の鉢植え樹と同様に管理します。そうすると、7月中旬～下旬には、ハウス内で伸長した一次、二次伸長枝に花芽の着生が認められます。

　同一樹を数年連続して使用するために、紅葉が終わった頃、下垂した枝、混み合った枝、細くて弱々しい枝などは切除し、樹形を整えます（剪定）。また、根はいったん鉢から外して、根部外周部と中央部の土を軽く取り去り、新しい用土

表4－6　加温栽培におけるサザンハイブッシュブルーベリー6品種の開花日、収穫期、果実の成長期間、収量および果実品質パラメーター

品　種	50%開花[2]（日）	50%収穫[2]（日）	果実の成長期間[3]（日）	推定結実[4]率（%）	1樹の収量 果実数	1樹の収量 果実重(g)
マグノリア	38.9a**	105.5a	67.6a	21.7	149.0	264.8
ミスティ	25.3bc	95.6abc	70.3a	34.2	279.0	505.0
サファイア	23.4c	95.6abc	65.4a	33.3	209.4	356.4
シャープブルー	26.3bc	94.1ab	67.8a	65.2	524.8	754.8
サウスムーン	28.0bc	96.4abc	68.4a	35.0	248.5	446.5
サミット	29.6bc	99.4ab	69.8a	27.4	232.6	432.0
アーリーブルー（NHb)[1]	28.9bc	82.4c	53.5b	56.9	171.0	254.7

品　種	果実品種パラメーター[5] 平均果実重(g)	可溶性固形物含量(%)	果汁pH	クエン酸含量(%)	糖酸比
マグノリア	1.82a	12.3ab	2.8	1.31a	9.2
ミスティ	1.88a	11.4b	3.1	0.57c	20.0
サファイア	1.96a	12.5ab	3.5	0.44c	28.4
シャープブルー	1.47b	12.1b	3.1	0.76b	15.9
サウスムーン	1.85a	11.4b	3.0	1.01ab	11.3
サミット	1.89a	11.9b	2.8	1.19a	10.0
アーリーブルー（NHb)*	1.50b	14.0a	3.2	0.64bc	21.9

[1] Hbはノーザンハイブッシュの極早生品種
[2] 2006年および2007年の2月11日から50%開花日および収穫日までの日数
[3] 50%　開花日から50%収穫日までの日数
[4] 1樹の収穫果数を開花小花数で徐して計算した
[5] 20%、50%、80%　収穫時の果実の平均
* 異なる英小文字間に5%レベルで有意差がある
（出典）Tamada, T and M. Ozeki（2009）

を詰めた一回り大きな鉢に植え替えておきます。

ハウス栽培の事例結果

　一例ですが、ブルーベリーの加温栽培、無加温栽培の事例結果を紹介します

(表4-6　加温栽培の結果のみを示す)。

◆**開花期が早まる**⇒　結実管理の開花始め（250ページ）参照

◆**成熟期、収穫期が早まる**

　加温栽培の場合、収穫期（全体の20～80％収穫期）は、普通栽培よりも30～40日も早まり、入梅以前に収穫が終わりました。

　無加温栽培の場合、収穫期（ここでは全体の50％収穫時）は、多くの品種では、普通栽培に比べて20～30日早まったものの、加温栽培よりは遅く、収穫期の後半は入梅後でした。しかし、降水に影響されることなく、定期的な収穫が可能でした。

◆**果実品質**　fruit quality

　加温栽培、無加温栽培ともに、降水による裂果がないのはもちろん、果実の大きさ、風味は良好でした。全体的に、普通栽培と比べて果実が硬いように感じられました。

　果実の大きさ、糖度（屈折計示度）、酸度（クエン含量）、糖酸比は品種によって異なりました。

施設栽培の体系確立のために

　ブルーベリーの施設栽培は、日本の梅雨期間中の特徴的な曇天、降水、日照不足などの影響を避け、良品質の果実を生産するために、今後、普及させたい栽培方式です。しかし、栽培体系の確立のためには、まだ明らかでない点が数多くあります。品種、栽培環境の特異性と樹や果実の生理との関係、収穫果の品質管理などについて、データの蓄積と情報の収集、分析が望まれます。

15　果実の品質

　果実品質は、かつては果実の外観、食味、栄養価、日持ち性、貯蔵性および安全性などが集約されたものでしたが、現在は、特にブルーベリーの場合、健康性が重視され、抗酸化物質による生体調節機能特性が加わりました。
　この節では、まずブルーベリー生果の品質構成要素について整理します。次に、果実品質は基本的に品種特性によるという視点から、主要な品質構成要素についてタイプ・品種間の相違を比較します。さらに果実品質と気象条件、栽培条件との関係について述べ、最後に収穫果の品質保持管理法について要約します。

ブルーベリー果実の品質構成要素と品質評価

品質（quality）

　品質とは、一般的に、食品あるいは商品としての性質、品柄、その良し悪しの程度をいいます。

◆品質構成要素　quality component

　果実品質は、多くの果実では、外観、食味、栄養価、日持ち性、貯蔵性、輸送性、安全性などの集約されたものです。ブルーベリーの場合は、これらの要素に、ブルーベリー果実の特徴である「果実の果柄痕の大小と乾燥程度」と「生体調節機能」の二つを加えて、果実の品質構成要素とすることが提案されています（表4-7）。

◆消費者による品質評価

　消費者による品質評価の基準は、果実の購入時点、その後の利用段階や消費者の志向などによって変わります。

生果を購入する際の評価

　生果を購入する際の基準は、通常、果実の大きさと揃い、果形、果皮の着色、果粉の有無、果面の外傷の程度、鮮度（果実の萎縮）などの見た目によっています。
　着色の程度は、熟度とも関係して特に重視されます。

食べる段階の評価

　食べる段階では、嗜好特性のうちでも果皮の硬さや肉質、多汁性、舌触り（種子の大きさ、多少）などが基準であり、さらに風味の要因である香り、糖度など

表4－7　果実の品質構成要素

品質構成要素	項　目	細　項　目
(1) 嗜好特性	(a) 形状	大きさ（果重）、果形、果面（外傷を含む）、熟度、鮮度等
	(b) 色	果皮色（着色歩合を含む）、果肉色等
	(c) 味	甘味、酸味、糖酸比、うま味、苦み、渋み等
	(d) 香り	芳香成分（果皮、果肉）
	(e) 皮質	厚さ、堅(硬)さ、果柄痕の大小と乾燥の程度等
	(f) 肉質	はぎれ、果汁、粘性、種子等
(2) 栄養特性	(a) 主要成分	水分、炭水化物（糖を含む）、タンパク質、脂質、繊維等
	(b) 微量成分	ビタミン、ミネラル等
	(c) 特殊成分	アミノ酸、有機酸等
(3) 安全性	残留薬剤成分	有害物質の付着、含有
(4) 流通特性	(a) 利便性	形状等の揃い
	(b) 輸送性	物理的強度、包装の難易等
	(c) 日持ち性	形質の変化速度
(5) 加工特性	用途別に対応	ジュース、缶詰、果実酒、漬物、乾物、ジャム等
(6) 生体調節機能特性＊	(a) 果実の生理的機能性	アントシアニン色素、食物繊維、微量要素等
	(b) エキスの生理活性機能	

(出典)（社）日本施設園芸協会編（1995）
＊表中の果柄痕の大小と乾燥の程度、生体調節機能特性は筆者が付け加えた

が加わります。

　健康を強く意識して食べる際には、残留農薬などの安全性、ビタミン類、ミネラルの栄養特性、アントシアニン色素（果皮の着色の程度から判断）やフェノール類などの生体調節機能特性（健康機能性、抵酸化物質の多少）なども着目されます。

果実品質と品種特性

　ブルーベリー果実の品質は、基本的には品種固有の果実特性です。
　果実特性は、果実の外部形態と風味に関係する性質に大別でき、さらに多数の

要素に分けられます。ここでは、品種特性の中で、果実品質を左右する幾つかの要素について取り上げます。

果実の外部形態と品種特性

　果実の外部形態は、生果を購入する際の主要な判断基準です。すなわち、果実の大きさ、果面の状況、鮮度などは、果実の見た目（外観）で判断されます。

◆果実の大きさ　fruit (berry) size

　果実の大きさは、栽培管理によって変化しますが、基本的には品種特性です。
　ブルーベリーの場合、一般に、大きい果実（大粒果）が小さいもの（小粒果）よりも消費者に訴求力があり、特に日本の消費者に好まれます。また、生産者にとっては、大きい果実は収穫が容易であり、収穫コストの軽減につながることから、より大粒品種の導入が望まれています。

◆果実重の減少率（目減り）weight loss

　果実は、収穫後でも水分が蒸発し（果柄痕から）、呼吸によって貯蔵養分を消費しているため、その重さが減少します。通常、果実重が減少して果皮が萎びるなど、鮮度が落ちて売り物にならない割合は5～8%あると推定されています。
　果実重の減少率は、品種によって異なります。一般的に、日持ち性の良い品種は、収穫後の果実重の減少率が低いことが知られています。

◆果柄痕　scar

　ブルーベリー栽培で果柄痕の状態が問題になるのは、果柄痕から水分が蒸発して果実重が減少し、また果柄痕が湿っているとカビが繁殖しやすいためです。果実腐敗の90％は、果柄痕の状態と関係していた、という報告もあります。
　果柄痕の大きさと乾燥の程度は品種特性の一つですから、環境条件や栽培管理によって大きく変化することはありません。栽培するにあたって、まずは果柄痕が小さくて、乾いた品種の選定が重要です。

◆果（皮）色　fruit (skin) color

　明青色あるいは紫青色と表現されるブルーベリーの果（皮）色は、本来は品種特性です。
　果色の違いは、基本的には果皮のアントシアニン色素の種類と量の違いですが、表面を覆っている果粉〔ブルーム、bloom. 別名、ワックス（ろう物質）と呼ばれる〕が光を反射し屈折させるためです。
　なお、果粉の層は薄くて傷つきやすいため、果実が圧されたり、表面が擦れたりすると、その部分がはげ落ちます。また、収穫時や収穫後の選果時に素手で強く触ると指紋が付きます。このような果実は、鮮度が劣っていると評価されます。

また、ブルーベリー果実が、ラズベリー、ストロベリー、ブラックベリーなど他の小果樹類と比較してカビの感染に強いのは、果皮が比較的硬く、表面が果粉で被覆されているためとされています。

食味・風味と品種特性

果実の甘味、酸味、香りなど食味〔eating (edible) quality, taste〕・風味（匂い、味、食感. flavor）を左右する要素は、生果を食する際の品質評価の中心です。これらの要素は、気象条件や栽培条件に大きく左右されますが、本来的には品種特性です。

◆可溶性固形物含量　soluble solids content, SSC

ブルーベリーの糖は、主に果糖（フルクトース. fructose. 糖類中最も甘味が強く、低温の方が甘味を強く感ずる）とブドウ糖（グルコース. glucose）ですが、甘味を表わす場合は、可溶性固形物含量〔屈折計示度（Brix, refractive index）. 糖度〕が用いられます。なお、ノーザンハイブッシュの適熟果では、果糖とブドウ糖は全糖に対しておよそ90％以上を占め、また、果糖とブドウ糖はほぼ一定比（1.0〜1.2）のようです。

可溶性固形物含量は、品種、時期や場所の環境条件、栽培条件などに大きく左右されます。研究者によって各種の条件が異なるため、そのデータの比較には注意を要します。

そのほか、果実の糖度は、成熟期間中、比較的温度が高く乾燥した年（場所）に高く、逆に、日照不足や降水量の多かった年（場所）に低くなります。また、N肥料の多用や、灌水量が多いと、成熟期は遅れ、果実糖度が低いことも良く知られています。

◆果汁pHレベル

果汁pHが、直接的に果実の風味と関連して評価されてはいませんが、酸含量と比例し、酸含量が多い品種は果汁pHレベルが低い傾向にあります。

◆酸含量

酸含量（有機酸）は、気象条件や栽培条件に大きく左右されますが、糖と同じように品種特性の一つです。

有機酸（organic acid）の組成は、タイプによって異なり、ノーザンハイブッシュでは、クエン酸（平均で75％、38〜90％の範囲）、リンゴ酸とキナ酸（合わせて35％）、コハク酸（17％）です。これに対しラビットアイでは、キナ酸とリンゴ酸（50％と34％）が多く、クエン酸は少なく10％です。

クエン酸とリンゴ酸は酸味（acidity, tartness）を呈し、コハク酸は苦味（bitter taste）を呈します。

食味・風味は、糖度の高低だけではなく、酸含量によっても影響されます。例えば、ノーザンハイブッシュの「ブルーゴールド」は糖度が比較的高い（13.0〜13.2％）にも関わらず、特別に甘い品種とは評価されていません。これに対して「コビル」や「デューク」は糖度が低いのですが甘い品種とされています。

着色段階と酸含量

酸含量は、果実の着色段階で大きく異なります。ノーザンハイブッシュ「ウォルコット」で調べた結果によると（表4-5参照）、全酸含量は、着色過程の期間中、果皮が明るい緑色の段階から低下し続けますが、最も著しい低下は、果皮全体が緑色から赤色の段階に達し、また、果皮全体が青色段階に移行する時期です。完全に青色に着色した段階では、酸含量はさらに低下しています。

貯蔵期間中の酸含量の変化

通常、酸は果実に蓄えられたエネルギーで呼吸に使われるため、呼吸の速度や果実水分の減少によって少なくなります。そのため、酸含量は、貯蔵期間中、わずかに低下します。しかし、同時に果実中の水分も減少し、また品種や貯蔵条件によっても酸含量が変化するため、試験結果は一定しないといわれています。

◆糖酸比　soluble solid-acid ratio, total sugar-acid ratio

糖酸比（一般的には可溶性固形物含量／滴定酸度あるいはクエン酸含量）は、果実の風味（食味）を表す重要な指標で、甘味比とも呼ばれます。

糖酸比は、糖度や酸含量と同様に、品種、気象条件、栽培管理、果実の成熟過程で大きく変化するため、その比較には注意が必要です。

◆香気・芳香　aroma・flavor

ブルーベリーの生果は、イチゴやリンゴのような特有の強い香気（aroma. 食べる前に感知できる香り）を発しませんが、喉越しのほのかな香り（芳香. flavor）があります。この香気成分（aroma component）・芳香成分は、ノーザンハイブッシュでは100を超える揮発性成分から成り、主なものは、低分子のエステル類、アルコール類、アルデヒド類、アシリックテルペン類、サイクリックテルペン類などとされています。

これらの香気成分は、果実の着色段階で、青色（ブルー）の着色の進行とともに増加して、完熟果では品種固有の特徴的な香りを呈するようになります。

果実の硬度と品種特性

果実の硬度（硬さ. hardness, firmness）は、傷みや日持ち性と密接に関係しています。硬度は、通常、機器で計測され、刺す、貫通する、変形させるためにかかる圧力で示されます。食味試験による歯応えとは微妙に違う点はあっても、計測値と食味試験と硬さとの間には相関関係があるとされています。

◆タイプと果実の硬度

　成熟果の硬度は、タイプによって異なります。全体的に、ラビットアイの品種は、ノーザンハイブッシュやサザンハイブッシュよりも硬く、日持ち性、貯蔵性があります。

　品種間では、サザンハイブッシュ6品種を用いた試験によると、最も硬度が高かったのは、「リベイル」と「ミスティ」、最も軟らかかったのは「ジュウェル」と「オニール」でした。「エメラルド」と「スター」は両者の中間でした。

◆果実の成熟度と果実の硬度

　果実の成熟度による果実の硬度の違いは、噛んだ感覚でも比較的容易に判別できます。同一品種でも、小さくて、未熟な緑色期の果実は硬く、ブルーピンク期（果皮は全体的にブルーであるが、果柄痕の周りにいくぶんピンク色が残る状態）では、相当程度軟らかくなります。成熟期になると、歯応えの良い硬さになります。

◆成熟期の早晩と果実の硬度

　同一品種でも、成熟期の早晩によって果実の硬さが異なることは、経験上良く知られています。一般的に、早期の成熟果は硬く、収穫期の後半に成熟したものは軟らかです。

◆貯蔵期間中における果実の硬度の変化

　果実の硬度は、通常、貯蔵期間中に低下します。低下の程度（率）は品種によって異なり、収穫時の硬さが貯蔵後の指標にはならないとされています。例えば、ノーザンハイブッシュ「ブルークロップ」を用いた試験によると、貯蔵前の果実の硬度は5.1（g/0.1mm）でしたが、5℃で21日間貯蔵後の果実では4.3になり、低下率は16％でした。これに対して、サザンハイブッシュ「オニール」では、収穫時の硬度は6.7（g/0.1mm）でしたが、貯蔵後は4.4となり34％も低下していました。

　なお、食味試験による硬度の判定の場合、噛んだ時の感触や歯応えは、単に物理的な硬さのみではなく、果実内の石細胞の大きさ、分布、種子の状態（大きさ、数の多少、軟らかさ）などにも影響されます。

種子と品種特性

　種子の大きさと数の多少や軟らかさは、生食した際の歯応えとともに、舌触りにも関係しています。一般的に、種子が少なく、その上軟らかくて、舌の上で異物感を感じない品種が好まれます。

　種子の大きさと含有数は、タイプによって異なります。通常、ラビットアイの品種は、ノーザンハイブッシュやサザンハイブッシュよりも硬い種子を多く含み

ます。なお、近年発表されているラビットアイの品種は、種子が小さく、軟らかく、数も少なく、舌触りが良くなっています。

健康機能性に関係する品種特性

◆健康機能性に関係する基礎的な用語

果実の健康機能性を良く理解するために、また、顧客（消費者）に果実の魅力を訴求するために知っておきたい用語が数多くあります。

健康機能性　health promotion

健康機能性とは、食品に含まれるある種の成分が人間の健康増進と維持、特定疾病の予防や治療に効能があることを示した用語です。

食品の機能は、一次機能（栄養機能）、二次機能（感覚機能）、三次機能（生体調節機能）の三つに大別され、健康機能性はこのうちの三次機能に関係しています。

生体調節機能として知られる事象は多分野にわたりますが、ブルーベリーに関係して最も一般的なのは、生活習慣病の一つである循環器系に対する機能（動脈硬化防止や血流改善など）です。

生態調節機能に関わる成分〔機能性成分．functional component（constituent, ingredient）〕には、ポリフェノール、フラボノイド、アントシアニン、カロテノイド、テルペン、ペクチン、食物繊維などがあります。

ポリフェノール　polyphenol

芳香環にヒドロキシル基（水酸基．−OH）が置換した化合物を、一般にフェノール（phenol）といい、水酸基が1個のものを一価フェノールと呼びます。

ポリフェノールは多価フェノールともいわれるように、芳香族ヒドロキシル化合物のうち、水酸基を2個以上もつものをいいます。

植物にとってのポリフェノールの生理的役割は、花色や果色のほか、紫外線による傷害、昆虫や草食動物による食害、病原微生物などの生態防御であるとされています。多くは水溶性で液胞内に蓄えられ、細胞壁や樹液にも含まれます。

ポリフェノールは、食品に含まれる色素、あく（渋み・えぐみのもとになる成分）、褐変反応の原因物質として知られています。その外、鉄や亜鉛の吸収や消化酵素活性の阻害、抗酸化活性、抗変異原生、血圧上昇抑制や抗炎症性を始めとする様々な生体調節機能が解明されています。色素には、アントシアニンとフラボノイドがあります。

生活習慣病　lifestyle-related disease

従来、成人病と呼ばれていたもので、食生活や喫煙、飲酒、運動不足など生活習慣との関係が大きい病気の総称を、生活習慣病といいます。

生活習慣病には、日本人の三大死因である癌（がん）、心臓病（心疾患）、脳卒中（脳血管疾患）をはじめ、糖尿病、高血圧、高脂血症（脂質異常症）、腎臓病、慢性閉塞性肺疾患、通風、肥満、歯周病、骨粗鬆症、認知症なども含まれます。

これらの病気の発症・予防には、飲酒や喫煙、食生活、運動などの生活習慣のあり方が大きく関わり、また発症時期が低年齢化していることが明らかになっています。

抗酸化作用　antioxidant action, antioxidant effect

酸化を防ぐ、あるいは抑制する作用を、抗酸化作用といい、この作用を持つ物質を抗酸化物質（antioxidant）といいます。抗酸化物質は、活性酸素の除去、酸化反応によって生じるラジカル（遊離基．radical）の補足、あるいは金属イオンの不活性化などの機能により、酸化促進因子を除去するものです。

代表的な抗酸化物質

抗酸化物質は、動植物に広く存在し、特に植物由来（果実や野菜に含まれる）のものが数多く知られています。食品に含まれる代表的な抗酸化物質としては、ビタミンC、ビタミンE、カロテノイド、フェノール性化合物（ポリフェノールが含まれる）などがあります。

ブルーベリーの場合、主要な抗酸化物質は、アントシアニンを含むポリフェノールです。

抗酸化物質の働き

抗酸化物質は、人間の体内でフリーラジカル（free radical．遊離基）によってもたらされる酸化障害から、脂質、蛋白質、核酸を守ることが知られています。また、フリーラジカルが、主要な生活習慣病といわれる（前述した）癌、心臓病、血管障害などを引き起こす主要な要因とされています。

このような抗酸化作用は、食品の三次機能といわれる重要な生体調節機能です。

活性酸素　active oxygen

酸素のフリーラジカル（free radical．遊離基）を活性酸素といいます。ラジカルとは、原子の周りを取り巻く電子のうち、普通は2個ずつペアで同じ軌道上に存在しているはずの共有電子対が、いろいろな条件下で同じ軌道上に1個しか存在しなくなった電子（不対電子）をいいます。すなわち、フリーラジカルは不対電子を持つ不安定な化合物の総称です。

活性酸素の種類

活性酸素は、酸素（O_2）が段階的に還元（電子が付加）付加される過程で生ずる活性に富む酸素種です。すなわち、活性酸素は、呼吸に必要な通常の安定した酸素（三重項酸素）がエネルギーを受けることによって生ずる反応性の高い酸

表4-8　ブルーベリー果実の抗酸化力、アントシアニン、フェノール類およびビタミンC含量の比較*

ブルーベリーのタイプ[1]		抗酸化力（μmolトロロックス/g）	全アントシアニン[2] (mg/100g)	全フェノール類(没食子酸) (mg/100g)	全アントシアニン／全フェノール類 (mg/mg)	ビタミンC (mg/100g)
栽培ブルーベリー	NHbの平均	24.0±0.7	129.2±3.2	260.9±6.9	0.494±0.02	10.2±0.27
	SHbの平均	28.5±4.0	123.8±17.6	347±38.2	0.358±0.04	7.2±1.5
	Rbの平均	25.0±2.7	123.9±4.2	339.7±14.6	0.370±0.06	8.4±0.21
ローブッシュブルーベリーの平均		36.4±3.6	148.2±21.0	398±39.6	0.367±0.03	5.5±1.5

1）NHb（ノーザンハイブッシュ）は8品種、SHb（サザンハイブッシュ）は5品種、Rb（ラビットアイ）は4品種、ローブッシュブルーベリーは3品種および2地点の平均　2）シアニジン-3-グリコシド相当
＊Prior, R.L. et al.（1998）をもとに作成

素種で、狭義には、一重項酸素（$^1O_2$）、スーパーオキシド（O^{-2}）、過酸化水素（H_2O_2）、ヒドロキシラジカル（・OH）があります。これらは、食品中に存在して、食品の劣化の原因となっています。

広義には、酸化窒素（NO, NO_2）、オゾン（O_3）、次亜塩素酸イオン（ClO^-）、脂質過酸酸化物などの酸素を含む反応性の高い物質を含みます。

活性酸素の作用

活性酸素は、動物体内で、病原微生物の殺処理など生命機構を支える不可欠因子として機能しています。一方、過剰の活性酸素の生成に対して、スーパーオキシドジスムターゼ（superoxide dismutase, SOD．超酸化物不均化酵素）やグルタチオンペルオキシダーゼ（glutathione peroxidase, GSH-Px）というラジカル消去系酵素などが消去作業を行い、生体のバランスが保たれています。

しかし、活性酸素の生成と消去のバランスが崩れて酸化ストレス状態になると、活性酸素はDNAの損傷、細胞膜の脂質の過酸化、酵素系の障害など、生体の基本構成部位を阻害するため、がん、炎症疾患、神経疾患、動脈硬化、腎障害、糖尿病などの多くの生活習慣病を引き起こす原因となります。

◆ブルーベリーの抗酸化物質と抗酸化作用

ブルーベリーには、アントシアニン、ケルセチン、ミルセチン、クロロゲンサン、プロシアニジンなど、多数のフェノール類が含まれています。これらの化合物の構成は、タイプや品種によって異なり、ノーザンハイブッシュではポリフェノールの60％がアントシアニンです。

ブルーベリーでは、全フェノール化合物は、果皮に最も多く含まれています。果実重当たりで比較すると、小さい果実は大きい果実に比べて果皮の表面積が多

くなるため、アントシアニンが多く含まれています。

　抗酸化作用は、タイプ、品種によって異なります。ノーザンハイブッシュ8品種、サザンハイブッシュ5品種、ラビットアイ5品種、ローブッシュ3品種を用いた試験によると（表4-8）、抗酸化作用（能）、アントシアニン、全フェノール含量の高いのはローブッシュでした。ノーザンハイブッシュは、全フェノール含量が低く、ビタミンC含量が高くなっています。

アントシアニン　anthocyanin
　果実、花などの赤、青、紫などの水溶性色素の総称をアントシアン（anthocyan）と呼び、植物体内では細胞質あるいは細胞内に溶存して、天然には配糖体（glycoside）の形で含まれます。いわゆる、アントシアニン（anthocyanin）は、色素の本体であるアントシアニジン（anthocyanidin）に糖が結合したものです。

　アントシアニジンは、ベンゼン環についている水酸基の数によって、大きくペラルゴニジン（赤色を呈する）、シアニジン（赤紫色）、デルフィニジン（紫赤色）の三つの基本形があり、化学構造によって色は異なり、またpHによって色が変化します。

　ブルーベリー成熟果のアントシアニジンは、主としてマルビジン系、デルフィニジン系、シアニジン系、ペツニジン系ですが、ほかにペオニジン系からなります。したがって、成熟果の果色は、五つのアントシアニジンに三つの糖（グルコース、ガラクトース、アラビノース）が結合して、全部で15種のアントシアニン色素から成ります。アントシアニン色素の構成比率は、タイプや品種によって異なります。

　ちなみに、英名のanthocyanは、ギリシャ語のanthos（花）とcyanos（青い）の意味から命名されたもので、花青素とも呼ばれます。

果実の成熟度と抗酸化作用
　ブルーベリー果実の成熟度は、抗酸化作用、全フェノール含量、アントシアニン含量に影響します。

　成熟度を、完熟前（果柄痕の周りが赤色）、完熟（果皮全体がブルー）、過熟（果実が軟化し始める状態）の3段階に分けて調べた研究によると、抗酸化作用、全フェノール、アントシアニン含量は、ノーザンハイブッシュでは、過熟果が完熟果よりも減少しています。しかし、ラビットアイでは、完熟果よりも過熟果で多くなっていました。

　抗酸化作用は、品種によってはフェノール類あるいはアントシアニン含量と比例しないようです。ノーザンハイブッシュの「ブリジッタ」、「ブルーゴールド」、「ネルソン」では、成熟の度合いが進むとアントシアニン含量は増加したものの、逆に、フェノール含量、抗酸化能は低くなっていました。

貯蔵条件と抗酸化作用

　貯蔵条件と抗酸化作用との関係について、ノーザンハイブッシュの「リバティ」、「ブリジッタ」、「レガシー」、「ブルーゴールド」、「ブルークロップ」、「エリオット」、「ネルソン」、「ジャージー」、「リトルジャイアント」を、5℃で3～7週間貯蔵して調べた研究によると、いずれの品種でも抗酸化能は変化したものの、有意ではなかったと報じられています。

果実品質と気象条件

　光、温度、二酸化炭素（CO_2）、降水など、作物の光合成活動に影響する気象要素は、果実品質に最も大きく影響します。これらの気象要素は立地条件の制約を受けるため、場所によって大きく異なります。

◆**果実品質と日光**

　日照量は、植え付け距離、整枝・剪定などの栽培管理によって相当程度カバーすることができます。例えば、適度の剪定によって樹冠内部の通風、日光の投射を良くすると太陽エルギーを効率よく利用できるため、光合成活動が盛んになり、炭水化物の蓄積が促進されます。

　逆に、急激なあるいは過剰な照射、光合成飽和レベル以上の強度の光は、果実の日焼けをもたらし、また果実の硬度を失わせて軟化するなど、貯蔵性を無くします。

◆**果実品質と温度**

　温度は、特に成熟期間中の高温が果実品質に大きく影響します。例えば、ノーザンハイブッシュでは高温によって果実が軟化したり、果皮が変色して暗色になったり、時には風味がなくなります。ラビットアイでは高温によって果実が甘くなる傾向があります。

　果実の成長に好適な温度範囲は、ブルーベリー全体では、日中温度が25～30℃、夜間温度が18～22℃といえるようです。

◆**果実品質と降水**

　降水は、特に収穫時（期）の雨は、良品質の果実生産には好ましくなく、味を淡泊にし、糖度を下げます。また定期的な収穫が困難になり、さらに果柄痕が湿る、裂果するなど、果実品質の低下を招きます。

果実品質と栽培条件

◆**果実品質と肥料成分**

肥料成分（養分）は、樹の健全な成長を促し、良品質の果実を安定して生産するために必要ですが、特にN（窒素）とK（カリ）肥料は果実品質と深く結びついています。

　N肥料は、多過ぎると、まず枝の伸長が旺盛になり過ぎて樹冠内部が込み合い、通風が悪くなり、射光が遮られます。その結果、果実の成熟が遅れ、また降水後の果実の乾燥も遅れ、病気の発生が多くなります。

　適切なK肥料の施用は、多くの園芸作物では収量を高め、果実の大きさを増します。また、果実中の可溶性固形物、アスコルビン酸（ビタミンC）含量を多くし、果実の着色を良くし、貯蔵性を高めます。全体的に、ブルーベリーも同様であると考えられます。

◆果実品質と樹の水分状態

　土壌の水分欠乏あるいは水分過剰は、果実品質に大きく影響します。一般に、水分欠乏の場合、果実は小さくて硬くなります。一方、水分過剰の場合は果実が軟らかくて水っぽくなります。この点から、樹と果実の共に健全な成長を促すために、灌水量には注意が必要です。

　灌水量が過剰な場合は、根群が酸素不足を起こします。

　中位の水分不足は、果実収量や大きさを減じても、貯蔵性を高めると、されています。

◆果実品質と樹形の管理

　適切な整枝・剪定によって、果実は大きく、糖度が高く、成熟期が早まります。これは、全体的に樹冠内部の枝の混雑を防ぎ、樹冠内部まで通風、射光を良くした結果です。

　一般に、樹冠内部の果実は、樹冠外周のものよりも成熟期が遅れ、糖度が低くなります。

◆果実品質と収穫方法

　収穫方法には、機械収穫と手収穫の二通りあります。日本では、ほとんどが手収穫で、機械収穫は行われていません。

　機械収穫の問題点

　大型機械による収穫は、機械で樹（枝全体）を強く振動させ、成熟果をゆすり落とすものです。このため、収穫の過程で、果実と果実・枝・葉との間に相互の擦れがあり、また、機械の振動で、未熟果、過熟果、障害果、小枝、果柄や葉などが、成熟果と混合してしまいます。そのため、出荷に当たっては選別・選果が必要です。

　ノーザンハイブッシュの機械収穫の場合、手収穫と比較して、市場出荷できる収穫量は19〜44％も減じ、果実は10〜30％も軟らかくなったという報告があり

ます。また、同報告では、機械収穫果を21℃で7日間貯蔵したところ、腐敗果が11〜41％もあり、貯蔵性が悪くなっていました。

ラビットアイでは、手収穫（手摘み）果の硬度は、機械収穫果よりも29〜37％も高かったことが報告されています。また、収穫後15.5℃で7〜11日間貯蔵後の品質を調べたところ、機械収穫果は、手収穫の場合と比べて軟化が進みやすく、市場出荷できない量は2倍にも増していました。

収穫果の品質保持

収穫果は、消費者の手に届くまでの間に、生理的な衰退過程（化学的な分解過程、老化）が進行し、腐敗が多くなって、収穫時の品質から次第に劣化します。ブルーベリーでは、収穫後、果実品質の高まる可能性はないのですが、果実の貯蔵可能期間に及ぼす影響や貯蔵法に関する知識と技術は不可欠です。

◆果実の貯蔵可能期間

収穫後、果実品質を一定に保持し、生果で販売できる状態の期間を貯蔵可能期間（貯蔵性や日持ち性が関係）といいます。貯蔵可能期間（storage life）は、品種や気象条件に加え、肥料、灌水、剪定、収穫法など栽培管理によって異なります。このため、貯蔵に関する研究では、研究者によって気象条件、栽培条件、同一品種でも貯蔵条件（温度、相対湿度、ガス組成、期間）などが異なるため、試験結果の比較には特に注意を要するとされています。

◆日持ち性　longevity

青果物は収穫後も生命活動を営むため、呼吸や蒸散、成熟、老化、生理障害などによって、内容成分の変化や果皮の萎れ、組織の変化などが生じ、品質を低下させます。

青果物が、貯蔵後に一定の品質を保持できる性質を、日持ち性（棚持ち）といい、一般的に、流通・販売過程における品質保持能力を指します。

日持ち（shelf life, keeping quality）は、ブルーベリーでは、タイプや品種によって、また成熟期の気象条件、灌水や施肥の栽培条件などによって大きく異なります。一般的に、日持ちの良い果実は、成熟期が晴天に恵まれ、灌水量が少なく、施肥量（特にN肥料）が適切な樹から生産されます。

◆貯蔵性　storage quality, keeping quality, storability

貯蔵性とは、冷蔵庫などの貯蔵施設を利用した場合の品質保持能力を指します。

貯蔵性は品種によって異なります。ノーザンハイブッシュ9品種を用いた長期間の貯蔵性の試験（0〜5℃, 2% O_2, 8% CO_2条件）によると、「ブルーゴー

ド」、「ブリジッタ」、「レガシー」は貯蔵性が良く、4〜7週間にも達しています。
　貯蔵性は、果実の硬さ、果柄痕の乾湿の程度にも左右されます。ラビットアイの品種は、ノーザンハイブッシュと比較して全体的に果実は硬く、果柄痕が小さく乾いているため、収穫時点から収穫果を取り扱う過程でかびの発生が少なく、貯蔵性も優れています。

◆収穫果の低温管理
　収穫果の腐敗
　果実の腐敗（かび病）は、圃場内から収穫後店頭に並ぶまでの過程、また店頭から消費者の手元に渡ってからでも見られます。腐敗が発生する条件は、一般的に、果実と周囲の温度、湿度、品種によります。
　ブルーベリーの場合、収穫後の果実に多い病害は、アメリカでは、次のような種とされています。なお、病名は、病原菌（学名）から日本の専門書に当たって調べたもので、同定の結果ではありません。

①灰色かび病（Gray mold, *Botrytis cinerea* Pers: Fr.）：日本の各種果樹に発生している灰色かび病と同じ菌
②アルタナリア果実腐敗病（Alternaria fruit rot、*Alternaria spp.*）：リンゴの心かび病（heat rot）、斑点落葉病（leaf spot）、オウトウのアルタナリア果実症などと同属の菌による病気
③フザリウム菌（Fusarium）：リンゴの水腐れ病（Water rot）、モモの赤かび（Fusarium rot）と同属の菌による病気
④ペニシリウム菌（Penicillium. 青かび病菌）：リンゴの青かび病（bluemold）、カンキツの青緑カビ病（penicillium rot）、緑かび病（common green mold）と同属の菌
⑤クラドスポリウム菌（Cladosporium）：各種果樹の黒星病（scab）と同属の菌
⑥オーリオバスデウム菌（Aureobasidiume）：カキのすす病（Sooty mold）と同属の菌

◆貯蔵性と予冷（precooling）
　果実品質の劣化の進行を抑えるため、収穫果は、できるだけ速やかに予冷（適度な品温まで冷却する処理）することが重要です。予冷によって、果実自体の呼吸量、品質変化を抑えて鮮度を保つことができます。
　生果で出荷する場合には、収穫後4時間以内に、1℃で貯蔵することが勧められています。ノーザンハイブッシュで圃場温度から速やかに0℃（低温）まで下げた場合、低温にしなかった場合と比べて、日持ち性は8〜10倍も高くなり、呼吸速度は8倍も低下したことが報告されています。これは、呼吸速度の低下によっ

て、果実の生理代謝と関係している果実の軟化、組織の崩壊が遅れたことによるものでした。

ラビットアイでは、手収穫した果実を、直ちに1℃で8日間、冷蔵したところ、22℃に置いた場合と比べて、果実の硬さは35％も高い状態で保持されていました。

◆低温貯蔵　low temperature storage, cold storage

冷凍機を用いて常温より低い温度で貯蔵（storage）する方法を、低温貯蔵または冷蔵貯蔵（refrigeration storage）といいます。果実を低温にすると、呼吸と代謝の抑制、水分の蒸発防止、成熟の抑制、微生物による腐敗の減少などによって、貯蔵期間が長くなります。

ブルーベリー果実は、温度0～1℃（貯蔵温度. storage temperature）、相対湿度85～95％の条件下での貯蔵が一般的です。この条件下であれば、果実は2～3週間は、市場出荷が可能な品質の状態を保持できます。低温貯蔵の場合、果実が凍る危険温度は、マイナス1.3℃であるため、0～1℃の低温で凍結することはありません。

貯蔵温度が果実重の低下（目減り）に及ぼす影響は、品種により異なります。ノーザンハイブッシュを用いた試験によると、1℃で3週間貯蔵後の果実重の低下率は、「デキシー」が2.5％で低く、「ダロー」と「コビル」は、それぞれ21％と25％でした。

◆CA貯蔵　controlled atmosphere storage

この方法は、貯蔵期間を長くするために、冷蔵と組み合わせて大気中よりも酸素（O_2）濃度を下げ、炭酸ガス濃度（CO_2）を高めた条件下で貯蔵するものです。このような条件下では、果実の呼吸や生理機能は抑制され、品質の劣化が抑えられます。

CA貯蔵性は、品種によって異なります（表4-9）。ノーザンハイブッシュを用い、CO_2濃度とO_2濃度の全体を21％とした範囲内で、CO_2％／O_2％を、19％／2％から0％／21％までの8段階設け、0℃で8週間貯蔵後の果実品質が調べられています。その結果、果実の硬さ、果皮の赤み、腐敗はCO_2濃度に比例して少なくなり、果肉の崩壊はCO_2濃度に比例して高くなりました。

しかし、空気組成よりも品種による相違が大きく、「デューク」、「トロ」、「ブリジッタ」、「リバティ」、「レガシー」は長期間のCA貯蔵に適し、「エリオット」は中位、「オザークブルー」、「ネルソン」、「ジャージー」は貯蔵性がなかったと評価されています。

ブルーベリー果実に適切なCA貯蔵条件について、これまで、適切なO_2濃度とCO_2濃度を求めて、両者を種々のレベルで組み合わせた研究が多数行われています。研究者によって、使用した品種が異なっても、多くの場合、O_2濃度が2％以

表4-9　0℃で8週間貯蔵したブルーベリー果実の品質に及ぼす大気組成の差異

処理	果実重の減少(%)	果実の硬さ（ジュロメーターの単位） 貯蔵前	果実の硬さ（ジュロメーターの単位） 貯蔵後	赤色果	果皮面のかび(%)	腐敗果(%)	果肉の変色程度[1] 1(%)	果肉の変色程度[1] 2(%)	果肉の変色程度[1] 3(%)	果肉の変色程度[1] 4(%)
品種(C)										
デューク	1.07	64.2	57.3	3.0	1.08	4.8	13.6	38.9	22.3	25.1
トロ	1.47	59.5	60.3	2.1	2.07	4.4	15.1	48.4	25.6	10.7
ブリジッタ	0.75	54.7	59.3	1.5	0.26	5.2	1.2	49.7	31.9	17.0
オザークブルー	0.66	56.3	44.9	7.4	2.50	7.7	0.8	26.9	43.9	28.3
ネルソン	0.67	56.3	41.7	3.6	0.00	5.1	0.0	7.5	16.8	75.6
リバティー	0.89	56.3	61.0	0.9	0.06	3.0	0.0	45.4	48.4	6.0
エリオット	1.34	51.6	47.8	0.7	0.06	14.2	0.0	35.6	38.6	25.7
レガシー	1.54	54.8	61.3	0.6	0.14	3.4	0.0	33.8	51.2	14.7
ジャージー	2.34	46.3	26.4	0.8	0.75	15.7	0.0	13.7	33.8	52.4
主効果(C)9	*	*	*	*	*	*	*	*	*	*
大気組成(T)										
19%CO_2+2%O_2	3.37	―	45.0	0.6	0.11	5.8	4.1	27.3	35.1	33.4
18%CO_2+3%O_2	1.31	―	50.3	0.2	0.06	5.4	3.3	29.9	36.4	30.2
16.5%CO_2+4.5%O_2	1.20	―	49.0	0.6	0.23	5.8	4.4	27.6	34.9	32.9
15%CO_2+6%O_2	0.94	―	50.6	0.4	0.11	6.7	3.4	31.4	35.2	29.8
13.5%CO_2+7.5%O_2	1.12	―	51.8	1.0	0.33	6.0	4.2	30.2	36.1	29.4
12%CO_2+9%O_2	1.13	―	51.9	0.9	0.11	6.8	3.3	35.0	35.2	26.3
6%CO_2+15%O_2	1.10	―	55.5	3.2	0.30	7.2	3.0	41.5	34.8	20.5
0%CO_2+21%O_2	0.25	―	54.9	11.2	4.90	12.6	1.5	43.7	30.0	24.5
主効果	*		*	*	*	NS	*	NS	*	
相互作用(C+T)	*		*	*	*	NS	NS	*	*	*

[1] 1は25%以下、2は25%～50%、3は50～75%、4は75%、4は75%～100%
＊は5%レベルで有意であることを、NSは有意差が無いことを示す
（出典）Alsmairat et al.（2011）

下では果実の風味がなくなり、また、CO_2濃度が低い場合（10%以下）、あるいは逆に濃度が高い場合（CO_2が15、20、25%）には、腐敗率が高く、果実の軟化、果肉の崩壊が進行することが明らかにされています。

　このような結果を総合して、ブルーベリー果実に適切なCA貯蔵条件は、温度が0～1℃、O_2濃度が2～5%、CO_2濃度が10～12%の範囲とされています。

16 苗木養成

　自家のブルーベリー園で、なんらかの原因による欠株を捕植（supplementary planting）し、改植（replanting）したりする場合、また栽培面積を拡大する場合には、相当数の苗木が必要です。その場合、専門の苗木商や園芸店で購入した苗木を用いる方法がありますが、自家で養成した苗木を用いることもできます。

　この節では、自家苗養成法として、挿し木繁殖法を紹介します。ブルーベリーの新梢と一年生枝（前年枝）は、不定根の形成が容易ですから、苗木は、ほとんどが挿し木繁殖法の一種である休眠枝（硬枝）挿し法と、緑枝挿し法によって養成されています。二つの方法はいずれも技術的に簡便で、発根率が高く、自家苗養成に適しています。

　自家苗養成する場合、いくつかの守るべき注意点があります。近年、発表されている品種は、多くが増殖に様々な規制があるパテント（植物特許）品種ですから、予め苗木購売先（苗木商）の許可が必要です。その品種がパテント品種である場合、本書では、「第3章、2　タイプ別主要品種の特徴」の節の解説文中で、種苗登録品種あるいはアメリカパテント品種と明記しています。

繁殖に関係する基礎的な用語

◆**繁殖　propagation, reproduction**
　繁殖とは、生物が次代の個体を作ることをいい、生殖という営みによって種族の繁栄を維持しています。
　繁殖には、有性繁殖と無性繁殖の二つがあります。
◆**有性生殖・有性繁殖　sexual reproduction, syngamy・sexual propagation**
　植物の生殖は、一部に特別な生殖細胞ができ、それらが合一受精してできた種子によって増える場合を有性生殖といい、人工的に繁殖手段とする場合を有性繁殖といいます。種子繁殖・実生繁殖（seed propagation・seedage）は有性繁殖です。
◆**無性繁殖・栄養繁殖　asexual propagation・vegetative propagation**
　雌雄に関係なく、植物体の一部から不定根や不定芽を分化させて個体を得る場合を無性繁殖といいます。一般に、栄養繁殖といい、栄養繁殖した個体（栄養系、クローン）は、その過程で突然変異が起こらない限り、遺伝的形質が受け継

がれる点や、種子繁殖に比べて開花・結実が早められるなどの利点があります。
　栄養繁殖には、挿し木、接ぎ木、株分けなどの方法がありますが、ブルーベリーの場合は、挿し木繁殖法が一般的です。

栄養系（クローン）clone, clonal line (strain)

　植物の1個体から、挿し木、取り木、接ぎ木、株分けなどの栄養繁殖により増殖された個体群を栄養系（クローン）といいます。ブルーベリーの場合、全て栄養繁殖（挿し木）によって増殖されていますから、栽培の対象となる樹はこの栄養系個体群です。

◆苗木　nursery stock

　苗木は、実生繁殖や各種の栄養繁殖法によって得られた個体（幼植物）で、一般に、本圃に植え付けられる前のものを指します。
　苗木の良否は、植え付け後の樹の成長を左右します。このため、品種が正確であることはもちろん、枝（前年枝、新梢）の成長が良く、根群が発達し、さらに病害虫に侵されていないことが、苗木の必須条件です。

◆挿し木　cutting

　挿し木は、増やす目的の栄養器官（vegetative organ. 枝、葉、根）の一部を挿し木床に挿し、不定根と不定芽を分化させ、独立した固体を得る栄養繁殖の一つです。この方法は技術的に簡便で、同一形質の個体を多数増殖できる利点があります。
　挿し木には、用いる器官により、葉挿し、葉芽挿し（leaf bud cutting）、茎（枝）挿し（stem cutting）、根挿し（root cutting）などの方法があります。
　ブルーベリー栽培では枝挿しが一般的です。枝挿しは、休眠枝（硬枝）挿しと緑枝挿しに大別できます。

不定根　adventitious root

　挿し木発根（rooting）の場合、枝組織内の射出髄線上に根原体を蔵し、節と節間から発根する形態根と、切り口から発根する不定根に分けられています。
　なお種子の幼根が成長した主根と主根から発生した側根を定位根（morphological root）といいます。

不定芽　adventitious bud, indefinite bud

　茎（枝）の節間、葉、根など、普通には芽を形成しない部位から生ずる芽を不定芽といいます。関連して、頂芽、腋芽、副芽などのように一定の部位に生ずる芽を定芽（definite bud）といいます。

極性　polarity

　枝には、時間的に異なる細胞が勾配をもって配列されており、その齢の勾配にともなって起こる性質を極性といいます。

枝挿しによって、枝（挿し穂）の基部から不定根が、上部から不定芽が発生するのは、枝がもつこの性質によります。枝（穂）の上と下にそれぞれ頂端分裂組織（apical meristem）があり、上にある茎頂分裂組織（shoot apical meristem）では枝が、下にある根端分裂組織（root apical meristem）では根が形成されるからです。

◆休眠枝挿し・硬枝挿し　dormant wood cutting・hardwood cutting

この方法は、枝の熟度による分け方で、旺盛に伸長した前年枝（一年生枝）を休眠期間中に採穂し、休眠明け後に挿すのが休眠枝挿しで、硬枝挿しとも呼ばれます。技術的に簡便で、高い発根率が得られるため一般的な挿し木法で、ノーザンハイブッシュの苗木養成に適しています。

サザンハイブッシュとラビットアイでは発根率が劣りますが、使用量が比較的少なくて済む自家苗養成の場合には、十分満足できる結果が得られます。

◆緑枝挿し　greenwood cutting, softwood cutting

この方法は、新梢上に花芽が分化する前に、新梢の上部（通常、春枝の先端、あるいは伸長中の徒長枝）を穂として利用するものです。

緑枝挿しは、ノーザンハイブッシュでは発根率が低いため、通常行われていません。サザンハイブッシュとラビットアイでは発根率が高いため、特に挿し穂を採取する専用樹を備えた苗木生産業では一般的な挿し木法です。

緑枝挿し法は、挿し穂の採取時期が果実の成長期間中であり、樹の生理に悪影響を及ぼすことが想定されるため、自家苗養成法としては、あまり勧められません。

◆母樹、母株　mother plant (tree), stock plant

果樹類で、各種の栄養繁殖を行う場合、挿し穂や接ぎ穂を取る樹を、母樹あるいは母株といいます。母樹、母株の条件は、品種が正しく、病害虫に侵されていない、かつ生育が旺盛であることが必須です。

◆挿し穂・穂木　cutting・scion (wood)

挿し木や接ぎ木の繁殖材料に用いられる枝を、挿し穂あるいは穂木といいます。ブルーベリーの場合、休眠枝挿しでは休眠期間中に採取し、低温条件下で貯蔵しておいて、春に挿します。

緑枝挿しでは、果実の成長期の夏期に新梢や徒長枝を採取し、枝を調整して挿します。

休眠枝挿しの一例

この方法は、まず健全に成長している母樹（母株）から、前年に旺盛に伸長し

て充実した枝を選び、適期（通常、冬季剪定時）に採取（採穂）し、貯蔵します。次に、春になったら取り出して、準備した用土に挿し、適切な条件下で発根させるものです。

発根後、根が十分に成長した後に鉢上げして1年間養成し、苗木として使用します。

◆採穂の時期と枝の種類

採穂の適期は、葉芽の休眠打破のために必要な低温要求時間が満たされて以降です。一般には、関東南部の場合、2月上旬から3月上旬に行われる冬季剪定の期間中です。

望ましい枝は、太さが10mm前後で、ムチのように細長い枝（whipsと呼ばれる、長さが50～100cmの徒長枝）です。

◆挿し穂の調整、貯蔵

挿し穂の長さと太さは、発根率と発根後の根の伸長に関係しています。一般に、挿し穂は、太さは鉛筆の直径（7mm）、長さは10cmくらいが適当です。これより細い穂では、発根は良くても発根後の伸長が弱く、逆に、太い穂では発根が遅くなっても発根後の伸長が優れる傾向があります。

採穂した枝は、まず、上部（先端）の硬化していない部分や花芽が着生している部分を切除します。次に、各枝を約10cmの長さに切り、一定量（枝数）をまとめて基部を揃え、湿らせた水ゴケを詰めたプラスチック容器に入れ、1.0～4.5℃の低温で貯蔵します。これらの各過程で、品種が混同しないように注意して取り扱います。

◆挿し木の時期、容器、用土

挿し木時期は、関東南部では、3月下旬から4月上旬が勧められます。

挿し木容器は市販の挿し木箱の使用が一般的ですが、用土の深さが10cm以上になり、底面に滞水しないものであれば良く、特に選びません。

用土（rooting medium）は水分保持力があり、同時に通気・通水性が良いことが必須条件で、鹿沼土、ピートモスのそれぞれの単用、あるいは両者の混合用土が一般的です。用土は、pHが4.3～5.3の範囲とします。肥料は、用土とは混合しません。

穂は、約5cm×5cmの間隔で垂直に、深さは穂の3分の2が用土に入っている状態に挿します。

◆挿し床の管理

挿し床（用土）の水分管理は、ミスト装置の導入が勧められます。水は3～5分間に6～8秒、穂の上から霧状にかかる状態にします。時間は、発根するまでは、毎日、午前10時から午後5時まで、発根後は午前11時から午後4時ころまでと

します。

床土の水分含量は、指の感触で判断することもできます。用土を親指と人差し指で普通の力でつまんだ時、水が滴り落ちるくらいが良いとされています。

ミスト繁殖　mist propagation

人工的に挿し床上に細かい霧を断続的に噴射させる装置を敷設して行う挿し木の方法をミスト繁殖といいます。緑枝挿しでは一般的ですが、休眠枝挿しでも行われています。

それ以外の方法

ミスト装置を備えることなく、挿し木箱を戸外に設置し、定期的に灌水する方法でも、比較的高い発根率が得られます。この場合、挿し木箱の置き場所は、灌水に便利な所で、排水を良くするために地面から5～6cm高くし、風当たりが弱く、また降水が直接あたらない所とします。用土の表面の乾き具合から、1日に数回、挿し穂が揺れないように、弱い圧力で灌水します

◆鉢上げとその後の管理

3月下旬に挿した場合、1～2週間で葉芽が膨らみ、新梢が伸長してきます。穂木の基部では、まず切断面にカルスが形成され、挿して3～4週間後から発根し始めます。

根量を増やすために、発根後2か月以上経過してから鉢上げ（potting）します。

鉢は4～5号のポリポットを使用し、鉢用土にはピートモスを主体にして、もみ殻、鹿沼土の混合土が勧められます。

鉢上げした苗は、戸外で育てます。灌水は、降水日以外はほぼ毎日行います。施肥は、緩効性肥料のIB化成（窒素形態は尿素）を数粒、月に1回、置肥とします。

鉢上げ後約1年間育て、二年生苗として植え付けます。

鉢上げ中や苗を育てている過程でも、品種の混同が無いように注意して管理します。

緑枝挿しの一例

緑枝挿しは、緑葉を着けているため、葉からの蒸散を抑制し、枯死を防止するために、一般にミスト施設下（ミスト繁殖）あるいは密閉挿しで行われています。枝（穂）の取り扱いには特に注意を要します。

緑枝挿しの場合、採穂の時期と枝の種類、穂の調整法が、休眠枝挿しとは大きく異なります。

◆ミスト繁殖　mist propagation

挿し穂がしおれやすい緑枝挿しの場合、着葉した穂が日光の照射する場所にあっても、ミストによって高湿度、温度が低下して好条件が得られ、発根が促進されます。

ミスト室内の管理

緑枝挿しでは、葉によって蒸散活動が行われているため、ミスト室内で管理します。

ミストのノズルは、120～150cm間隔が一般的です。時間的な間隔は、タイマーを使って日の出後にスイッチが入り、日没後に切れるように設定します。挿し木後2～3週間は5分間隔で、それ以降は15分間隔で、いずれも5～10秒間噴霧される状態とします。

また、葉の光合成活動を損なわず、かつ蒸散活動を抑えるように、遮光（shading, shade）が必要です。遮光の程度は、およそ63％が発根に適していたという報告があります。ミスト装置の上部に黒色の寒冷紗を被覆すると、相当程度、遮光することができます。

穂は、遮光され、また湿度が高い条件下にあるため、ボトリチス、根腐れ病、キャンカーなどの病気の発生が見られます。床土面に落ちた葉や枯れ始めた穂はすぐに取り除いて、伝染を防ぎます。被害の拡大が予想される場合には、殺菌剤を散布します。

時々、穂を引き抜いて、発根の状態を観察します。品種にもよりますが、通常4～7週間で発根し始めます。発根後は、ミストの間隔（時間）を広げ、さらに3週間以上かけて硬化させます。

◆密閉挿し closed -frame cutting, cutting using high humidity tent

挿し木後、挿し床（箱）をポリエチレンフィルム、ガラスなどで密閉して行う挿し木の方法を密閉挿しといいます。

緑枝挿しの活着を高めるためには、挿し穂の葉からの蒸散と基部切り口面からの吸水のバランスを保ち、挿し穂の萎れを防ぐことが重要です。

密閉挿しは、挿し床（箱）上が高湿度に維持され、挿し木後の管理も、初めに十分量灌水しておけば、その後はあまり必要でないため省力的で、安定した活着が得られます。一般に行われているのは、被覆用の半円のパイプでトンネルを作り、その上をポリエチレンフィルムで覆って密閉にし、さらに黒の寒冷紗を張って遮光する方法です。

◆採穂の時期と枝の種類

新梢伸長が止まって、先端の葉がいくぶん硬くなったころが採穂の適期です。関東南部では、6月下旬～7月上旬にかけてで、サザンハイブッシュでは果実の成熟期間中にあたり、ラビットアイでは果実の成長期間中となります。

挿し穂は、長さが15〜20cmの新梢から枝の先端部を6〜7葉を着けて採り、穂の乾燥を防ぐため別に準備しておいた水の入った容器に浸します。品種の混同を避けるため、作業は品種別に行います。

◆挿し穂の調整、用土

挿し穂は、一般に穂の上部節の葉を3枚着け、下部節の葉は除去します。次に、穂の基部は良く切れるナイフで斜めに切り、数ミリ切り返します。穂の長さは10cm前後になります。

挿し床（挿し木箱）の用土・容器は、休眠挿しの場合と同じ種類のもので良いでしょう。

挿し方は、まず、間隔を5cm×5cmとし、箸や細い棒を底面まで刺し、孔を開けます。これは、穂の切り口を守るためです。次に、その穴に、葉を取り除いた部分が用土の中に入っている状態まで挿します。挿した後は、穂と用土が密着するように、穂がぐらつかないように注意して、たっぷりと灌水します。

◆鉢上げとその後の管理

緑枝挿しでも、休眠挿しの場合と同様の用土、容器を用いて鉢上げします。また、施肥、灌水など、苗木として使用するまでの期間の諸管理も休眠枝挿しに準じて行います。

◆コラム　接ぎ木について

接ぎ木（graft, grafting）は、多くの果樹では一般的な苗木養成法です。果実形質の優れた品種を接ぎ穂（scion）とし、主に、樹勢の調節、環境に対する適応性の視点から選んだ台木（stock）に接着させ、独立した個体を得る方法です。

近年、園芸店ではブルーベリーの接ぎ木苗（grafted nursery stock）が販売されています。市販の接ぎ木苗は、ほとんどが枝接ぎ（scion grafting）で、果実品質が優良でも自根樹では樹勢が弱い品種、特にノーザンハイブッシュを穂木に、樹勢が強く、土壌適応性のあるラビットアイやノーザンハイブッシュを台木としています。

ブルーベリーの接ぎ木に関する実験は、1970年代に、初めてアメリカで行われていますが、その後の研究は見当たらなく、一般的な繁殖法としては発展しませんでした。その理由は、主として以下の3点であるとされています。

①台木を旺盛なラビットアイにした場合、株元から多数のサッカー（吸枝）が伸長して株元の管理に手間がかかる。

②主軸枝を5～6年で更新して若返らせる整枝・剪定法のため、接木樹の主軸枝あるいは強い発育枝は、やがては株元から切除される。
　③樹、果実形質の優れた新品種の発表が毎年のようにあり、現在の優良品種が今後も継続して優良であるという確証がない。
　現在、日本では、接ぎ木樹の栽培例が各地に見られます。しかし、接ぎ木樹の毎年の剪定方法、主軸枝を更新する樹齢に達したころの樹勢、果実収量、品質、さらに経済樹齢などについて、明らかでない点が多くあります。接ぎ木樹の栽培を発展させるためには、なお客観的な情報の蓄積と共有化が必要です。

第5章

国内外のブルーベリー栽培事情

新設のブルーベリー園

　栽培品種や栽培技術、果実の輸出入が広く国際化している状況の下で、栽培者に欠かせない情報であるブルーベリー栽培の歴史、世界的規模での栽培環境や栽培管理技術の比較、さらには栽培の未来を決定づける品種改良の方向性などについては取り上げていませんでした。

　この章では、まず1節で栽培ブルーベリーの誕生について、次の2節では日本におけるブルーベリー栽培の普及過程と現在の栽培状況について述べます。3節では世界のブルーベリー栽培の概況を取り上げ、主要国における栽培状況、主要な栽培地域の気候的特徴点と栽培管理様式を比較します。4節では、未来のブルーベリー栽培と果実消費の動向を決するといえるアメリカにおける品種改良の方向性を紹介します。

1　栽培ブルーベリーの誕生

　栽培ブルーベリー誕生の歴史は、1906年、USDAが自生株の品種改良に着手したことに始まります。誕生の背景には、アメリカ人とブルーベリーとの歴史的な関係があり、長年にわたる国家による育種計画がありました。
　この節では、まず栽培ブルーベリー誕生の背景について簡単に触れ、次にタイプ別に、交雑品種の誕生の過程について概説します。

ブルーベリーは歴史的果実

ブルーベリーは"命の恩人"

　1620年、アメリカ建国の祖となったヨーロッパからの初期の移住者が、マサチューセッツ州の冬の厳しい寒さの中で、飢えと病気から身を守ることができたのは、先住民族から分けてもらった自生のブルーベリー〔現在のノーザンハイブッシュとローブッシュ（ワイルド、野生）ブルーベリー〕の乾燥果実やシロップなどのおかげであったといわれています。このようにアメリカ人の遠い祖先の尊い命が、ブルーベリー果実で救われたことから、ブルーベリー果実は、"命の恩人"といわれるようになったのです。

南北戦争とローブッシュブルーベリー

　自生しているローブッシュ果実（野生ブルーベリー）の採集は、1880年代の中ごろまでは土地の所有権に関係なく自由であり、多くの家族にとって季節の楽しみでした。しかし、南北戦争（1861～1865年）の始まりとともに、野生ブルーベリー果実が軍に供給され、さらには果実の缶詰が製造されるようになって事情は一変したといわれます。
　野生ブルーベリー果実が商品として販売されるようになったことから、土地所有者は、それまで解放していた土地から採集者を締め出し、収穫量を高めるために株の焼き払いによる除草や剪定など、自生株の群落を管理するようになりました。なお、このようなローブッシュ群落の管理は、現在でも行われています。

自生種の栽培化の試み

　野生ブルーベリー果実の売買に刺激されて、1860年代から70年代には、ノーザ

ンハイブッシュやラビットアイ（ノーザンハイブッシュは北東部諸州に、ラビットアイは南部諸州に自生）の自生株を移植して育てる栽培化は試みられていたようです。

　1860年代から70年代当時、ブルーベリー樹の成長は、水分の多い酸性土壌で優れるという特性や繁殖方法が明らかではありませんでした。そのような知識不足から、多くの園芸作物と同様に、土壌有機物含量が多く、土壌pHが高い所に植え付けられたため、ノーザンハイブッシュの栽培化は成功しませんでした。

　一方、ラビットアイの栽培化は、1887年、サップ（M. A. Sapp. 製材会社の森林伐採請負人であった）によって、フロリダ州で始められています。サップは、同州の北西部一帯の自生株の中から果実形質の良いものを選抜して移植し、1893年には、約1.5haの園地を作り、その後35年間も栽培しています。さらに、栽培化は他の州にも広がり、一時は南部諸州全体で1,400haを超えていました。しかし、果実は小さく、果皮が黒色、種子は硬くて数が多く、その上風味に欠けていたため市場での評価は低く、園地は次第に放棄されるようになりした。

ノーザンハイブッシュの交雑品種の誕生

　ブルーベリー（現在のノーザンハイブッシュ）の育種計画（品種改良）は、1906年、USDAによって、同国に自生するスノキ属シアノコカス節の植物のうちから、特に果実形質の優良な株を選抜（栄養体選抜）したことに始まります。

USDAの設置

　USDAの設置は、アメリカ憲法の制定（1787年）から約75年後の1862年で、南北戦争の最中でした。当時、USDAの業務は、優良種苗や家畜の確保・普及・配布、有益な農業に関する情報、統計資料収集と普及を積極的に行うことでした。また、1862年、土地交付大学法が公布され、州立農科大学の設立、運営の援助体制が整います。こうして、大学を母体とした農業の試験研究と改良普及事業の全国的な組織体制が構築されました。

　このような背景もあって、アメリカの東部諸州に広く自生し、また、"命の恩人"といわれるブルーベリーの栽培化・産業化のための育種計画が、国家的事業として始められ、発展してきたと考えられます。

USDAにおける研究

　USDAの育種計画は、コビル（F. V. Coville）によって進められました。コビルは、自生種の栽培化を始める前年の1905年に、野生ブルーベリー果実が、アメ

リカ北東部の中心都市であるボストンに出荷される時期や量、出荷元の州などなどを調査しています。

1906年、コビルは、ニューハンプシャー州（北東部のニューイングランド地方に位置）のグリーンフィールド（Greenfield）から、果実の大きさが1.3cmくらいで、風味の良い果実を着けている株を移植して栽培を始めました。その株は、「ブルックス」（Brooks）と名付けられました。

1908年、選抜株を用いて品種改良に着手し、合わせてブルーベリー自生株の特性調査を始め、1910年には、ブルーベリーは好酸性であること、樹の特性、挿し木、交配、種子繁殖などについてまとめた報告書・「Experiments in Blueberry Culture」を出しています。

民間人・ホワイト女史の協力

コビルの報告書は、やがて、ニュージャージー州ホワイツボグ（Whitesbog.同州中央南部に位置）で、父の営むクランベリー栽培を手伝っていたエリザベス・ホワイト女史（Elizabeth C. White）の目に留まります。ホワイトは、ブルーベリー栽培の魅力に強く惹きつけられたことから協力を申し出、試験栽培のための土地を提供し、また、従業員である野生クランベリーの摘み取り人には、大きな果実（彼女の指輪が基準であった）を着けた株を探すように指示したといわれています。

発見された株は、試験地に移植され、挿し木で増やされました。それらの中から選抜されたのが、後に品種改良の母本となった「アダムス」（Adams）、「キャッツワース」（Chatsworth）、「ダンフィー」（Dunfee）、「グローバー」（Grover）、「ハーデング」（Harding）、「ルーベル」（Rubel）、「サム」（Sam）、「ソーイ」（Sooy）などです。

なお、「ルーベル」は、現在でも、経済栽培されています。

1920年、宿願の交雑品種の誕生

品種改良の一番の目標は、多収性品種の育成でした。しかし、選抜種の自殖（selfing, inbreeding. 同花、同一個体内での受粉、繁殖）に頼っていたためか期待したような結果が得られませんでした。そこで、選抜株の交雑（cross, crossing, hybridization）に方法を変え、1912年に、「ブルックス」と「ソーイ」の交雑から、約3,000の種子を得ています。

それらの実生から、1920年、宿願の交雑品種として「パイオニア」（Pioneer）、「キャサリン」（Katharine）、「カボット」（Cabot）の3品種が誕生しました。その後少し間をおきますが、1928年には「ジャージー」（Jersey. ルーベル×グロ

ーバー）が、1936年には「ウェイマウス」（Weymouth．ジューン×キャボット）が発表されています。このうち「ジャージー」は、今日なお世界各国で主要品種として栽培されています。また、「パイオニア」は、アメリカでは現在でも経済栽培されています。

コビルの功績

コビルは、1937年に亡くなるまでの間に10万にも及ぶ実生を育て、合わせてノーザンハイブッシュ15品種を育成しています。そのうち、最後の品種となった「デキシー」〔Dixi．（ジャージー×パイオニア）×スタンレー．1936年発表〕は、"I am done" という意味のラテン語名でした。

コビルの没後、コビルが育てた実生が母本となって育成された品種の中で、特に著名なのは、「ブルークロップ」（Bluecrop．1952年発表）、「ブルーレイ」（Blueray．1955年発表）、「バークレイ」（Berkelay．1949年発表）、「クロートン」（Croaton．1954年発表）などです。これらは、現在でも経済栽培されていますが、中でも「ブルークロップ」はノーザンハイブッシュの主要品種であり、標準品種（standard cultivar）とされています。

ラビットアイの誕生

品種改良以前の品種

ラビットアイ自生種の栽培化は、1890年代には成功的に行われており、一時は、南部諸州一帯で1,400haを超えていました。当時、特に面積の広かったフロリダ州やジョージア州では、選抜株に、「ホゴット」（Hogood）、「ブラックジャイアント」（Black Giant）、「マイヤーズ」（Myers）、「クララ」（Clara）、「ウォカー」（Walker）、「エセル」（Ethel）などの品種名が付されていました。

これらの選抜株は、1925年、ジョージア州沿岸平原試験場に移植され、それ以降における品種改良の母材とされました。

品種改良の始まり

ラビットアイの育種計画は、1940年、ジョージア州沿岸平原試験場のウッダード（O. Woodard）、ノースカロライナ州立農業試験場のモロー（E. B. Morrow）、USDAのダロー（G. M. Darrow．コビルの後継者）の三者の共同研究の体制で始まりました。

関連して、USDAでダローの時代はコビルの没後1957年頃まで続きますが、当時、交雑はUSDAが行い、栽培と実生選抜は州立大学（農業試験場）が行うとい

う役割でした。

交雑品種の誕生

　研究開始後10年経った1950年、初めての交雑品種が誕生しました。「キャラウェイ」（Callaway.　マイヤーズ×ブラックジャイアント）、「コースタル」（Coastal.　マイヤーズ×ブラックジャイアント）の2品種です。

　そして、1955年には、ティフブルー」（Tifblue.　エセル×クララ）と、「ホームベル」（Homebell.　マイヤーズ×ブラックジャイアント）が、1960年には「ウッダード」（Woodard.　エセル×キャラウェイ）が発表されています。これらの3品種は、いずれも1980年代まで主要品種でした。なかでも「ティフブルー」は果実形質が優れていることから、今日でもなお、日本を含めて世界的に広く栽培されています。また、「ティフブルー」は主要な交配母本として用いられており、現在、ラビットアイの重要品種となっている「パウダーブルー」（Powderblue. 1975年発表）や「ブライトウェル」（Brightwell.　1981年発表）は、「ティフブルー」と「メンディト」の交雑です。

　なお、ラビットアイ（rabbiteye）は、果実が成熟前にウサギ（兎．rabbit）の目（eye）ように、赤色化することに由来します。

ハーフハイハイブッシュの誕生

　ハーフハイハイブッシュの育種計画は、1948年、ミシガン州立大学のジョンストン（S. Johnston）によって始められました。育種目標は、冬季の低温が厳しいアメリカ中西部北東地帯で栽培できるように、樹性はローブッシュのように耐寒性があり、果実はノーザンハイブッシュのような特性を持った品種の育成でした。

　1968年、第1号となる「ノースランド」〔Northland.　ノーザンハイブッシュのバークレイと交配番号19－H（ローブッシュ×ノーザンハイブッシュのパイオニア）との交雑〕が誕生しています。その後、同大学から、1970年に「トップハット」（Tophat.　交雑品種は省略）が発表されました。

　また、ミネソタ大学でも育種計画が進められ、1983年、「ノースブルー」（Northblue。交雑種名は省略）が発表されています。

　なお、ハーフハイ（Half-high）は、樹高がノーザンハイブッシュの半分くらいと低く、小型であるという点から名付けられました。

サザンハイブッシュの誕生

　サザンハイブッシュの育種計画は、1948年、フロリダ大学のシャープ（R. Sharp）とUSDAの共同研究によって始められました。育種目標は、南部諸州の冬季が温暖な地帯でも栽培できるように低温要求量が少なく、ノーザンハイブッシュのような果実形質の良い品種の育成でした。

　1975年、試験開始後25年を経て、「シャープブルー」〔Sharpblue. 系統番号Fla. 66-11として試験（ラビットアイ、ダローアイ、ノーザンハイブッシュとの交雑）〕と「フローダブルー」〔Flordablue. 系統番号Fla. 66-2として試験（シャープブルーと同じ交雑）〕の2品種が発表されました。しかし、樹の形質や栽培特性に明らかでない点が多かったため、普及は限られていました。

　なお、サザンハイブッシュは、サザン（Southern）と呼ばれるように、冬季が温暖なアメリカの南部地域でも栽培できる、という意から名付けられました。

一躍注目を浴びたサザンハイブッシュ

　サザンハイブッシュの存在が一躍注目されたのは、1996年に発表されたフロリダ大学育成の「スター」（Star. 系統番号Fla.80-31とサザンハイブッシュの「オニール」との交雑）の誕生によってでした。発表年に日本に輸入された生果は、それまでの全タイプの品種と比較して大きく、風味も優れていて"おいしいブルーベリー"と評価されました。世界的にも注目を浴び、高い品種評価を得て、サザンハイブッシュは、今後のブルーベリー栽培と果実の消費傾向に一大変化をもたらすだろうといわれたのでした。

　スターは、現在、サザンハイブッシュの標準品種となっています。

ブルーベリーは南へ

　1980年以降、サザンハイブッシュの品種改良は、フロリダ州以外の南部諸州の州立大学でも行われるようになり、樹勢が強く、収量性が高く、果実形質の優れた品種が数多く育成されてきました。特に、「スター」の果実形質が高く評価されて以降は、"ブルーベリーは南へ"の言葉が流行するほどに、冬季が温暖な国や地域に普及してきました。

　現在、世界のブルーベリー栽培面積および果実消費が拡大している最大の要因は、一つはサザンハイブッシュの誕生と優良な品種育成にあるといわれています。

2　日本のブルーベリー栽培の普及と課題

　日本にブルーベリーが導入されたのは1951年でした。それ以降、アメリカとは大きく異なる立地条件の下で、栽培を定着させるための基礎的調査、研究が続けられてきました。また、多くの先覚者による栽培普及の努力によって、現在では、北海道から沖縄まで全国で栽培されるようになり、特産果樹の主役に躍り出るまでに発展しています。
　その栽培普及の過程には、時代的な背景をはじめ、先覚者による、新しい果樹・ブルーベリーに掛ける夢、情熱的な普及精神、栽培管理に関わる調査・研究の成果、さらに地域で培われた技術など、栽培者が知っておきたい知識が満ち満ちています。
　この節では、まず日本におけるブルーベリーの導入から、現在までの栽培普及の過程を年代別に概観します。続けて、2000年代になってからの果実の生産状況を取り上げ、栽培と果実消費が拡大している背景を整理します。最後に、日本におけるブルーベリー栽培上および経営上の課題を要約します。

◆特産果樹

　地域の特徴的な農作物として、限定された地域で生産される作物を特産作物（local specialty）といいます。その種類には、栽培面積が大きくはなくても、収益性の高い農作物として地域農業の活性化に貢献する作物、地域の伝統を継承した作物、新規導入作物などがあります。これらの作物が果樹の場合に、特産果樹と呼ばれています。
　農林水産省の果樹統計では、特産果樹は、作物統計調査の調査対象品目である、うんしゅうみかん、りんご、生食用ぶどう、なし、もも、すもも、おうとう、うめ、びわ、かき、くり、キウイフルーツおよびパインアップル以外の果樹とされています。
　特産果樹を定着させるためには、品種の選定、栽培技術の確立とともに、販路の開拓が重要な課題とされています。ブルーベリーは海外からの導入果樹ですから、これらの三つの課題に、さらに日本における立地条件の検討が加わります。

ブルーベリーの導入

　ブルーベリーが日本の公立機関に初めて導入されたのは、1951年（昭和26年）のことでした。当時の農林省北海道農業試験場がアメリカ、マサチューセッツ州

立農業試験場からハイブッシュ（現在の区分ではノーザンハイブッシュ）を入手しています。

1950年代から1970年代にかけては、ハイブッシュは農林省特産課（1952年）、福島県園芸試験場（1954年）、京都府立大学（1956年）、北海道大学（1961年）によって、ラビットアイは農林省特産課（1962年）、鹿児島大学（1978年）によって、いずれもアメリカから導入されています。1980年代になると、公立機関による導入は、そのほとんどが東京農工大学によって行われました。

民間の種苗業者による導入は、1980年代の後半から始まり、1990年代以降は、その中心となっています。

栽培普及の過程

ブルーベリーの導入から今日までの栽培普及の過程を、年代別に概観します。

1950年代

ブルーベリーが初めて導入された1951年当時、日本は、第二次世界大戦終了後の社会、経済の混乱期から復興期に移行する時代でした。この時代の背景から、新しい果樹であるブルーベリーの導入の目的は、戦後の復興後における果樹園芸や地域振興のためであったと考えられます。

1950年代は、導入とともに品種特性の調査の時代でした。1955年には、福島県園芸試験場の岩垣駛夫（後に東京農工大学に転じる．日本の"ブルーベリー栽培の父"と尊敬される）によって、日本で最初の調査報告となる「ブルーベリーの品種試作」が発表されています。

1960年代

1960年代は、1950年代に引き続き品種特性調査の時代でした。1962年には木村光雄（京都府立大学）によって「ハイブッシュブルーベリー数品種の特性」が、1965年には宮下掞一（北海道農業試験場）によって「ハイブッシュブルーベリー9品種の特性」が発表されています。

1964年、岩垣駛夫（東京農工大学）は、日本にブルーベリーの経済栽培を定着させるという視点から「ブルーベリーの生産開発に関する研究」に着手しています。研究は、農林省特産課の加藤要から贈られたラビットアイ「ウッダード」、「ホームベル」、「ティフブルー」の3品種を用いた、"成らせる（結実）"、"増やす（繁殖）"、"売る（販売）"の分野からなる内容でした。

日本で初となるラビットアイの経済栽培が、1968年、東京都小平市の島村速雄

によって始められました。

1970年代

1971年、ノーザンハイブッシュの経済栽培が長野県信濃町の伊藤国治によって始められています。前掲の島村と同様に、それ以降のブルーベリー栽培のモデルとなりました。

1970年代の半ばには、岩垣が中心となって進められてきた品種特性、繁殖方法、受粉・結実、果実の成長などに関する多くの研究成果が発表されています。

そうした研究成果の下に、経済栽培に必要な基礎資料が揃い、加えて、種苗業者から苗木が販売されるようになって、栽培普及の体制が整ったのです。さらに、1974年に、農林省北海道農業試験場と北海道立農業試験場から共同で刊行された「ハイブッシュブルーベリーに関する試験成績」は、寒冷地における栽培普及の指針となりました。

しかし、栽培普及の進度は依然として緩やかであり、全国の栽培面積が1.0haになったのは、導入後25年を経た1976年でした。

1980年代

1980年代に入ると、水田転作、中山間地における転換作物の選定、農業者による新しい作目への模索などを背景として、各地でブルーベリー栽培への機運が高まりました。1980年の全国の栽培面積は9haに過ぎませんでしたが、1985年には91haになり、1988年には163ha（1980年の約18.1倍）と急激に増大しています。この頃が、いわゆる'ブルーベリー・ブーム'といわれた時代です。主要な果樹と比較して極めて小面積でしたが、その普及速度から、一躍、注目される新しい果樹になったのでした。

このような時代、1984年には、岩垣を中心にブルーベリーの研究・普及に携わっていた人達によって「ブルーベリーの栽培」（誠文堂新光社）が刊行されました。著書は、それまでの研究成果を集大成したもので、それ以降におけるブルーベリー栽培の普及・生産振興のバイブルとなりました。

1990年代

1990年代になると、栽培に成功した経営体や特産地が全国各地に生まれました。その一方で、樹の成長が悪い、果実品質が良くない、果実販売が難しいといった栽培上、経営上の課題を抱えた事例も数多く見られました。このような状況から、同年代の中ごろには、栽培面積、生産量（収穫量）ともに停滞ないし減少傾向に転じ、日本のブルーベリー栽培はこのまま衰退の道をたどるのではないか

と、危惧されたのでした。

衰退の方向を回復軌道に導いたのは、1994年に設立された「日本ブルーベリー協会」（初代会長 鹿児島大学名誉教授 伊藤三郎）による栽培指導と啓蒙活動でした。特に、同協会の主要な活動であった全国産地シンポジウムや機能性シンポジウムが、マスコミで広く紹介された影響は非常に大きいものでした。なかでも、「目に良い」と

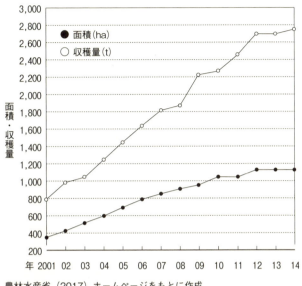

図5-1　2001年以降におけるブルーベリー栽培面積および収穫量の推移

農林水産省（2017）ホームページをもとに作成

いう機能性が注目されて果実消費が拡大したことを受けて、栽培者の意欲が刺激されたことが、栽培面積の増加につながりました。さらには、同協会から、1997年に発行（創森社）の「ブルーベリー〜栽培から利用まで〜」は、新しい栽培指導書として栽培普及に非常に大きな役割を果たしました。

このような日本ブルーベリー協会の活動によって、1999年の栽培面積は267ha、果実生産量は648tに増大しています。

2000年代における生産状況

栽培面積と収穫量

21世紀に入っても、栽培面積と収穫量は増加し続けています（図5-1）。

2001年、全国の栽培面積は358ha、収穫量は792tでした。これ以降も拡大の勢いは衰えず、2005年には、栽培面積が約700ha、収穫量が1,461tとなり、2010年にはそれぞれ1,041ha、2,259tに達しています。

しかし、2010年代になると、それまでの増加傾向の勢いに衰えが見始め、2011

表5-1　2001年以降におけるブルーベリー果実の消費量の推移(冷凍果は除く)

年	国内産の収穫量(t)* (比率)***	生果の輸入量(t)** (比率)***	消費量(t) (比率)***
2001	792(100)	1,182(100)	1,974(100)
2003	1,053(133)	1,526(129)	2,579(100)
2005	1,461(133)	1,641(139)	3,102(157)
2007	1,808(228)	1,242(105)	3,051(155)
2009	2,215(280)	1,225(104)	3,525(179)
2011	2,452(310)	1,833(155)	4,633(235)
2012	2,698(341)	2,271(192)	4,969(252)
2013	2,700(341)	2,271(192)	4,971(252)
2014	2,748(347)	1,834(155)	4,582(232)

*　農林水産省（2017）ホームページをもとに作成
**　財務省（2015）ホームページをもとに作成
***　2001年の実績を100とした場合の比較（伸び率）

年の栽培面積は1,041haで2010年と変わらず、収穫量はわずかに増加して2,452tでした。なお、2011年は、未曾有の災害といわれる東日本大震災があり、多くのブルーベリー生産者や関係者が、地震、津波、放射能汚染という「三つの災難」を被災した年でした（〔コラム：2011年の「三つの災難」、地震、津波と放射能線汚染〕参照）。

2012年の栽培面積は1,127ha、収穫量は約2,698tでしたが、2013年から、栽培面積の増加傾向は横ばいに転じ、2014年の栽培面積は約1,137ha、収穫量は2,746tで、2012年と比較して、2年間でわずか10haと48tの増加に過ぎませんでした。このような2012年以降の栽培面積と収穫量の増加傾向が、横ばい傾向を示すに至った背景の分析が急がれます。

栽培地帯は（2014年の結果から）、北海道から九州、沖縄（試作）まで全国に及びますが、栽培面積の最も多いのが長野県（129.0ha）、次いで多いのが東京都（103.7ha）です。以下、茨木県（91.0ha）、群馬県（81.7ha）、埼玉県（67.1ha）、岩手県（53.0ha）と続きます。都道府県当たりの栽培面積は、約24haです。

2000年代における果実の消費状況

ブルーベリー果実が注目され、消費が拡大したのは、かつてはジャムやケーキなどの加工品の利用が中心でした。今日では、「生食でもおいしい」に加えて

「目に良い」果実、「生活習慣病の予防効果が高い」果実としての関心が高まり、消費が拡大していることによります。

2000年代におけるブルーベリー生果（fresh fruit）の消費量（国内産の収穫量と生果輸入量の合計）は、着実に拡大しています（表5－1）。2001年の消費量は、1,974t（100）でしたが、2005年が3,102t（157）、2010年が3,805t（193）、2012年が4,969t（252）と拡大しました。しかし、この勢いは、2014年には大きく変化し、低下しています。

消費量は、生果の輸入量によって増減していますが、生果の輸入量が消費量に占める割合は、2005年までと2007年以降では大きく異なっています。2005年までは、生果の輸入量が国内産の収穫量よりも多く、海外産生果が消費量の大半を占めていました。2007年以降は逆転して、国内産の収穫量が輸入量よりも多くなり、2014年には、消費量に占める国内産の収穫量の割合は約60％、生果の輸入量の占める割合は約40％となっています。

生果の市場流通量

この数年間（2010年～2014年）、国内産生果の生産量（収穫量）に合わせて、市場流通量にも大きな変化が見られます。東京都中央卸売市場における生果の流通量（取扱い実績）を年別にみると、2010年は109.9t（比数100）、2011年が119.2t（108）、2012年が133.9t（123）、2013年が120.7t（110）、2014年が142.5t（130）ですから、5年間に110～130％増加しています。

しかし、この流通量は極めて少量であり、2014年の場合を見ても、国内産果実の収穫量のわずか5.2％に過ぎません。これは、国内産果実の大半は、観光農園の摘み取りや宅配便を利用した直売、さらには加工用として利用されていることによると思われます。

国内産の生果が市場に出まわるのは、3月（施設栽培の早期出荷）から9月（普通栽培の極晩生品種）までです。なかでも6～8月に集中しており、市場に出荷している県（2014年）は20以上にもなって、産地間で激しい販売競争が生じています。

海外産の生果

海外産生果の輸入は、2008年（約1,100t）以降増加に転じ、2011年には世界7か国から約1,830tが、2012年には6か国から2,271t、2014年には5か国から1,834t、2016年には7か国から1,918tが輸入されています。輸入量は、年によって増減がありますが、国内生産量の約65％から84％に相当していて、日本のブルーベリー産業が輸入生果に大きく依存している状況に変わりありません。

輸入相手国は、12年以降、固定しつつあります。2016年の場合、アメリカ

（754t）、メキシコ（628t）、チリ（487t）、カナダ（12t）、ニュージーランドと韓国（それぞれ1t以下）の6か国です。これらの国からの輸入月を見ると、南半球のチリ、ニュージーランドからは10〜4月で、日本の端境期(off-crop season)です。これに対して、北半球のアメリカからは4〜10月、メキシコからは4〜7月、カナダ8〜9月で、大半は日本の収穫期（主として5〜8月）と重なっています。

輸入生果は、前述したように、年間の果実消費量の約40％（2014年の輸入量は1,834t）を占めていますが、市場流通量はきわめて少量です。例えば、2014年における東京都中央卸売市場の入荷量は、アメリカ、メキシコ、チリの3か国で、年間約19tに過ぎません。入荷量は月別に増減があり、多いのは12月（3.2t）と3月（2.6t）で、日本産の出荷最盛期である6月〜9月は、各月とも0.6t以下になっています。これは、輸入生果のほとんどは、市場外流通によって取引されていることによると思われます。

海外産の冷凍果

ブルーベリーの各種加工品は、その原料のほとんどを海外産の冷凍果（frozen berry）に依存しています。

冷凍果の大半は、ワイルド（野生）ブルーベリーと呼ばれるアメリカ北東部からカナダ南東部の諸州にかけて自生しているローブッシュです。近年における輸入量は明らかでなく、2005年以降は20,000t程度と推察されます。

栽培ブルーベリーも冷凍果で輸入され、冷凍果のままで販売されるほか、各種の製品に加工されていますが、その量も定かではありません。

栽培および果実消費が拡大してきた背景

1990年代の後半以降2010年ころまで、日本のブルーベリー栽培と果実消費は堅実に拡大してきました。この背景には、主として六つの要因があったと考えられます。

①樹、果実形質の優れた新品種の導入

樹勢が良い、果実が大きい、風味が良い、日持ち性がある、成熟期が早いあるいは晩い、といった優良な形質の品種が導入され、栽培された。

②栽培知識の蓄積と技術の向上

先駆者による経営の成功と栽培の啓蒙によって、新品種の栽培が進み、また、地方の立地条件（気象条件や土壌条件）に起因する課題が解決されてきた。さらに、地方の特徴的な栽培技術の開発が進み、消費者の求める品質の果実生産が可能になった。

③消費者の健康志向に合致

ブルーベリー果実が、消費者の食に対する安全・安心、健康志向と合致した。
　ブルーベリーは、「目に良い」アントシアニン色素、また「生活習慣病の予防効果の高い」ポリフェノールを多く含有する健康果実としての評価が定着した。その結果、果実消費は拡大し、そのことが栽培者の意欲を高め、栽培面積の増大につながった。

④果実の広い利用用途

　ブルーベリーは、生食を基本としながら、ジャム、ジュース、ソース、酢、ワインなどの各種加工品として、そのほか、各種料理の素材として利用用途が広いことである。また、冷凍果が生果と同様に加工・利用できることも、消費拡大につながった。

⑤果実の販売方法

　観光農園経営は、今では日本のブルーベリー園経営の主流である。そこで、収穫を楽しむ大勢の摘み取り客に、ブルーベリーは樹上の完熟果が最もおいしいことや、安全・安心な果実であることをアピールできた。

⑥果実の輸入量の増大

　現在では、年間を通して海外産生果が出回っている。季節によっては、国内産生果との競合関係が生じていると考えられるが、健康果実の供給という視点からみれば、年間を通して生果が販売されている状況は望ましいことである。

2012年以降、栽培面積の増加傾向が横ばい状態になった背景

　日本のブルーベリー栽培面積は、2012年に1,127haに達して以降、2014年は1,137haで、増加傾向から横ばいに転じています。この栽培面積の横ばい傾向が一時的であり、次年は増加傾向に転ずるのかどうか、次年以降の統計結果が注目されます。もしかして、次年以降も横ばい傾向が続き、日本のブルーベリー栽培が停滞期あるいは衰退期に移行するのではないか、という不安を覚えます。
　いずれにしろ、2012年以降の栽培面積が横ばい傾向に転じた原因について、立地条件、品種、栽培管理技術、果実販売、経営者および経営形態、消費者のニーズなど多方面多にわたる分析が急務であると考えます。

ブルーベリー栽培上および農園経営上の課題

　日本のブルーベリー生産は、前述した「生産と果実消費が拡大している六つの要因」によって、大きく発展してきました。その一方で、日本の特徴的な気象条件と土壌条件に起因するものや、樹齢を重ねるほどに増える老木樹（園）の更新などの栽培上の課題があります。また、農園経営上の課題もあります。

ブリーベリー栽培上の課題

栽培上の課題について、簡単に要約します（「第1章　ブルーベリー樹の分類・形態・特性、4　ブルーベリー樹の性質、栽培特性」参照）。

気象条件〔climate (weather) conditions〕、特に梅雨

ブルーベリー栽培に望ましい気象条件については、「第2章　ブルーベリー栽培適地の立地条件、2　気象条件」で解説しています。

気象条件のうち最も日本的な課題は、梅雨があることです。日本には、北海道を除いて、例年6月上旬～7月中旬・下旬頃まで続く梅雨があります。この期間は、ちょうどノーザンハイブッシュ、サザンハイブッシュの成熟期（収穫期）であり、梅雨期間に特有の曇天、降水、日照不足、高い空中湿度などの気象条件から、風味が整って、日持ちの良い果実の生産は難しくなっています。また、雨天の中での収穫を余儀なくされ、さらには収穫果の品質劣化の進行も早まります。

このような梅雨の影響を回避する栽培法として、ハウス栽培（加温栽培、無加温栽培、雨よけ栽培など）が広がりつつあります（「第4章　ブルーベリーの生育と栽培管理、14　施設栽培」参照）。

土壌条件（soil conditions）、特に土壌の種類

日本のブルーベリー園の土壌は、大きくは、黒ボク土、褐色森林土、褐色低地土、赤黄色土、水田転換園に分けられます。このうち、黒ボク土はある程度の土壌改良を行った上で植え付けた場合、樹の成長が良く、ブルーベリー栽培に適しています。

黒ボク土以外の土壌は、一般的に粘質で、通気性・通水性が悪いため、開園にあたっては相当規模の土壌改良が必要であることは述べました（「第4章　ブルーベリーの生育と栽培管理、2　開園準備と植え付け」参照）。黒ボク土以外の土壌で栽培に成功している事例では、明渠を施して排水を促し、全体にロータリーをかけて土壌を軟らかくした後、畝を決め畝巾にそって大量のピートモス、もみ殻を散布し、再度ロータリーをかけて混合しています。次に、植え穴（溝）を掘り、ピートモスを混合して植え付ける、などの点が共通しています。

なお、ブルーベリー栽培に適した土性、土壌の種類とその特徴については、「第2章　ブルーベリー栽培に適した立地条件、3　土壌条件」と「第4章　ブルーベリーの生育と栽培管理、2　開園準備と植え付け」で解説しています。

栽培上の課題―老木（園）の更新

日本でブルーベリー栽培が盛んになったのは1980年代の前半からですが、1990年までに植え付けられた樹（園）は、2017年現在で逆算すると、樹齢が30年以上になり老木（園）となっています。

◆老木に見られる表徴

ブルーベリー樹の経済樹齢は、植え付け後約25〜30年といわれ、その樹齢にある時期を老木期といいます。老木期に達した樹には、一般に、次のような表徴が見られます。

表5－2　2014年の栽培面積から算出した樹齢別面積

調査年	栽培面積(ha) *	樹齢別面積 樹齢**	樹齢別面積 面積*** (ha)	樹の一生
1976	1	41	1	老木期
1980	9	40〜37	8	老木期
1985	91	36〜32	82	老木期
1990	180	31〜27	89	老木期
1995	179	26〜22	-1	成木期
2001	358	21〜16	179	成木期
2005	698	15〜12	340	成木期
2008	920	11〜9	222	成木期
2012	1,041	8〜6	121	若木期の後半
2014	1,137	5〜3	96	若木期
2017	未統計	3〜	****	幼木期

  * 農林水産省（2017）ホームページをもとに作成
 ** 2017年から逆算した樹齢
*** 前の調査年から増加した栽培面積
**** 2014年以降に植え付けられた面積

- 樹勢が弱って新梢伸長が衰える
- 花芽が多く着いても結実率が悪く、果実収量が減少する
- 経済栽培が成立しなくなる

老木は、栽培樹齢を重ねるごとに増加します。老木の更新は、多くの栽培者にとっては未経験な分野であり、技術的な面からも体系的な検討がほとんどなされていません。栽培に情熱を傾ける人であっても、樹の老衰を見守るだけでは栽培意欲が減退し、やがては、園の管理放棄から廃園にまで進むのではないかと危惧されます。

◆樹齢別の栽培面積

ここで、栽培面積の推移から、2017年現在の、成長段階別の栽培面積を推定してみます（表5-2）。

①幼木期（植え付け後1〜3年の樹）：未確定
②若木期（植え付け後3〜8年の樹）：217ha（全体の19.1％）

③成木期（植え付け後9〜25年の樹）：741ha（全体の65.2％）
④老木期（植え付け後26〜30年の樹）：180ha（全体の15.8％）

◆老木（園）の確認事項
老木（園）を更新するに当たって確認すべき点は、主として次の三つです。
①品種：現在の栽培品種に、樹勢の程度、果実収量、品質（大きさ、糖度、酸味、風味、裂果、日持ち性など）の点で大きな欠点がないか
②土壌条件：現在の園地で、排水、通気性・通水性の状態の良否
③気象条件：何年かに1度でも、強風害、霜害、冬季の寒害などの被害がないか

◆老木（園）の更新方法
前述の確事項の検討結果から、老木（園）の更新方法を選択します。

更新剪定による"若返り"（rejuvenation, rejuvenescence）
この方法を選択して良いのは、土壌条件と気象条件に問題がなく、樹勢が強く、果実収量、品質ともに良好で、将来とも消費者の嗜好・志向に応えられる品種が栽培されている場合に限られます。
具体的な更新剪定（rejuvenation pruning, renewal pruning）法については、冬季剪定における主軸枝の更新（「第4章　ブルーベリーの生育と栽培管理、9　整枝・剪定」）で取り上げています。

新品種の植え付け・改植（replanting）
この方法をとって良いのは、品種にのみ問題があり、土壌条件や気象条件に問題がない場合です。まず、古い品種は地上部を伐採しあるいは株ごと抜根します。次に、同一園に、将来有望とされている品種を選択して植え付けます。この場合、植え穴には、新しい有機物を適量混合し、高畝にします。
なお、ブルーベリー栽培では、排水性、通気性・通水性の良好な土壌の場合、連作障害〔replant problem, replant failure, 忌地（sick soil, soil sickness）〕は問題になっていません。

園を土壌改良して植え付ける・改植
一般的に、品種にこれといった欠点がなくても、土壌条件に問題があった場合には、植え付け後数年内に何らかの対策が講じられてきたはずです。
気象条件に問題がない場合には、老木園を土壌改良して、新品種を植え付けても良いでしょう。この場合の土壌改良は、「第4章　ブルーベリーの生育と栽培管理、2　開園準備と植え付け」で示した方法に準じます。

ブルーベリー農園経営上の課題
日本のブルーベリー園経営の課題は、同時に特徴でもありますが、次のように

◆小規模栽培で複合経営

日本の果樹農業は、他の農業分野に比べて小規模です。特にブルーベリー農園経営は規模が小さく、1戸当たりの栽培面積は、平均で20a程度と推定されます。

ブルーベリー栽培の場合、単一栽培農家は非常に少なく、大半は水稲、畑作物、野菜、果樹作などを主業とした兼業農家です。このため、既存の各種施設や設備を、ブルーベリーと共用できる点は長所です。反面、労働時間や労賃、資材費、管理費、維持費など、経営面の収支が明確でない点が多々あります。

◆観光農園経営が多い

日本のブルーベリー栽培は、生果の市場出荷よりも、収穫体験できる観光農園経営が主体です。このため果実の販売方法は、主として顧客の摘み取りによる直売やネット通販、他に加工しておみやげ品としての売り方が一般的です。

観光農園の場合、食味でも栄養成分でも、最高の状態に達した樹上の完熟果を摘み取り客（消費者）に提供できることが最大の長所です。

◆年間を通して海外産果実が流通

日本のスーパーでは、ブルーベリーの生果が年間を通して販売されています。販売時期は、4〜9月までは多くが国内産であり、それ以外の国内産の端境期は海外産果実です。海外産は季節によって輸入相手国が異なり、春はメキシコ、夏は主としてアメリカとカナダ、秋から冬はチリ、アルゼンチン産です。

また、国内で市販されているブルーベリー果実の各種加工品は、アメリカやカナダ産のワイルド（野生）ブルーベリー（ローブッシュ）の冷凍果や、海外産の栽培ブルーベリーの冷凍果を原料としています。

このような状況は、国内産の果実の供給量が、生果でも冷凍果でも、日本全体の消費量を満たしていないためであり、また日本のブルーベリー栽培（生産）と果実消費は、流通量、果実品質、価格などの面で、すでに国際競争に組み込まれていることを示しています。

◆コラム　2011年の「三つの災難」、地震、津波と放射能汚染

2011年は、日本にブルーベリーが導入されて60年となる記念の年でした。導入以降、幾多の試練を乗り越えて、特産果樹の主役に躍り出た今日、歴史を振り返りながら、先人達の努力に感謝し、未来における栽培のあり方を検討すべき節目の年でもありました。

しかし、3月11日に発生した未曾有の災害「東日本大震災」によって、多

くの尊い生命が奪われ、土地や建物などが破壊されました。さらに、東京電力福島第一原子力発電所が津波の被害を受け、放射性物質が広範囲に拡散して空気や土壌、飲料水、各種農産物などの放射能汚染が起きました。このように、日本のブルーベリー産業にとって記念の年に、三つの災難が発生したのです。被災者や避難者の中に、多数のブルーベリー栽培者やその家族、関係者がいました。また、多くの果実、樹、園が放射性物質に汚染されました。このような事実を記録に留めておくべきと考え、ここに記すことにしました。

　放射能汚染は、ブルーベリー栽培者と関係者に大きな影響を及ぼしました。特に、注目したいのは二点です。一つは、原子力発電所が立地していた地域の住民は、2016年、いまもって避難生活を強いられており、そのなかに多数のブルーベリー栽培者が含まれていることです。帰還の目途が立っていないなかで、避難先で土地の斡旋を得て、再びブルーベリー栽培に挑戦し始めた方々がいます。ブルーベリー栽培にかける情熱には深く感服させられ、成功を願わずにはいられません。

　もう一つは、2011年の夏、原発から遠く離れた地域のブルーベリー果実からも、放射性物資のセシウムが検出されたことです。セシウム濃度は、法定の基準値以下でしたが、消費者の健康不安から果実購入が敬遠され、地域の観光農園では摘み取り客が減少しました。果実販売を自粛した事例もありました。また、栽培面では、セシウムが検出された地方では、2011～2012年にかけて、主軸枝や旧枝の除染、有機物マルチの撤去などが検討されました。生産者の中には、廃園を口にする人もいたほどです。幸い、2013年には、セシウム濃度が低下して、除染作業は必要なくなりました。

　繰り返しますが、本来であれば、ブルーベリー導入60年の「記念の年」として祝うべき2011年が、未曾有といわれる「三つの災難」の受難の年になりました。この結果が、特に放射能汚染の問題が、その後におけるブルーベリー栽培面積の停滞傾向、果実の消費動向と関連しているのかいないのか、詳細な検討が必要であると考えられます。

3　世界のブルーベリー栽培の動向

　日本を含めて世界各国におけるブルーベリー栽培は、今日まで、ほとんど例外なく、アメリカの育成品種を自国の立地条件の下で選定し、アメリカにおける栽培知識と技術を同化し、発展してきました。

　果実消費の面では、ブルーベリー果実は国際的な商品として高く評価され、輸出入のグローバル化が進みました。その結果、海外産（輸入）の生果や冷凍果は、多くの青果物と同様に、日本や世界の主要都市では年間を通して販売されています。

　この現実は、品種、栽培技術の情報交換や導入は国際的な協調関係にある一方で、果実販売は国際競争の中で行われ、国内の消費者に受け入れられる果実品質や価格などは、貿易相手国の気象条件、品種、栽培管理技術、品質保持の技術、生産コストなどの経営管理に強く影響されていることを示しています。

　日本のブルーベリー栽培と果実消費が、今後も国際競争の中で共存共栄していくためには、世界の情勢を知る必要があります。この節では、まず世界のブルーベリー栽培の概況を示し、次に主要国における栽培状況を概観します。続いて、世界の主要な栽培地域の気候を四つに区分し、その地域の特徴点を挙げます。さらに、主要な栽培国における栽培管理様式を比較します。

世界の栽培面積

　世界のブルーベリー栽培普及は、2000年代に入り、ますます旺盛になっています。特に2005年以降は旺盛で、世界の栽培面積は、2005年が41,989haでしたが、2008年には65,965ha（2005年の1.57倍）に、2012年には93,363ha（2005年の2.22倍）に増加しています。

　それ以降も栽培普及の勢いは継続しており、2014年現在、世界の主要なブルーベリー栽培国は50か国以上となり、栽培面積は約110,812ha（2005年の約2.6倍）に達しています。

　2014年の栽培面積を国別で比較すると、最も多いのはアメリカで、43,912ha（カナダ、メキシコを含まない）の面積です。これは、世界全体の39%に当たります。次いでチリ（15,585ha）が多く、3位は中国（14,849ha）です。以下、カナダ（11,626ha）、ポーランド（3,783ha）、アルゼンチン（3,002ha）、メキシコ（2,573ha）、ドイツ（2,343ha）、スペイン・ポルトガル（2,320ha）と続いていま

す。

地域別（大陸別）で見ると、世界全体の栽培面積に対する割合は、北アメリカ（アメリカ、カナダ、メキシコを含む）が52％で最も多く、この地域が依然として世界のブルーベリー栽培の中心です。次いで南アメリカ18％、アジア・オセアニアが同率の18％です。以下、ヨーロッパ10％、地中海沿岸およびアフリカ北部地域0.9％、アフリカ南部地域0.5％となっています。

栽培面積が6年間で倍増した国

2008年から2014年までの6年間に、栽培面積が急激に増加した国があります。主要な栽培国のうち、伸び率（2008年に対する2014年の比率）が最も高かった国は中国で、2008年の1,173haから2014年には14,840haとなり、6年間に約12.7倍も増加しています。次いでメキシコで、2008年の321haから2014年には2,577haとなり、約8.0倍の伸び率を示しています。韓国は、ブルーベリーの栽培新興国ですが、2014年の栽培面積が1,598haとなり、2008年の79倍も増加しています。

倍増とはいかなくても、栽培面積の増加が著しかった国もあります。その例の第1位はアメリカで、2008年（30,343ha）から2014年（43,912ha）までの6年間に、13,569haも増加しています。次はカナダ（特にブリティシュコロンビア州）で、2008年の7,404haから、2014年には10,924haになり、3,520ha増でした。この両国の増加面積は合わせて17,069haとなり、ヨーロッパ、地中海沿岸およびアフリカ北部、アフリカ南部の3地域の2014年現在における栽培面積以上に相当します。

このように、栽培面積が急激に増加した背景には、大きく二つの要因がありました。一つは国内市場の需要の拡大によるもので、市民のブルーベリー果実の生食、加工品の消費が共に高まり、国内需要を賄うため（一部は輸出用でもある）でした。

もう一つは、樹および果実形質の優れた新品種（アメリカにおける育成品種）の導入によるものです。例えば、耐寒性の強いノーザンハイブッシュの新品種を導入することで、冬季が寒冷な地域における栽培が容易になったことでした。また、冬季が温暖な地域の場合には、サザンハイブッシュの早生品種を導入、栽培することによって、海外市場へより有利に早期出荷きるようになりました。

2010年の調査で登場した栽培国

2010年以降になって栽培面積が明らかになった国（2005年の調査で示されていない国）が多数あります。南アメリカではウルグアイ、ペルー、ブラジル、コロンビアなど、ヨーロッパではルーマニアとグルジア共和国、地中海沿岸諸国とアフリカ北部地域ではモロッコ、エジプト、トルコ、イスラエルやチュニジアなどが含まれます。アフリカの南部地域ではアンゴラとジンバブエで、アジアではインド、フィリピンやインドネシアでも栽培が始まっています。

これらの国々におけるブルーベリー栽培は、主として、栽培から果実販売まで一貫して行う国際的な流通企業の取り組みによるもので、世界の大消費地向けの輸出用の果実生産が目的であり、タイプはほとんどがサザンハイブッシュのようです。

世界の主要国における栽培事情

大陸（地域）別に、主要国のブルーベリー栽培事情を紹介します。

アメリカにおける栽培

北アメリカには、アメリカ、カナダ、メキシコの3か国が含まれますが、ここでは、世界のブルーベリー産業を牽引してきたアメリカを中心に、年代を追って、ブルーベリー栽培の普及過程を概観します。

①品種改良の始まりから1940年代まで

アメリカは、ブルーベリー産業発祥の国です。1906年、USDAによって自生株の栽培化と品種改良が世界で初めて始められ、1920年になって、宿願の交雑品種（現在でいうノーザンハイブッシュ）が誕生しました（「第5章、1　栽培ブルーベリーの誕生」参照）。しかし、栽培普及の進展は遅く、1940年（1939年、第二次世界大戦勃発）になっても栽培面積は100haに満たない状態でした。

他のタイプの品種改良は遅れ、ラビットアイが1940年に、サザンハイブッシュは1948年になって始まりました。

②1950年～1960年代

1950年代になると、栽培面積は急激に増加し始めました。1955年（第二次世界大戦が終了して10年後）には約1,000ha（1940年の約10倍）、さらに10年後の1965年には5,500ha（1940年の55倍）にもなっています。

1965年当時の主な生産州は、ハイブッシュ（現在のノーザンハイブッシュ）が、ニュージャージー（東部）、ミシガン（中西部）、ノースカロライナ（南部）、ワシントン（西部）の各州でした。ラビットアイは、南部のジョージア、フロリダの両州でした。

③1970年～1980年代

1970年代から80年代、ノーザンハイブッシュの栽培は、ミシガン、ワシントンの両州でますます盛んになっています。また、オレゴン州とカナダのブリティシュコロンビア州では大規模栽培園が生まれ、ニューヨーク州、インディアナ州でも小規模ながら栽培が始まっています。

ラビットアイは、ジョージア、フロリダ両州に加え、ミシシッピーやテキサス

（南部）が生産州になりました。

1975年、サザンハイブッシュの品種第1号が発表されています。同タイプの栽培は、フロリダとジョージア両州で始まりました。

④1990年代

1990年代、全体的に、栽培面積の増加は緩やかでした。そのような中で目立って増加したのは、ノーザンハイブッシュがカナダのブリティシュコロンビア州、ラビットアイがミシシッピー、テキサスの両州でした。

⑤2000年代

2000年代に入って、北アメリカ（アメリカ、カナダ、メキシコを含む）のブルーベリー栽培熱はますます高まりました。2005年の栽培面積は28,775heでしたが、2008年には38,680ha（2005年の約1.3倍）になり、2014年には58,115h（2005年の約2.0倍）に達しています。

地帯別栽培面積

2014年、北アメリカの栽培地帯に大きな変化がありました。アメリカ全体で見ると、最も栽培面積が多い地帯は、カナダのブリティシュコロンビア、ワシントン、オレゴン、カリフォルニア州が含まれる西部地帯で41％（23,467ha）、次いで南部地帯（ノースカロライナ、ジョージア、ミシシッピー、アーカンソー、フロリダ、テキサス州）が30％（17,394ha）となっています。かつてブルーベリー栽培の中心地であった中西部地帯（主としてミシガン、インディアナ州）が18％（10,433ha）、および北東部地帯（主としてニュージャージー、ニューヨーク、カナダのノバスコシア州）が8％（4,525ha）で、比率は相対的に低下しています。新興国のメキシコ（中部アメリカ．2,586ha）は1％以下です。

州別の栽培面積

栽培面積を州で比較すると、最も多いのはカナダのブリティシュコロンビア州（10,924ha）、次いでジョージア州（9,508ha）であり、長年、第1位であったミシガン州（9,104ha）は順位を下げ3位です。以下、ワシントン州（5,300ha）、オレゴン州（4,293ha）、ニュージャージー州（3,318ha）、ノースカロライナ州（2,954ha）、カリフォルニア州（2,344ha）、フロリダ州（2,225ha）と続いています。

2008年から2014年までの6年間で、栽培面積が大きく増加したのは、メキシコ（中部アメリカ．8.0倍）、ワシントン州（2.3倍）、ジョージア州（2.1倍）、オレゴン州（1.7倍）、フロリダ州（1.6倍）、カリフォルニア州（1.4倍）、カナダのブリティシュコロンビア州（1.5倍）でした。

このような急激な増加は、冬が温暖なメキシコ、南部諸州やカリフォルニア州の場合、サザンハイブッシュの栽培が普及したことでした。一方、寒冷なカナダ

のブリティシュコロンビア、ワシントン、オレゴンの各州の場合は、ノーザンハイブッシュの樹や果実形質の優良な新品種の誕生と植え付けによるものでした。

◆**日本との関係**

アメリカは、日本にとって特別な国です。日本にブルーベリーが導入されたのは、1951年、アメリカからでした。それ以降、現在まで数多くの品種が導入されており、日本のブルーベリー生産は、アメリカの育成品種なくして成立し得ない状況下にあります。

また、栽培の基礎的知識として必要な樹・果実の生理生態、栽培技術、収穫果の取り扱い、果実の加工利用などに関する情報は、ほとんどをアメリカの指導書に学び、あるいは直接、研究者に指導を受けてきました。

さらに、日本におけるブルーベリー果実の消費は、生食、各種加工品ともに、北アメリカ産（特にアメリカ、メキシコ、カナダ）の輸入果実によって支えられているといっても過言ではありません。例えば、2016年における生果の輸入量は、全体の1,918tのうち、アメリカから754t（全体の39%）、メキシコから628t（33%）、カナダから12t（0.6%）でした。

南アメリカにおける栽培

南アメリカ諸国は、ブルーベリー栽培では新興国ですが、導入後急速に発展して、現在では世界を代表する栽培国になっています。

南アメリカにおけるブルーベリー栽培は、各国ともに少数の大規模栽培者による取り組みで、国際的な流通業者と協力して、南半球に位置する条件（北半球の端境期に出荷できる）を活かし、主として北アメリカ向けの生果輸出モデルを追及したものでした。現在では、ヨーロッパ市場やアジア（日本も含む）にも輸出されています。

①国別栽培面積

初めての栽培は、チリが1989年代、アルゼンチンが1990年代でした。導入後極めて短年月の間に発展して、2005年の栽培面積は、チリが4,502ha、アルゼンチンでは2,801haに達しています。それ以降も旺盛に拡大し、2014年には、チリが15,585ha（世界第2位の栽培国．2005年の3.5倍）に、アルゼンチンでは3,002haに達しています。

2005年の調査にはなかった国で、近年、著しい成長を示しているのはペルーで、2014年の栽培面積は1,072haに達しています。ウルグアイ（368ha）、ブラジル（162ha）、コロンビアなどでも栽培されています。栽培は、いずれの国でも、サザンハイブッシュが主体のようです。

②主要な栽培地帯

チリでは、北部から南部まで広い地域で栽培されていますが、中心地帯は中央～北部（首都・サンティアゴ市を含むアンデス山麓の高原地帯）、中央～南部地帯（サンティアゴ市より南）で、全栽培面積の49％以上に及んでいます。北部（サンティアゴ市より北部で、亜熱帯果実の産地）と中央～北部地帯ではサザンハイブッシュが、中央南部から南の地帯ではノーザンハイブッシュの栽培が主体です。中間地帯は移行地帯で、サザンハイブッシュとノーザンハイブッシュの両タイプが栽培されています。

　アルゼンチンでは、サザンハイブッシュの栽培が主流で、主要な地方は、北部から中部のツクマン（Tucuman. 同国の北西部）、エントレリオス（Entrerios. 同国の北東部）、ブエノスアイレス（Buenos Aires. 首都. 同国中部大西洋岸）州です。

◆日本との関係

　南アメリカと日本との関係は密接で、南アメリカ産の生果は、日本の端境期に当たる10月から翌年の4月まで輸入されています。特にチリからの輸入量が多く、2012年はアメリカを抜いて第1位となっていました。それ以降、多少の増減を繰り返しながら、2016年には、487t（全体の24％）の生果が輸入されています。チリ産果実は、また日本の果実消費を支えています。

ヨーロッパにおける栽培

　ヨーロッパにおけるブルーベリー栽培国は、20か国を超えていますが、主要な国は（2014年現在）、ポーランド、ドイツ、スペイン・ポルトガル、オランダ、イタリア、フランス、イギリスの9か国です。

①経済栽培の始まり

　ブルーベリーがヨーロッパに導入されたのは古く、オランダでは1923年、ポーランドが1924年、ドイツが1928年に、いずれもアメリカからでした。しかし、これらの国々では、寒害によって樹が枯死して試作に失敗しています。そのため、経済栽培は再導入後となりました。

　経済栽培の始まりは、イギリスが1950年代で最も早く、次いでドイツが1960年代、ポーランド、オランダやイタリアは1970年代、フランスが1980年代と続きます。スペイン・ポルトガルでは、1990年代に入ってからでした。

②主要国の栽培面積

　栽培が最も盛んになったのは、1980年代の後期以降でした。1990年には、ヨーロッパ全体の栽培面積が1,000haから4,000haに増加しています。さらに、2005年以降、急速に普及し、主要国全体の栽培面積は、2014年には11,431ha（2005年の約3倍）に達しています。

ドイツのノーザンハイブッシュ栽培

早い市場出荷をねらうスペインでの栽培

　国別にみると、栽培面積（2014年）が最も多いのはポーランド（3,783ha）、次いでドイツ（2,343ha）で、3番目はスペイン・ポルトガル（2,320ha）です。以下、オランダ（708ha）、イタリア（477ha）、フランス（420ha）、イギリス（384ha）と続きます。
　そのほか、小面積ながら、ウクライナ、ルーマニア、グルジア共和国、オーストリア、スイス、デンマーク、スウェーデン、ラトビア、リトアニアでも栽培されています。

③ブルーベリーのタイプ
　国によってブルーベリーのタイプが違います。ポーランド、ドイツ、オランダは、ノーザンハイブッシュの栽培が主体で、産地は各国とも全国的に広がっています。これに対し、イギリスでは冬季が比較的温暖な南部地帯で、フランスでは土壌pHが比較的低い南東部地帯で、それぞれノーザンハイブッシュが栽培されています。
　スペイン・ポルトガルの栽培地帯は南部が中心で、冬季の温和な気象条件を活かし、ヨーロッパ市場で最も早い出荷を目指してサザンハイブッシュのハイトンネル栽培が行われています。

◆日本との関係
　2014年以降、ポーランド産の生果が少量ながら輸入されており、2016年には0.8tの実績があります。
　一方、ヨーロッパの自生種であるビルベリー（Bilberry）のジャムやジュースは輸入されていて、健康食品として根強い人気があります。
　これまで特別な交流はなかったものの、スペイン・ポルトガルで行われているハイトンネル栽培の技術や同国で育成の品種（すでに数品種が育成されている）が、今後、日本に導入されることが推測されます。

地中海沿岸諸国とアフリカ北部地帯における栽培

　この地帯におけるブルーベリー栽培が導入されたのは、2010年になってからです。いわゆる新興国ですが、2014年現在、モロッコ（797ha）、トルコ（113ha）、エジプト（16ha）、イスラエル（14ha）、チュニジアの5か国で栽培されています。

　栽培の背景は、国によって異なるようです。モロッコの場合は、スペイン・ポルトガルの企業経営者（栽培から果実販売まで一貫して行う国際的な流通企業）が、より安価な生産コスト（労働賃金）を求めて産地を形成したといわれます。エジプトの場合は、気候的にも土壌的にも適地が多く、中東諸国やロシア（ソ連）向けの輸出をねらった国内企業による栽培のようです。これら両国に対してトルコの場合は、生食用ブドウ、モモやチェリー栽培者の間で関心が高まり、主として国内消費向け（国内人口は約7千5百万人）の栽培とされています。

　ブルーベリーのタイプは、いずれの国でも、サザンハイブッシュを用いたハイトンネル栽培が中心のようです。栽培地帯は明らかではありません。トルコの場合は、気候的には、ノーザンハイブッシュの栽培も可能でしょう。

◆日本との関係
　日本との間に、栽培情報の交換、果実の輸出入などの関係は見られません。

アフリカ南部地帯における栽培

　アフリカ南部地帯における栽培国は、2005年には南アフリカのみでしたが、2010年にはアンゴラ（アフリカ南西部で首都はルアンダ）、ジンバブエ（アフリカ中央部の内陸国で首都はハラーレ）両国が顔を出しています。

　これらの国の栽培は、栽培から果実販売まで一貫経営している国際的な企業による取り組みのようです。

　南半球の気候的特性を生かして、イギリスや中央ヨーロッパの市場向けの栽培ですが、同じ南半球に位置するアルゼンチンやチリとは、果実販売の面で競合しているといわれます。

　ブルーベリーが南アフリカ（アフリカ大陸最南端にある国. 首都はプレトリア）に導入されたのは、1970年代でした。1990年代まで栽培普及の進展は見られなかったものの、2005年の栽培面積は、300haに達しています。その後の普及は比較的順調に推移して、2014年には520haに栽培されています。栽培地帯は、主として、サザンハイブッシュは冬季が温暖な沿岸部、ノーザンハイブッシュは冬季の低温時間が多い内陸部のようです。

◆日本と関係
　現在のところ、栽培情報の交換、果実の輸出入などの関係は見られません。

オーストラリア北東部の新植園（サザンハイブッシュ）

ニュージーランドのブルーベリー園（ノーザンハイブッシュ）

オセアニアにおける栽培

①発展の背景

オーストラリア、ニュージーランドにおけるブルーベリー栽培は、1960年代と1970年代、主として輸出向けとして始まりました。両国による栽培は、特にニュージーラの場合は、少数の大規模栽培者による取り組みで、国際的な流通業者と協力して南半球に位置する条件を活かし、アジア太平洋諸国やヨーロッパ諸国向けの輸出モデルを追及したものでした。

このような背景から、ニュージーランドの栽培は、1980年代の中期から1990年代の前期にかけて、最も大きく発展しています。しかし、1990年代の後期以降、南アメリカにおける栽培が拡大して輸出市場が過剰供給になったことから、同国の生産は縮小の時代になったといわれます。

②栽培状況と地帯

2008年から2014年までの6年間で、栽培面積は、オーストラリアが595haから1,084ha（2008年の1.8倍）に、ニュージーランドが522haから736ha（2008年の1.4倍）に増加しています。

主な栽培地帯は、両国とも偏りがみられます。オーストラリアでは、ニューサウスウェルズ、ビクトリア、タスマニア、サウスオーストラリア州など、同国の南東部地帯です。最も大きい栽培地帯は、コッフスハーバー地方を中心としたニューサウスウェルズ州で、主としてサザンハイブッシュが栽培されています。タスマニア州は、ノーザンハイブッシュの栽培が主体です。

ニュージーランドの場合、最も栽培が盛んなのはワイカト地帯（Waikato. ノース島）ですが、新しい栽培地がノース島の東海岸地帯に延びています。ノーザンハイブッシュはサウス島、サザンハイブッシュはノース島で栽培が盛んです。

◆日本との関係

　日本と両国との関係は、栽培、果実輸入の両面で極めて密接です。現在、ニュージーランドで育成されたラビットアイ、オーストラリアで育成されたノーザンハイブッシュとサザンハイブッシュの数品種が日本でも栽培されています。また、栽培技術情報の交換もなされています。さらには、日本の端境期に、生果が輸入されています（2011年以降、オーストラリアからの輸入はない）。

アジア・中国における栽培

　2014年現在、アジアで栽培面積が最も多い国は、中国で14,848ha（世界第3位の栽培国）です。次いで多いのは韓国で1,598ha（2008年の79倍）、日本は1,137haです。近年、インド（55ha）、フィリピンやインドネシアでも栽培が始まっています。

　韓国におけるブルーベリー導入の背景は明らかではありませんが、主として世界的な流通企業による取り組みによるようです。インドの場合は、アメリカハイブッシュブルーベリー協会（USHBC）の指導の下に、国内の需要を満たすために栽培が始まったといわれています。

　ブルーベリーがアジアに初めて導入されたのは、1951年、日本でした。日本の事情については、節を改めて述べていますので（本章、2　日本のブルーベリー栽培の普及と課題）、ここでは中国における栽培状況について紹介します。

①導入と研究拠点

　ブルーベリーが中国に初めて導入されたのは、1980年代の中期、アメリカからでした。

　ブルーベリーの導入先と試験研究の拠点は、2か所（現在でも同様）でした。両拠点における基礎的試験の結果から、同国における栽培普及は急速に拡大したといわれます。

　拠点の一つは、東北地区の吉林省にある吉林農業大学です。同大学では、夏が比較的冷涼な地帯における生産開発を進めるため、ノーザンハイブッシュとハーフハイハイブッシュの品種比較、繁殖、栽培法、樹や果実生理の諸試験が行われています。

　もう一つは、中国東部の江蘇省南京市にある中国アカデミー植物学研究所です。冬が温暖な地帯にブルーベリー栽培を普及させるために、主としてラビットアイ、サザンハイブッシュの品種比較と栽培法の確立試験が行われています。

②栽培面積と地帯

　中国は、2003年の統計で初めて顔を出した、ブルーベリー栽培の新興国です。しかし、急速に発展して、2008年には1,173haに達して、アジアで第1位の栽培国

になっています。2014年の栽培面積は14,849ha（2008年の12.7倍）に増加し、世界第3位に浮上しています。

主要な栽培地帯は次の三つで、それぞれ栽培上の特徴があります。

長白山・大興安嶺・小興安嶺地帯

この地帯は、年平均気温が低く、冬は厳寒で、積雪量は30cmくらいあります。また、無霜期間が100～130日と短いため、ハーフハイハイブッシュの栽培が主体です。

遼東半島・山東半島地帯

この地帯は、気候が温暖で湿潤です。ノーザンハイブッシュの栽培が中心で、主な品種は、「ブルークロップ」、「パトリオット」、「エリオット」です。

長江流域地帯

湿潤で雨が多く、特に夏は湿度の高いのが特徴です。ラビットアイとサザンハイブッシュの栽培地帯で、ラビットアイの主要品種は、「ガーデンブルー」、「ティフブルー」、「ブライトウェル」などです。

◆日本との関係

かつては中国産の生果が輸入されていましたが、今日では輸入されていません。それは、中国国内における果実消費が著しい勢いで拡大しているため、されています。

世界の主要な地域の気候

ブルーベリーは、世界の幅広い気候条件下で栽培されています。その栽培地域は、特に夏と冬の気温および降水量から次の四つに区分され、それぞれの地域の自然的条件、栽培管理上の特徴点が整理されています。

①夏は温暖で湿潤、冬は非常に寒い地域
②夏は温暖で湿潤、冬の寒さは中庸な地域
③夏は高温で多湿、冬は温和な地域
④夏は高温で乾燥、冬は温和な地域

ここでは、まず各地域別に代表的な国（州、地帯）を挙げ、気候的な特徴点を要約し、次に地域によって異なる土壌の特徴、栽培されているブルーベリーのタイプと主要品種などを比較します。

ちなみに、日本は、②の夏は温暖で湿潤、冬の寒さは中庸な地域に区分されています。

夏は温暖で湿潤、冬は非常に寒い地域

この地域には、アメリカのミシガン、ニュージャージー両州、ヨーロッパのポーランド、オランダとイタリア、中国の吉林省が含まれます。

気候の面では、通常、冬の温度は0℃以下になり、また夏は30℃以下です。低温時間は1,000時間を超え、無霜期間は130日から180日の間です。土壌は、一般的に、有機物含量の多い砂質土壌やローム土壌であり、栽培に当たって酸度（土壌pH）調整は、ほとんど必要ないとされています。

ノーザンハイブッシュの栽培が主体で、品種は「ブルークロップ」、「デューク」、「エリオット」、「ジャージー」が中心であり、「リバティ」、「オーロラ」、「ドレイパー」など比較的新しい品種の植え付けも進んでいるようです。

中国の寒冷地帯では、ハーフハイハイブッシュの栽培が盛んです。

夏は温暖で湿潤、冬の寒さは中庸な地域

アメリカの西部太平洋沿岸地帯、フランス、日本、ニュージーランド、オーストラリア南部地帯、チリ中央部の地帯が、この地域に区分されます。

これらの地域は、低温時間が600時間を超え、冬季の低温は凍結温度よりも高く、無霜期間が170〜200日（あるいはそれ以上）です。土壌は、有機物含量が高く、pHが低い砂質土壌から、ローム土壌、酸度調整が必要な無機質土壌まで幅広く存在します。

タイプはノーザンハイブッシュが中心で、品種は「ブルークロップ」、「デューク」、「エリオット」、「レカ」、「ブリジッタ」、「レガシー」などが一般的です。

日本とニュージーランドでは、同一園で、ノーザンハイブッシュ、サザンハイブッシュ、ラビットアイの三つのタイプの栽培が見られます。

夏は高温で多湿、冬は温和な地域

アメリカ南東部諸州、メキシコ、オーストラリアのニューサウスウェルズ州、チリの中央〜北部地帯、ウルグアイが、この地域に区分されます。

気候の面では、休眠覚醒に有効な7.2℃以下の低温時間が少なく、メキシコの0（ゼロ時間）からノースカロライナ州の500〜800時間まで幅があります。冬の低温は、一般的に凍結温度以上であり、夏の温度は平均して約28〜30℃です。無霜期間は250日以上です。

メキシコの気象条件は非常に独特で、低温時間が休眠覚醒に満たない唯一の地域で、冬季は乾燥しています。

土壌は、多くが粘土質含量の多い無機質土壌で、ブルーベリー栽培のためには酸度調整が必要です。

タイプはサザンハイブッシュが中心で、主要品種は「エメラルド」、「スター」、

第5章　国内外のブルーベリー栽培事情

「ジュウェル」、「オニール」です。オーストラリアでは、自国で育成された品種も栽培も盛んです。

ラビットアイでは、「ブライトウェル」、「ティフブルー」、「クライマックス」、「プリマイアー」、「パウダーブルー」などが主要品種です。ノーザンハイブッシュでは、ノースカロライナ州の場合、「クロートン」が中心品種です。

夏は高温で乾燥、冬は温和な地域

この地域には、スペイン、南アフリカの北部地帯、チリの中央〜北部地帯が属します。

低温時間は、通常、250〜450時間で、冬の低温が凍結温度まで下がることはなく、夏の温度は平均して30℃以上であり、成長期間（無霜期間）は250日を超えています。土壌は、大半が粘土含量の高い無機質土壌であり、酸度の調整が必要です。

ほとんどがサザンハイブッシュの栽培地帯で、「エメラルド」、「スター」、「ジュウェル」などが主要品種です。スペインでは、自国内の企業が育成した品種が栽培され始めているようです。

世界の主要な地域における栽培管理様式の相違

栽培管理様式は、その国（地域）の気象条件、土壌条件、管理方法などによって異なって当然です。前述した四つに区分した世界のブルーベリー栽培地域間にも、共通する栽培管理様式があり、またある地域に特徴的なものがあります。

ここでは、栽培管理様式をいくつかの項目に分けて、世界の地域間の状況と、また日本の場合との比較をしてみます。

畝、植え付け時期と間隔

畝は、いずれの地域（各国）でも、共通して樹列に沿った高畝です。

植え付け時期は、アメリカの東部、中西部と北西部、ヨーロッパの冷涼地帯、日本、チリの中央〜南部では、一般的に春植えです。一方、スペイン、アメリカの南部諸州とカリフォルニア州、チリの北部と中央〜北部地帯は、冬が温暖なため、秋植えが主流ですが、冬の植え付け（冬植え）も多く見られます。

植え付け間隔は、アメリカ、ヨーロッパの冷涼地帯、チリの南部などの、いわゆるノーザンハイブッシュの栽培地帯では、樹列間が3.0m、同一列の樹間は1.0〜1.2m（10a当たり約288〜240樹。ラビットアイで2.0m以上）が一般的です。

一方、サザンハイブッシュの栽培地帯であるアメリカのカリフォルニア州と南

部諸州、スペイン、チリの中央～北部、アルゼンチンでは、樹列間が3.0m、同一樹列上の樹間を0.7～0.9mとした密植栽培〔dense（close）planting, high density planting〕です。ちなみに、サザンハイブッシュの1樹当たりの目標収量は、成木で約3.0kg、10a当たり約1,000kgとされています。

日本の場合、樹列が3.0m、同一樹列では2.0～2.5mとした植え付けが一般的です（10a当たり150～110樹）。

土壌の種類

アメリカ東部と中西部、ヨーロッパの冷涼地帯、チリの中央～南部では、土壌は有機物含量が多く（3％以上）、その上酸性です。そのため、ノーザンハイブッシュの栽培適地が多く、開園にあたって、また植え付け後の土壌管理の面でも、有機物の補給量が少なくて良く、土壌pHの調整も容易です。

関連して、ラビットアイの栽培では、アメリカでは有機物含量が3％以上の所には植え付けないか、あるいは施肥を控えることが勧められています。

日本の場合、樹の成長が優れる黒ボク土のほかは、粘質で排水、通気性・通水性の悪い褐色森林土、赤黄色土、さらには水田転換園で栽培されています。黒ボク土を除いて、特にノーザンハイブッシュの栽培にあたっては、まず全園の排水を良くした上で、全体にロータリーをかけて土壌を軟かくした後畝を決め、畝巾にそって大量のピートモス、もみ殻を散布し、再度ロータリーをかけて混合しています。そうすることで、土壌のち密度が下がり、通気性・通水性が改善し、土壌有機物含量が高まり、合わせて土壌pHが改良されます。その後、高畝にして植え付けています。

マルチ、灌水、施肥

マルチ（土壌表面の管理）は、世界的に共通していて、ノーザンハイブッシュ地帯では、パインチップ（松材チップ）、オガクズによる有機物マルチが一般的です。サザンハイブッシュ地帯では、ほとんどが有機物マルチかプラスチック（黒色のフィルム）のマルチです。

灌水方法は、成長期間中の降水量、栽培の規模、水源の有無、地形などによって異なりますが、アメリカやヨーロッパのノーザンハイブッシュ地帯ではスプリンクラー散水による樹上灌水が主流です。日本では、チューブ灌水（点滴灌水）が一般的ですが、灌水施設を整えていない園も多く見られます。

施肥は、ノーザンハイブッシュとラビットアイ地帯では、共通して、直接土壌に散布する土壌施肥です。これに対して、サザンハイブッシュの場合、アメリカのカリフォルニア州、スペイン、チリの北部や中央～北部、オーストラリアの北

部では、プラスチックマルチの下に設置したトリクル灌水方式で、灌水、施肥、土壌pHの調整を兼ねた液肥灌水が主流です。

剪定

　アメリカ、ヨーロッパ、チリ、日本のノーザンハイブッシュ栽培地帯では、休眠期間中に行う冬季剪定が中心です。冬季剪定では、特に枝齢が六年生以上の主軸枝（それ以上の枝齢になると生産量が低下し始める）の切除（更新）を目的としています。チリでは、樹冠内の細かい剪定は省かれているようです。

　アメリカのカリフォルニア州や南部地域のサザンハイブッシュ地帯では、冬季剪定に加えて、収穫期の終了後に、樹高を一定に揃え、健全な新梢（特に二次伸長枝）を伸長させ、花芽を着生させるためにトッピング（topping、摘心）が行われています。

　関連して、ラビットアイの「ティフブルー」では、収穫期間が終了した時点で、長く伸長して樹形（特に樹高）を乱している徒長枝を切り返す夏季剪定（摘心．日本では9月剪定とも呼ぶ）が行われています。

施設栽培

　世界全体では、普通栽培が主流です。しかし、スペインでは、サザンハイブッシュ果実の成長と成熟を早めるために、ほとんどがハウス栽培（パイプハウス栽培、ハイトンネル栽培）です。ハイトンネル栽培は、アメリカのカリフォルニア州でも盛んです。日本では、主として成熟期の梅雨の影響を避けるために広がりつつあります。

　そのほか、世界各国の特徴的な気象条件に合わせて、独自の栽培管理様式が行われています。例えば、アルゼンチンやメキシコでは雹害を防ぐ目的で、成長期間中、防雹ネットが張られています。また、オーストラリアのサザンハイブッシュ地帯では、雹と鳥害を防ぐためにネットが設置されています。

　チリ、アメリカでは、成長期の強い日射による葉や果実の日焼けを防止し、また、成熟期を遅らせて晩期に収穫できることを期待して、遮光ネット栽培（遮光栽培．shade culture）が試みられています。

収穫方法と収穫期

　アメリカのノーザンハイブッシュとラビットアイ地帯では、青果市場に出荷される生果はほとんどが手収穫ですが、加工用果実の収穫は大半が機械収穫です。ちなみに、樹上を跨ぐ大型収穫機械の経済性は、栽培面積が20ha以上の場合であるとされています。

手収穫の地域も多く、アメリカではカリフォルニア州と南部諸州のサザンハイブッシュの栽培、ヨーロッパ全体、チリやアルゼンチンでは、大半が手収穫です。日本は、全て手収穫です。
　収穫期は、北アメリカの場合、フロリダ州の3月から始まり、収穫の最後はミシガン州で9月下旬、ワシントン州、カナダのブリティシュコロンビア州では10月中旬です。
　メキシコでは、10月から翌年の2月にかけて収穫されています。
　ヨーロッパでは、収穫はスペイン・ポルトガルの3月（ハイトンネル栽培）から始まり、ポーランドの9月下旬で終わりのようです。
　日本では、普通栽培の場合、収穫は6月上旬から始まり9月上旬まで続きます。中国では、収穫は4月から始まり、最も収量が多くなるのは秋です。
　ブルーベリーの生果は、世界の大都市では、年間を通して販売されています。それは、果実の輸出入のグローバル化による結果ですが、南半球諸国から北半球諸国への生果の輸出時期は、国によって異なっています。例えば、ヨーロッパ市場の場合、オーストラリアからは8月〜翌年の2月まで、ニュージーランドからは8月〜翌年の3月まで輸出されています。日本の場合については、「第5章、2　日本のブルーベリー栽培の普及と課題、2000年代における果実の消費状況」で述べています。

世界の主要国に共通する栽培品種

　この節では、世界の主要国（地域）におけるブルーベリー導入の経過、栽培面積、主要品種、気象条件や栽培管理様式について概観しました。これらの中で、各国（地域）間の栽培事情にいくつもの相違点がある一方で、多くの共通点が見られました。
　共通点のうち、特に関心を引くのは、栽培品種のほとんどがアメリカの育成品種であり、その上、タイプ別の主要品種が、日本も含めて国や地域で共通化しつつあることです。これは、ブルーベリーが国際商品として輸出入されている現状と照らし合わせてみると、同一品種でも、日本の消費者の要望に応えるためには、海外産よりも良品質の果実生産が重要であることを意味しています。また、果実販売にあたっては、輸入相手国の品種の栽培動向、気象条件や栽培管理様式に関する情報が不可欠であることも示しています。

4 アメリカのブルーベリー育種研究機関と育種目標

　前述したように（「第5章、1　栽培ブルーベリーの誕生，3　世界のブルーベリー栽培の動向」参照）、日本も含めて世界各国のブルーベリー栽培は、導入当初から今日まで、ほとんど例外なくアメリカの育成品種に依存して発展してきました。このような状況は、今後も長年にわたって続くと考えられます。

　この節では、未来の世界のブルーベリー栽培と果実消費を左右するアメリカの育種研究機関と育種目標（品種改良の方向性）について紹介します。最後に、品種改良に関して知っておきたい用語を解説します。

アメリカのブルーベリー育種研究機関

　ブルーベリーの品種改良は、1906年、USDAによって始められました。それ以降今日まで、USDAは、100年以上にわたってブルーベリーの育種研究をリードし、樹、果実形質の優れた品種を数多く育成して世界のブルーベリー産業を牽引してきました。

　USDAにおけるブルーベリーの育種研究は、現在、四つの機関に分かれています。また、主要なブルーベリー生産州のうち七つの州立大学（農業試験場）でも、品種改良が行われています。

USDAの研究機関

　ここでは、主として、機関名、位置、品種改良の対象であるブルーベリーのタイプについて取り上げます。

①農業研究サービス、ベルツビル

　ここは、通常、USDA－ARS、Beltsville（農業研究サービス、ベルツビル）と呼ばれ、首都ワシントン（コロンビア特別区）に隣接するメリーランド州ベルツビルにあります。

　同研究所は、USDAが初めてブルーベリーの育種プログラムに着手して以来、今日まで、基礎的な試験研究と品種改良の本拠地として、重要な役割を担っています。ブルーベリーといえば、本研究所が、単独であるいは州立大学との共同プログラムから誕生した品種を指すほどに、樹、果実の形質の優れた品種を数多く育成してきました。

　現在は、他のUSDA－ARS機関と連携している育種研究のなかで、育種目標に

そった交配母本を効率的に選択できるようにするために、主として樹や果実の生理生態に関する基礎的研究が進められています。

②農業研究サービス、キャツワース

この研究所は、通常、USDA－ARS、Chatsworth（農業研究サービス、キャツワース）と呼ばれています。北東部州のニュージャージー州キャツワースで、同州のラトガース大学のブルーベリー＆クランベリー研究所（Blueberry & Cranberry Res, Lab.）および普及マルシーセンター内にあります。

試験研究分野は、主にアメリカ北東部諸州で栽培できるノーザンハイブッシュの品種改良です。また、他の農業研究サービス機関や州立大学との共同育種プログラムが進められています。

③農業研究サービス、ポプラビル

ここは、USDA-ARS、Poplarville（農業研究サービス、ポプラビルあるいはサド・コーチャン南部園芸研究所）と呼ばれ、南部のミシシッピ州ポプラビル市にあります。

試験研究の中心は、南東部諸州で栽培の盛んなラビットアイとサザンハイブッシュの品種改良です。

④農業研究サービス、園芸作物研究所

この研究所は、USDA－ARS－HCRL（農業研究サービス、園芸作物研究所）と呼ばれ、北西部太平洋州のオレゴン州コバリス市にあります。

主として、西海岸諸州の気象条件、土壌条件に適応した品種育成のために、他のUSDA機関で交雑された実生の栽培試験と系統選抜が行われています。近年は、この研究所独自による加工用品種（果実の大きさ、果肉、果汁、酸度、香りなどの形質が重要）の育成が進められています。

州立大学（試験場）の取り組み

州立大学（試験場）がブルーベリーの品種改良に取り組み始めたのは、1940年代以降でした。まず、ラビットアイの品種改良は、1940年、ジョージア州、ノースカロライナの両州立大学とUSDAの三者の共同で始まりました。サザンハイブッシュについては、1948年、フロリダ大学とUSDAと共同で開始されています。

現在、育種プログラムは七つの州立大学で展開されていますが、州によって気象条件、土壌条件に大きな違いがあるため、品種改良の対象であるブルーベリーのタイプや育種目標が異なります。

ここでは、タイプ別に、品種改良に取り組んでいる大学名を挙げます。

①ノーザンハイブッシュの品種改良

このタイプの品種改良は、主として、ミシガン州（中西部）、ニュージャージ

種子の発芽床（フロリダ大学の育種ハウス）

育種試験場（ニュージャージー州立大学）

一州（東部）、ノースカロライナ州（南部）の州立大学で行われています。これらの州では、樹の健全な成長、開花結実のために必要な低温要求量（時間）が十分に確保できます。

②ハーフハイハイブッシュの品種改良

このタイプの品種改良は、ミシガン州とミネソタ州（中西部）の州立大学で行われています。両州の北部地帯は冬の低温がより厳しいため、耐寒性が強く、厳寒期の低温障害を予防できるように積雪で覆われる程度に樹高が低く、その上で果実品質の良い品種の育成が目標です。

③ラビットアイ、サザンハイブッシュの品種改良

両タイプの品種改良は、ノースカロライナ、ジョージア、フロリダ、アーカンソー州のいわゆる南部諸州の州立大学で行われています。これらの州は、いずれもノーザンハイブッシュの栽培地帯と比べて、冬季が温暖です。

アメリカにおけるブルーベリーの育種目標

現在、USDAの四つの研究機関と七つの州立大学が取り組んでいる育種プログラムの中で、ノーザンハイブッシュ、サザンハイブッシュ、ラビットアイの三つのタイプに共通している具体的な育種目標を整理してみます。

望ましい樹の形質

①成熟期の早晩

● 現在の品種よりもさらに極早生、極晩生の品種

そのような品種の誕生によって、栽培ブルーベリー全体の果実の供給期間（収穫期間）が広がります。観光農園経営の場合には、顧客による摘み取り期間をより長期にできます。その結果、現在の極早生から極晩生品種までの成熟期の区分

がさらに細分化されることでしょう。例えば、極早生品種の場合、開花期が早く成熟期も早い品種とか、開花期は遅いが成熟期が早い品種とか、に区分されるようなことが推測されます。

②**収量の確保**
- 着生花芽数が十分量で、かつ多すぎない
- 自家結実率が高い

このような品種が育成されると、剪定や訪花昆虫の放飼に係わる労働力と費用を大幅に軽減でき、また、栽培面積の拡大につながるでしょう。

③**機械収穫に適した樹勢、樹高、果実の形質**
- 樹姿は、直立性で、つぼ型
- 樹高は1.5～2.0m
- 樹形を乱し、剪定作業が複雑になるような強いシュートが多く発生しない
- あまり小枝が多くなく、結果枝が太い
- 枝がヤナギ（柳）のようにしなりやすい
- 果実が枝葉の外側に着生する
- 果皮・果肉が硬く、果房が蜜でない

このような特性を持った品種の育成によって、機械収穫の能率が高まり、大幅な収穫労力と費用の削減が可能になります。国や地域によっては、栽培面積の拡大に最も密接に関係する形質といえます。

④**気温適応性**
- 栽培地域に合った低温要求量である

合せて、凍害による被害を避けるため、早期に休眠に入り、長期間休眠状態にある特性の品種です。

- 耐寒性、耐凍性が強い

このような特性であれば、冬季の低温による花芽や枝の障害、また、晩霜による花芽や幼果の障害を回避できます。

- 常緑性である

常緑性品種は、休眠覚醒の必要がないため、サザンハイブッシュよりもさらに温暖な地方、亜熱帯や熱帯地方でも栽培できるようになります。そのため、栽培地域はさらに拡大されます。

⑤**土壌適応性**
- 樹勢が強い
- 根群が深くて広い
- 土壌pHに対する適応性が広い
- 土壌水分、土壌乾燥などに対する適応性が広い

⑥病害虫抵抗性
- 栽培地域で被害の多い病害虫に対して抵抗性がある
- 耐病性品種

特に、ノーザンハイブッシュのマミーベリー（Mummy berry. 日本の各種果樹の灰星病と同属の菌．ブルーベリーでは果実と新梢に発生）、アンスクラノーズフルーツロット（Anthracnose fruit rot. 日本の各種果樹の炭素病と同属の菌．ブルーベリーでは果実の腐敗のほか、花、葉、新梢に感染）に強い品種の育成です。

病虫害に抵抗性のある品種の育成によって、病虫害防除のための農薬散布が少なくなり、あるいは無農薬で栽培できる可能性が高まります。その結果、栽培が容易になり、さらに健康果実としての安全・安心の訴求をさらに強めるがことができます。

望ましい果実の形質

①優れた果実形質と高い収量性

一言でいえば、大きくて，果色が美しく、食べておいしい果実の多収品種です。

- 果実の大きさが適度で、均一である

大粒果は、消費者の嗜好に合うことはもちろん、栽培者にとっては収穫労力の低減につながります。

- 果皮の明青色の保持

特に、収穫から出荷作業中の取り扱い過程で、明青色の果粉が落ちないようにワックスが果皮を覆っている特性。

- アントシアニン色素が、果皮の表面全体を均一に覆っている
- 果肉が滑らかで、種子が多すぎない
- 風味が良い

すなわち、糖と酸のバランスが良く、香りがある、おいしい果実です。

- 収量性が高い

②収穫に適した果実形質

この形質は、ブルーベリーの各種の栽培管理と農園経営のなかで、最も労働力と費用を要する収穫作業の簡便化と密接に関係しています。

- 成熟期の揃い

同一樹で、全果実が同時期に成熟する、あるいは1樹の収穫が5日間隔で、2〜3週間で終わるような特性の品種。
- 果肉が硬い
- 果柄痕が小さくて乾いている
- 収穫果に果柄や乾いた花冠が付着していない
- 果実は適度の脱離力を持っている

成熟果が弱い風で落下するようではいけないが、摘み取りやすい程度の脱離力であること。
- 果房が粗であること。果軸、小果柄が長く、果房内で果実は密着しないこと

③ **貯蔵性**
- 出荷から貯蔵期間中に腐敗、軟化、果色が黒くなる、汁が出る、風味がなくなるなどの品質の劣化が少ないこと
- 耐暑性がある

高温、乾燥条件下でも、品質の劣化が少ない形質です。通常、高温、乾燥条件下では、収穫果の貯蔵可能期間は非常に短くなるため、耐暑性があると貯蔵可能期間が長くなります。

④ **加工適性の良い果実**
- ジャム、ジュースなどの各種製品の加工に適した諸形質
- 無種子の品種

⑤ **抗酸化能(作用)が高い果実**
- 果実の健康機能性を高めるために、アントシアニン色素含量とポリフェノール含量の高い品種

アメリカはブルーベリー育種研究のリーダー

ブルーベリーは、アメリカ生まれの果樹です。アメリカは、ブルーベリーの品種改良および産業発祥の国であり、世界的に誇れる歴史と実績を有しています。そこには、アメリカの世界戦略があると想像されますが、ブルーベリーの育種研究を支えている背景として、三点が考えられます。

その背景の一つは、ブルーベリーの栽培化、品種改良が、国家的事業として始められたことです(「第5章、1　栽培ブルーベリーの誕生」を参照)。

二つ目は、アメリカはブルーベリーの原産国であり、シアノコカス節の植物が20種以上も自生し、育種研究、品種の基本素材となる遺伝資源が多いことです。

そして三つ目は、育種研究機関がUSDAと州立大学を合わせて11もあり、それぞれの機関が、育種目標を共有しながら品種改良を進めていることです。すなわ

ち、品質の優れた新品種の育成と栽培→消費が拡大→栽培面積の増加→品種改良に対する期待→育種研究・品種改良、という好循環が成立しています。

このような点から、アメリカは、今後も長年にわたってブルーベリーの育種研究、品種改良、樹や果実の生理生態研究、生産技術の開発、果実の加工・利用を含めた産業の全ての分野で、世界のリーダーであるといえます。

新品種と今後の日本のブルーベリー栽培

アメリカで発表された新品種は、数年後には日本に導入され、栽培されるようになる状況に、大きな変化はないと考えられます。目標とする全ての形質が一度に満たされることはなくても、現在の品種と比較して、より栽培しやすく、果実は風味があっておいしく、日持ち性・貯蔵性があって収穫後の品質劣化が少なく、その上健康機能性成分を多く含んだブルーベリー果実の生産は、日本の栽培者と消費者に歓迎されるはずです。しかし、優れた品種が日本にだけ導入される訳ではありません。アメリカの育成品種が、日本を含めて世界各国で栽培され、果実は世界の様々な国から年間を通して輸入される状況は、さらに拡大することは容易に推測されます。

そのような国際関係の下で、将来、"日本のブルーベリー栽培の発展方向はどうあるべきか"という課題が、当然、提起されます。この課題に対して、どのような答えがあるのでしょうか。最も実現可能な答えは、果実品質を重視した栽培法にあるといえます。

それは、アメリカの育成品種を、日本（地域）の気象条件と土壌条件下で育て、樹と果実の特性が十分に発揮され、合わせて消費者に信頼される安全・安心の栽培技術と流通技術を確立して、海外産よりも良品質のブルーベリーを日本の消費者に提供することです。

答えは簡単ですが、具体的な対策には、解決しなければならない栽培上の課題があります。特に重要な技術は、ノーザンハイブッシュ、サザンハイブッシュ、ラビットアイの三つのタイプを組み合わせた「日本的な栽培様式の確立」、「梅雨期間の栽培上の課題克服」、高温多湿夏季における収穫果の品質劣化を抑える「栽培技術と品質保持技術の確立」の三つです。

これらの技術を体系化するためには、まずは栽培者の創意工夫が必要です。しかし、栽培者の創意工夫のみでは限界があります。そのため、公立の試験研究機関や教育機関による、日本産のブルーベリー品種の育成から始まり、ブルーベリー樹・果実の生理生態的な基礎的調査、研究が必須です。さらには、行政による支援が必要でしょう。ブルーベリーを特産果樹に指定する県や市町村の誕生も待

たれます。

品種改良に関して知っておきたい用語

この章で述べた品種改良に関する基礎的な用語を取り上げます。

◆栽培化　domestication

野生植物（種）を人間の管理の下に保護、繁殖させ、栽培植物とすることを、栽培化といいます。ブルーベリーの場合、野生（自生）種の栽培化は、公立機関では、1906年、USDAによって始められました。

◆栄養体選抜　clonal selection

特定の地域に分布しているような変異体の中から、優良な栄養系を見つけ出す過程を栄養体選抜といいます。

栄養体選抜は、まず栄養体を収集する選抜地域の選定から始まります。栄養体を選抜した時は、地域（場所）の特徴（地名、気象条件、土壌条件など）明記しておきます。

次に、収集された栄養体を同一条件で栽培し、優良個体（一次選抜では、主として可視的形質）を選抜します。二次選抜では、収量、品質などが対象となるため、普通栽培法により選抜します。第三次選抜は、生産力（収量性）試験と同時に、耐病性、耐寒性，耐乾性、低温要求量などの特性検定試験も実施します。こうした後に、選抜系統について、地方適否試験を経て、最終的に優良系統が決定されます。

◆育種・品種改良　breeding

作物の種が有する多様な遺伝変異を活用して、目的にかなった遺伝的性能をもつ新しい品種を育成することを育種といいます。主として対象が育種の対象となるため、品種改良ともいわれ、育種と品種改良は同じ意味で使われています。

厳密には、品種改良は、既存の栽培植物や動物について、いままでよりも良質のものを作ることを目的としています。

これに対し、育種では、品種改良はもちろん、生殖質の探索、導入と保存、評価など一連の生殖質管理のほか、野生の動植物の中から新しい栽培植物（家畜など）の開発を試みることまで包含しています。

育種の操作には、遺伝的変異を含む集団を集めたり、作り出したりする操作（変異の作出）と、その操作を希望する集団に移していくための操作（選抜．selection）に区分され、さらにこのようにして得られた集団を良好な状態に維持管理していくための操作（原種の管理）が含まれます。

遺伝的変異がどのようにして与えられるかによって、いくつかの育種法に区分

されますが、ブルーベリーで主体となっているのは交雑育種法です。

◆**育種目標　breeding objective**

　新品種の育成は、今ある品種の欠点や改良すべき特性を検討して、育種目標を設定することから始まります。育種目標は、農業情勢や社会要望によっても変化しますが、広く作物（果樹も含む）の場合、主な育種目標には多収性、気象や土壌条件に対する各種耐性、病気や害虫に対する抵抗性、さらに加工・流通・販売・消費の各段階で重要となる品質特性などがあります。また、栽培体系や管理作業に関する適性も大切です。

◆**交雑育種　crossbreeding**

　交雑育種は、遺伝的に異なる品種・系統間で交雑（cross, crossing, hybridization）を行って、多様な変異を示す雑種集団を作り、その中から両親が持っている優良な特性を持つ形質や、両親を超える優良な形質を持つ個体を選抜する方法で、品種改良の中心的な手法です。

　果樹は、一般的に、接ぎ木や挿し木などにより栄養体を繁殖するため、種子繁殖性作物のように主要な遺伝子のホモ（homo. 同系. 2倍体以上の染色体を持つ高等生物で、一つ以上の遺伝子座について、等しい対立遺伝子を持つ細胞または個体）化をはかる必要はありません。交雑で得られた種子から実生を選抜し、果実や樹の特性の優良性評価をもとに選抜を行い、選抜された系統は、接ぎ木や挿し木などにより栄養繁殖されます。

◆**変異　variation**

　変異は、ある集団内の個体間の差異として認められます。それらは、遺伝子間の差異による遺伝子的（型）変異（genetic variation）と、遺伝子の働きに対して強く影響を与えたために生ずる環境変異〔environmental variation.（彷徨変異 fluctuation）〕に分けられます。

◆**変異体　variant**

　生物学的に、同一種が異なる環境に生育するために、環境条件に適応して分化した性質が遺伝的に固定し、その結果生じた性質または個体を変異体と呼びます。

◆**遺伝的変異・種内変異　genetic variation・intraspecific variation**

　遺伝的変異と種内変異は、同じ意として用いられ、同一種内で、地域、集団、個体間における遺伝的差異に基づく形質の差異を意味します。雌雄で表現型が異なる性的二形や同じ遺伝子型でも発現の過程で環境の影響を受けている表現型が異なる環境変異は、種内変異としては扱いません。

付　章
日本のブルーベリー栽培の発展方向
～果実品質の「ブランド化」への提案～

　前述したように（第5章　国内外のブルーベリー栽培事情）、現在、日本も含めて世界各国のブルーベリー栽培は、ほとんどをアメリカの育成品種に依存しながら、栽培情報や技術の交流は国際的な協調関係の下に営まれています。その一方、果実の輸出入のグローバル化が進み、販売は厳しい国際競争の中に組み込まれています。

　厳しい果実販売の国際競争は、世界のブルーベリー栽培国（地域）が増加し、生産量が拡大している現状から見て、今後さらに強まると推察されます。このような状況の下で、日本の栽培者が取り組むべき最大の関心事は、今後も継続して日本の消費者に歓迎される"ブルーベリー生産"のための方策を具体的に検討し確立することです。

　方策は、地域の立地条件、品種、栽培技術、経営形態、消費者の嗜好と志向、少子高齢化や人口減少社会を伴う社会構造の変化など、多面的な視点から検討されるべきです。しかし、どのような視点に立っても、栽培の基本は、消費者の嗜好・志向に応えられる良品質のブルーベリーを生産することです。

　消費者がブルーベリー果実に求める嗜好・志向は、何回も繰り返しますが、「安全．安心で、新鮮でおいしく、健康機能性成分に富んでいる」、いわゆる良品質果実です。この良品質果実の内容は、果実品質の構成要素との関係で見ると容易に理解できます。消費者の求める「安全・安心」は果実の安全性と流通特性に、「新鮮でおいしく」が嗜好特性に、「健康機能性成分が多い」が栄養特性と生体調節機能特性に、それぞれ相当します。この関係から、海外産果実との競合に

負けない日本産の果実生産の方策は、具体的には、「果実品質の構成要素別に、識別・差別化できる果実（ブランド品）を生産すること」といえます。

ブルーベリー果実のブランド化は、一般的に流通しているものよりも"品質が数ランク上の果実"と、消費者に識別・差別化されることです。「ブランド化」は、栽培者が、日本の気象条件と土壌条件の下で、品種を選定し、栽培管理技術を体系化することで可能です。

ブランド化こそが、日本のブルーベリー栽培の発展方向であると考え、ブランド化のための栽培管理法の具体策を提案します。

ブランドとはなにか

ブランド（brand）とは、「ある売り手の財やサービスを、他のそれと異なる識別をするための名前、用語、デザイン、シンボルおよび他の特徴」と定義されています。一般的には、同一種類の商品の中で、識別・差別化（ブランド化）されたものです。

ブランドには、信頼の印としての品質の保証機能、他の商品との違いを認識させる差別化機能があります。また、消費者にとっては、ブランドは、商品やサービスの質を判断できる指標となります。

ブルーベリー果実のブランド化は、品種選定、栽培管理技術、品質保持技術、立地条件を活かした地域全体の特徴を活かすことなどで実現できます。また、ブランド化は、栽培農家のほか、グループ（出荷団体、農業団体など）による取り組みが可能です。

◆ブランド化と合わせて検討しておくべき事項

消費者の果実品質評価を良く理解しておく

果実のブランド化は、消費者に識別・差別化されることから始まりますから、消費者に受け入れてもらえる果実品質や、消費者の果実品質評価について、ブランド化と合わせて再確認しておくべきです。ブルーベリー果実の品質構成要素と品質評価については、「第4章　ブルーベリーの生育と栽培管理、15　果実の品質」の節で解説しています。

消費者が果実を購入する際に重視する点を考慮しておく

時代によって変化しがちな果実を購入する際の消費者の動向にも注意します。例えば、2016年におけるJC総研の調査によると、果実を食べる頻度は、全体で（男女、年齢別を合わせて）「週に一度未満・食べない」が32.2％で最も多く、「毎日」が28.5％でした。

また、果実を購入する際に重視する点は、複数回答で、トップは「鮮度がよ

い」が56.4％、2位は「販売単価」が安いでは46.1％でした。3位は「旬のもの」で31.8％、4位は「特価でやすい」で25.9％。「味・食味が良い」は5位で24.3％でした。この結果は、消費者は、果実の購入時点では、果実の概観と値段（価格）を重視していることを示しています。

　ブルーベリーは、樹上で完熟する果実です。このため、大きくて、着色が良く、果柄痕の傷みが少ない（鮮度）などの外観の良い果実は、食味（糖度や酸味）が優れ、健康機能性成分も多く含まれています。果実の販売に当たっては、国内産果実あるいは消費地に近い産地ほど、果実の鮮度を強くアピールできるはずです。

手ごろな値段の範囲で消費者に

　日本のブルーベリー果実は、他の果実と比べて、割高感が強いといわれています。果実販売の国際的な産地間の競争は、品質と合わせて価格競争といえます。ほとんどが、小規模で複合経営の日本の場合、大規模経営で企業経営の海外と比較して、価格（コスト）の低減には限界があるとしても、多量の労働力や費用を要する作業の種類を見直し（例えば、収穫作業や整枝・剪定作業など）、作業を効率的に組み合わせる（除草と施肥、施肥と灌水など）などして、生産費の低減を図るべきでしょう。

品種によるブランド化

　ブランド化の一つ目は、市場出荷を目的とした栽培でも、観光農園経営でも、品種選定によって作ることができます。

品種選定の基準

　日本に導入されている品種は、現在、四つのタイプを合わせると100を超えています。それらの中から、まず、地方の気象条件から栽培できるタイプを決定し、次に、果実の販売方法を考慮しながら、品種を選定します。

　品種選定の基準は、多岐にわたりますが（「第3章　ブルーベリー品種の選定と特徴、1　品種選定の基準」参照）、ブランド化と密接に関係する品種特性は、主として次の四つです（ここでは項目のみ挙げます）。

- 成熟期の早晩（極早生から極晩生の後期まである）
- 果実品質（大きさ、食味、糖度、酸度など）
- 他の果実形質（果柄痕の状態、日持ち性など）
- 生態調節機能（ポリフェノール含量、アントシアニン色素含量など）

ブランド化の一例

　園の立地条件に問題がなく、また栽培管理は十分に行き届いていることが前提

条件ですが、普通栽培の場合、各成熟期別に、果実が大きい、糖度と酸度が調和しておいしい、日持ち性が良く品質の劣化が少ない品種を選定すると、ブランド化できます。このような果実は、市場でも「良品質」との高い評価を得るはずです。

観光農園の場合、果実は大きい、糖度が高い（甘い）、適度の酸味があるなど、顧客の嗜好を優先して品種選定した園は、そうでない園と比べて、明らかに差別化できます。すなわち、多くの顧客に、「誰さんの園で、いつの時期（成熟期）の、何という品種は、格別おいしい」と認められればブランド化されたことになります。その際、品種の特性、果実の特徴に加えて、自園の栽培管理上の留意点などについて整理し、情報として顧客に提供します。

生体調節機能成分の多い品種の栽培

これは、消費者に、ブルーベリー果実の持つ豊富な栄養成分と機能性成分を強く訴求する方法です。果実のビタミン類やミネラルなどの保健成分、ポリフェノールやアントシアニン色素含量などの健康機能性成分の多い品種を選択して栽培することも、ブランド化につながると考えられます。果実の栄養成分と機能性成分含量が品種によって異なることは、研究によって明らかにされています。

このように考えられる背景として、日本の人口が今後減少傾向にある過程で、65才以上の高齢者人口は増加し続けていることが挙げられます。例えば、高齢者の割合は、2011年には「4人に1人」から、将来は、「3人に1人」といわれるように、今後のブルーベリー果実の消費者は、高齢者中心になるだろうことは容易に推測できるからです。高齢者は、健康の維持増進を意識して果実を購入し、食しているとされます。

栽培者は、ブルーベリー果実の栄養成分、機能性成分と人間の健康との関係についてパンフレットなどを作成し、説明できる資料を整えておくと良いでしょう。

栽培（管理）技術によるブランド化

ブランド化の二つ目は、栽培管理技術によるものです。この分野は、前述したように（「第4章 ブルーベリーの生育と栽培管理」参照）、土壌改良、土壌表面の管理、灌水、施肥管理、受粉・結実、収穫方法、貯蔵法、整枝・剪定、病害・虫害の防除、気象災害の対策、鳥獣害対策など、多分野に及びます。これらの栽培管理が複合して、また、一つの管理でも不十分な場合には、樹の成長と果実品質が大きな影響を受けます。まずは品質の優良な品種を植え付けることが重要で

すが、その上で、栽培管理によるブランド化は、「高度な栽培管理を適期に行う」という内容になります。

ブランド化の一例

栽培管理技術は多岐にわたり、また、一つ一つの栽培管理技術の精粗と果実品質とは密接に関係しているため、大変難しい面があります。しかし、基本的には各種の栽培管理を適切に、適期に行うことでブランド化できます。ここでは、いくつかの例を挙げてみます。

灌水管理は重要です。特に果実の成長期間中に、自然の降水が少なく、土壌の乾燥が何日間も続いた場合、新梢の先端がしおれ始めます。これは葉の水分不足によるものですから、5日間隔で適量を灌水しなければ、たとえ大粒品種であっても果実の成長は抑えられます。

受粉・結実管理は、また直接的に果実の大きさ、成熟期の早晩を左右します。開花時期中、園に訪花昆虫を放飼して、品種間の受粉（他家受粉）率を高めると、同一品種でも、果実中の種子数が増し、より果実が大きくなり、成熟期が早まります。

適切な樹姿に整枝・剪定され、風通しが良く、日光が良く当たる樹では、果実は大きく、風味の良いことは経験上よく知られています。

多分野に及ぶ栽培管理のポイントを、顧客（市場関係者、摘み取り客）に伝えることも重要です。そうすることで、市場関係者には「どこの、誰さんの栽培管理の果実は、いつの時期でも優れている」と信頼され、果実販売を促進してもらえるでしょう。また、観光農園の場合は、「誰さんのブルーベリーは、栽培管理が行き届いていて、安心・安全で、おいしい」という評価を得ることができるはずです。

収穫とその後の品質管理によるブランド化

ブランド（差別）化の三つ目は、品質、とくに風味（食味）です。一定の糖度、酸度、成熟度の揃いといってもよく、いわゆる消費者の求める「味の保障」です。

果実の風味は、次の五つの条件が統合されて作り出されます。
- 品種選定
- 樹の成長に好適な気象条件、土壌条件
- 適切な栽培管理
- 適期の収穫
- 果実の品質保持管理

これらの条件のうち、品種選定と栽培管理によるブランド化については、前述しました。

適期の収穫

ブルーベリーは澱粉果実でないため、収穫後、糖度が高まることはなく、樹（枝）上で完熟しますから、観光農園経営に望ましい特性を持っています。

糖と酸が調和して風味の良い果実は、果皮全体が青色に着色してから4～5日後に収穫した、いわゆる完熟果です。完熟果は日持ち性も優れます。このことから、完熟果は、果実が大きい、着色がよい（アントシアニン含量が多い）、風味の良い果実として、ブランド化できます。販売容器の表に、「園の名前、特定の品種名で完熟果」と明記します。

観光農園の場合、毎日の顧客に完熟果を摘み取ってもらうためには、ある程度の栽培面積が必要です。合わせて、摘み取り期間（収穫期間）を長く設定するためには、多数の品種を組み合わせた栽培となります。そうすることで、顧客には「誰さんの園は、いつでも、どの品種でも、風味の良い完熟果を摘み取ることができる」と高く評価されるはずです。おいしい完熟果の見分け方を教えてあげることも大切です。

果実品質の保持管理

収穫果の品質保持管理はきわめて重要です。果実品質は、通常、高温条件下で劣化が進みますから、収穫果を速やかに低温条件下に保持して劣化の進行を抑える必要があります。すなわち、完熟果の収穫とその後の保冷管理の良否で、ブランド化できます。

この場合、完熟果を収穫し、保冷処理をして品質の劣化を抑えていることを、顧客に伝え、理解してもらうことが重要です。

地域名によるブランド化

おいしいブルーベリーを、毎年安定して生産できる名産地の形成が、四つ目のブランド化の鍵です。多くの消費者から、「あの産地のブルーベリーは、おいしい」と評価される地域ぐるみの果実の生産です。

差別化できる要因

地域名（生産地）を付すことで、他の地域産のブルーベリーとの違いを、より一層明確にすることができます。

独自性を出して、他の産地との差別化ができるのは、次のような点です。
①果実の鮮度、風味に特徴があり、優れていること
②独自の品種や技術で栽培されたもの

この①と②の二つは、基本的な商品特性で、相互に強い関連性がありますが、地域の特徴を訴えたブランド品になります。消費者の本物志向に対応しています。
　③減農薬や肥料など、果実の安全性が配慮されていること
　これは消費者の安全、健康志向に対応したものです。
　④保冷や貯蔵などの鮮度保持に、特別な品質管理が図られていること
　鮮度を保持するために、収穫直後の予冷、低温条件下での取り扱い、大型冷蔵庫によって保冷することで、水分の蒸発や果実の腐敗を抑えることできます。
　⑤商品形態に創意工夫が凝らされていること
　すなわち、果実の規格、パック（包装容器）のサイズやデザイン、包装量などのほか、扱いやすさ、食べ方を記すなど、消費者にアピールできる形態にします。

ブランド化の前提
　ブランド化できる前提は、生産面では、地域全体で栽培マニュアルを作成し、それに基づいて品種の統一と栽培管理法が確立されていることです。さらに、生産された果実の品質と出荷規格化が必要です。このような点から、地域ブランド化は、小規模栽培で観光農園経営が多い日本では、限られるかもしれません。
　販売面では、地域ブランド商品は、品質と量を考慮して、販売できる地域や販路チャンネルを選択する必要があります。通常は、卸売業者、産地直売所、関連団体を通じた販売形態でしょう。その場合でも、継続して安定的に供給することが求められます。

宣伝
　消費者に地域名を知ってもらい、地域ブランドの特徴を理解してもらうためには、宣伝が必要です。消費者に好印象を与えるイメージのポスター、パンフレット、チラシ、情報誌を作り、テレビやラジオによる宣伝、ホームページなど、さまざまな手段を用いて情報を発信し、販売促進活動を行います。
　地域イメージの情報は、地域の自然や気候がブルーベリー栽培に適していることをはじめ、歴史、伝統、文化、他の特産品などが紹介されていると、消費者が受け入れやすいとされています。

関係機関、指導機関の支援
　地域ブランドの確立と存続は、栽培者（生産者）個人の努力だけでは限度があります。例えば、栽培管理マニュアルの作成、出荷規格の設定、販路の確保、さらに販売促進のための宣伝などには、専門的な知識と多額の資金を必要とします。
　地域ブランド化は地域の農業振興と結びつくことから、さまざまな支援策があ

ると思われます。地域ブランドは、理想的には、行政や団体の支援、試験研究機関と普及機関の指導の下に確立してほしいものです。

地域ブランド化の先には、「日本ブランド」があります。栽培者による国際的視点からの品種選定、栽培管理技術、品質保持技術の総合力と、関係機関の支援が合体して、輸出を視野に入れたブルーベリー産地の誕生が待たれます。

国産品種によるブランド化

日本のブルーベリー産業が今後も継続して発展するための栽培技術的な方策は、前述したように、地域の自然的・経済的条件、消費者の嗜好・志向の変化、品種改良、栽培技術、果実販売、経営形態など多方面から検討されるべきです。しかし、ここで述べたブランド化は、栽培の基本である品種は、ほとんど全てを海外の育成品種に依存した条件下における栽培体系に基づくものになっています。

将来は、日本の気象条件と土壌条件の下で、樹の成長が優れ、日本の消費者の嗜好と志向により合致した国産品種によるブランド化が望まれます。その結果、より一層果実消費は拡大し、ブルーベリー栽培が発展するはずです。さらには、「日本ブランド」として世界に輸出できるブルーベリー産業へと発展して欲しいものです。

国、地方や民間の教育機関や試験研究機関の下での計画的な育種研究がさらに進み、全国的に栽培できるブルーベリー新品種の発表が待たれます。

◇引用・参考文献集覧

Abbot, J. D. and R. E. Gough (1987)　J. Amer. Soc. Hort. Sci. 112：60-62.
Alasmairat, N. et al. (2011) HortScience 46: 74-79.
Austin, M. E. (1994)　Rabbiteye blueberries. AGSCIENCE. Auburndale, Fla.
Ballinger, W. E. and E. F. Godson (1967)　Nutritional survey of Wolcott and Murphy blueberries (*Vaccinium corymbosum* L.) in Eastern North Carolina. Tech. Bull. No. 178
Ballinger, W. E. and L. J. Kushman (1970)　J. Amer. Soc. Hort. Sci. 95: 239-242.
Ballinger, W. E. et al. (1978) J. Amer. Soc. Hort. Sci. 103: 130-134.
Bittenbender, H. C. and G. S. Howell (1976) J. Amer. Soc. Hort. Sci.1021: 135-139.
Brazelton, C. (2015)　World blueberry acreage & production. U.S. Highbush Blueberry Council.
ブリタニカ・ジャパン（2015）ブリタニカ国際大百科事典（小項目電子辞書版）．CASIO EX-word・VY-Y6500．
Cameron, J. S. et al. (1989)　Acta. Hort. 241: 254-259.
Caruso, F. L. and D. C. Ramsdell (1995)Compendium of blueberry and cranberry diseases. APS Press. American Phytopathological Society.
地学団体研究会（編）(2003)　新版地学事典．平凡社．
Childers, N. F. et al. (1966) Temperate and tropical fruit nutrition. Horticultural Publications. New Brunswick, NJ,
Childers, N. F. and P. M. Lyrene eds. (2006) Blueberries for growers, gardeners promoters. N, F, Childers Publications. Gainesville, Fla.
Clark, et al. (1994) HortTechnology　4：351-355.
Connor, A. M. et al. (2002) Genotypic and environmental variation in antioxidant activity, total phenolic content, and anthocyanin content among blueberry cultivars. J. Amer. Soc. Hort. Sci. 127: 89- 97.
Converse, R. H. eds. (1987) Virus diseases of small fruits.　USDA-ARS, Agriculture Handbook No. 631.
Coville, F. V. (1910) Experiments in blueberry culture.　USDA Bull. 193.
Darnell, R. L. (1991)　J. Amer. Soc. Hort. Sci. 116：856-860.
Davies, F. S. and J.A. Flore (1986) J. A. Soc. Hort. Sci. 111：565-571.
土壌保全調査事業全国協議会（編）(1991)日本の耕地土壌の実態と対策（新版）．博友社．
独立行政法人　農業・生物系特定産業農業技術研究所機構（編著）(2006)最新農業技術事典．農文協．
土壌物理学会（編）(2002) 新編土壌物理用語事典．養賢堂．
Eck, P. and N. F. Childers eds. (1996) Blueberry culture. Rutgers Univ. Press. New Brunswick, NJ.
Eck, P. (1988) Blueberry science.　Rutgers Univ. Press. New Brunswick, NJ.
江川友治（監訳）(1981) HENRY D. FOTH 著　土壌・肥料学の基礎．養賢堂．

江口祐輔他 (2002) 鳥獣害対策の手引き．日本植物防疫協会．
Ehlenfeldt, M, K. (2010) HortScience 45: 721-723.
Ehlenfeldt, M, K. (2012) HortScience 47: 540-542.
Ehlenfeldt, M, K. (2014) HortScience 49.
Ehlenfeldt, M, K. (2016) HortScience 51.
園芸学会（編）(2005) 園芸学用語集・作物名編．養賢堂．
Finn, C. L. and E.N. Ashworth (1994) J. Amer. Soc. Hort. Sci. 119: 1176-1184.
Forney, C. F. and L. J. Eaton eds. (2004) Proceedings of the Ninth North American blueberry research and extension workers conference. Food Products Press. Binghamton, NY.
藤原俊六郎他 (2012) 新版土壌肥料用語事典（第2版）．農文協．
藤島廣二・中島寛爾(編著) (2009) 実践　農産物地域ブランド化戦略．筑波書房．
Galletta, G. J. and D. G. Himerlric eds. (1990) Small fruit crop management. Prentice Hall. Englewood Cliffs, NJ.
後久　博 (2011)　農業ブランドはこうして創る　地域資源活用促進と農業マーケンティのコツ．ぎょうせい．
Gough, R. E. and W. Lirke (1980) J. Amer. Soc. Hort. Sci. 105: 335-341.
Gough, E. R. (1983) J. Amer. Soc. Hort. Sci. 108: 1064-1067.
Gough, E. R. (1994)　The highbush blueberry and its management. Food Products Press. Binghamton, NY.
Gough, E．R. and R. F. Korcak (1996) Blueberries: A century of Research. Food Products Press. Binghamton, NY.
Gupton, C. L. and J. M. Spiers (1994)　HortScience　29：324-326.
Hall, I. V. et al. (1963)　Proc. Amer. Soc. Hort.　Sci. 82: 260-263.
濱屋悦次(編著) (1990) 和英・英和応用植物病理学用語集．日本植物防疫協会．
Hancock, J. and J, Siefker (1980) Michigan State Univ. Cooperative Ext. Service Ext. Bull. E-1456.
Hancock, J. F. et al (1992) HortScience　27：1111-1112.
Hancock, J. F. eds. (2008) Temperature fruit crop breeding. Springer Science +Business Media BV. Dorderecht, the Netherlands.
Himelrick, D. G. et al. (1995) Alabama cooperative extension system. Univ. ANR-904.
Himelrick, D. G. et al. (2012) International Journal of Fruit Science. Special Issue: Proceedings of the 11th North American Blueberry Workers Conference. Vol.12, No. 1-3.
日立ソリュウションズ・クリエイト (2016) 百科事典マイペディア電子辞書版．CASIO EX- word・XD-Y6500.
廣田伸七(編著) (2009) ミニ雑草図鑑（第11刷）．全国農村教育協会．
Hudson, D. H. and W. H. Tietejen (1984)　HortTechnolog 2：366-370.
今堀和友・山川民夫(監修) (1996) 生化学辞典第2版．東京化学同人．
猪野俊平 (1991) 植物組織学．内田老鶴圃．

石井龍一他 (編集) (2005) 環境保全型農業事典. 丸善
石川駿二・小池洋男 (2006) ブルーベリーの作業便利帳　種類・品種選びとよくなる株の作り方. 農文協.
伊藤操子 (1993) 雑草学総論. 養賢堂.
伊藤三郎 (1994) 果実の科学. 朝倉書店.
岩波書店 (2008) 岩波理化学辞典 (第 5 版) 電子辞書版. CASIO EX-word・XD-G9850.
岩波書店 (2015)　広辞苑 (6 版) 電子辞書版. CASIO EX－ward・XD‐Y6500.
岩垣駛夫・石川駿二 (編著) (1984)　ブルーベリーの栽培. 誠文堂新光社.
巌佐　庸ら (編) (2013) 岩波生物学辞典 (第 5 版). 岩波書店.
JC 総研 (2016) 野菜・果物の消費行動に関する調査結果の概要　報道発表資料. ホームページ.
香川芳子 (監修) (2015) 食品成分表 2015. 女子栄養大学出版部.
Kalt, W. and D, Dufour (1997)　Health functionality of blueberries. HortTechnology 7：210-217.
Kalt, W. (2001) Health functionality pytochemicals of fruit. Horticultural reviews. Vol.27：269-315.
岸　國平 (編) (1998) 日本植物病害大事典. 全国農村教育協会.
国立天文台 (編) (2014) 理科年表 (87 冊). 丸善.
Knight, R. J. and D, H. Scott (1964) Proc. Amer. Soc. Hort. Sci. 85：302-306.
小林ナーセリー (2017) ブルーベリー. ホームページ.
小町園 (2017) ブルーベリーの品種. ホームページ.
駒嶺　穆 (監訳)・Michael Allaby (編) (2009) オックスフォード植物学辞典. 朝倉書店.
Korcak, R. F. (1989)　Horticultural review 10: 183-227.
Korcak, R. F. (1989)　HortScience 24: 573-578.
久間一剛ら (編) (1993) 土壌の事典. 朝倉書店.
共同通信社 (2011) 特別報道写真・解説集　いま原発で何が起きているか　原発震災 100 日. 共同通信社.
Lyrene, P. M. (1997) The brooks and olmo register of fruit & nut varieties(third edition) － blueberry. ASHA Pres. Alexandoria UA. 174-188.
Lyrene, P. M.and M. K. Elenfeldt (1999) HortScience 34: 184-185.
Lyrene, P. M (2002) HortScience 37: 252-253.
Lyrene, P. M (2004) HortScience 39: 1509-1510.
Lyrene, P. M (2006) HortScience 41: 1106-1107.
Lyrene, P. M (2008) HortScience 43: 1324.
Luby et al (1961) Genetic resources of temperate fruit and nut crops (Moore et al eds.)Acta Hort 290: 393-456.
毎日新聞 (2011) 東日本大震災. サンデー毎日　増刊 4 月 2 日号.
Mainland, C. M. and P. Eck (1968) HortScience 3：170-172.
Mainland, C. M. and P. Eck (1971)　Proc. Amer. Soc. Hort. Sci. 98: 141-145.
Mainland, C. M. (2010) Training and pruning blueberry plants. 大関ナーセリー

主催　第3回ブルーベリー国際セミナー，講演要旨．
間苧谷徹他 (2002) 新編果樹園芸学．化学工業日報社．
松本正雄他 (編) (1989) 園芸事典．朝倉書店．
松阪泰明・栗原淳 (監修) (1994) 土壌・植物栄養・環境事典．博友社．
Miller, W. R. et al. (1984) HortScience 19: 638-640.
Miller, W. R. et al. (1988) HortScience 23: 182-184.
Miller, W. R. et al. (1993) HortScience 28: 144-147.
文部省 (1986) 学術用語集　農学編．日本学術振興会．
文部省 (1990) 学術用語集　植物学編 (増訂版)．丸善．
Moore, J. N. & J. R. Ballington Jr. (1991) Genetic resources of temperate fruit and nut crops 1. International Society for Horticultural Science. Wageningen, Netherlands .
中川昌一 (1982) 果樹園芸原論―開花・結実の生理を中心にして―．養賢堂．
中島二三一 (1996) 北国の小果樹．(社) 北海道農業改良普及協会．
日本育種学会 (編) (1994) 新編育種学用語集．養賢堂．
日本果樹種苗協会 (2001) 特産のくだものブルーベリー．日本果樹種苗協会．
日本気象学会 (編) (2004) 気象科学辞典．東京書籍．
日本香料協会 (編) (2001) 香りの百科．朝倉書店．
日本農業気象学会　新編農業気象用語解説編集委員会編 (1997) 新編農業気象学用語解説集．―生物生産と環境の科学―．日本農業気象学会．
日本作物学会 (編) (2010) 作物学用語事典．農文協．
日本施設園芸協会編 (1995) 野菜・果実・花きの高品質化ハンドブック．養賢堂．
ニッポン緑産 (2017) ブルーベリーの品種．ホームページ．
日本ブルーベリー協会 (2001) ブルーベリー導入五十年のあゆみ．日本ブルーベリー協会．
日本ブルーベリー協会 (2005) ブルーベリー全書　品種・栽培・加工利用．創森社．
農林統計協会 (1993) 改訂農林統計用語事典．農林統計協会．
農林水産省 (2017) ブルーベリー栽培面積・収穫量．ホームページ．
農林水産消費安全技術センター (2014) 農薬登録情報システムホームページ．
North Carolina Blueberry Council and North Carolina State University (2003) Blueberry spray schedule – for control of disease and insects, Proc. 37th annual open house. NCBC and North Carolina State Univ., Cooperative Extension Service. NC.
O'Dell, C. (2017) Advantages to Growing Southern Highbush Blueberries. ホームページ．
岡本　奬 (1999) 新版食品化学用語事典．建帛社．
オーシャン貿易 (2017) ブルーベリーの品種紹介．ホームページ．
大庭理一郎他編著 (2000) アントシアニン―食品の色と健康―．建帛社．
大関ナーセリー (2017) ブルーベリー苗．ホームページ．
Prior, R. (1998) Antioxidant Capacity and Health Benefits of fruit and Vegetables: Blueberries, the Leader of Pack. (私信)
Prior, R. L. (1998) J. Agri. and Food Chemistry 46: 2686-2693.

Pritts, M. P. and J. F. Hancock eds. (1992) Highbush blueberry production guide NRAES Cooperative Extension. NRAES-55.
Quamme, H. A. et al (2972) HortScience 7: 500-502.
Retamales, J. B. and J. F. Hancock (2012) Blueberries. CABI. Cambridg, Fla.
阪上泰輔・工藤　晟 (編) (2009) 一目でわかる果樹の病害虫―第三巻（改定版）―. 日本植物防疫協会.
小学館 (2016) 日本大百科全書（ニッポニカ）電子辞書収録版. CASIO EX – word・XD-G9850.
少学館 (2016) デジタル大辞泉. 電子辞書収録版. CASIO EX – word・XD-G9850.
清水　武 (1990) 原色要素障害診断事典. 農文協.
清水建美 (2003) 図説植物用語集. 八坂書房.
志村　勲他 (1986) 園学雑誌　55: 46-49.
志村　勲 (編著) (1993) 平成 4 年度種苗特性分類調報告書（ブルーベリー）〔平成 4 年度「農林水産省農産園芸局」種苗特性分類調査委託事業〕. 東京農工大学農学部園学教室 : 57.
志村　勲 (1993) 果樹園芸. 全国農業改良普及教会.
Spann, T, M. et al. (2003) HortScience 38: 192-195.
Spann, T.M. et al (2004) J. Amer. Soc. Hort. Sci. 129: 294-298.
Spiers, J. M. (1978) J. Amer. Soc. Hort. Sci. 103: 452-455.
食品総合研究所 (編集) (2001) 食品大百科事典. 朝倉書店.
玉田孝人 (編)・ささめやゆき (絵) (2000) ブルーベリーの絵本. 農文協.
玉田孝人 (2006) ブルーベリー産業の発展方向―地域の特徴を活かしたブランド化の確立に向けて―. 日本ブルーベリー協会「第 12 回全国産地シンポジウム IN 木更津」講演要旨集 (2006 年 8 月 4・5 日、木更津市で開催).
玉田孝人 (2009) ブルーベリー生産の基礎.　養賢堂.
玉田孝人 (2010) ブルーベリーの整枝・剪定―その意義と方法―.　大関ナーセリー　第 3 回ブルーベリー栽培国際セミナー、講演要旨.
玉田孝人 (2014) 基礎からわかるブルーベリー栽培.　誠文堂新光社.
玉田孝人・福田俊 (2015) 図解　よくわかるブルーベリー栽培.　創森社.
テイツ.L /E. ザイガ― (編)・西谷和彦 / 島崎研一郎 (監訳) (2008) テイツ・ザイガー　植物生理 (3 版).　培風館.
津志田藤二郎 (1997) ブルーベリーの生理的な機能性. 食品工業. Vol. 40(16): 34-39.
東京都中央卸売市場 (2012) ブルーベリー市場統計. ホームページ.
天香園 (2017) ブルーベリー. ホームページ.
Trehane, J. (2004)　Royal horticultural society plant collector guide, Blueberries, cranberries and other Vacciniums.　Timber Press. Portland, Or.
梅谷献二・岡田利承 (2003) 日本農業害虫大事典. 全国農村教育協会.
USDA (1995) United states standard for grades of blueberries. Agri.. Marketting Service. Washington, D. C.
USDA・GRIN (2005) USDA – Agricultural Research Service Germplasm Resources

Information Network. http://www.ars-grin.gov.
Vander Kloet, S. P. (1988) The genus Vacciniium in North America. Canadian Government Publishing Center. Ottawa.
渡辺和彦他 (2012) 環境・資源・健康を考えた土と施肥の新知識（全国肥料商連合会）. 農文協.
Williamson, J. and P. M. Lyrene (1995) Commercial blueberry production in Florida. Cooperative Extension Service, SP-179.
Williamson, J. G. and E. P. Miller (2002) HortTechnology 2: 214-216.
山崎耕字他 (編) (2004) 新編農学大事典. 養賢堂.
Young, G. S. (1952) Proc. Amer. Soc. Hort. Sci. 59: 167-172.
Young, M, J and W. B. Sherman (1978) HortScience 13: 278-279.
財務省 (2017) ベリー類輸入量. ホームページ

◇著者の主要著作、調査・研究発表集覧

1．著作

年	タイトル（内容）
2000	・玉田孝人編．ささめやゆき絵（2000）ブルーベリーの絵本．農文協．
2007	・玉田孝人・福田俊（2007）育てて楽しむブルーベリー12か月．創森社．
2008	・玉田孝人（2008）ブルーベリー生産の基礎（初版）．養賢堂．
2009	・玉田孝人（2009）ブルーベリー生産の基礎（改訂2版）．養賢堂．
2011	・玉田孝人・福田俊（2011）ブルーベリーの観察と育て方．創森社．
2014	・玉田孝人（2014）農業と経営　基礎からわかるブルーベリー栽培　安定生産と観光農園経営を成功させる．誠文堂新光社．
2015	・玉田孝人・福田俊（2015）図解よくわかるブルーベリー栽培．創森社．

2．執筆した著書（1）

年	タイトル（内容）
1980	・玉田孝人（1980）ブルーベリー　世界大百科事典フルーレ．Vol.5, 夏の花．講談社．p.198.
1984	・玉田孝人（1984）ブルーベリーの結実，土壌管理，施肥，千葉県のブルーベリー栽培の項．（岩垣・石川編著）ブルーベリーの栽培．誠文堂新光社．
1987	・玉田孝人（1987）千葉県におけるブルーベリー栽培の実態．（日本果樹種苗協会編）特産のくだものブルーベリー．日本果樹種苗協会．
1994	・玉田孝人（1994）ブルーベリー．鉢物栽培技術マニュアル編集委員会編鉢物栽培技術マニュアル．誠文堂新光社．4巻：8－13.
1997	・玉田孝人（1997）ブルーベリーの栽培に関わる多くの章，千葉県におけるブルーベリー栽培の章など．（日本ブルーベリー協会編）ブルーベリー・栽培から加工利用まで．創森社．
1999	・玉田孝人（1999）栽培の基礎　ブルーベリー．果樹の栽培技術体系第1巻．農文協．
2000	・玉田孝人（2000）栽培技術の解説．（千葉県・千葉県農林技術会議）標準技術体系　果樹 No.7 ブルーベリー　栽培標準技術体系．千葉県・千葉県農林技術会議．
2001	・玉田孝人　2001．ブルーベリー栽培の現状と今後の国内生産の振興．（日本特産農産物協会・健康機能性農産物研究会編）大地からの健康学　地域特産と生活習慣病予防．農林統計協会．
	・玉田孝人（2001）概論〔1．来歴と原産，2．栽培の沿革と現況，3．適地の自然条件，4．形態および生態的特性，5．果実の機能性と利用，6．栽培技術，7．ブルーベリー園の経営〕．（日本果樹種苗協会編）特産のくだものブルーベリー．

執筆した著書（2）

年	タイトル（内容）
	日本果樹種苗協会.
	・玉田孝人（2001）世界のブルーベリー、日本へのブルーベリーの導入と生産振興の章, 資料.（日本ブルーベリー協会編）ブルーベリー導入五十年の歩み. 日本ブルーベリー協会.
2002	・玉田孝人（2002）ブルーベリーの特性と分布, 栽培の各種項目.（日本ブルーベリー協会編）ブルーベリー百科Q＆A. 創森社.
2002	・玉田孝人（2002）ブルーベリー.（日本缶詰協会編）缶・びん詰、レトルト食品. 飲料製造講義1（総論編）、第2章果実加工原料. 日本缶詰協会.
2004	・玉田孝人（2004）ブルーベリー.（山崎耕宇他監修）新編農学大事典. 養賢堂.
2005	・玉田孝人（2005）ブルーベリーの分類・形態・品種, 栽培技術に関する章.（日本ブルーベリー協会編）ブルーベリー全書　品種, 栽培, 利用加工. 創森社.
2006	・Tamada,T.(2006) Blueberries in Japan. In N. F. Childers ＆ P. M. Lyrene (eds.) Blueberries for growers, gardeners, promoters.N. F. Childers Hortical publications, Gainesville, FL.
2007	・玉田孝人（2007）日本の野山にあるブルーベリーの仲間.（別冊現代農業）果樹62種　育て方楽しみ方. 農文協.

3．学術雑誌および研究紀要（1）

年	タイトル（内容）
1977	・Tamada,T. & H. Iwagaki (1977) The pollination of rabbiteye blueberry in Tokyo. Acta Hort. 61:335 - 341.
	・Iwagaki, H., T. Tamada, S. Isikawa & H. Koike 1977. The present statues of blueberry work and wild *Vaccinium* species in Japan.Acta Hort. 61: 331-334.
1979	・石川駿二・玉田孝人・岩垣駛夫（1979）ブルーベリーの生産開発に関する研究　ラビットアイブルーベリーの生育、収量に関する調査成績. 東京農工大学農学部農場研究報告　9：39 - 59.
1988	・玉田孝人・篠塚美千代／川島弘（1988）ブルーベリー果実の成長周期および糖度・酸度の季節変化. 千葉県農大校紀要4：1 - 8.
	・Tamada, T. (1988) Blueberry growing in Chiba-ken, Japan. Acta Hort.241：64 - 72.
1989	・Tamada, T. (1989) Nutrient deficiency of rabbiteye and highbush Blueberries. Acta Hort. 241：132 - 138.
1990	・玉田孝人・木原実（1990）花粉親がハイブッシュおよびラビットアイブルーベリーの結実、果実の大きさ並びに種子数に及ぼす影響. 千葉県農大校紀

学術雑誌および研究紀要（2）

年	タイトル（内容）
	要　5：17 - 27.
	・玉田孝人（1990）ブルーベリーの導入から普及まで．シンポジウム　わが国における野生植物の栽培化および新作物の導入にかかわる諸問題（1）．農業および園芸　65（6）：707 - 713.
1990	・玉田孝人（1990）ブルーベリーの導入から普及まで．シンポジウム　わが国における野生植物の栽培化および新作物の導入にかかわる諸問題（2）．農業および園芸　65（7）：
1992	・玉田孝人・石野久美子（1992）ブルーベリー花粉の発芽に好適な培地条件の検討並びに花粉発芽力の品種間差異．千葉県農大校紀要　6：25 - 37.
1993	・Tamada, T. (1993) Some problems and possibility of future on the blueberry industry in Japan. Acta Hort. 346：33 - 402.
	・Tamada, T. (1993) Effects of the nitrogen sources on the growth of rabbiteye blueberry under soil culture. Acta Hort. 346：207 - 213.
1994	・玉田孝人・西川里子・山越祐一・飯田啓一（1994）ブルーベリー葉中無機成分濃度の季節的変化および千葉県内数か所のラビットアイブルーベリー園の葉分析調査．千葉県農大校紀要7：33 - 45.
	・玉田孝人・石神辰巳・越川操・斉藤宏紹・深山知美（1994）ラビットアイブルーベリーの多量要素欠乏．千葉県農大校紀要7：47 - 58.
1995	・Tamada, T. (1995) Blueberry culture and research in Japan. Journal of Small Fruit & Viticulture. Vol. 3：227 - 241.
1997	・Tamada, T. (1997) Variety test of highbush blueberries in China-ken, Japan. Acta Hort. 446：171 - 176.
	・Tamada, T. (1997) Flower-bud differentiation of highbush and rabbiteye blueberries. Acta Hort. 446：349 - 356.
	・Tamada, T.(1997) Effect of manganese, copper, zinc and aluminium application rate on the growth and composition of 'Woodard' rabbiteye blueberry. Acta Hort.446：497 - 506.
	・玉田孝人・大木英樹・野地耕太郎・倉内保・小堀富義（1997）窒素、リン、カリ、カルシウム、マグネシウム、鉄およびマンガンの高濃度処理が、ラビットアイブルーベリー'ティフブルー'の成長ならびに葉中無機成分濃度に及ぼす影響．千葉県農大校紀要8：13 - 26.
2002	・Tamada, T.（2002）Stages of rabbiteye and highbush blueberry fruit development and the associated changes in mineral elements.Acta Hort. 574：129 - 137.
2002	・Tamada,T.(2002) Growth response of 'Woodard' rabbiteye blueberry to high rates of macronutrients. Acta Hort. 574: 355 - 361.
2004	・Tamada, T. (2004) Effects of nitrogen sources on growth and leaf

学術雑誌および研究紀要（3）

年	タイトル（内容）
	nutrientconcentrations of 'Tifblue' rabbiteye blueberry under water culture.Proceedings of the 9th American Blueberry Research and Extension Workers Conference. The Haworth Press. Binghamton, NY. 149 – 158.
2006	・Ozeki, M. and T. Tamada（2006）The potentials of forcing culture of southern highbush blueberry in Japan. Acta Hort. 715: 129 – 137.
	・Tamada, T. (2006) Blueberry production in Japan—Today and in the future.Acta Hort.715：267 – 272.
	・Tamada, T. and M. Ozeki(2006) Variety test of southern highbush blueberry for forcing culture. Proceedings of the 10th North American Blueberry Research & Extension Workers' Conference. June 4 – 8. The University of Georgia, Tifton. Georgia.
2009	・Tamada, T. (2009) Current trends of blueberry culture in Japan. Acta Hort. 810：109 – 116.
2011	・Tamada, T. and M. Ozeki (2011) Evaluation of blueberry types and cultivars for early market production in Japan using unheated plastic house culture. Proceedings of the 11th North American Blueberry Research & Extension Workers' Conference. July 26 – 29,2010. Michigan State University.
2012	・Tamada, T. (2012) A review of sixty years of blueberry production in Japan. 10th International symposium on Vaccinium and other super fruits. June 17 – 21, 2012. MECC Mastrichit, Mastricht, The Netherlands. Abstracts alphabetically ordered.
	・Tamada, T. and M. Ozeki(2012) Cultivar of blueberry types in unheated plastic house culture for adavanced shipping. 10th International symposium on Vaccinium and other super fruits. June 17 – 21, 2012. MECC Mastrichit, Mastricht, The Netherlands. Abstracts alphabetically ordered.

4．学術会議発表

年	タイトル（内容）
1989	・玉田孝人（1989）ブルーベリーの導入から普及まで.日本学術会議農学研究連絡委員会、作物学会及び園芸学会共催シンポジウム「わが国における野生植物の栽培化及び新作物に係る諸問題」中の一つとして. 1989年11月13日. 日本学術会議大会議室において.

5. 日本ブルーベリー協会の設立

年／月	タイトル（内容）
1993／11	・(株) R&D ジャパン社長・戸田舜和氏，同氏夫人戸田幸子氏と玉田孝人（当時千葉県農業大学校）が，R&D ジャパン会議室（東京都港区海岸1－6－1，イトーピア浜離宮 1104 号）で会談し，「日本ブルーベリー協会 (仮称)」の設立について合意．
1993／12	・新メンバーに，スター食品工業 (株) 常務取締役の堀井敬一氏に加わっていただく．以降，関係方面に働きかけ，設立準備活動を行う．
1994／2	・日本ブルーベリー協会設立準備委員会を立ち上げる．賛同者確保のために，関係方面に働きかける．
1994／8	・「日本ブルーベリー協会」設立総会．会長に，鹿児島大学名誉教授の伊藤三郎先生を選出．会員数約 120 名．事務局長・戸田舜和氏．事務局は，R＆D ジャパン内に置く．
1994／9	・以降，日本におけるブルーベリー産業の発展に係る各種活動を積極的に進める．

6. 農業専門雑誌「農業および園芸」（養賢堂）連載記事（1）

年	タイトル（内容）
1996	・玉田孝人（1996）ブルーベリー生産の基礎 (1) 概説．71：825 － 829． (2) ～ (5) 形態．71：932 － 936，1031 － 1036，1127 － 1131，1239 － 1244． (6) 種類・品種と特性．71：1337 － 1340．
1997	・玉田孝人（1997）ブルーベリー生産の基礎 (7) ～ (8) 種類・品種と特性．72：62 － 68，325 － 330． (9) ～ (10) 立地条件．72：422 － 426，529 － 534． (11) 苗木の養成．72：628 － 634 (12) 開園・植え付け．72：728 － 734． (13) ～ (14) 土壌管理、雑草防除および灌水．72：827 － 833，928 － 934． (15) ～ (18) 栄養特性．72：1032 － 1034，1141 － 1146，1239 － 1243，1329 － 1334．
1998	・玉田孝人（1998）ブルーベリー生産の基礎 (19) ～ (20) 花芽分化・受粉および結実．73：78 － 84，315 － 320． (21) ～ (23) 果実の発育および成熟．73：423 － 430，507 － 514,623 － 629． (24) ～ (26) 果実の品質、収穫および収穫後の取り扱い．73：708 － 714，835 － 849，931 － 936．

専門雑誌「農業および園芸」(養賢堂) 連載記事 (2)

年	タイトル (内容)
	(27) ～ (30) 病害虫防除および鳥害防止. 　　73：1038 – 1044, 1127 – 1132, 1231 – 1236, 1322 – 1326.
1999	・玉田孝人 (1999) ブルーベリー生産の基礎 (31) ～ (32) 整枝・せん定. 74：66 – 73, 310 – 315. (33) ～ (34) ブルーベリー園の経営. 74：419 – 426, 523 – 529. (35) 果実の成分と機能性. 74：616 – 622. (36) ～ (37) 世界のブルーベリー栽培事情. 74：706 – 712, 829 – 835.
農業 2003	・玉田孝人 (2003) ブルーベリー栽培に挑戦―サザンハイブッシュブルーベリーの栽培指針 （1）概説. 78：419 – 425. （2）～（3）品種. 78：505 – 513, 616 – 621. （4）立地条件－気象・土壌条件. 78：710 – 717. （5）開園準備、植え付けおよびその後の管理. 78：820 – 826. （6）土壌管理、灌水、栄養特性および施肥. 78：916 – 925. （7）花芽分化、開花および受粉. 78：1020 – 1030. （8）果実の発育および成熟、結実管理. 78：1123-1133. （9）～(10) 果実の収穫および収穫後の取り扱い、出荷. 78：1218 – 1222, 1311 – 1315.
2004	・玉田孝人 (2004) ブルーベリー栽培に挑戦―サザンハイブッシュブルーベリーの栽培指針 (11) 果実の品質、成分および機能性. 79：62 – 72. (12) 整枝・剪定. 79：293 – 300. (13) ～ (14) 病害、虫害、鳥獣害および自然災害. 79：398 – 404、499 – 508. ・玉田孝人 (2004) ブルーベリー栽培に挑戦　―ブルーベリーの品種特性 （1）概説. 79：606 – 614. （2）～（4）ノーザンハイブッシュブルーベリーの品種とその特性 　　79：703 – 712, 815 – 820, 925 – 932. （5）ハーフハイハイブッシュブルーベリーの品種とその特性. 79：1018 – 1024.
2004	・玉田孝人 (2004) ブルーベリー栽培に挑戦　―ブルーベリーの品種特性 （6）～（8）ラビットアイブルーベリーの品種とその特性. 　　79：1181 – 1130, 1222 – 1224, 1304 – 1310.

7. 千葉県・千葉県農林技術会議主催の試験研究成果発表会

年	タイトル（内容）
1987	・玉田孝人（1987）千葉県におけるブルーベリー栽培の実態．昭和61年度果樹部門試験研究成果発表会資料―新しい農業技術―．
1991	・玉田孝人（1991）ブルーベリーの養分欠乏．平成2年度果樹部門試験研究成果発表会資料―新しい農業技術―．
1993	・玉田孝人（1993）ブルーベリーの養分過剰．平成4年度果樹部門試験研究成果発表会資料―新しい農業技術―．
1995	・玉田孝人（1995）ブルーベリーの品種特性．平成6年度果樹部門試験研究成果発表会資料―新しい農業技術―．
1999	・玉田孝人（1999）ブルーベリー園の経営形態と品種選定．平成10年度果樹部門試験研究成果発表会資料―新しい農業技術―．
2000	・玉田孝人（2000）南房総地域におけるブルーベリー栽培の将来性．平成11年度果樹部門試験研究成果発表会資料―新しい農業技術―．

8．農業・園芸雑誌掲載記事（1）

年	タイトル（内容）
1975	・玉田孝人（1975）米国におけるブルーベリー栽培と利用．農業および園芸 50：47－52． ・玉田孝人（1975）アメリカのブルーベリー生産．農耕と園芸 1975年4月号：51－53． ・玉田孝人（1975）花木・実物の鉢仕立て　クロマメノキ．農耕と園芸 1975年5月号：177－179．
1976	・岩垣駛夫・玉田孝人・島村速雄（1976）国際園芸学会　ブルーベリー栽培研究シンポジウム報告．農業および園芸 51（12）：128．
1989	・玉田孝人（1989）世界のブルーベリーとクランベリー栽培事情（1，2）―第4回スノキ属植物栽培国際シンポジウムに参加して―農業および園芸 64：271－276，387－391．
1992	・玉田孝人（1992）大果でおいしいブルーベリー生産の課題．果実日本 1992年5月号：58－61．
1993	・玉田孝人（1993）米国ミシシッピー州におけるラビットアイブルーベリー栽培事情．農業および園芸 68：30－35． ・玉田孝人（1993）第5回スノキ属植物国際シンポジウムに参加して―ブルーベリーおよびクランベリー等―．農業および園芸 68：983－989．
1994	・玉田孝人（1994）米国フロリダ州におけるブルーベリー栽培の特徴（1）南部ハイブッシュブルーベリーの品種．農業および園芸　69：447－451． ・玉田孝人（1994）米国フロリダ州におけるブルーベリー栽培の特徴（2）

農業・園芸雑誌掲載記事（2）

年	タイトル（内容）
	特徴的な栽培管理法．農業および園芸　69：554 - 558．
	・玉田孝人（1994）米国メイン州におけるローブッシュブルーベリーの生産．農業および園芸　69：1173 - 1177．
1995～1997	・玉田孝人(1995～1997)　ブルーベリーの栽培から消費まで．果実日本連載記事中の栽培に関する章．果実日本　1995年4月号～1997年3月号まで．
1997	・玉田孝人(1997)　ブルーベリーについて，―果樹の特徴，果実の保健成分―．（特集：ブルーベリーの機能性とその利用加工）．食品工業　40(16)：25 - 33．
1998	・玉田孝人（1998）関東以西におけるブルーベリー栽培の特徴と課題．農耕と園芸　1998年4月号：148 - 150．
	・玉田孝人（1998）いかにして，おいしいブルーベリーを消費者に届けるか（1）．果実日本　1998年7月号：51 - 53．
	・玉田孝人（1998）いかにして，おいしいブルーベリーを消費者に届けるか（2）．果実日本　1998年8月号：18 - 22．
2000	・玉田孝人(2000)　ブルーベリーの機能性研究．いま，何故ブルーベリーか　特徴的な保健成分と優れた機能性．食品工業　43(2)：16 - 27．
	・玉田孝人(2000)　当面の話題・いま，どうしてブルーベリーか―果実消費と生産が拡大している理由―．農業および園芸 75：333 - 334．
	・玉田孝人（2000）どの品種？どう売る？長く確実に売るためのブルーベリー経営　まずは知っておきたい，ブルーベリー栽培の基本の基本．現代農業　2000年10月号：266 - 269．
	・玉田孝人（2000）長く確実に売るためのブルーベリー経営，（2）市場出荷か直売かで変わる品種の選びかた．現代農業　2000年11月号：288 - 291．
	・玉田孝人（2000）長く確実に売るためのブルーベリー経営，(3) 注目の有望品種．現代農業：2000年12月号：272 - 275．
2002	・玉田孝人（2002）ブルーベリーの眼に対する健康効果（特集食と眼の健康）．Food style　2002年2月号：55 - 59．
	・玉田孝人(2002)　世界におけるブルーベリーに関する最新の研究　―第26回国際園芸学会議に出席して―．農業および園芸　77：1288 - 1294．
2003	・玉田孝人（2003）ブルーベリーに関する最新の研究　―第9回北米ブルーベリー研究者および普及関係者会議に出席して―．農業および園芸　78：12 - 18．
2004	・玉田孝人・竹内鐸也（2004）ブルーベリーおよびビルベリーの優れた機能性（特集 Eye Care 情報）．Food style 21：53 - 60．
2005	・玉田孝人（2005）ブルーベリー産業の現状と将来《特集ブルーベリー産業を展望する）．果実日本　2005年6月号：18 - 22．
2008	・玉田孝人（2008）日本におけるブルーベリー生産の特徴と課題（果樹特集ベリー類の生産技術）．農耕と園芸　2008年6月号：26 - 29

農業・園芸雑誌掲載記事（3）

年	タイトル（内容）
	・玉田孝人（2008）ブルーベリーの有望品種とその特性（果樹特集　ベリー類の生産技術）．農耕と園芸　2008年6月号：30 - 33．
2009	・玉田孝人（2009）ジョージア大学のブルーベリー育種プログラムと新品種．農業および園芸　84：501 - 507．
	・玉田孝人（2009）ノースカロライナ州立大学のブルーベリー育種プログラムと新品種．農業および園芸 84：803 - 810．
	・玉田孝人（2009）アメリカ農務省のブルーベリー育種プログラムと品種．農業および園芸　84：1073 - 1083．
2010	・玉田孝人（2010）ブルーベリー生産に挑戦　私のこだわり栽培，いまどうして「こだわり栽培」か．農耕と園芸 2010年5月号：135 - 138．
	・玉田孝人（2010）ブルーベリーの新品種． 農耕と園芸　2010年6月号：19 - 24．
	・玉田孝人（2010）サドコーチャン南部園芸研究所のブルーベリー育種プログラムと品種．農業および園芸　85：997 - 1003．
2011	・玉田孝人（2011）ブルーベリー生産に挑戦　私のこだわり栽培・観光園経営にあたって検討したい諸条件〜アメリカの例から〜．農耕と園芸　2011年3月号：141 - 143．
	・玉田孝人（2011）ブルーベリー生産に挑戦　私のこだわり栽培・おいしいブルーベリーを早期出荷するためのハウス栽培（一例）．農耕と園芸　2011年4月号：38 - 42．
	・玉田孝人（2011）ブルーベリー生産に挑戦　私のこだわり栽培・こだわり栽培の原点—良品　質のブルーベリー生産と品質保持について．農耕と園芸　2011年6月号：143 - 148．
	・玉田孝人（2011）世界のブルーベリー事情．最新のチリのブルーベリー生産事情．農耕と園芸　2011年11月号：95 - 97．
	・玉田孝人（2011）ブルーベリー生産に挑戦　私のこだわり栽培・ブルーベリー園経営：経営の目標、特徴、開園準備の作業と費用などについて．農耕と園芸　2011年12月号：143 -　146．
2012	・玉田孝人（2012）ブルーベリー生産に挑戦：私のこだわり栽培・成木園の作業と費用．農耕と園芸　2012年2月号：45 - 49．
	・玉田孝人（2012）ブルーベリー生産に挑戦：私のこだわり栽培・作業暦作成の提案：良品質のブルーベリーは"適期管理"によって生産される．農耕と園芸　2012年4月号：47 - 50．
	・玉田孝人（2012）ブルーベリー生産に挑戦：私のこだわり栽培（25）無加温のハウス栽培でもおいしいブルーベリーを早期出荷できる．農耕と園芸　2012年5月号：108 - 111．

農業・園芸雑誌掲載記事（4）

年	タイトル（内容）
	・玉田孝人（2012）私のこだわり栽培から見えた日本のブルーベリー生産の強さ（ブルーベリー生産に挑戦：私のこだわり栽培（最終拡大版））．農耕と園芸　2012年6月号：56 - 59．
	・玉田孝人（2012）世界のブルーベリー事情　最新のアメリカのブルーベリー生産事情（1）．農耕と園芸　2012年9月号：124 - 128．
	・玉田孝人（2012）世界のブルーベリー事情　最新のアメリカのブルーベリー生産事情（2）．農耕と園芸　2012年10月号：94 - 99．
2013	・玉田孝人（2013）世界のブルーベリー事情　日本のブルーベリー生産の現状と課題．農耕と園芸　2013年1月号：120 - 123．
	・玉田孝人（2013）世界のブルーベリー事情　ヨーロッパの主要なブルーベリー生産国の事情（1）．農耕と園芸　2013年5月号：94 - 97．
	・玉田孝人（2013）世界のブルーベリー事情　ヨーロッパの主要なブルーベリー生産国の事情（2）．農耕と園芸　2013年6月号：108 - 112．
2014	・玉田孝人（2014）世界のブルーベリー事情　中国のブルーベリー生産事情（1）農耕と園芸　2014年4月号：28 - 33．
	・玉田孝人（2014）世界のブルーベリー事情　中国のブルーベリー生産事情（2）農耕と園芸　2014年5月号：82 - 85．
	・玉田孝人（2014）世界のブルーベリー事情　オーストラリア、ニュージーランドのブルーベリー生産事情．農耕と園芸　2014年6月号：62 - 65．

9．翻訳

年	タイトル（内容）
1998	・玉田孝人（1998）ブルーベリーの健康機能性．Kalt, W. & D. Dufour（1997）「Health functionality of blueberries」の日本語訳．食品工業　Vol. 40（20）：62 - 71．
2006	・玉田孝人・古川真紀（2006）栽培ブルーベリーの機能性（特集ブルーベリーの機能性―最新の研究動向）．Mainland, C. M.（2006）「Functionality of cultivated blueberries」の日本　語訳．食品工業　Vol. 49（2）：43 - 49．

◇主要品種一覧

◆ノーザンハイブシュ

あまつぶ星 Amatsubu-Boshi…88
アーリーブルー Earliblue…88～89
ウェイマウス Weymouth…89
エチョータ Echota…89
エリオット Elliot…89
エリザベス Elizabeth…89～90
おおつぶ星 Ohtsubu-Boshi…90
オーロラ Aurora…116
カラズチョイス Cara's Choice…90
クロートン Croaton…90
コビル Coville…90
コリンス Collins…91
サンライズ Sunrise…91
シエラ Sierra…91
ジャージー Jersey…91
スイートハート Sweet heart…116
スタンレイ Stanley…91
スパータン（スパルタン） Spartan…92
ダロー Darrow…92
チャンティクリァー Chanticleer…92
チャンドラー Chandler…92
デューク Duke…92～93
デキシー Dixi…93
ドレイパー Draper…116～117
トロ Toro…93
ヌイ Nui…93
ネルソン Nelson…93～94
バークレイ Berkelay…94
パトリオット Patriot…94
ハーバート Herbert…94
はやばや星 Hayabaya-Boshi…94
ハリソン Harrison…95
バーリントン Burlington…95
ハンナズチョイス Hannah's Choice…95
ヒューロン Huron…117
ブリジッタブルー（ブリジッタ）
　Brigitta Blue…95
プル Puru…95
ブルークロップ Bluecrop…95～96
ブルーゴールド Bluegold…96
ブルージェイ Bluejay…96
ブルータ Bluetta…97
ブルーチップ Bluechip…97
ブルーヘブン Bluehaven…97
ブルーレイ Blueray…97
ペンダー Pender…97～98
ミーダー Meader…98
ランコカス Rancocas…98
リバティ Liberty…117
ルーベル Rubel…98
レイトブルー Lateblue…98
レカ Reka…98～99
レガシー Legacy…99

◆サザンハイブッシュ

アーレン Arlen…99
ウィンザー Windsor…99～100
エイボンブルー Avonblue…99～100
エメラルド Emerald…100
オザークブルー Ozarkblue…100
オニール O'Neal…100～101
オーピーアイ OPI…117
ガップトン Gupton…117
カートレット Carteret…117
ガルフコースト Gulfcoast…101
クーパー Cooper…101
クレイベン Craven…101
ケストレル Kestrel…117
ケープフェアー Cape Fear…101
サウスムーン South moon…101～102
サザンスプレンダー Southern
　Splendour…117
サザンベル Southern Belle…102
サファイア Sapphire…102
サミット Summit…102
サンタフェ Santa Fe…102
サンプソン Sumpson…102

主要品種一覧

シャープブルー　Sharpblue…102～103
ジュウェル　Jewel…103
ジョージアジェム　Georgiagem…103
スージーブルー　Suziblue…117
スター　Star…103
スノーチェーサー　Snowchaser…117
スプリングハイ　Springhigh…117
スプリングワイド　Springwide…117
セブリング　Sebring…103～104
ダップリン　Dupllin…104
デキシーブルー　Dixiblue…117～118
トワイライト　Twilight…118
ニューハノバー　New Hanover…104
ノーマン　Norman…118
パルメット　Palmetto…118
パールリバー　Pearl River…104
ビューフォート　Beaufort…118
ファーシング　Farthing…118
フリッカー　Flicker…118
プリマドンナ　Primadonna…118
ブルークリスプ　Bluecrisp…104～105
ブルーリッジ　Blue Ridge…105
フローダブルー　Flordablue…105
マグノリア　Magnolia…105
ミスティ　Misty…105～106
ミレニア　Millennia…106
メドーラーク　Meadowlark…118
ユーリカ　Eureka…119
リベイル　Reveille…106

◆ハーフハイハイブッシュ

チッペワ　Chippewa…106～107
トップハット　Tophat…107
ノースカントリー　Northcountry…107
ノーススカイ　Northsky…107
ノースブルー　Northblue…107～108
ノースランド　Northland…108
フレンドシップ　Frendship…108
ポラリス　Polaris…108

◆ラビットアイ

アイラ　Ira…109
アラパファ　Alapaha…109
アリスブルー　Aliceblue…109
ウィトー　Whitu…109～110
ウッダード　Woodard…110
オクラッカニー　Ochlockonee…110
オースチン　Austin…110
オノ　Ono…110
オンズロー　Onslow…110～111
キャラウェイ　Callaway…111
クライマックス　Climax…111
コースタル　Coastal…111
コロンバス　Columbus…111
セイボリー　Savory…118
センチュリオン　Centurion…111～112
タイタン（ティターン）Titan…118～119
タカヘ　Takahe…112
ディソット　Desoto…119
ティフブルー　Tifblue…112
デライト　Dellite…112
パウダーブルー　Powderblue…112～113
ブライトウェル　Brightwell…113
ブライトブルー　Brightblue…113
プリマイアー（プリミア）Premier…113
ブルージェム　Bluegem…113～114
ブルーベル　Bluebelle…114
ベッキーブルー　Beckyblue…114
ボニータ　Bonita…114
ホームベル　Homebell…114～115
ボールドウィン　Baldwin…115
マル　Maru…115
メンディトー　Menditoo…115
モンゴメリー　Montgomery…115
ヤドキン　Yadkin…115～116
ラヒ　Rahi…116

◇学名・英字一覧

――――― 学　名 ―――――

Cyanococcus シアノコカス節…11, 12
　表1－1…13
Myrtillus ミルティルス節…12
　表1－1…13
Oxycoccus オキソコカス節…12
　表1－1…13
Vaccinium バクシニウム節…12
　表1－1…13
V. angustifolium Aiton
　Lowbush blueberry　ローブッシュブルーベリー…12, 16
　表1－2…14
V. bracteatum Thumb.　シャシャンボ
　…18
V. corymbosum L.
　Northern highbush blueberry ノーザンハイブッシュブルーベリー…12
　Southern highbush blueberry サザンハイブッシュブルーベリー…12
　Half－high highbush blueberry　ハーフハイハイブッシュブルーベリー…12
　表1－2…14
V. darrowi Camp
　Eevergreen blueberry　エバーグリーンブルーベリー…16
　表1－2…15
V. myrtilloides Michx.
　Lowbush blueberry　ローブッシュブルーベリー…16
　表1－2…15
V. oldhamii Miq.　ナツハゼ…18
V. uliginosum L. クロマメノキ…18
V. vitis-idaea ビテス－イデア節…12
　表1－1…13
V. vitis-idaea L.　コケモモ…18
V. virgatum Aiton (*V. ashei* Reade)
　Rabbiteye blueberry ラビットアイブルーベリー…12
　表1－2…15

――――― 英　名 ―――――

ADP（adenosine diphosphate）アデノシン二リン酸…57
AEC（anion exchange capacity）陰イオン交換容量…75
Al（aluminium）アルミニウム
　土壌養分の有効性…79
ATP（adenosine triphosphate）アデノシン三リン酸…57
B（boron）ボロン、硼素
　土壌養分の有効性…79
　必須元素…158
C（carbon）炭素
　必須元素…158
Ca（calcium）カルシウム
　土壌養分の有効性…79
　必須元素…158
Ca（カルシウム）過剰症 calcium（Ca） excess symptom…166
Ca（カルシウム）欠乏症 calcium(Ca) deficiency symptom…166
CA貯蔵 CA storage, controlled atmosphere storage…267
CEC（cation exchange capacity）陽イオン交換容量…74
C－N（carbon‐nitrogen relation）炭素と窒素の関係…170
C－N（carbon‐nitrogen ratio）炭素と窒素の比率…170
Co（cobalt）コバルト
　土壌養分の有効性…79
CO_2飽和点　二酸化炭素飽和点…64
Cu（copper）銅
　土壌養分の有効性…79
　必須元素…158
DNA（deoxyribonucleic acid）デオキシリボ核酸…214
EIL（economic injury level）経済的被害許容水準…227
Fe（ラテン語で ferrum）iron、鉄
　土壌養分の有効性…79
　必須元素…158

348

学名・英字一覧

Fe（鉄）過剰症　iron（Fe）excess symptom
　…167
Fe（鉄）欠乏症　iron（Fe）deficiency symptom
　…167
H（hydrogen）水素
　必須元素…158
High-chill（northern）highbush blueberry
　Northern highbush blueberry　ノーザンハイブッシュブルーベリー…20
IB化成肥料　IB compound fertilizer
　…160, 250
IPM（integrated pest management）総合的有害生物管理、アイピーエム…227
IQF（individually quick frozen）急速バラ凍結、アイキュウエフ…190
K（ラテン語で $kali$）potassium　カリウム
　土壌養分の有効性…79
　必須元素…158
K（カリウム）過剰症　potassium（K）excess symptom…166
K（カリウム）欠乏症　potassium（K）deficiency symptom…166
K（カリ）肥料…264
Low-chill（southern）highbush blueberry
　Southern highbush blueberry　サザンハイブッシュブルーベリ…21
Mg（magnesium）マグネシウム
　土壌養分の有効性…79
　必須元素…158
Mg（マグネシウム）過剰症　magnesium（Mg）excess symptom…166
Mg（マグネシウム）欠乏症　magnesium（Mg）deficiency symptom…166〜167
Mn（manganese）マンガン…45
　果実の栄養成分（表1-3）…44
　土壌養分の有効性…79
　必須元素…158
Mn（マンガン）過剰症　manganese（Mn）excess symptom…168
Mn（マンガン）欠乏症　manganese（Mn）deficiency symptom…168
Mo（molybdenum）モリブデン
　土壌養分の有効性…79
　必須元素…158
N（nitrogen）窒素
　土壌養分の有効性…79
　必須元素…158
N（窒素）肥料…160, 264
N（窒素）過剰症　nitrogen（N）excess symptom…165〜166
N（窒素）欠乏症　nitrogen（N）deficiency symptom…166
NH_4-N（ammonium nitrogen）アンモニア態窒素…78, 155
NO_3-N（nitrate nitrogen）硝酸態窒素…155
O（oxygen）酸素（必須元素）…158
P（phosphorus）リン
　土壌養分の有効性…79
　必須元素…158
P（リン）過剰症　phosphorus（P）excess symptom…166
P（リン）欠乏症　phosphorus（P）deficiency symptom…166
pF　potential of free energy　ピーエフ、土壌水分張力…149
RNA（ribonucleic acid）リボ核酸…214
S（sulfur, sulpher）硫黄
　土壌養分の有効性…79
　必須元素…158
S字型成長曲線　sigmoid（al）growth curve
　…178
USDA　United States Department of Agriculture　アメリカ（米国）農務省
　…88, 279
USDAのブルーベリーの育種研究機関
　…313〜314
USDAの設置…279
USDAにおける研究〔品種改良〕…279〜281
　ホワイト女史の協力…280
　1920年、宿願の栽培種の誕生…280〜281
VA菌根菌　VA mycorrhizal fungus
　（$pl.$ fungi）…80
Zn（zinc）亜鉛
　果実の栄養成分（表1-3）…44, 45
　土壌養分の有効性…79
　必須元素…158

◇索引＝用語・事項（五十音順）

― あ ―

亜鉛（果実の栄養成分）Zinc, Zn…45
　表1-3…44
アーカンソー州（米国）…300
秋（9〜11月）〔樹の成長周期〕autumn season, fall season…126
秋植え fall planting…137, 309
秋枝（三次伸長枝）fall shoot（third flush of growth）…30〜31, 195
アジア・オセアニア地域…298
アジア・中国における栽培…306
亜硝酸酸化細菌（硝酸菌）…78
アダムス〔品種〕Adams…280
アデノシン三リン酸 adenosine triphosphate, ATP…57
アデノシン二リン酸 adenosin diphospahate, ADP…57
アブシジン酸 abscisic acid…171
アブラムシ aphides…250
アフリカ南部地域…298
アフリカ南部地帯における栽培…304
アフリカ北部地域…298
アフリカ北部地帯における栽培…304
あまつぶ星〔品種〕Amatsubu-Boshi…88
雨除け栽培 cultivation under a rain shelter, rain protected culture…247
雨　rain…204〜205
　小雨…204
　弱い雨…204
　並の雨…205
　やや強い雨…205
　激しい雨…205
　非常に激しい雨…205
　猛烈な雨…205
アメリカ〔国〕…290, 295, 297, 298, 301
　西部地帯…300
　西部太平洋沿岸地帯（諸州）…308
　中西部地帯…300
　南東部諸州…308
　南部地帯…300
　北東部地帯…300
アメリカシロヒトリ（害虫）fall webworm…223
アメリカにおける栽培…299〜301
　品種改良の始まりから1940年代まで…299
　1950年〜1960年代…299
　1970年〜1980年代…299〜300
　1990年代…300
　2000年代…300
　州別の栽培面積…300
　地帯別栽培面積…300
　日本との関係…301
アメリカにおけるブルーベリーの育種目標
　望ましい果実の形質…317〜318
　望ましい樹の形質…315〜317
アメリカ・ノースカロライナ州東部のノーザンハイブッシュブルーベリー栽培地帯の土壌調査結果（表4-4）…165
アメリカ（米国）農務省（USDA）のブルーベリーの育種研究機関
　農業研究サービス、園芸作物研究所 USDA-ARS-HCRL…314
　農業研究サービス、キャツワース USDA-ARS, Chatsworth…314
　農業研究サービス、ベルツビル USDA-ARS, Beltsville…313
　農業研究サービス、ポプラビル USDA-ARS, Poplarville…314
アメリカのブルーベリー育種研究機関…313〜315
　USDAの研究機関…313〜314
　州立大学の取り組み…314〜315
アメリカはブルーベリー育種研究のリーダー…318〜319
あられ（霰）snow pellets, ice pellets…211
アリスブルー〔品種〕Aliceblue…109, 200
アーリーブルー〔品種〕Earliblue…27, 55, 88〜89, 240, 248
アルゼンチン〔国〕…295, 297, 301
アルタナリアフルーツロット（果実腐敗病）alternaria fruit rot…217〜218
アルタナリアリーフスポット（斑点落葉病）alternaria leaf spot…217〜218
暗渠 underdrain…132
暗渠排水 underdrainage…132
　無材料暗渠（弾丸暗渠）…132
　管（完全）暗渠…132
　簡易暗渠…132
暗呼吸　dark respiration…57〜58
アンゴラ〔国〕…298, 304

索引＝用語・事項

アンスラクノーズフルーツロット（果実腐敗病）
    anthracnose fruit rot…218～219
アントシアニジン anthocyanidin…262
アントシアニン anthocyanin…262
アントシアニン色素…262
アントシアニンの変化〔果実の〕…183～184
アントシアン anthocyan…262
アンモニア過剰障害…157
アンモニア系（N肥料）…160
アンモニア酸化細菌（亜硝酸菌）…78
アンモニア態窒素 ammonium nitrogen,
    NH₄-N…79, 155

——————— ———————

硫黄細菌 sulfur bacteria…134
イギリス〔国〕…302, 303
育種 breeding…320
育種目標 breeding objective…321
育成品種 purebred variety…82～83
易耕性（土壌の役割）tilth…66
移行地帯（栽培の）transition zone…59
易効性有効水…147, 149
維持呼吸 maintenance respiration…58
異常気象 unusual weather…205～206
イスラエル〔国〕…298, 304
イタリア〔国〕…302, 303, 308
一次伸長枝（春枝）first flush of growth,
    (spring shoot)…30, 195
一次病徴 primary symptom…215
一年生雑草 annual weed…142
一年生枝（前年枝）one-year-old shoot…31, 195
一挙更新〔剪定〕complete hedge…203
遺伝的変異 genetic variation…321
伊藤国治〔人名〕…286
伊藤三郎〔人名〕…287
イノシシ〔獣害〕wild boar…235～236
忌地 sick soil, soil sickness…294
イラガ〔虫害〕oriental moth…225
イラガ類〔虫害〕Cochild moths…225
岩垣駛夫〔人名〕…285
陰イオン anion…75
陰イオン交換容量 anion exchange capacity, AEC
    …75
陰芽（潜芽）latent bud…28
インディアナ州〔米国〕…299, 300

インド〔国〕…298, 306
インドネシア〔国〕…298, 306
陰葉 shade leaf…33～34

——————— ———————

ウイルス virus…214
ウイルス病 virus disease…219
ウイルス病の主な外部病徴…215～216
植え穴 planting hole…137
ウェイマウス〔品種〕Weymouth…89, 172, 281
植え替え時期〔鉢栽培〕…241
植え替えの一例
    施設栽培…250～251
    鉢栽培…241～242
植え付け planting…136, 294
植え付け方の一例…137
植え付け間隔（植え付け距離）plant spacing,
    planting distance…136～137
    世界の栽培管理様式…309～310
植え付け後3年目以降の管理〔幼木期の管理〕
    …139
植え付け時期 planting time…137
    世界の栽培管理様式…309
ウォカー〔品種〕Walker…281
ウォルコット〔品種〕Wolcott…257
    表4－5…183
雨季 rainy season, wet season…60
ウクライナ〔国〕…303
ウッダード〔人名〕O. Woodard…281
ウッダード〔品種〕Woodard…110, 282, 285
畝 planting row, ridge…136
    世界の栽培管理様式…309
ウルグアイ〔国〕…298, 301, 308
運動エネルギー kinetic energy…154

——————— え ———————

永久しおれ（萎凋）点 permanent wilting point
    …149
栄養器官〔挿し木〕vegetative organ…270
栄養系（クローン）clone, clonal line (strain)
    …270
栄養元素の利用度と土壌pHとの関係
    図2－3…78
栄養診断 nutritional diagnosis, diagnosis

351

of nutrient condition…163
栄養成長 vegetative growth…170
栄養生理障害 nutritional disorder…165
栄養体（系）選抜 clonal selection…320
栄養特性〔樹の〕…155～158
　　好アンモニア性植物…155～156
　　好酸性植物…155
　　葉中無機成分濃度が低い…157～158
栄養繁殖 vegetative propagation…269～270
永年（多年）生雑草 perennial weed…142～143
液果（しょう果）　berry, sap fruit…38
腋芽（側芽）axillary bud (lateral bud)…28
液相 liquid phase…69
液相率（水分率）water ratio…68
液肥灌水（灌漑）fertigation…161
　　世界の栽培管理様式…310
S字型成長曲線（果実の）sigmoid (al) growth curve…178
エジプト〔国〕…298, 304
エセル〔品種〕Ethel…281
枝 branch, shoot…29
枝挿し stem cutting…270
枝接ぎ〔コラム〕scion grafting…275
枝の種類〔整枝・剪定〕…193～195
　　1年生枝（前年枝）…195
　　旧枝…195
　　結果枝…193
　　主軸枝…194
　　新梢（当年生枝、当年枝、今年枝）…195
　　徒長枝…194
　　吸枝（サッカー）…194
　　発育枝…194
越冬芽 winter bud…28
エメラルド〔品種〕Emerald…100, 248, 258, 308, 309
エリオット〔品種〕Elliot…89, 263, 267, 307, 308
園芸用施設　horticultural facility…245
園地で応用しやすい灌水量の基準…151

追い払い法〔鳥害〕…235
オウトウショウジョウバエ〔虫害〕cherry drosophila…226～227
おおつぶ星〔品種〕Ohtsubu-Boshi…83, 90
オオミノガ〔虫害〕giant bagworm…224

おがくず sawdust…141
オーキシン auxin, IAA…171, 180
オキソコカス *Oxycoccus* 節…12
　　表1-1…13
オザークブルー〔品種〕Ozarkblue…100, 267
雄蕊（雄ずい、おしべ）stamen…37
オーストラリア〔国〕…161, 305, 308, 309
　　サウスオーストラリア州…305
　　タスマニア州…305
　　南部地帯…308
　　ニューサウスウェルズ州…305, 308
　　ビクトリア州…305
オーストリア〔国〕…303
オセアニアにおける栽培…305～306
　　発展の背景…305
　　栽培状況と地帯…305
　　日本との関係…306
オニール〔品種〕O'Neal…100～101, 168, 258, 309
オランダ〔国〕…302, 303, 308
オーリオバスデウム菌 aureobasidiume…266
オレゴン州（米国）…299, 300
オーロラ〔品種〕Aurora…116, 308
温室 greenhouse…246
温室栽培 greenhouse culture…246
温帯 temperate zone…17
　　中部温帯…17
　　南部温帯…17
　　北部温帯…17
温帯果樹 temperate fruit tree…16～17
　　中部温帯果樹…17
　　南部温帯果樹…17
　　北部温帯果樹…17
温度〔施設栽培〕temperature…247
温度管理〔施設栽培〕temperature control…249
　　加温開始…249
　　開花期間中の温度…249
　　果実の成熟期間中の温度…249
温度ストレス…154
温度の高低による災害…206～208

科〔分類〕family…11
開園 establishment of orchard…129
開園準備…121, 129
開花 flowering, flower opening, bloom,

索引＝用語・事項

blooming, anthesis…172
開花期 flowering time（period, season）…172
　　20%開花期…172
　　50%開花期…172
　　80%開花期…172
開花期が早まる〔施設栽培〕…252
開花期間中の温度〔施設栽培〕…249
開花期の平均気温…172
開花の早晩と開花期間…172
開花始め〔施設栽培〕…250
カイガラムシ類〔害虫〕scales…225～226
階級区分 sizing…191～192
　　極大 extra large…192
　　大 large…192
　　中 medium…192
　　小 small…192
改植 replanting…269, 294
害虫 insect pest, pest insect…221
害虫の分類…222
開張性〔樹姿〕spreading…27
外部病徴 external symptom…215
海綿状組織 spongy tissue…33
加温 heating…246
加温開始〔施設栽培〕…249
加温栽培 heated culture…246～247
加温栽培におけるサザンハイブッシュ6品種の開花日、収穫期、果実の成長期間、収量および果実品質パラメーター（表4－6）…251
夏芽（かが）summer bud…28
花芽（かが）flower bud…29, 138
化学的ストレス〔コラム〕chemical stress…154
化学的防除 chemical（pest）control
　　虫害…228
　　病害…220
化学反応〔水の機能〕chemical reaction…146
花芽形成　flower bud formation…169
花芽の発達…171～172
花芽分化 flower bud（floral）differentiation…169
花芽分化（開始）期 flower bud（floral）initiation…171
花芽分化期間…171
花芽分化に影響する外的要因…169
花芽分化の内的要因…170～171
　　炭素と窒素の比率（C-N率）…170
　　植物ホルモン…170～171
花冠 corolla…35

花冠の色…36
　　紅色　crimson…36
　　白 white…36
　　ピンク pink…36
花冠の形…35～36
　　つぼ形 urceolate…36
　　鐘形 campanulate…36
　　筒状（管状）形 cylindrical…36
夏季剪定 summer pruning…195～196, 202
萼（がく）calyx…35
核酸 nucleic acid…214
学名 scientific name…10
カクモンハマキ〔害虫〕apple leafroller…223～224
果形 fruit shape…38
　　円形 round…38
　　扁円形 oblate…38
加工適性の良い果実〔育種目標〕…318
火山灰土　volcanic ash soil…130
花糸 filament…37
花軸 floral axis, rachis…34
果軸 fruit stalk…38
可視光 visible rays…62
可視放射域…62
果実 fruit, berry…37
果実温の低下〔収穫果の〕…188～189
果実形質 fruit character, characteristic of fruit…24, 38
果実収量 yield…24, 85, 188
果実重の減少率（目減り）weight loss…255
果実の大きさ fruit（berry）size…86, 255
果実の外部形態と品種特性…255～256
果実の硬度　hardness, firmness…257
果実の硬度と品種特性…257～258
果実の成熟度と果実の硬度…258
果実の成熟度と抗酸化作用…262
果実の成熟に伴う成分変化…183～184
果実の成熟に伴う物理的変化…184～185
果実の成長…178～181
果実の成長期間中の温度〔施設栽培〕…249
果実の成長と植物成長調節物質…180
果実の成長に影響する温度…180
果実の成長に影響する光…180
果実の着色段階（期）
　　未熟な緑色期 immature green stage, Ig…182
　　成熟過程の緑色期　mature green stage, Mg

353

…182
　　グリーンピンク期 green-pink stage, Gp…182
　　ブルーピンク期 blue-pink stage, Bp…182
　　ブルー期 blue stage, B…182
　　成熟段階 ripe stage, R…183
果実の特徴 characteristic of berry…43〜45
　　果実は小粒で、廃棄率がゼロ…44
　　果皮の明青色はアントシアニン色素…44
　　樹上で完熟…44
　　ソフト果実…44
　　糖と酸が調和した風味…44
　　夏の果物…43
　　豊富な栄養機能性成分…45
　　利用・用途が広い…45
果実の品質構成要素 quality component…253
　　表4－7…254
果実の分離…185
果実のミネラル（無機質）…45
　　表1－3…44
果実品質 fruit quality…83, 253
　　施設栽培…252
　　品種選定の基準…83
果実品質と温度…263
果実品質と気象条件…263
果実品質と樹の水分状態…264
果実品質と降水…263
果実品質と栽培条件…263〜264
果実品質と収穫方法…264
果実品質と樹形の管理…264
果実品質と日光…263
果実品質と肥料成分…263〜264
果実品質と品種特性…254〜263
果実品質のパラメーター…85〜86
　　果実の大きさ…86
　　果柄痕…86
　　食味・風味…86
　　肉質…86
果実品質の「ブランド化」への提案…322〜329
果実品質の保持管理（ブランド化）…327
果実腐敗病（アルタナリアフルーツロット）
　　alternaria fruit rot…217〜218
果実ブライト（マミーベリー）〔病害〕
　　mummy berry…218
果樹 fruit tree…16
果汁 pH レベル…256
過熟果 overripening berry…191

花序 inflorescence…34
過剰水…148
過剰な灌水量…153
化成肥料 compound（synthetic）fertilizer…160
風 wind…205
　　強風…205
　　やや強い風…205
　　強い風…205
　　非常に強い風（暴風）…205
　　猛烈な風…205
硬枝挿し（休眠枝挿し）hardwood cutting
　　（dormant wood cutting）…271
褐色森林土 brown forest soils…130
褐色森林土の土壌改良例…135
褐色低地土 brown lowland soils…131
褐色低地土の土壌改良例…135
花柱 style…36〜37
活性酸素 active oxygen…260
活性酸素の作用…261
活性酸素の種類…260〜261
家庭園芸 home gardening…47, 238
家庭果樹…238
家庭果樹としての楽しみ…45〜46
　　加工品を作る楽しみ…46
　　果実を味わう楽しみ…45
　　健康になれる喜び…46
　　自然にやさしくできる喜び…46
　　育てる楽しみ…45
　　愛でる楽しみ…45
ガーデンブルー〔品種〕Gardenblue…307
果糖（フルクトース）fructose…184, 256
加藤　要〔人名〕…285
カナダ〔国〕…290, 295, 297, 298, 301
果肉 flesh…39
果皮 pericarp, rind, skin, peel…39
　　外果皮 epicarp, exocarp…39
　　中果皮 mesocarp…39
　　内果皮 endocarp…39
果（皮）色 fruit skin color…38〜39, 255
株仕立て compact bush training…193
花粉 pollen…37
果粉（ブルーム）bloom…38, 255
花粉の発芽 germination of pollen…175
花粉四分子 pollen tetrad…37
花柄 peduncle, flower stalk…35
果柄 peduncle, fruit stalk…38

索引＝用語・事項

果柄痕 scar…38〜39, 255
　大 large…39
　小 small…39
　中 medium…39
　乾燥 dry…39
　湿る wet…39
花弁 petal…35
果房 fruit cluster…38
花房 flower cluster…34
花房の開花順序　flowering order…172
カボット〔品種〕Cabot…280
花葉 floral leaf…34
可溶性固形物含量 soluble solids content, SSC
　…184, 256
カラス〔鳥害〕crow…234
ガラス室　glasshouse…246
ガラス室栽培 glasshouse culture…246
カリウム（K）過剰症 potassium（K）excess
　symptom…166
カリウム（K）欠乏症 potassium（K）
　deficiency symptom…166
刈り込み（ヘッジング）hedging, trimming,
　topping…195
カリフォルニア州（米国）…300
カルシウム（Ca）過剰症 calcium（Ca）
　excess symptom…166
カルシウム（Ca）欠乏症　calcium（Ca）
　deficiency symptom…166
ガルフコースト〔品種〕Gulfcoast…101, 180, 190
寒害 cold damage, cold injury…206
干害 drought injury…208〜209
環境 natural environment…66
環境ストレス〔コラム〕environmental stress
　…154
環境制御　environmental control…221
環境整備　environmental improvement…230
環境変異 environmental variation…321
緩効性窒素　delayed release nitrogen…161
緩効性肥料〔鉢栽培〕controlled（slow）
　release fertilizer…242
観光農園 pick-your-own farming,
　farm for tourist…47〜48
観光農園における剪定（ラビットアイの）
　…201〜202
韓国〔国〕…298, 306
観察法〔灌水適期〕…150

がんしゅ（細菌の外部病徴）…215
完熟果 fully ripend berry…186
灌水 watering, irrigation…138, 145
　施設栽培…249〜250
　鉢栽培…242
　幼木期の管理…138
灌水開始点…149
灌水管理 water management…145
灌水上の留意点…152〜153
灌水適期の判断…150
　観察法…150
　土壌水分計による方法…150
　テンシオメーター法…150
灌水の位置（場所）…153
灌水の水質 water quality…151
灌水方式（法）…151〜152
　スプリンクラー散水…152
　世界の栽培管理様式…310
　手灌水…152
　点滴灌水（トリクル灌水、ドリップ灌水）
　　…152
灌水量の基準（灌水基準）…150〜151
　蒸発散量を基準…150〜151
　園地で応用しやすい基準…151
感染〔病原菌〕infection…213
完全花 complete（perfect）flower…35
完全葉 complete leaf…32
乾燥害 drought injury…209
乾燥回避性…210
乾燥ストレス…209
干ばつ drought…208
甘味比（糖酸比）（soluble）solid-acid ratio,
　total sugar-acid ratio…257

き

気温 air temperature…53
　最高気温…53
　最低気温…53
　平均気温…53
気温適応性〔育種目標〕…316
気温とブルーベリーの栽培地域との関係
　サザンハイブッシュ…59
　ノーザンハイブッシュ…58
　ハーフハイハイブッシュ…59
　ラビットアイ…59

355

四つのタイプの栽培地帯…58
偽果 false fruit, pseudo fruit…37
機械収穫 mechanical（machanized）harvesting
　…187
　　世界の栽培管理様式…311
機械収穫に適した樹姿，樹高，果実の形質
　〔育種目標〕…316
機械収穫の問題点〔果実の品質〕…264〜265
機械的傷害 mechanical damege
　　強風害…211〜212
　　雪害…210〜211
気孔 stoma（pl. stomata）…32
気候 climate…52
気候因子 climatic factors…52
気孔蒸散 stomatal transpiration…58
気候値…204
気候要素 climatic element…52
寄主〔病害〕host…213
寄主の抵抗性による防除〔病害〕…221
気象（気象現象）meteorological phenomena…51
気象災害 meteorological disaster…204
気象条件 climate（weather）conditions…50, 292
気象要素 meteorological elements…52
寄生〔病害〕parasitism…213
寄生菌〔病害〕parasite…214
寄生生物〔病原菌や害虫〕parasite…213
季節 season…126
季節の主要な管理〔鉢栽培〕…243〜244
　　剪定…244
　　鉢替え…243〜244
気層 air layer…51
気相 gas phase…69
気相率（空気率）air ratio…68
北アメリカ…298, 300, 301
拮抗作用 antagonism…166
吉林省〔中国〕…306, 308
吉林農業大学〔中国〕…306
キナ酸 quinic acid…184, 256
樹の1年の成長周期と栽培管理…123〜128
　　季節…126
　　春（3〜5月）…126
　　夏（6〜8月）…126
　　秋（9〜11月）…126〜127
　　冬（12〜2月）…127〜128
樹の一生（生活環）life cycle…122
樹の一生と生育段階…122〜123

成木期…123
幼木期…122
老木期…123
若木期…123
機能性成分 functional component
　（constituent, ingredient）…259
樹の生理と栽培管理技術との関係…128
　　栄養成長と生殖成長との均衡をとり，合わせて
　　養分を芽や花，果実に集中させる技術…128
　　果実の結実，成長（肥大）を良くする技術
　　…128
　　果実品質の保持技術…128
　　樹と果実の健全な成長を守る技術…128
　　光合成活動の効率を高め，最大限にする技術
　　…128
　　根が適度に成長し，健全に機能する環境を作る
　　技術…128
忌避剤 repellent…228
木村光雄〔人名〕…285
キャサリン〔品種〕Katharine…280
キャッツワース〔品種〕Chatsworth…280
キャラウェイ〔品種〕Callaway…22, 111, 282
吸枝（サッカー）sucker…31, 194〜195
旧枝 branch…31, 195
吸湿水 hygroscopic water…69, 148
吸収根 absorbing root…41
急速冷凍 quick freezing…190
吸着水 absorbed water…148
求頂花序 acropetal inflorescence…34
休眠 dormancy…54, 127
休眠芽 dormant bud, resting bud…28
休眠期（間）dormant period（season）…54, 127
休眠期におけるブルーベリー成木の樹形と枝など
　の種類（図4-7）…194
休眠枝挿し（硬枝挿し）dormant wood cutting
　（hardwood cutting）…271
休眠枝挿しの一例…271〜273
強酸性…77
強制休眠（他発休眠）external dormancy,
　（ecodormancy）…54, 127〜128
強剪定 heavy（severe）pruning…196
強風害 strong wind damage…211〜212
　　機械的傷害…211
　　生理的障害…211
極性 polarity…270〜271
局地気候 local climate…53

索引＝用語・事項

局部的病徴 local symptom…215
鋸歯状（葉縁）serrate…33
切り返し（戻し）剪定 heading-back pruning, cutting back pruning…195
近年の導入品種…116〜119
　サザンハイブッシュ…117〜119
　新品種の導入はまず試作から…119
　ノーザンハイブッシュ…117
　ラビットアイ…119

空気率（気相率）air ratio…68
クエン酸 citric acid…184, 256
クチクラ cuticle…32
クチクラ蒸散 cuticular transpiration…58
屈折計示度（糖度）Brix, refractive index…256
グライ層（G層）gley horizon…131
クライマックス〔品種〕Climax…111, 309
クラウン（根冠）crown…31, 193
クラドスポリウム菌 cladosporium…266
クララ〔品種〕Clara…281
クランベリー Cranberry
　（学名）V. macrocarpon Aiton…12
グルコース（ブドウ糖）glucose…184, 256
グルジア共和国〔国〕…298, 303
グループ（品種群）group…20
クロートン〔品種〕Croaton…90, 281, 309
グローバー〔品種〕Grover…280
黒ボク土 Andosols…130
黒ボク土の土壌改良例…134
クロマメノキ bog berry, tundra bilberry
　（学名）V. uliginosum L.…18
クロロシス（退緑、白化）chlorosis…167
クロロフィル（葉緑素）chlorophyll…33, 64
クロロプラスト（葉緑体）chloroplast…32, 61
クローン（栄養系）clone, clonal line (strain)…270
クワコナカイガラムシ〔虫害〕comstock mealybug…226
クワシロカイガラムシ〔虫害〕white peach scale…226

経済栽培 economical growing…47

経済樹齢 productive age…203
経済的条件〔適地〕economical conditions…50
経済的被害許容水準 economic injury level, EIL…227〜228
形態的観察法（直接観察法）…171
茎頂分裂組織 shoot apical meristem…169, 271
系統分類 phylogenetic systematics…10
結果枝（fruit）bearing branch,（fruit）bearing shoot…193〜194
結合水 bound water, combined water…148
結実・結果 setting, fruit set, fruiting, bearing…175, 176〜177
結実管理〔施設栽培〕…250
　開花始め…250
　結実…250
　訪花昆虫…250
欠点果実〔等級区分〕…191
　萎縮果、裂果、障害果、緑色果…191
　果軸が着いている…191
　カビが生えている…191
　腐敗している…191
　病害果、虫害果、傷果…191
ケムシ類〔虫害〕caterpillars…223
ケープフェアー〔品種〕Cape Fear…101, 240
嫌気性菌 anaerobic bacteria…72
健康機能性 health promotion…259
健康機能性に関係する品種特性…259〜263
原生動物〔土壌〕Protozoa…79
健全葉と花芽形成…170

好アンモニア性植物…43, 155〜156
高温障害 high temperature injury, heat injury…206
高温ストレス〔コラム〕…154
硬化 hardening…208
交換性陰イオン…75
香気 aroma…257
高気圧 high air pressure, anticyclone…51
香気成分 aroma component…257
好気の細菌（無色硫黄細菌）…134
好光性種子 positively photoblastic seed…40
孔隙 pore space…69
孔隙率 air filled porosity…68, 69〜70

357

光合成 photosynthesis…63
光合成産物 photosynthate…57
光合成速度 photosynthetic rate…56〜57, 63
光合成速度と CO_2 濃度…64
光合成速度と光…63
光合成速度と光, 温度との関係…64
光合成能 photosynthetic capacity…64〜65
光合成の適温域…57, 65
光(こう)呼吸 photorespiration…57
交雑 cross, crossing, hybridization…321
交雑育種 crossbreeding…321
交雑品種の誕生
　ノーザンハイブッシュ…280〜281
　ラビットアイ…282
抗酸化作用 antioxidant action, antioxidant effect
　…260
抗酸化能(作用)が高い果実〔育種目標〕…318
抗酸化物質 antioxidant…260
抗酸化物質の働き…260
好酸性植物 acid soil-loving plant, acidophilic
　plant…43, 155
硬実(種子の) hard seed…40, 143
好硝酸性植物…156〜157
耕種的防除 cultural control
　虫害…230
　病害…221
更新剪定 rejuvenation pruning, renewal pruning
　…202, 294
更新剪定による若返り…202, 294
降水 precipitation…59, 204
降水の多寡による災害…208〜211
降水量 amount of precipitation…59
後世動物　Metazoa…79
高度化成肥料 high-analysis compound fertilizer
　…160
光発芽種子 light germinator…40
高木 tree, arbor…17
高木性果樹 tree, arborescent fruit tree…17
降雹 hail fall…211
紅葉 red coloring of leaves, autumnal colors…127
コガネムシ類〔虫害〕scarab beetles…224
呼吸基質…58
呼吸(作用) respiration…57
極晩生品種 extreamly (very) late season
　cultivar…84
国産品種によるブランド化…329

極早生品種 extreamly (very) early season
　cultivar…84
コケモモ lingonberry, cowberry, foxberry
　(学名) *V. vitis-idaea* L.…18
コースタル〔品種〕Coastal…22, 111, 282
互生葉序 alternate phyllotaxis…32
固相 solid phase…68〜69
固相率 solid ratio…68
コハク酸 succinic acid…184, 256
コビル〔人名〕F. V. Coville…279〜280
コビル〔品種〕Coville…90, 257, 267
コビルの功績…281
ゴマダラカミキリ〔虫害〕whitespotted
　longicorn beetle…225
コリオリの力〔気候因子〕Coriolis force…52
コリンス〔品種〕Collins…91, 185
コロイド(土壌膠質) colloid…74
コロンビア〔国〕…298, 301
根域 rooting zone…239
根域制限　root-zone restriction…239
根冠(クラウン) crown…193
根群(系) root system…41
混植 mixed planting…137, 173, 174
根端 root tip (apex)…42
根端分裂組織 root apical meristem…42, 271
昆虫 insect…222
コンテナ栽培(容器栽培) container planting,
　container culture…239
今年枝(当年枝, 新梢) current shoot…30, 195
根毛 root hair…42
根粒菌 root nodule bacterium (*pl.* bacteria)…80

差圧通風冷却 static-pressure air-cooling…189
細菌(バクテリア) bacterium (*pl.* bacteria)
　…80, 214
細菌の主な外部病徴…215
最高気温 maximum air temperature…53
細孔隙 micro pore…69
細根 thin root, fine root, rootlet, feeder root…42
細砂(粒形) fine sand…66〜67
最初の植え替え〔鉢栽培〕…240〜242
　植え替え時期…241
　植え替えの一例…241〜242
　鉢の種類と大きさ…240

索引＝用語・事項

鉢の用土…240～241
最大容水量 maximum water holding capacity
　…149
最低気温 minimum air temperature…53
最低極温…55
サイトカイニン（植物ホルモン）cytokinin…171
栽培 cultivation, growing, culture…122
栽培および果実消費が拡大してきた背景（日本）
　…290～291
　果実の販売方法…291
　果実の広い利用用途…291
　果実の輸入量の増大…291
　樹、果実形質の優れた品種の導入…290
　栽培知識の蓄積と技術の向上…290
　消費者の健康志向に合致…290～291
栽培化 domestication…320
栽培カレンダー…124～128
　図4-1…124～125
栽培環境の調整〔虫害〕…230
栽培（管理）技術 cultivation techniques…122
栽培管理技術によるブランド化…325～326
　ブランド化の一例…326
栽培品種 cultivar…82
栽培普及の過程（日本）…285～287
　1950年代…285
　1960年代…285～286
　1970年代…286
　1980年代…286
　1990年代…286～287
栽培ブルーベリー cultivated blueberry…19～22
栽培ブルーベリーのタイプ…19～22
栽培ブルーベリーの誕生…278～283
細胞外凍結 extracellular freezing…208
細胞内凍結 intercellular freezing…208
採穂の時期と枝の種類
　休眠枝挿し…271～273
　緑枝挿し…273～275
採葉（葉のサンプリング）sampling of leaves
　…163～164
在来種 native variety…82
在来品種 native cultivar…82
柵状組織 palisade tissue, parenchyma…32～33
作物に利用されない水…148
作物に利用されにくい水…147～148
作物に利用される水…147
サザンハイブッシュの剪定…199～200

望ましい樹形…199
若木期の剪定…199～200
成木期の剪定…200
サザンハイブッシュの誕生…283
サザンハイブッシュの品種…99～106
サザンハイブッシュの品種改良（アメリカの州立大学）…315
サザンハイブッシュの葉中無機成分濃度…158
サザンハイブッシュブルーベリー
　Southern highbush blueberry
　タイプの特性…21
　分類（$V.\ corymbosum$ L.）…12
サザンハイブッシュブルーベリー'シャープブルー'の自家受粉果実と他家受粉果実の成長期間中における胚珠数の推移（図4-6）…181
サザンハイブッシュブルーベリー'シャープブルー'の自家受粉果実と他家受粉果実の成長周期（図4-5）…179
挿し木 cutting…270
挿し木の時期と容器〔休眠枝挿し〕…272
挿し木用土　rooting medium
　休眠枝挿し…272
　緑枝挿し…275
砂質埴壌土 sandy clay loam…68
挿し床の管理〔休眠枝挿し〕…272～273
挿し穂 cutting…271
挿し穂の調整、貯蔵
　休眠枝挿し…272
　緑枝挿し…275
砂壌土 sandy loam…67
サッカー（吸枝）sucker…31, 194～195
殺菌剤
　細菌に対して bacteriocide…220
　糸状菌に対して fungicide…220
雑草 weed…142
雑草の種類…142
雑草防除 weed control…142～143
殺虫剤 insecticide…228
サップ〔人名〕M. A. Sapp…279
サファイア〔品種〕Sapphire…102, 248
サミット〔品種〕Summit…102, 240
サム〔品種〕Sam…280
酸含量〔果実の〕…256
三次伸長枝（秋枝）third flush of growth,
　fall shoot…30～31, 195
三相分布（三相組成）three phase distribution

359

…68
酸素（O₂）濃度〔土壌空気〕…72
酸味（果実の）acidity, tartness…256

───── し ─────

シアノコカス（Cyanococcus）節…11, 12
　表1-1…13
シアノコカス節の主要な「種」…12〜16
シアノコカス節の主要な「種」の特徴
　（表1-2）…14〜15
シカ〔獣害〕Japanese deer…236
紫外線 ultraviolet (radiation), UV…62
自家結実性 self-fruitfulness…23
自家受精 self-fertilization…175
自家受粉 self-pollination…173
自家不結実性 self-unfruitfulness…175
自家不和合性 self-incompatibility…175
自家和合性 self-compatibility…175
子室 locule (*pl.* loculi)…36, 39
糸状菌 filamentous fungi…80, 213〜214
糸状菌の主な外部病徴…215
市場出荷 shiping, shipment…47
自殖 selfing, inbreeding…280
雌蕊（雌ずい、めしべ）pistil…36
自生種の栽培化の試み…278〜279
施設栽培 protected cultivation…48, 245
　世界の栽培管理様式…311
施設栽培の体系確立が必要…252
施設栽培の目的…245
自然条件 natural features…50
自然受粉・放任受粉 natural pollination・open pollination…174
自然分類 natural classification…10
支柱 stake, (support) pole…138, 210
湿害（土壌の）waterlogging injury (damage)
　…132
実際栽培園で勧められる受粉方法…174
湿度〔施設栽培〕humidity…247〜248, 249
自動的単為結果（結実）autonomic parthenocarpy
　…177
自発休眠 endodormancy…54, 127
自発休眠の覚醒 endodormancy breaking…55
ジベレリン gibberellin…171, 177, 180
子房 ovary…36
　子房下位 epigymy…36

子房上位 hypogymy…36
子房中位 perigymy…36
子房壁 ovary wall…36
島村速雄〔人名〕…285
霜 frost…61, 206〜207
弱剪定 light pruning…196
ジャージー〔品種〕Jersey
　…91, 175, 263, 267, 280, 308
シャシャンボ　*V. bracteatum* Thumb.…18
斜上（中位）〔樹姿〕semi-upright…27
遮断〔虫害〕…229
遮光〔ミスト繁殖〕shading, shade…274
遮光栽培 shade culture（世界の栽培管理様式）
　…311
遮光ネット栽培（世界の栽培管理様式）…311
シャープ〔人名〕R. Sharp…283
シャープブルー〔品種〕Sharpblue
　…21, 102〜103, 180, 283
ジャム（果実の栄養成分）表1-3…44
種〔分類〕species…11, 82
驟雨（しゅうう、にわか雨）shower…205
ジュウェル〔品種〕Jewel…103, 258, 309
獣害…235〜237
収穫 harvest, harvesting, picking…186
収穫果の低温管理…266
収穫果の取り扱い…188〜189
収穫果の品質保持…265〜268
収穫果の腐敗…266
　アルタナリア果実腐敗病…266
　オーリオバスデウム菌…266
　クラドスポリウム菌…266
　灰色かび病…266
　フザリウム菌…266
　ペニシリウム菌…266
収穫期 harvesting season, picking season…186
　世界の栽培管理様式…312
収穫期が早まる〔施設栽培〕…252
収穫期間中の灌水…153
収穫後鉢植え樹は戸外で管理〔施設栽培〕…250
収穫・貯蔵〔鉢栽培〕picking・storage…243
収穫適期 optimum harvesting time, harvesting
　stage, picking stage…186
収穫とその後の品質管理によるブランド化
　…326〜327
　適期の収穫…327
　果実の品質保持管理…327

収穫に適した果実の形質〔育種目標〕…317〜318
収穫方法 harvesting method…186〜188
　　世界の栽培管理様式…311〜312
重欠点果…191
15元素…158
柔細胞 parenchymatous cell…39
終霜 last frost…61
集中豪雨 local severe rain, torrential rain…205
重複受精 double fertilization…175
州立大学（試験場）の取り組み〔アメリカのブルーベリーの育種研究〕…314〜315
　　アーカンソー州立大学…315
　　ジョージア州立大学…315
　　ニュージャージー州立大学…314
　　ノースカロライナ州立大学…315
　　ミシガン州立大学…314, 315
　　ミネソタ州立大学…315
　　フロリダ大学…315
収量構成要素 yield component, yield determining factor…188
収量性（生産性）yielding ability…24
収量の確保〔育種目標〕…316
重力水 gravitational water…148
樹冠 tree canopy, tree crown…27, 193
宿主植物 host plant…213
樹形 plant (tree) size, tree form
　　…22〜23, 26〜27, 193
　　大型 larger…26
　　小型 small…27
　　中型 medium…27
樹形・樹高の管理〔ラビットアイの剪定〕
　　…200〜201
主根（直根）main root, tap root…41
種子 seed…39〜40
樹姿 plant (tree) figure, tree shape, tree performance…27, 193
　　直立性…27
　　開張性…27
　　中位（斜上）…27
主軸枝 cane…30, 194
主軸枝の確保〔幼木期の管理〕…139
主軸枝の更新〔ラビットアイ〕…201
種子植物類 spermatophytes, seed plants…34
種子数と種子の大きさ…40
種子と品種特性…258
種子（胚珠）の発育…180〜181

図4－6…181
種子繁殖 seed propagation…269
樹勢 plant (tree) vigor…22〜23, 85
受精 fertilization…175
受精可能期間…176
受精に要する時間…176
受精の兆候…176
出荷 shipping, shipment…190〜192
出荷基準…190
出荷された果実の鮮度…192
出荷時期 shipping period…190
種内変異 intraspecific variation…321
樹皮（バーク）bark…141
種皮 seed coat…40
種苗法 Seed and Seedlings Law of Japan…83
受粉 pollination…173
受粉樹 pollinizer…174
趣味の園芸 amateur gardening, hobby gardening…238
主要品種 leading cultivar…88
樹齢別の栽培面積（日本の）…293〜294
純（見かけ上の）光合成速度 net photosynthetic rate…63
純正花芽 pure (unmixed) flower bud…29
小花 floret…35
しょう果（液果）berry, sap fruit…38
硝化菌 nitrifying bacteria…78, 79
小果樹類 small fruit trees…17
蒸散（作用）transpiration…58
硝酸化成作用（硝化作用）nitrification…78, 79
硝酸系（N肥料）…160〜161
硝酸態窒素　nitrate nitrogen, NO_3-N…79, 155
壌質砂土 loamy sand…67
照度 luminous intensity, illuminance…62
壌土（ローム）loam…67〜68
蒸発散量 evapotranspiration rate, amount of evapotranspiration…150〜151
消費者による品質評価…253〜254
　　生果を購入する際の評価…253
　　食べる段階の評価…253〜254
消費水量 consumptive water use…59
常緑果樹 evergreen fruit tree…17
常緑樹 evergreen tree…26
常緑性 evergreen…26
初期しおれ（萎凋）点 first (initial) wilting point
　　…149

埴壌土 clay loam…68
食品の機能…259
　一次機能（栄養機能）…259
　二次機能（感覚機能）…259
　三次機能（生体調節機能）…259
植物学的分類 botanical classification…10
植物体中の水の機能…146
植物ホルモン（花芽分化）plant hormone, phytohormone…170
食味・風味 taste, eating (edible) quality・flavor…86, 184、256
食味・風味と品種特性…256
食物繊維〔果実の栄養成分〕dietary fiber…45
　表1-3…44
ジョージア州〔米国〕…281, 299, 300
初霜 first frost, early frost…61, 207
除草 weeding, weed control…143
初霜害 early frost damage…207
蔗糖（スクロース）sucrose…184
ジョンストン〔人名〕S. Johnston…282
シルト〔粒径〕silt…67
人為分類 artificial classification…16
真果 true fruit…37
深耕 deep plowing, deep tillage…144
人工受粉 hand pollination, artificial pollination…174
深耕の方法…144
人工培地〔花粉発芽〕…175
深根性　deep rooted…42
新梢（当年枝、今年枝）current shoot…30, 195
新梢伸長に及ぼす環境要因…31
新梢伸長の強弱…85
新梢の管理〔施設栽培〕…250
新梢（シュート）ブライト（マミーベリー）〔病害〕mummy berry…218
新陳代謝（物質代謝）metabolism…58
浸透圧 osmotic pressure…210
心抜き（摘心、トッピング）topping…195
真の（総）光合成速度 gross photosynthetic rate…63
ジンバブエ〔国〕…298, 304
心皮 carpel…34
新品種と今後の日本のブルーベリー栽培…319

す

スイス〔国〕…303
水素イオン濃度 hydrogen ion concentration…77
水田転換園 orchard converted from paddy field…131
水田転換園の土壌改良例…135
水分含量と光合成速度…60
水分欠乏 water deficiency…145
水分恒数（水分定数）water constant, moisture constant…149
　図4-2…148
水分ストレス water stress…145〜146
水分張力 moisture tension…149
水分ポテンシャル〔コラム〕water potential…154
水分率（液相率）water ratio…68
水和（水和作用）hydration…208
スウェーデン〔国〕…303
優れた果実形質と高い収量性〔育種目標〕…317
スクロース（蔗糖）sucrose…184
スズメ〔鳥害〕sparrow…233〜234
勧められる品種
　施設栽培…248
　鉢栽培…240
スター〔品種〕Star…21, 103, 258, 283, 308, 309
ストレス〔コラム〕stress…154
ストレス抵抗性〔コラム〕…154
ストレスとその種類〔コラム〕…154
砂 sand…66
スノキ（*Vaccinium*）属…10
スノキ属植物の植物学的分類（自然分類）
　図1-1…11
スノキ属の主要な節…11〜12
　オキソコカス節（*V. oxycoccus*）…12
　シアノコカス節（*V. cyanococcus*）…11, 12
　バクシニウム節（*V. vaccinium*）…12
　ビテス-イデア節（*V. vitis-idaea*）…12
　ミルティルス節（*V. myrtillus*）…12
スノキ属の主要な節に分類される代表的な植物の樹・花・果実の特徴（表1-1）…13
巣箱（ミツバチ）の設置…174
スパータン（スパルタン）〔品種〕Spartan…27, 92, 240
スプリンクラー散水 sprinkler irrigation…152
　世界の栽培管理様式…310
スペイン〔国〕…161, 309

索引=用語・事項

スペイン・ポルトガル〔国〕…297, 303

生育 growth and development…56
生育期（成長期、生長期）growing (growth) period, growing season, growth stage…56
生育段階（ステージ）growth and developmental stage…122, 169
生育段階における整枝・剪定のポイント…196〜197
生果 fresh fruit…289
　表1-3…44
生活環（樹のライフサイクル）life cycle…122
生活習慣病 lifestyle-related disease…259
清耕法 clean cultivation (tillage) system…140
生産園芸 commercial horticulture…238
整枝 training, trimming…193
整枝・剪定 training, trimming・pruning…193
成熟 ripening, maturation…182
成熟果の特徴…185
成熟期 maturation period, ripening time, ripening stage…23, 84, 183
成熟期・収穫期が早まる〔施設栽培〕…252
成熟期の区分〔品種〕…84
　極早生…84
　早生…84
　早生から中生…84
　中生…84
　中生から晩生…84
　晩生…84
　極晩生…84
成熟期の早晩〔育種目標〕…315〜316
成熟期の早晩と果実の硬度…258
成熟期の早晩とタイプとの関係…84
生殖器官 reproductive organ, sexual organ…34
生殖細胞 germ cell…37
生殖成長 reproductive growth…170
生態型 ecotype…86
生態系 ecosystem…231
生体調節機能〔健康機能性〕…259
生態的特性〔品種選定の基準〕…86〜87
　開花期の早晩…87
　耐寒性…86〜87
　日持ち性…87
　裂果…87

整地 soil preparation…136
生長 growth…56
成長 growth…56
成長可能日数…61
成長期（生長期、生育期）growing (growth) period, growing season, growth satge…56
成長期における消費水量…59〜60
成長期の気温…56〜58
成長期の気温と光合成との関係…56
成長曲線（果実の）growth curve…178
生長呼吸 growth respiration…58
成長阻害水分点（毛管連絡切断点）depletion of moisture content for optimum growth…149
成長点 growing point…28
成長に適した土性…67〜68
　砂壌土…67〜68
　砂質埴壌土…68
　壌質砂土…67
　壌土（ローム）…68
　埴壌土…68
生物的ストレス〔コラム〕biotic stress…154
生物的防除 biological control, biocontrol
　虫害…228
　病害…220〜221
生物農薬 biotic pesticide, biological pesticide…229
成木 mature plant (tree), adult plant (tree)…123
成木期 mature plant (tree) period (stage), adult plant (tree) period (stage)…123
成木期の施肥（目的）…159
成木期の施肥量…161〜162
成木期の剪定
　サザンハイブッシュ…200
　ノーザンハイブッシュ…198
　ラビットアイ…201
成葉 mature leaf…33
生理的酸性肥料 potentially acid fertilizer…161
生理的障害 physiological damage
　強風害…211〜212
　雪害…210
生理的特性（樹の）physiological characteristics…155
生理的落果 physiological fruit drop…181
世界の栽培面積…297〜299
　栽培面積が6年間で倍増した国…298
　2010年の調査で登場した栽培国…298〜299

363

世界の主要国における栽培事情
　アジア・中国における栽培…306 ～ 307
　アメリカにおける栽培…299 ～ 301
　アフリカ南部地帯における栽培…304
　オセアニアにおける栽培…305 ～ 306
　地中海沿岸諸国とアフリカ北部における栽培
　　…304
　南アメリカにおける栽培…301 ～ 302
　ヨーロッパにおける栽培…302 ～ 303
世界の主要国に共通する栽培品種…312
世界の主要な栽培地域の気候（気象条件）
　…307 ～ 309
　夏は温暖で湿潤、冬は非常に寒い地域
　　…307 ～ 308
　夏は温暖で湿潤、冬の寒さは中庸な地域…308
　夏は高温で多湿、冬は温和な地域…308 ～ 309
　夏は高温で乾燥、冬は温和な地域…309
世界の主要な地域における栽培管理様式の相違
　畝、植え付け時期と間隔…309 ～ 310
　施設栽培…311
　収穫方法と収穫期…311 ～ 312
　剪定…311
　土壌の種類…310
　マルチ、灌水、施肥…310
赤黄色土 red-yellow soils…130 ～ 131
赤黄色土の土壌改良例…135
赤外線 infrared radiation…62
石細胞 stone cell…39, 185
節〔分類〕section…11
節（せつ、ふし）node…29
雪害 snow damage…210
　機械的傷害…210
　生理的障害…210 ～ 211
雪害対策…210 ～ 211
節間 internode…29
絶対的適地…50
接地気層 surface layer…51
折衷方式〔土壌表面の管理法〕
　有機物マルチと草生…141
　プラスチックマルチと草生…142
折衷法の際の草種…141 ～ 142
施肥 fertilization, fertilizer application…155, 158
　幼木期の管理…139
施肥位置 fertilizer placement…162 ～ 163
施肥時期 time of fertilizer application
　追肥…162

　春肥（元肥）…162
　礼肥…162
施肥の目的…158 ～ 160
　成木期の施肥…159
　幼木期の施肥…158 ～ 159
　老木期の施肥…159 ～ 160
　若木期の施肥…159
施肥法 method of fertilizer application
　…158 ～ 163
　施設栽培…249 ～ 250
　世界の栽培管理様式…310
　鉢栽培…242
　養分欠乏症が見られる樹の施肥…163
施肥様式…161
　土壌施肥…161
　液肥灌水（灌漑）…161
施肥量 fertilizer application rate, amount of
　application fertilizer
　成木期の施肥量…161 ～ 162
　幼木期の施肥量…161
　若木期の施肥量…161
施用 N 形態および pH レベルの相違がラビットア
　イブルーベリー'ティフブルー'の地上部なら
　びに地下部の生長に及ぼす影響（図 4 - 3）
　…156
繊維根（ひげ根）fibrous root…42
全縁状〔葉縁〕entire…33
選果 fruit grading, fruit sorting…189
潜芽 latent bud…28
浅根性（の）shallow rooted…42
全身病徴 systemic symptom…215
前線〔気象〕front…52
線虫類（ネマトーダ）〔虫害〕nematodes…223
剪定 pruning…193
　施設栽培…250
　鉢栽培…244
　世界の栽培管理様式…311
剪定する枝
　施設栽培…250 ～ 251
　鉢栽培…244
剪定の種類…195 ～ 196
　切り返し剪定…195
　間引き剪定…195
　夏季剪定…195 ～ 196
　冬季剪定…195
　強剪定…196

索引＝用語・事項

弱剪定…196
中位（適度）の剪定…196
剪定の対象となる枝…196
剪定を開始する樹齢〔ラビットアイ〕…200
全天日射 global solar radiation…62
鮮度（果実の）freshness…192
全糖（果実の）total sugar…184
前年枝（1年生枝）one-year-old shoot
　　…31, 195

ソーイ〔品種〕Sooy…280
霜害 frost damage（injury）…206
総（真の）光合成速度 gross photosynthetic rate
　　…63
総合的病害虫・雑草防除実践指針…227
総合的有害生物管理 integrated pest
　　management, IPM…227
総状花序 raceme…34
双子葉植物 dicot, dicotyledon…40
叢（そう）生 bushiness…17, 27
草生マルチ法 sod-mulch system…140
属〔分類〕genus…11
側芽（腋芽）lateral bud, axillary bud…28
側根 lateral root…41
側生花芽 lateral flower bud…29
粗孔隙 macro-pore…69
粗砂〔粒径〕coarse sand…66
粗大有機物 bulky organic matter…75

耐寒性 cold hardiness, cold resistance,
　　cold tolerance…23, 55, 86〜87, 206
耐干性　drought tolerance（resistance）…209
耐乾性 drought resistance, drought tolerance
　　…210
大気 atmosphere…51
　　下層大気 lower atmosphere…51
　　高層大気 upper atmosphere…51
台木 stock…275
胎座 placenta…36, 39
耐虫性（虫害抵抗性）　insect resistance…230
耐虫性品種の利用…230
耐凍性 freezing resistance…208

堆肥　manure, compost…133〜134
耐病性（病害抵抗性）disease resistance, disease
　　tolerance…221
タイプと果実の硬度…258
タイプの特性…22〜24
タイプ・品種と耐寒性…55
太陽エネルギー solar energy…62
太陽光（日光）sunlight, sunshine…61
太陽放射 solar radiation…62
対流圏 troposphere…51
高畝 raised bed, high ridge…136, 309
　　世界の栽培管理様式…309
多花果（複合果）multiple fruit…38
他家受精 cross fertilization…175
他家受粉 cross pollination…173
他家不結実性 cross unfruitfulness…175
他家不和合性 cross incompatibility…175
他家和合性 cross compatibility…175
多幹性…17
托葉 stipule…33
脱窒菌 denitrifying bacteria…80
他動的単為結果（実）stimulative parthenocarpy
　　…177
ダニ類〔虫害〕mites…222〜223
多年（永年）生雑草 perennial weed…142〜143
多年生雑草の防除 perennial weed cotrol…136
他発休眠（強制休眠）ecodormancy, external
　　dormancy…54, 127〜128
食べられる観賞品種（鉢栽培）…240
多量要素 macronutrient…158
ダロー〔人名〕G. M. Darrow…281
ダロー〔品種〕Darrow…92, 267
単為結果（実）parthenocarpy…177
単果 simple fruit…38
単芽 single bud…28
短日植物 short-day plant…170
湛水 flooding, waterlogging…153
炭素循環 carbon cycle…80
炭素と窒素の関係（C-N関係）
　　carbon-nitrogen relation…170
炭素と窒素の比率（C-N関係）
　　carbon-nitrogen ratio…170
ダンフィー〔品種〕Dunfee…280
暖房機 heater…246
単葉 simple leaf…32
単粒構造 single-grained structure…70

365

団粒構造 aggregate structure…70
団粒間孔隙 interaggregate pore…69
団粒内孔隙 intraaggregate pore…69

―――― ち ――――

地域名によるブランド化…327～329
　関係機関・指導機関の支援…328～329
　差別化できる要因…327～328
　ブランド化の前提…328
　宣伝…328
地温（土壌温度）soil temperature…72
地温の日変化…72
地温とブルーベリー樹の根の成長…73
　（図2-2）…73
地温と有機物含量…73
地下茎 subterranean stem…31
地下水 groundwater…71
　自由地下水 free surface groundwater…71
　被圧地下水（宙水）piestic groundwater…71
地下水位 groundwater level（table）…71
地下排水 subsurface drainage…132
地下部 underground part, subterranean part…41
地上部 aerial part, above-ground part, top…27
地中海沿岸諸国における栽培…304
地中海沿岸地域…298
窒素（N）過剰症 nitrogen（N）excess symptom…165～166
窒素（N）欠乏症 nitrogen（N）deficiency symptom…166
窒素固定菌 nitrogen fixing bacteria…80
窒素循環 nitrogen cycle…80
窒素肥料 nitrogen（N）fertilizer…160
窒素肥料の形態…160～161
チッペワ〔品種〕Chippewa…106～107, 240
地表排水 surface drainage…132
地方種 local variety…82
ち密度〔土壌〕compactness…70
　極疎…70
　疎…70
　中…70
　密…70
　粗密…70
着色段階と酸含量…257
チャミノガ〔虫害〕tea bagworm…224
中位（斜上）（樹姿）semi-upright…27

中位（適度）の剪定…196
虫害 insect damage（injury）…221～222
虫害抵抗性（耐虫性）insect resistance…230
　育種目標…317
中耕 cultivation, intertillage…143
中国〔国〕…297, 298, 306
中国アカデミー植物学研究所…306
中国における栽培…306～307
　栽培面積と地帯…306～307
　長江流域地帯…307
　長白山・大興安嶺・小興安嶺地帯…307
　導入と研究拠点…306
　日本との関係…307
　遼東半島・山東半島地帯…307
柱頭 stigma…36
昼夜温 day and night temperature…57
昼夜温較差 difference between day and night temperature…57
チュニジア〔国〕…298, 304
チューブ灌水（点滴灌水）plastic turb watering…152
　世界の栽培管理様式…310
頂芽 terminal bud, apical bud…28
鳥害 bird damage, bird injury…232
鳥害防止対策…234
鳥獣害 wildlife damage, damage caused by wildlife…232
頂芽優勢（性）apical dominance（dominancy）…29
頂生花芽 apical flower bud…29
頂側生花芽…29
頂端分裂組織 apical meristem…28, 271
潮風害 salty wind damage（injury）…212
重複受精 double fertilization…40, 175
直根（主根）main root, tap root…41
直接観察法（形態的観察法）…171
直達日射 direct solar radiation…62
直立性（樹姿）upright…27
貯蔵 storage…189～190, 267
貯蔵温度 storage temperature…190, 267
貯蔵可能期間 storage life…265
貯蔵器官 storage（reserve）organ…41
貯蔵期間中における果実硬度の変化…258
貯蔵期間中の酸含量の変化…257
貯蔵根 storage root…41
貯蔵条件と抗酸化作用…263

366

索引＝用語・事項

貯蔵組織 storage（reserve）tissue…33
貯蔵性 storage quality, keeping quality, storability…265
　　育種目標…318
貯蔵性と予冷…266
チリ〔国〕…161, 290, 295, 297, 301, 302, 308, 309
　　チリ―北部…302
　　チリ―中間地帯…302, 308
　　チリ―中央〜北部地帯…302, 308
　　チリ―中央〜南部…302
　　チリ―南部…302
地力 soil fertility（productivity）…74
　　機能的・容器的性格…74
　　養分的性格…74

追肥 supplement application（of fertilizers）, side dressing, top dressing…162
通気性 air permeability…72
通導組織 conductive tissue…146
接ぎ木〔コラム〕graft, grafting…275
接ぎ木苗〔コラム〕grafted nursery stock…275
接ぎ穂〔コラム〕scion…275
筒〔小花の形態〕tube…35
ツツジ科（Ericaceae）〔分類〕…10
梅雨（つゆ、ばいう）Bai-u…60〜61

定（位）根 morphological root…41, 270
低温 low temperature, chilling…54
低温障害 low temperatur injury, chilling injury…206
低温順化 adaptation to low temperature, cold acclimation…55
低温順化の程度と耐寒性…55〜56
低温ストレス〔コラム〕…154
低温貯蔵 low temperature storage, cold storage…189, 267
低温貯蔵の温度…189〜190, 267
低温要求量（性）chilling（low temperature）requirement…22〜23, 55
定芽 definite bud…28, 270
低気圧 low pressure, cyclone…52
低度化成（普通化成）low-analysis compound fertilizer…160
ティフブルー〔品種〕Tifblue…22, 26, 112, 168, 175, 195, 200, 202, 282, 285, 307, 309
低木 shrub…17
低木性 shrubby…17
低木性果樹 shrubby fruit tree…17
デオキシリボ核酸 DNA, deoxyribonucleic acid…214〜215
手灌水…152
摘花房 deblossoming, flower cluster thinning（removal）…139
摘果（房）fruit cluster thinning…139
適合溶質〔耐乾性〕…210
テキサス州（米国）…299, 300
適産（適作）…81
デキシー〔品種〕Dixi…26, 93, 267, 281
摘心（心抜き、トッピング）topping…195
適切な CA 貯蔵条件…267〜268
適地 suitable land…50
適度（中位）の剪定…196
手収穫（手摘み）hand picking, picking…187
　　世界の栽培管理様式…312
手収穫上の注意点…187〜188
　　朝霧が消散してから摘み取る…187
　　軽くねじって摘み取る…188
　　果粉を取り除かない…188
　　収穫間隔を守る…187
　　収穫果は涼しい場所に置く…188
　　傷果の除去…188
　　底の浅い容器に摘み取る…187〜188
　　取り残しをしない…188
　　早取りしない…187
鉄（Fe）過剰症 iron（Fe）excess symptom…167
適期管理…121
鉄（Fe）欠乏症 iron（Fe）deficiency symptom…167
適期の収穫〔ブランド化〕…327
テッポウムシ（鉄砲虫）〔虫害〕borer, larva of longicorn…225
デューク〔品種〕Duke…92〜93, 257, 267, 308
電解質のイオン化〔水の機能〕…146
天気 weather…53
天空散乱日射 diffused solar radiation…62
天候 weather…53
天狗巣（Mn 過剰症）witche's broom…168
テンシオメーター法 tensiometer 法

367

〔灌水適期の判断〕…150
電磁波 electromagnetic wave…62
天敵 natural enemy…229
点滴灌水 drip irrigation (watering), trickle irrigation (watering)…152
デンマーク〔国〕…303
展葉 leafing, foliation…126
転流 translocation…146

ドイツ〔国〕…297, 302
冬芽（ふゆめ、越冬芽）winter bud…28
凍害 freezing damage (injury)…207
同花受粉 strict self-pollination…173
冬季剪定 winter (dormant) pruning…195
　世界の栽培管理様式…311
冬季の気温…54～56
等級区分 grading…191
糖酸比（甘味比）(soluble) solid-acid ratio, (total) sugar-acid ratio…184, 257
透水性 water permeability…70
同定〔病虫害〕identification…216
糖度（屈折計示度）Brix, refractive index…256
導入品種 introduced variety…82
当年枝（今年枝、新梢）current shoot…30, 195
糖の変化（果実成分）…184
登録農薬 registered pesticide…220
登録品種 registered cultivar…83
特産果樹…284
特産作物 local specialty…284
土壌 soil…65～66
土壌温度（地温）soil temperature…72
土壌改良 soil improvement, soil amendment…131
土壌管理 soil management…140～142
土壌空気 soil air…72
土壌膠質（コロイド）colloid…74
土壌構造 soil structure…70
土壌硬度計…70
土壌酸性 soil acidity…77
土壌酸性化の原因…77～78
　雨水の土壌浸透にともなう塩基類の溶脱…77
　生理的酸性肥料の多用…78
土壌酸性と微生物…78
土壌酸性と養分の有効性…79
土壌三相 three phase of soil…68

土壌サンプル…164
土壌条件 soil conditions…50, 65, 292
土壌診断 soil diagnosis…164
土壌診断の内容…164～165
土壌水（分）soil water, soil moisture…69, 147
　施設栽培…248
土壌水の分類…147
土壌水の pF potential of free energy…149
土壌水（分）の分類と水ポテンシャルおよび水分恒数（図4-2）…148
土壌水分計による測定〔灌水適期の判断〕…150
土壌水分張力（土壌水の pF）potential of free energy…149
土壌水分定数 water constant, moisture constant …149
土壌生産力 soil productivity…74
土壌施肥 soil application…161
　世界の栽培管理様式…310
土壌中の水の役割…146～147
土壌調査 soil surveys…129
土壌適応性 soil adaptability…23
　育種目標…316
土壌動物 soil animal…80
土壌の化学性 chemical properties of soil …74～79
土壌の種類〔世界の主要な栽培地域〕…310
土壌の生物性 biological properties of soil …79～80
土壌のタイプと望ましい土壌 pH に低下させるために必要な硫黄の量（表4-1）…134
土壌の物理性 physical properties of soil…66～73
土壌の役割…66
　易耕性…66
　農地…66
　肥沃度…66
土壌 pH soil pH…77
土壌 pH と栄養元素の利用度との関係（図2-3）…78
土壌 pH の調整…134
土壌微生物 soil microorganism, soil microbe …79～80
　細菌（バクテリア）…80
　糸状菌…80
　放線菌…80
土壌微生物の働き…80
土壌表面の被覆法…140～142

土壌有機物 soil organic matter…75
土壌有機物含有量とブルーベリーのタイプ…76
土壌有機物の含有量…76
土壌有機物の機能…76
　土壌の化学性への影響…76
　土壌の生物性への影響…76
　土壌の物理性への影響…76
土壌溶液 soil solution…147
土性 soil texture…66
土性による土壌物理性および化学性の相違
　（表2-3）…67
徒長枝 water shoot（sprout），succulent shoot
　（sprout）…31, 194
トッピング（摘心、心抜き）topping…195
　世界の栽培管理様式…311
トップハット〔品種〕Tophat…107, 240, 282
トビハマキ〔虫害〕…224
鳥の習性…232
トリクル灌水 trickle irrigation（watering）…152
　世界の栽培管理様式…311
ドリップ灌水（点滴灌水）drip irrigation
　（watering）…152
土粒子 soil particles…66, 68
トルコ〔国〕…298, 304
ドレイパー〔品種〕Draper…116～117, 308
トロ〔品種〕Toro…93, 267

 な

内部病徴 internal symptom…215
苗木 nursery plant, nursery stock…136, 270
苗木の条件〔植え付け〕…136
苗木の入手〔鉢栽培〕…240
苗木養成…269～276
中生〔品種〕mid-season cultivar…84
ナシマルカイガラムシ〔虫害〕San Jose
　scale…226
夏（6～8月）（樹の成長周期）summer season
　…126
夏枝（二次伸長枝）summer shoot（second
　flush of growth）…30, 195
ナツハゼ　V. oldhamii Miq. …18
夏芽（なつめ）summer bud…28
難効性有効水…147
南北戦争とローブッシュブルーベリー…278

 に

苦味　bitter taste…256
肉質 texture…86
　硬質性…86
　軟質性…86
肉質の変化…184
二酸化炭素濃度（土壌の）…72
二酸化炭素（CO_2）飽和点…64
二次伸長枝（夏枝）second flush of growth
　（summer shoot）…30, 195
二次病徴 secondary symptom…215
二重S字型成長曲線 double sigmoid（al）growth
　curve…178
2001年以降におけるブルーベリー果実の消費量の
　推移（表5-1）…288
2001年以降におけるブルーベリー栽培面積および
　収穫量の推移（図5-1）…287
2011年の「三つの災難」地震・津波・放射能汚染〔コ
　ラム〕…295～296
2012年以降、栽培面積の増加傾向が横ばい状態に
　なった背景…291
2014年の栽培面積から算出した樹齢別栽培面積
　（表5-2）…293
2000年代における果実の消費状況（日本）
　…288～290
　海外産の生果…289～290
　海外産の冷凍果…290
　生果の市場流通量…289
2000年代における生産状況（日本）
　栽培面積…287～288
　収穫量…287～288
日較差 diurnal range…57
日常の管理〔鉢栽培〕242～243
　灌水…242
　収穫、貯蔵…243
　施肥…242～243
　病害・虫害の防除…243
　風害対策…243
日光（太陽光）sunlight, sunshine…61
日射（量）solar radiation…62
日射計 pyrheliometer, actinometer…62
日照 bright sunshine…62
日照時間 duration of sunshine…62～63
日照不足〔施設栽培〕lack of sunshine…249
日照量〔施設栽培〕amount of sunshine…247

日長 day length, photoperiod…169〜170
日長反応 photoperiodic response…170
日中低下（ひるね）現象〔光合成能〕midday depression of photosynthesis…65
二年生雑草 biennial weed…142
日本〔国〕
　世界の主要な地域の気候…308
　世界の栽培管理様式…310
ニホンウサギ〔獣害〕hare…236〜237
ニホンジカ〔獣害〕Japanese deer…236
日本の代表的な果樹園土壌…129〜131
　褐色森林土…130
　褐色低地土…131
　黒ボク土…130
　水田転換園…131
　赤黄色土…130〜131
日本の代表的なスノキ属植物…18
　クロマメノキ…18
　コケモモ…18
　シャシャンボ…18
　ナツハゼ…18
日本の代表的なブルーベリー栽培地帯にある都市の気象条件
　（表2-1）…54
　（表2-2）…60
日本のブルーベリー栽培の発展方向…322〜329
日本ブルーベリー協会…287
二名法〔学名〕binomial nomenclature…10
ニュージーランド〔国〕…290, 305, 308
　サウス島（南島）…305
　ノース島（北島）…305
ニュージャージー州〔米国〕…280, 299, 300, 308
ニューハノバー〔品種〕New Hanover…104, 248
ニューハンプシャー州〔米国〕…280
ニューヨーク州〔米国〕…299, 300
尿素系（N肥料）…161
庭植え（家庭果樹）…238
にわか雨（驟雨）shower…205

根 root…41
根腐れ病〔病害〕phytophthora root rot…219
熱処理〔虫害〕…229〜230
根詰まり root-bound, pot-bound…243
根の効率的吸水能力（耐干性）…209

根の生育と土壌水分…152〜153
根鉢 rooted ball…138
　鉢栽培…242
ネマトーダ（線虫類）〔虫害〕nematode…223
ネルソン〔品種〕Nelson…93〜94, 262, 263, 267
粘土 clay…67
年平均（気候要素）annual mean…52

野兎（野ウサギ）〔獣害〕hare…236〜237
農耕地の特徴…230〜231
ノーザンハイブッシュ「ウォルコット」果実の成熟ステージと果実成分（表4-5）…183
ノーザンハイブッシュおよびラビットアイブルーベリーの葉中無機成分の欠乏、適量、過剰レベル（表4-2）…157
ノーザンハイブッシュ'ジャージー'およびラビットアイ'ウッダード'葉の純光合成に及ぼす光の影響（図2-1）…64
ノーザンハイブッシュの交雑品種の誕生…279〜281
ノーザンハイブッシュの剪定…197〜199
　植え付け後2年間の剪定…197〜198
　植え付け後3年目の剪定…198
　植え付け後4年目の剪定…198
　植え付け後5〜6年目の剪定…198
　成木樹の剪定…198〜199
ノーザンハイブッシュの品種…88〜99
ノーザンハイブッシュの品種改良（アメリカの州立大学）…314〜315
ノーザンハイブッシュブルーベリー Northern highbush blueberry
　タイプと特性…20〜21
　分類（V. corymbosum L.）…12
ノーザンハイブッシュブルーベリーの成長周期、地温、新梢伸長と根の伸長との関係（図2-2）…73
ノースカロライナ州〔米国〕…299, 300, 308, 309
ノーススカイ〔品種〕Northsky…36, 107
ノースブルー〔品種〕Northblue…107〜108, 282
ノースランド〔品種〕Northland…21, 27, 108, 240, 282
農地 farmland, agricultural land…66
農薬 agrcultural chemicals, pesticide…220
農薬安全使用基準 direction for safe use of

agricultural chemicals…220
農薬散布は必要か…231
望ましい果実の形質〔育種目標〕…317 〜 318
　加工適性の良い果実…318
　抗酸化能（作用）の高い果実…318
　収穫に適した形質…317 〜 318
　優れた果実形質と高い収量性…317
　貯蔵性…318
望ましい樹の形質〔育種目標〕…315 〜 317
　気温適応性…316
　収穫に適した樹勢、樹高、果実…316
　収量の確保…316
　成熟期の早晩…315 〜 316
　土壌適応性…316 〜 317
　病害虫抵抗性…317
望ましい樹形（剪定）
　サザンハイブッシュ…199
　鉢栽培…244
望ましい土壌 pH（pH4.5）に低下させるために必要な硫黄の量（表 4 − 1）…134
ノバスコシア州（カナダ）…300

──────── は ────────

葉 leaf（集合的に foliage）…32
胚 embryo…40
　上胚軸 epicotyl…40
　子葉 cotyledon…40
　胚軸 hypocotyl…40
　幼根 radicle…40
灰色かび病〔病害〕botrytis mold blight
　…217, 266
梅雨（ばいう , つゆ）Bai-u…60 〜 61
パイオニア〔品種〕Pioneer…280
胚珠 ovule…36, 176
胚珠の発育…176
排水 drainage…132
配糖体 glycoside …262
ハイトンネル（栽培）high tunnel（culture）
　…246
　世界の栽培管理様式…311
胚乳 albumen, endosperm…40
ハイブッシュブルーベリーのグループ
　ノーザンハイブッシュ
　　Northern highbush blueberry…20
　サザンハイブッシュ

Southern highbush blueberry…21
　ハーフハイハイブッシュ
　　Half-high highbush blueberry…21 〜 22
パイプハウス pipe frame greenhouse, plastic high tunnel…246
ハウス栽培 cultivation（growing）in plastic house…48, 246
　世界の栽培管理様式…311
ハウス栽培管理上の要点…248 〜 251
　温度管理…249
　灌水・施肥…249 〜 250
　結実管理…250
　湿度…249
　収穫後は戸外で管理…250 〜 251
　新梢の管理…250
　日照不足…249
　鉢植え樹…248
　病害・虫害の防除…250
ハウス栽培に勧められる品種…248
ハウス栽培の栽培技術体系確立のために…252
ハウス栽培の事例（栽培管理）…248 〜 252
ハウス栽培の事例結果
　表 4 − 6…251
　開花期が早まる…252
　果実品質…252
　成熟期、収穫期が早まる…252
ハウス内に搬入の時期…249
ハウス内の特異な栽培環境…247 〜 248
　温度…247
　湿度…247 〜 248
　土壌水分…248
　日照量…247
パウダーブルー〔品種〕Powderblue
　…112 〜 113, 240, 282, 309
バーク（樹皮）bark…141
バクシニウム（*Vaccinium*）節…12
　表 1 − 1…13
バクテリア（細菌）bacterium（*pl.* bacteria）
　…80, 214
バークレイ〔品種〕Berkelay…94, 281
端境期 off-crop season…290
ハシブトガラス〔鳥害〕hondo jungle-crow
　…234
ハシボソガラス〔鳥害〕carrion（common）crow…234
鉢上げ potting…273

371

鉢上げとその後の管理
  休眠枝挿し…273
  緑枝挿し…275
鉢植え樹〔施設栽培〕potted plant…248
鉢替え〔鉢栽培〕repotting…243
鉢栽培（ポット栽培）pot culture…48, 238～244
鉢栽培に勧められる品種…240
鉢栽培の管理上の特徴点…239
  灌水と施肥管理が重要…239
  樹形を重視した品種選定…239
  生存樹齢が不明である…239
  根の伸長範囲が限定…239
  鉢の置き場所が限られる…239
鉢栽培を始める…239～242
鉢の種類と大きさ（鉢栽培）…240
鉢の用土 soil for pot culture…240～242
発育 development…56
発育枝 vegetative shoot（branch）…30, 31, 194
発育段階（ステージ）growth and developmental stage…169
発芽（芽の）sprouting, bud break（burst）…29
発根 rooting…270
初霜（はつしも）first frost, early frost…61, 207
発生予察　disease and pest forecasting…227
ハーデング〔品種〕Harding…280
パテント（特許）品種 patented cultivar…83
パトリオット〔品種〕Patriot…94, 307
花 flower, blossom…34
花芽（はなめ）flower bud…29, 138
花芽分化 flower bud（floral）differentiation…169
花芽分化（開始）期 flower bud（floral）initiation…169, 171
花芽分化期間…171
花芽分化に影響する外的要因…169
花芽分化の内的要因…170～171
  炭素と窒素の比率（C-N率）…170
  植物ホルモン…170
葉のサンプリング〔葉分析〕…163～164
ハーフハイハイブッシュの誕生…282
ハーフハイハイブッシュの品種…106～109
ハーフハイハイブッシュの品種改良（アメリカの州立大学）…315
ハーフハイハイブッシュブルーベリー
  Half-high highbush blueberry
  タイプと特性…21～22
  分類（*V. corymbosum* L.）…12

ハマキムシ類〔虫害〕leaf rollers…223～224
はやばや星〔品種〕Hayabaya-Boshi…83, 94
バラコガネムシ〔虫害〕rose chafer…224
春（3～5月）（樹の成長周期）spring season…126
春植え spring planting…137
  世界の栽培管理様式…309
春枝（一次伸長枝）spring shoot,（first flush of growth）…30, 195
春肥（元肥）spring fertilizing,（basal application）…162
繁殖 propagation, reproduction…269
晩生品種 late season cultivar…84
盤層（土壌）pan…71
晩霜害 late frost damage…207
斑点落葉病（アルタナリアリーフスポット）
  alternaria leaf spot…217～218
半落葉性 semi-deciduous…26

比較的適地…50
光・色〔虫害〕…229
光強度 light intensity…63
光呼吸 photorespiration…57
光飽和点 light saturation point…63～64
光補償点 light compensation point…63
微気候 microclimate…53
微気象 micrometeorological phenomena…52
ひげ根（繊維根）fibrous root…42
ビタミンE〔果実の栄養成分〕vitamin E…45
  表1-3…44
必須元素 essential element…158
ピット〔種子表面〕pit…40
ビテス-イデア（*V.vitis-idaea*）節…12
  表1-1…13
ピートモス peat moss…133
被覆用フィルム〔施設栽培〕…246
非腐植物質 non-humic substance…75
非毛管孔隙 non-capillary pore…69, 70
日持ち shelf life, keeping quality…87, 265
日持ち性 longevity…87, 265
雹 hail…211
雹害 hail damage（injury）…211
病害 disease damage（injury）, damage（injury）by disease…213

病害・虫害の防除
　　施設栽培…250
　　鉢栽培…243
病害虫抵抗性〔育種目標〕…317
病害虫の対策〔幼木期の管理〕…139
病害虫発生予察（発生予察）disease and pest forecasting…227
病害虫防除作業 pest and pathogen control…228
病害防除の考え方…220
病気 diseae…213
病気の発生…216
病原菌 pathogenic fungus（*pl.* fungi）…213
病原体 pathogen…215
病原微生物〔虫害〕pathogen, pathogen microorganisms…229
標準品種 standard cultivar…96
氷晶 ice crystals…56, 208
標徴 sign（s）…215
病徴 disease symptom…215
表皮 epidermis…32
表皮細胞 epidermal cell…32
表皮蒸散 epidermal transpiration…58
肥沃度 fertility…66, 74
ヒヨドリ〔鳥害〕brown eared bulbul…233
平畝 level row…136
肥料 fertilizer…158
肥料の三要素 three major nutrient…158
肥料の種類…160
微量要素 micronutrient, trace element…158
ひるね（日中低下）現象〔光合成〕midday depression of photosynthesis…65
ビルベリー Bilberry…303
　学名：*V. myrtillus* L.（表1－1）…13
ヒロヘリアオイラガ〔虫害〕…225
品質 quality…85, 253
品質構成要素 quality component…253
品質保持能力…265
品種 variety…82
品種改良 breeding…320
品種改良以前の品種（ラビットアイ）…281
品種改良の始まり（ラビットアイ）…281
品種選定
　施設栽培…248
　鉢栽培…239〜240
品種選定の基準…83〜87
品種登録 registration of cultivar…83
品種特性 varietal characteristic…83〜84
品種によるブランド化
　生体調節機能成分の多い品種の栽培…325
　品種選定の基準…324
　ブランド化の一例…324〜325

─── ふ ───

フィリピン〔国〕…298, 306
フェノール類（果実の）…261
フォルスジャパニーズビートル false Japanease beetle…224
風害 wind damage（injury）…211
風害対策〔鉢栽培〕…243
風味（食感）flavor…86, 256
副花芽 accessory flower bud…34
複合果（多花果）multiple fruit…38
フザリウム（fusarium）菌…266
フジコナカイガラムシ〔虫害〕Japanese mealy-bug…226
腐植 humus…75
腐植化 humification…75
腐植物質 humus substance…75
腐植物質の合成と分解…76
普通化成（低度化成）low-analysis compound fertilizer…160
普通根 ordinary root…41
普通栽培（露地栽培）（open）field culture, outdoor cultivation（culture）…47
物質代謝（新陳代謝）metabolism…58
物理的防除 physical（pest）control
　虫害…229
　病害…220
不定芽 adventitious bud, indefinite bud…28, 270
不定根 adventitious root…41, 270
不透水層 impermeable layer…132;
ブドウ糖（グルコース）glucose…184, 256
太根（ふとね）thick root, woody root…42
冬（12〜2月）〔樹の成長周期〕winter season, dormant season…127
冬植え（世界の栽培管理様式）…309
冬囲い…210
冬芽（越冬芽）winter bud…28
ブライトウェル〔品種〕Brightwell…113, 240, 282, 307, 309
ブラジル〔国〕…298, 301

プラスチックハウス plastic film greenhouse, plastic house…246
プラスチックハウス栽培 plastic greenhouse culture, cultivatin（growing）in plastic house …246
プラスチックマルチ plastic film mulch…142
ブラックジャイアント〔品種〕Black Giant…281
ブラックチップ（黒い先端・小片）black tip…30
ブランコケムシ（マイマイガ）gypsy moth…223
フランス〔国〕…302, 303, 308
ブランド brand…323
ブランド化…323
ブランド化と合わせて検討しておくべき事項 …323～324
　消費者が果実を購入する際に重視する点を考慮しておく…323～324
　消費者の果実品質評価を良く理解しておく …323
　手ごろな値段の範囲で消費者に…324
ブランド化の一例
　栽培（管理）技術によるブランド化…326
　品種によるブランド化…324～325
ブリジッタ（ブリジッタブルー）〔品種〕
　Brigitta Blue…95, 240, 262, 263, 267, 308
ブリティシュコロンビア州（カナダ） …298, 299, 300
ブリマイアー（プリミア）〔品種〕Primier …113～114, 309
フリーラジカル（遊離基）free radical…260
フルクトース（果糖）fructose…184, 256
古くなり、結果しない枝の切除（ラビットアイ） …201
ブルークロップ〔品種〕Bluecrop…27, 36, 55, 95～96, 189, 240, 263, 281, 307, 308
ブルーゴールド〔品種〕Bluegold…96, 240, 257, 262, 263, 265
ブルータ（ブルエッタ）〔品種〕Bluetta…97, 189
ブルーチップ〔品種〕Bluechip…27, 97
ブルックス〔品種〕Brooks…280
ブルーベリー Blueberries
　植物学的分類…10
　人為分類…16
ブルーベリー果実の抗酸化力、アントシアニン、フェノール類およびビタミンC含量（表4-8） …261
ブルーベリー果実の構造（図1-4）…35

ブルーベリー果実の主要な栄養成分（表1-3） …44
ブルーベリー果実の成長周期…178～179
　第1期（幼果期）…178
　第2期（肥大停止期）…178～179
　第3期（最大成長期、最大肥大期）…179
　各成長期の長さ…179
　第2期の長さと成熟期の早晩…179～180
ブルーベリー樹の水分含量…146
ブルーベリー樹の性質…43
　好酸性で、好アンモニア性果樹…43
　繊維根（ひげ根）で浅根性、根毛を欠く…43
　低木で多幹…43
ブルーベリー栽培者の願い…9
ブルーベリー栽培上の課題（日本の） …292～294
　気象条件、特に梅雨…292
　土壌条件、特に土壌の種類…292
　老木園の更新…292～294
ブルーベリー栽培上の特徴（日本の）…46～48
　成熟期が梅雨の時期と重なる…47
　成長に好適な土壌が少ない…47
　多様な栽培様式が可能…47～48
　品種数が多く、全国各地で栽培できる…47
　ほとんどがアメリカの育成品種…46
ブルーベリー赤色輪点病…219
ブルーベリー農園経営上の課題（日本の） …294～295
　観光農園経営が多い…295
　小規模栽培で複合経営…295
　年間を通して海外産果実が流通…295
ブルーベリーの区分…19
ブルーベリーの区分―栽培の有無、タイプおよびグループ（図1-2）…20
ブルーベリーの抗酸化物質と抗酸化作用…261
ブルーベリーの栽培カレンダー（普通栽培の場合の1年の樹の生育過程、樹の成長、および主要な管理）
　（図4-1）…124～125
ブルーベリーの樹齢別施肥例（表4-3）…159
ブルーベリーの導入（日本）…284～285
ブルーベリーの花の構造（図1-3）…35
ブルーベリーは'命の恩人'…278
ブルーベリーは南へ…283
ブルーベリー芽ダニ blueberry bud mite…222
ブルーム（果粉）bloom…38, 255

ブルーレイ〔品種〕Blueray…97, 176, 281
フローダブルー〔品種〕Flordablue…105, 283
フロリダ州（米国）…279, 281, 283, 299, 300
不和合性 incompatibility…175
分枝 branching, ramification…30
分析する葉成分〔葉分析〕…164
分類 classfication, grouping…10

平均気温 mean（average）air temperature…53
平年値 normal value…204
平年の気候…206
ペスト〔病虫害〕pest…227
ベッキーブルー〔品種〕Beckyblue…114, 180, 200
ヘッジング（刈り込み）hedging…195
ペニシリウム（penicillium）菌…266
ペルー〔国〕…298, 301
変異 variation…321
変異体 variant…312

膨圧 turgor pressure…209
萌芽 bud break（burst）, flush, sprouting…29
訪花昆虫 flower visiting insect…173, 250
芳香 aroma, flavor…257
彷徨変異 fluctuation…321
芳香成分…257
膨潤水 swelling water…69, 148
放線菌 actinomycetes…80
包装 packaging…192
防霜 frost protection…207
防鳥ネット（網）bird protection net, anti-bird net…234
放任受粉（自然受粉）open pollination…174
防風網 windbreak net…212
防風対策…212
防雹対策…211
飽和光合成速度…64
飽和容水量 saturated water capacity…149
保温カーテン〔施設栽培〕thermal screen…246
母岩 parent rock…67
穂木 scion（wood）…271
ホゴット〔品種〕Hogood…281
母材 parent material…67

捕殺・除去〔虫害〕…229
母樹・母株 mother plant（tree）, stock plant…271
圃場容水量 field water capacity…149
補植 supplementary planting…269
捕食寄生者〔虫害〕parasitoid…229
捕食者〔虫害〕predator…228
保水性（力）water retention, water holding ability（capacity）, moisture holding ability…70～71
細根（ほそね）thin root, fine root, rootlet, feeder root…42
ポット（鉢）栽培 pot culture…238～239
ポテンシャル（位置）エネルギー〔コラム〕potential energy…154
ボトリオスファエリアステムキャンカー〔病害〕botoryosphaeria stem canker…217
保肥力（養分保持力）plant nutrient retaining capacity…74
ホームベル〔品種〕Homebell…26, 114～115, 282, 285
ポーランド〔国〕…297, 302, 303, 308
ポリフェノール（多価フェノール）polyphenol…259
ホワイト女史（E. C. White）〔人名〕…280

マイマイガ（ブランコケムシ）（虫害）gypsy moth…223
マイヤーズ〔品種〕Myers…281
マグネシウム（Mg）過剰症 magnesium（Mg）excess symptom…166
マグネシウム（Mg）欠乏症 magnesium（Mg）deficiency symptom…166～167
マグノリア〔品種〕Magnolia…105, 240, 248
マサチューセッツ州〔米国〕…278
間引き剪定 thinning-out pruning, thinning…195
マミーベリー〔病害〕mummy berry…218
マメコガネ〔虫害〕Japanese beetle…224
マルチ（土壌表面の管理）（世界の栽培管理様式）…310
マルチ資材の補給（幼木期の管理）…139
マルハナバチ〔訪花昆虫〕bumble bee…174
マンガン manganese, Mn…45

果実の栄養成分（表1-3）…44
マンガン（Mn）過剰症 manganese (Mn) excess symptom…168
マンガン（Mn）欠乏症 manganese (Mn) dificiency symptom…168

見かけ上の（純）光合成速度 net photosynthetic rate…63
ミシガン州（米国）…299, 300, 308
ミシシッピー州（米国）…299, 300
未熟果 immature berry, unripe berry…187
実生繁殖 seedage…269
水過剰ストレス…153
水管理 water management…145
水消費 water consumption…59
ミスティ〔品種〕Misty…105～106, 248, 258
ミスト室内の管理…274
ミスト繁殖 mist propagation
　休眠枝挿し…273
　緑枝挿し…273～274
水利用効率（耐干性）…209
ミダレカクモンハマキ〔虫害〕apple totrix …223～224
密植栽培 dense (close) planting, high density planting
　世界の栽培管理様式…310～311
「三つの災難」…296
ミツバチ〔訪花昆虫〕honey bee…173
ミツバチの巣箱の設置…174
密閉挿し closed-frame cutting, cutting using high humidity tent…274
実止り…175
南アメリカ地域…298
南アメリカにおける栽培…301～302
　国別栽培面積…301
　主要な栽培地帯…301～302
　日本との関係…302
南アフリカ〔国〕…304
南アフリカ北部地帯…309
ミネラル類（果実の無機質）minerals…45
　表1-3…44
ミノガ類〔虫害〕bagworm moths…224
実物（みもの）栽培…239
宮下摂一〔人名〕…285

ミルティルス（*Myrtillus*）節…12
　表1-1…13

無加温 unheated…247
無加温栽培 unheated culture…247
無機成分（土壌の）inorganic materials…68
ムクドリ〔鳥害〕gray starling…232～233
無限花序 indeterminate inflorescence…34
無効水…148
無翅亜綱〔昆虫〕Apterygota…222
無色硫黄細菌（好気的細菌）…134
無性繁殖 asexual propagation…269～270
無霜期間 frost-free period (season), frostless period (season)…61
無農薬栽培〔施設栽培〕…231, 250

芽 bud…28
明渠（めいきょ）ditch drain…132
明渠排水 open ditch drainage…132
明発芽種子 light germinating seed…40
メキシコ〔国〕…290, 295, 297, 298, 300, 301, 308
雌蕊（雌ずい、めしべ）pistil…36
メタキセニア metaxenia…176
芽の種類と耐寒性…55
目減り（果実重の減少率）weight loss…255

毛管孔隙 capillary pore…69
毛管水 capillary water…69, 147
毛管連絡切断点（成長阻害水分点）depletion of moisture content for optimum growth…149
毛じ（毛）pubscence…32
木化 lignification…31
木部 xylem…31
元肥 basal application…162
もみ殻 chaff, hull…134, 141
モロー〔人名〕E. B. Morrow…281
モロッコ〔国〕…298, 304
モンゴメリー〔品種〕Montgomery…115, 240

索引＝用語・事項

──── や ────

夜間温度（夜温）night temperature…180
野兎（野ウサギ）〔獣害〕hare…236～237
野兎対策（幼木期の管理）〔獣害〕…139
ヤドキン〔品種〕Yadkin…115～116, 240
　野生（ワイルド）ブルーベリー wild blueberry
　　…16, 19, 24
　　図1－2…20
葯 anther, pollen sac…37

──── ゆ ────

誘引剤 attractant…228
有機栽培 organic culture (growing)…48
有機酸 organic acid…184, 256
有機酸の変化…184, 256
有機成分〔土壌〕organic materials…68～69
有機物資材…141
有機物（資材）の補給
　開園時における土壌改良…133
　土壌管理…141
　世界の栽培管理様式…310
有機物マルチは長年継続する…141
有機物マルチ法 organic substance mulching
　…141
有効水（分）effective water, available water
　…147
有効土層 effective soil layer, available depth of
　soil…71
有翅亜綱〔昆虫〕Pterygota…222
雄蕊（雄ずい．おしべ）stamen…37
有性生殖 sexual reproduction, syngamy…269
有性繁殖 sexual propagation, sxual reproduction
　…269
輸入相手国（生果）（日本の）
　アメリカ…290
　カナダ…290
　チリ…290
　ニュージーランド…290
　メキシコ…290

──── よ ────

陽イオン cation…75, 151
陽イオン交換容量 cation exchange capacity, CEC
　…74～75
葉腋 leaf axil…29
葉縁 leaf margin…33
　全縁状 entire…33
　鋸歯状 serrate…33
葉芽 leaf (foliar) bud…28～29
容器〔出荷〕cup…192
容器栽培（コンテナ栽培）container culture,
　container planting…239
葉形 leaf shape…33
　卵形 ovate…33
　楕円形 elliptical…33
　長楕円形 oblong…33
葉酸〔果実の栄養成分〕folic acid…45
　表1－3…44
葉序 leaf arrangement, phyllotaxis…32
葉身（leaf）blade, lamina…32
要水量 water requirement…145
葉中無機成分濃度（表4－2）
　過剰レベル…157
　欠乏レベル…157
　適量レベル…157
葉中無機成分濃度が低い（樹の栄養特性）
　…157～158
葉肉 mesophyll…32～33
養分欠乏症 mineral deficiency symptom…163
養分欠乏症が見られる樹の施肥…163
葉分析 leaf analysis…163
養分保持力（保肥力）plant nutrient retaining
　capacity…74
葉柄 petiole, leaf stalk…33
要防除水準 control threshold…228
幼木 juvenile plant (tree)…122
幼木期〔生育段階〕juvenile plant (tree) period
　(stage)…122
幼木期から若木期前半までの剪定…196～197
幼木期の管理…138～139
　灌水…138
　支柱…138
　主軸枝の確保…139
　施肥…139
　マルチ資材の補給…139
　病害虫の対策…139
　野兎対策…139
幼木期の施肥（目的）…158～159
幼木期の施肥量…161

葉脈 leaf vein, rib, nerve…33
    支脈 primary lateral vein…33
    主脈 maine vein…33
    側脈 secondary lateral vein…33
    網状脈 reticulate venation…33
葉脈間クロロシス interveinal chlorosis
    Fe（鉄）欠乏…167
    K（カリウム）欠乏…166
    Mg（マグネシウム）欠乏…167
葉面散布 foliar (leaf) spray, foliar application
    …161
陽葉 sun leaf…33〜34
葉緑素（クロロフィル）chlorophyll…33, 64
葉緑体（クロロプラスト）chloroplast…32, 61
四つの温度条件（気温）…53
四つのタイプの栽培地帯…59
予冷 precooling…189, 266
ヨーロッパ地域…298
ヨーロッパにおける栽培…302〜303
    経済栽培の始まり…302
    主要国の栽培面積…302〜303
    ブルーベリーのタイプ…303
    日本との関係…303

雷雨　thunderstorm…205
落葉 leaf fall, leaf abscission, defoliation…26
落葉果樹 deciduous fruit tree…17
落葉樹 deciduous tree…26
落葉性 deciduous…26
ラジカル（遊離基）radical…260
ラトビア〔国〕…303
ラビットアイの栽培化…279
ラビットアイの剪定…200〜202
    夏季剪定…202
    観光農園における剪定…201〜202
    樹高，樹形の管理…200〜201
    主軸枝の更新…201
    成木期の剪定…201
    剪定を開始する樹齢…200
    古くなり，結果しない枝の切除…201
ラビットアイの誕生…281〜282
ラビットアイの品種…109〜116
ラビットアイの品種改良（アメリカの州立大学）
    …315

ラビットアイブルーベリー Rabbiteye blueberry
    タイプと特性…22
    分類（*V. virgatum* Aiton）…12
ラビットアイブルーベリー'ウッダード'の花芽
    （房）分化開始から胚珠形成期まで（図4-4）
    …171

陸産貝類 snails and slugs…223
リグニン lignin…31, 40
離層 separation layer…26
リトアニア〔国〕…303
リトルジャイアント〔品種〕Little Gaiant…263
立地条件 conditions of site, locational site…50
リバティ〔品種〕Liberty…117, 263, 267, 308
リベイル〔品種〕Raveille…258
リボ核酸 RNA, ribonucleic acid…214
粒径区分 partial size classification…66
硫酸アンモニア（硫安）ammonium sulfate…161
留鳥 resident bird…232
両性花 bisexual flower, hermaphrodite flower
    …35
緑枝挿し greenwood cutting, softwood cutting
    …271
緑枝挿しの一例…273〜275
リン（P）過剰症 phosphorus (P)
    excess symptom…166
リン（P）欠乏症 phosphorus (P)
    deficiency symptom…166
リンゴカクモンハマキ（虫害）summer fruit
    totrix…223〜224
リンゴ酸 malic acid…184, 256
リンネ〔人名〕Carl von, Linn'e…10
鱗片葉 scale leaf, scaly leaf…28

ルートボール root ball…42
ルートマット root mat…42
ルーベル〔品種〕Rubel…98, 280
ルーマニア〔国〕…298, 303

礼肥 side dressing after harvest, top dressing

after harvest…162
冷蔵貯蔵 refigeration storage…189〜190, 267
冷凍果 frozen berry…190, 290
冷凍貯蔵 freezing (frozen) storage…190
0℃で8週間貯蔵したブルーベリー果実の品質に及ぼす大気組成の差異（表4-9）…268
レカ〔品種〕Reka…98〜99, 308
レガシー〔品種〕Legacy…99, 240, 263, 267, 308
レカニンカイガラムシ Lecanium scale…225
礫 gravel…68
裂果 fruit cracking, fruit splitting…87
連作障害 replant problem, replant failure…294
連続干天日数 continuous drought days…208

ろう（蝋）質（ワックス）wax…38
ロウムシ類〔虫害〕ceroplastes spp.…226
露地栽培（普通栽培）(open) field culture, outdoor cultivation (culture)…47
ローブッシュブルーベリー Lowbush blueberry
 …12, 24〜25
　V. angustifolium Aiton（表1-1）…14
　V. myrtilloides Michx.（表1-1）…15
　果実（冷凍果の輸入）…290
　加工産業を支える〔コラム〕…25
　品種改良の重要な親〔コラム〕…25
　野生株の管理〔コラム〕…24
老木 old age plant (tree)…123
老木（園）の確認事項…294
老木（園）の更新方法
　更新剪定による若返り…294
　新品種の植え付け・改植…294
　園を土壌改良して植え付け・改植…294
老木（園）の若返り〔剪定〕rejuvenation, rejuvenescence…123, 202〜203, 294
老木期〔生育段階〕old age plant (tree) period (stage)…123
老木期の施肥（目的）…159〜160
老木に見られる表徴…202, 293
ローム（壌土）…loam, loamy soil…68

ワイルド（野生）ブルーベリー wild blueberry
 …16, 19, 24

図1-2…20
若返り（老木の）rejuvenation, rejuvenescence
 …123, 202, 294
若木 young plant (tree)…123
若木期〔生育段階〕young plant (tree) period (stage)…123
若木期の後半から成木期までの剪定…197
若木期の施肥（目的）…159
若木期の施肥量…161
若木期の剪定（サザンハイブッシュ）
 …199〜200
ワシントン州（米国）…299, 300
早生（品種）early season cultivar…84
ワックス（ろう質）wax…38, 255

訪花昆虫のミツバチ

樹間を広くとったブルーベリー園

●

```
デザイン────塩原陽子　ビレッジ・ハウス
　　　撮影────玉田孝人　福田　俊　三戸森弘康　ほか
取材・写真協力────ブルーベリーフィールズ紀伊國屋
　　　　　　　ベリーコテージ　宮田果樹園
　　　　　　　月山高原鈴木ブルーベリー農園
　　　　　　　椎名ブルーベリー園　三浦(加藤)美恵
　　　　　　　真行寺ブルーベリー園　水谷直美
　　　　　　　ハーブと完熟ベリーの Berries
　　　　　　　ブルーベリーのこみち稲武
　　　　　　　ブルーベリー畑 Hana　マザー牧場
　　　　　　　ブルーベリーガーデン IKEDA　ほか
```

●玉田孝人（たまだ たかと）

ブルーベリー栽培研究グループ代表、果樹園芸研究家。

1940年、岩手県生まれ。東京農工大学大学院農学研究科修士課程修了。1970年から千葉県農業短期大学校で、1979年からは千葉県農業大学校で果樹園芸を担当し、農業後継者、農村指導者の養成に従事して2000人以上の卒業生を送り出す。2000年、研究科主幹で定年退職後、日本ブルーベリー協会副会長などを務める。およそ50年にわたりブルーベリーの研究・栽培普及に携わり、成果を諸学会で発表。全国の主要産地を訪問するとともに海外視察・研修（学会発表を含む）も40回以上に及ぶ。千葉県東金市在住。

著書に『ブルーベリー百科Q＆A』『ブルーベリー全書〜品種・栽培・利用加工〜』（ともに日本ブルーベリー協会編、共同執筆、創森社）、『そだててあそぼう31 ブルーベリーの絵本』（編著、農文協）、『基礎からわかるブルーベリー栽培』（誠文堂新光社）、『ブルーベリー生産の基礎』（養賢堂）、『育てて楽しむブルーベリー12か月』『ブルーベリーの観察と育て方』『図解 よくわかるブルーベリー栽培』（ともに共著、創森社）ほか

ブルーベリー栽培事典

2018年2月16日 第1刷発行

著　者——玉田孝人
発行者——相場博也
発行所——株式会社 創森社
　　　　〒162-0805 東京都新宿区矢来町96-4
　　　　TEL 03-5228-2270　FAX 03-5228-2410
　　　　http://www.soshinsha-pub.com
　　　　振替00160-7-770406
組　版——有限会社 天龍社
印刷製本——中央精版印刷株式会社

落丁・乱丁本はおとりかえします。定価は表紙カバーに表示してあります。
本書の一部あるいは全部を無断で複写、複製することは法律で定められた場合を除き、著作権および出版社の権利の侵害となります。

©Takato Tamada 2018 Printed in Japan　ISBN978-4-88340-322-6 C0061

〝食・農・環境・社会一般〟の本

創森社　〒162-0805 東京都新宿区矢来町96-4
TEL 03-5228-2270　FAX 03-5228-2410
http://www.soshinsha-pub.com
＊表示の本体価格に消費税が加わります

農的小日本主義の勧め
篠原孝著　四六判288頁1748円

ミミズと土と有機農業
中村好男著　A5判128頁1600円

炭やき教本～簡単窯から本格窯まで～
恩方一村逸品研究所編　A5判176頁2000円

エゴマ～つくり方・生かし方～
日本エゴマの会編　A5判132頁1600円

炭焼紀行
三宅岳著　A5判224頁2800円

一汁二菜
境澤米子著　A5判128頁1429円

薪割り礼讃
深澤光著　A5判216頁2381円

すぐにできるオイル缶炭やき術
溝口秀士著　A5判112頁1238円

病と闘う食事
境澤米子著　A5判224頁1714円

台所と農業をつなぐ
大野和興編　山形県長井市・レインボープラン推進協議会著　A5判272頁1905円

ブルーベリー百科Q&A
ブルーベリー協会編　A5判356頁2800円

焚き火大全
吉長成恭・関根秀樹・中川重年編　A5判416頁3800円 A5判96頁1300円

豆腐屋さんの豆腐料理
山本久仁佳・山本成子著　A5判96頁1300円

スプラウトレシピ～発芽を食べる育てる～
片岡美佐子著　A5判96頁1300円

玄米食 完全マニュアル
境澤米子著　A5判96頁1333円

手づくり石窯BOOK
中川重年編　A5判152頁1500円

豆屋さんの豆料理
長谷部美野子著　A5判112頁1300円

雑穀つぶつぶスイート
木幡恵著　A5判112頁1400円

不耕起でよみがえる
岩澤信夫著　A5判276頁2200円

薪のある暮らし方
深澤光著　A5判208頁2200円

菜の花エコ革命
藤井絢子・菜の花プロジェクトネットワーク編著　A5判272頁1600円

手づくりジャム・ジュース・デザート
井上節子著　四六判272頁1600円

虫見板で豊かな田んぼへ
宇根豊著　A5判180頁1400円

すぐにできるドラム缶炭やき術
杉浦銀治監修　A5判132頁1300円

竹炭・竹酢液 つくり方生かし方
杉浦銀治・広若剛士監修　A5判244頁1800円

竹垣デザイン実例集
杉浦銀治ほか監修　A4変型判160頁3800円

毎日おいしい 無発酵の雑穀パン
古河功著　A4変型判160頁3800円

木幡恵著　A5判112頁1400円

自然農への道
川口由一編著　A5判228頁1905円

素肌にやさしい手づくり化粧品
境澤米子著　A5判128頁1400円

土の生きものと農業
中村好男著　A5判108頁1600円

ブルーベリー全書～品種・栽培・利用加工～
日本ブルーベリー協会編　A5判416頁2857円

おいしい にんにく料理
佐野房著　A5判96頁1300円

竹・笹のある庭～観賞と植栽～
柴田昌三著　A4変型判160頁3800円

薪割り紀行
深澤光著　A5判208頁2200円

自然栽培ひとすじに
木村秋則著　A5判164頁1600円

育てて楽しむ ブルーベリー12か月
玉田孝人・福田俊著　A5判96頁1300円

炭・木竹酢液の用語事典
谷田貝光克監修 木質炭化学会編　A5判384頁4000円

園芸福祉入門
日本園芸福祉普及協会編　A5判228頁1524円

全記録 炭鉱
鎌田慧著　四六判368頁1800円

割り箸が地域と地球を救う
佐藤敬一・鹿住貴之著　A5判96頁1000円

ほどほどに食っていける田舎暮らし術
今関知良著　四六判224頁1400円

育てて楽しむ タケ・ササ 手入れのコツ
内村悦三著　A5判112頁1300円

〝食・農・環境・社会一般〟の本

創森社 〒162-0805 東京都新宿区矢来町96-4
TEL 03-5228-2270　FAX 03-5228-2410
＊表示の本体価格に消費税が加わります

http://www.soshinsha-pub.com

育てて楽しむ

緑のカーテンの育て方・楽しみ方
緑のカーテン応援団 編著　A5判84頁1000円

育てて楽しむ オーガニック・ガーデンのすすめ
郷田和夫 著　A5判120頁1400円

育てて楽しむ 雑穀 栽培・加工・利用
郷田和夫 著　A5判84頁1400円

育てて楽しむ トチノキ・曳地義治
曳地トシ・曳地義治 著　A5判96頁1400円

育てて楽しむ ユズ・柑橘 栽培・利用加工
音井 格 著　A5判96頁1400円

石窯づくり 早わかり
須藤章 著　A5判108頁1400円

ブドウの根域制限栽培
今井俊治 著　B5判80頁2400円

農に人あり志あり
岸 康彦 編　A5判344頁2200円

現代に生かす竹資源
内村悦三 監修　A5判220頁2000円

薪暮らしの愉しみ
深澤 光 著　A5判228頁2200円

農と自然の復興
宇根 豊 著　A5判304頁1600円

田んぼの生きもの誌
稲垣栄洋 著・楢喜八 絵　A5判236頁1600円

はじめよう！自然農業
趙漢珪 監修・姫野祐子 編　A5判268頁1800円

農の技術を拓く
西尾敏彦 著　四六判288頁1600円

東京シルエット
成田一徹 著　四六判264頁1600円

玉子と土といのちと
菅野芳秀 著　四六判220頁1500円

生きもの豊かな自然耕
岩澤信夫 著　四六判212頁1500円

里山復権 〜能登からの発信〜
中村浩二・嘉田良平 編　A5判228頁1800円

自然農の野菜づくり
川口由一 監修・高橋浩昭 著　A5判236頁1905円

菜の花エコ事典 〜ナタネの育て方・生かし方〜
藤井絢子 編著　A5判196頁1600円

ブルーベリーの観察と育て方
玉田孝人・福田 俊 著　A5判120頁1400円

パーマカルチャー 〜自給自立の農的暮らしに〜
パーマカルチャー・センター・ジャパン 編　B5変型判280頁2600円

巣箱づくりから自然保護へ
飯田知彦 著　A5判276頁1800円

東京スケッチブック
小泉信一 著　A5判272頁1500円

農産物直売所の繁盛指南
駒谷信雄 著　A5判208頁1800円

病と闘うジュース
境野米子 著　A5判88頁1200円

農家レストランの繁盛指南
高桑隆 著　A5判200頁1800円

チェルノブイリの菜の花畑から
河田昌東・藤井絢子 編著　四六判272頁1600円

ミミズのはたらき
中村好男 編著　A5判144頁1600円

里山創生 〜神奈川・横浜の挑戦〜
佐土原聡 他編　A5判260頁1905円

移動できて使いやすい 薪窯づくり指南
深澤 光 編著　A5判148頁1500円

固定種野菜の種と育て方
野口 勲・関野幸生 著　A5判220頁1800円

「食」から見直す日本
佐々木輝雄 著　A4判104頁1429円

まだ知らされていない 壊国TPP
日本農業新聞取材班 著　A5判224頁1400円

原発廃止で世代責任を果たす
篠原孝 著　A5判320頁1600円

竹資源の植物誌
内村悦三 著　A5判244頁2000円

市民皆農 〜食と農のこれまで・これから〜
山下惣一・中島正 著　四六判280頁1600円

さよなら原発の決意
鎌田慧 著　四六判304頁1600円

自然農の果物づくり
川口由一 監修・三井和夫 他著　A5判204頁1905円

農をつなぐ仕事
内田由紀子・竹村幸祐 著　A5判184頁1800円

共生と提携のコミュニティ農業へ
蔦谷栄一 著　四六判288頁1600円

福島の空の下で
佐藤幸子 著　四六判216頁1400円

農福連携による障がい者就農
近藤龍良 編著　A5判168頁1800円

〝食・農・環境・社会一般〟の本

創森社　〒162-0805 東京都新宿区矢来町96-4
TEL 03-5228-2270　FAX 03-5228-2410
http://www.soshinsha-pub.com
※表示の本体価格に消費税が加わります

農は輝ける
星寛治・山下惣一 著
四六判208頁1400円

自然農の米づくり
川口由一 監修　大植久美・吉村優男 著
A5判220頁1905円

農産加工食品の繁盛指南
鳥巣研二 著
A5判240頁2000円

TPP いのちの瀬戸際
日本農業新聞取材班 著
A5判208頁1300円

大磯学──自然、歴史、文化との共生モデル
伊藤嘉一・小中陽太郎 他編
四六判144頁1200円

種から種へつなぐ
西川芳昭 編
A5判256頁1800円

農産物直売所は生き残れるか
二木季男 著
A5判272頁1600円

地域からの農業再興
蔦谷栄一 著
A5判508頁3500円

自然農にいのち宿りて
川口由一 著
四六判344頁1600円

快適エコ住まいの炭のある家
谷田貝光克 監修　炭焼三太郎 編著
A5判220頁1800円

植物と人間の絆
チャールズ・A・ルイス 著　吉長成恭 監訳
四六判328頁1500円

農本主義へのいざない
宇根豊 著
四六判276頁1800円

文化昆虫学事始め
三橋淳・小西正泰 編
A5判236頁2200円

地域からの六次産業化
室屋有宏 著
A5判236頁2200円

小農救国論
山下惣一 著
四六判224頁1500円

タケ・ササ総図典
内村悦三 著
A5判272頁2800円

育てて楽しむ ウメ 栽培・利用加工
大坪孝之 著
A5判112頁1300円

育てて楽しむ 種採り事始め
福田俊 著
A5判112頁1300円

育てて楽しむ ブドウ 栽培・利用加工
小林和司 著
A5判104頁1300円

パーマカルチャー事始め
臼井健二・臼井朋子 著
A5判152頁1600円

よく効く手づくり野草茶
境野米子 著
A5判136頁1300円

図解 よくわかる ブルーベリー栽培
玉田孝人・福田俊 著
A5判168頁1800円

野菜品種はこうして選ぼう
鈴木光一 著
A5判180頁1800円

現代農業考～「農」受容と社会の輪郭～
工藤昭彦 著
A5判176頁2000円

畑が教えてくれたこと
小宮山洋夫 著
四六判180頁1600円

超かんたん 梅酒・梅干し・梅料理
山口由美 著
A5判96頁1200円

農的社会をひらく
蔦谷栄一 著
A5判256頁1800円

育てて楽しむ サンショウ 栽培・利用加工
真野隆司 編
A5判96頁1400円

育てて楽しむ オリーブ 栽培・利用加工
柴田英明 編
A5判112頁1400円

ソーシャルファーム
NPO法人あうるず 編
A5判228頁2200円

虫塚紀行
青木雄三 著
四六判248頁1800円

ホイキタさんのヘルパー日記
中嶋廣子 著
四六判176頁1600円

農の福祉力で地域が輝く
濱田健司 著
A5判144頁1800円

育てて楽しむ エゴマ
服部圭子 著
A5判104頁1400円

図解 よくわかる ブドウ栽培
小林和司 著
A5判184頁2000円

育てて楽しむ イチジク 栽培・利用加工
細見彰洋 著
A5判100頁1400円

おいしいオリーブ料理
木村かほる 著
A5判100頁1400円

身土不二の探究
山下惣一 著
四六判240頁2000円

消費者も育つ農場
片柳義春 著
A5判160頁1800円

農福一体のソーシャルファーム
新井利昌 著
A5判160頁1800円

西川綾子の花ぐらし
西川綾子 著
四六判236頁1400円

解読 花壇綱目
青木宏一郎 著
A5判132頁2200円